冶金系统工程导论

李士琦 著

科学出版社

北京

内 容 简 介

本书共 8 章，第 1 章介绍了主要的冶金过程的物料和能量的衡算，第 2、3 章是关于冶金过程物理化学和冶金反应工程学的简要回顾，第 4～8 章是著者关于冶金系统工程的一些理解和认识，附录 Ⅰ、Ⅱ给出相关例子，希望有兴趣的读者关注和讨论。本书中一些实例也可供有关人士参考。

本书可以作为冶金工程专业的高年级本科生、硕士生、博士生的辅助教学参考书，也可供冶金工程和材料工程领域的科学研究人员、工程技术人员和教学人员参考。

图书在版编目（CIP）数据

冶金系统工程导论 / 李士琦著. —北京：科学出版社，2022.10

ISBN 978-7-03-073395-5

Ⅰ. ①冶…　Ⅱ. ①李…　Ⅲ. ①冶金工业－系统工程－研究　Ⅳ. ①TF

中国版本图书馆 CIP 数据核字（2022）第 188573 号

责任编辑：杨　震　杨新改 / 责任校对：郝甜甜
责任印制：吴兆东 / 封面设计：东方人华

科学出版社 出版

北京东黄城根北街 16 号
邮政编码：100717
http://www.sciencep.com

北京中科印刷有限公司 印刷

科学出版社发行　各地新华书店经销

*

2022 年 10 月第 一 版　　开本：720 × 1000　1/16
2022 年 10 月第一次印刷　　印张：24 1/4
字数：470 000

定价：138.00 元

（如有印装质量问题，我社负责调换）

序

时光荏苒如白驹过隙，转眼三十年过去了。

记得第一次读到李先生等著的《冶金系统工程》时，我还是一名在读研究生，感觉今后科研有了方向。当年，这是国内外首次正式出版论述冶金系统工程的专著，书中将系统工程的新观念、新方法、新手段引入冶金工程，给冶金学科带来了一股清风。今天看钢铁冶金学科走过的发展路径，可以说系统工程学思想及方法起了重要作用。

20世纪90年代，中国科学技术处于一个空前变革及突飞猛进的阶段。中国钢铁工业的发展从规模简单扩大的模式转向科学技术进步的模式，新技术、新装备、新流程不断涌现，知识爆炸、技术突破。科技工作者深感冶金技术与相关交叉科学的融合发展的重要性及紧迫性，这促进了系统科学、信息科学与冶金工程学科的交叉渗透，逐步形成"冶金系统工程学"这一边缘交叉学科。

已是杖朝之年的先生，怀着对冶金学科发展的关切之心及对冶金系统工程学的执着和挚爱，对原《冶金系统工程》进行了较大篇幅的理论提升及案例实证。如果说30年前带给我们的是一股清风，那现在带给我们的就是一片甘雨。一个月前我有幸得到先生《冶金系统工程导论》的初稿，一路读来，既深刻感受到了先生求是鼎新、学风严谨、立德树人；又深刻体会了先生几十年如一日耕耘在科研及教学的前沿，将冶金系统工程学运用在钢铁冶金的教学、科研及生产中，培养了许多国家钢铁之栋梁，在各个工作岗位奉献智慧。

先生所著的《冶金系统工程导论》共分8章和2个附录。第1章衡算，介绍了过程系统及其单元工序的基本特征是物质守恒及与之相应的能量守恒。第2章冶金物理化学，叙述了含铁原料如何在冶金过程系统转化为合格产品，定量解决过程系统及各单元工序的方向和限度。第3章冶金反应工程，叙述了冶金过程是现代工业生产系统的重要部分，重点分析了冶金过程的"速率"、方向和限度等冶金过程最关心的问题。第4章引出了冶金系统工程的概念，以系统思维来观察认识冶金工程现象，通过最优化方法求得系统整体、最优和综合化的组织、管理、技术及方法。第5章系统优化，具体讨论了冶金生产实际中常常以经济指标作为系统指标，确认系统最优包括：一是系统的指标达到最大或最小，二是系统中的各子系统和关系处于最佳的匹配状态。第6章不确定性，分析了不确定性产生的原因，以数理统计和概率论为数学基础，在不确定性普遍存在的基础上，挖掘数据，分离出有价值的信息，如何得到正确的结论。第 7 章系统模型，叙述了建立模型是系统工程重要的实验研究手段，通过相似原理、构建物理及数值模型，分析解决生产实际中的客观规律，找到解决问题的方法。第 8 章冶金过程系统的时空多尺度结构及其效应，是本书登峰造极的一章，首次将冶金过程按照时间及空间尺度进行了系统分析，剖析了不同层级及同一层级间的尺度关系，为系统目标实现提供了方法。附录 I、II 给出相关例子。全书结构一环紧扣一环，理论分析引人入胜，是李先生近 30 年运用系统工程学理论成功解决工程问题的总结，很有指导及应用意义。

我初识李先生是在 1986 年，那年 4 月北京钢铁学院（现北京科技大学）培训中心举办工程师进修班，厂里派我到北京进修学习，当时李先生正值不惑之年，其思维敏捷、精力旺盛，给我留下深刻记忆。给我们讲冶金数学模型，模型的推导，一气呵成，不看讲义，展示了强劲的数学功底。同时分析中国钢铁未来发展方向一针见血、很有见地。正是这段培训学习经历，改变了我的人生轨迹。1990 年我考上了北京科技大学冶金工程研究生，偶尔能得到李先生在学业上的指点，颇有收获。1996 年留校后，与先生的见面多起来，有更多机会与先生交流，先生善于研究发现新问题，常有异想天开之见，但细细品来，不是空穴来风，是有深厚的专业知识做铺垫。2002 年后，因与先生科研兴趣接近，经常一道探讨冶金系统中的工程科学问题，其中有三个系统工程问题：时空多尺度在炼钢工序的应用、电炉炼钢能量优化及太阳能炼钢工艺是最具挑战性的研究课题。2010 年后，随着先生年龄的增长，逐步退出科研一线，但对系统工程科学问题的探讨追求之初心不改。

在先生完成《冶金系统工程导论》之时，我们感到欣慰的是：基于系统工程的时空多尺度在电弧炉炼钢成本及质量控制研究取得实质性进展，操作模型应用效果良好，经济效益显著；电炉能量优化系统在原供电优化的基础上，将供氧及炉料结构等单元操作进行了系统优化，实现了在线调控能量最优输入、取得了缩短冶炼时间、降低了电耗等冶金效果。

"太阳能炼钢"是李先生梦寐以求的愿望。2005 年先生提出时，行业内争论较大，认为是无稽之谈，但先生坚持践行，完成了实验室光伏直接炼钢的创举。如今在国家碳达峰碳中和政策的引领下，笔者的研究团队在先生研究的基础上，提出了近零碳排炼钢工艺，并开展了相关实验及中试研究，取得了一定进展。近零碳排炼钢工艺已被中国钢铁工业协会列为中国钢铁工业八大低碳技术清单之一，预计在不久的将来，将看到一个完全绿色的炼钢工艺。

拜读完《冶金系统工程导论》，与先生多有交流。没想到先生执意委托笔者代为此书写序。历史上少有学生为先生写序一说，真是勉为其难！但考虑再三，学生也只好恭敬不如从命了。

　　《冶金系统工程导论》是先生退休后出版的第二部著作。去年参加先生编著的《雪泥》发布会，正赶上先生八十寿辰，师生同庆。笔者激动之余赋小诗一首，今天作为序言的结尾："踏过雪泥求真知，留下鸿爪是创新；钢铁之子爱绿电，北科寿星乐开颜"。祝先生福如东海、寿比南山。

朱　荣

2022 年 6 月

北京科技大学

目　　录

第1章 衡 算

原料经过一系列单元工序转化为产品的工业称之为过程工业。过程工业是一类重要的工业，包括石化、冶金、医药等等，过程系统中的单元工序有的以物理过程为主，有的以化学过程为主。过程系统及其单元工序的基本特征是物质的守恒——物料在系统中可以转化，而构成物料的元素之量经过处理并不变化；与之相应的还有能量的守恒——能量的形式虽变化，但是其总量不变。

冶金过程系统中处理的物料是含有金属元素的物料，其中以处理铁元素的冶金过程系统最多，占金属总量的90%以上，所以钢铁冶金是代表性的冶金过程系统。冶金过程系统的输入除富铁原料外还包括各种辅料和燃料，输出物料除钢铁产品和副产品外也包括过程损失物和各种气液排放物及污染物。原料经过冶金过程系统转化为产品，各种物料的总量守恒，其中铁元素的量以及其他有关各元素的量也分别守恒；与之相应的能量的形式虽然会变化，但其总量也守恒。

1.1 近代冶金工程系统的基本情况

2020年全球粗钢产量接近20亿吨，占人类使用金属材料量的90%以上。钢铁冶金是关于铁元素的制备工程，是最主要的冶金过程系统，其技术特点是火法冶炼，是高温多相的化学反应。冶金过程的基本规律是物质不灭和能量守恒，在化学层面上的物质不灭的含义是：物料可以转化、但物料总量不变，而且每个元素的量也不变，归结为衡算形式的化学计量模型。

现代工业化炼钢方法诞生于1850年代，是以热铁水为原料的酸性空气转炉和碱性空气转炉炼钢方法；稍后问世的平炉炼钢方法还可以消化大量废钢铁料；再后，电弧炉炼钢方法问世，主要以废钢铁为原料，生产特殊钢。在其后的一百多年间，平炉炼钢方法占据了统治地位；到1950年以后，氧气转炉炼钢方法逐渐居主导地位；2000年前后，大致形成了氧气转炉钢和电炉钢年产量各占2/3和1/3的局面。在此之前，以各种直接还原方法制取钢铁制品已有数千年的历史。

世界粗钢产量增长的情况如表1-1和图1-1所示，1900年全球粗钢年总产量大约只有2000吨；第一次、第二次世界大战对钢铁生产有一定的刺激作用，

1950 年前后全球钢年产量达到了两亿吨左右；1950 年代在大规模空气分离制氧技术的支持下氧气转炉炼钢技术得到了发展，全球钢产量快速增长；而在 1970 年代，由于能源危机的影响，钢年产量的增速有所放缓；然而，21 世纪以来，全球钢年产量仍在持续增长，每年的产钢量甚至能超过 2000 年以前产钢量的总和。

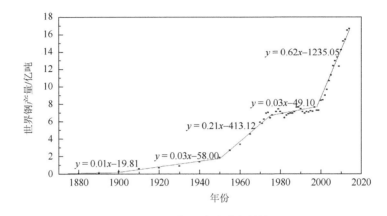

图 1-1 世界粗钢产量增长的情况

数据来源：《中国大百科全书·矿冶》（第一版）和世界钢铁协会（www.worldsteel.org）

表 1-1 世界粗钢产量增长的情况

时期	1875~1900 年	1900~1950 年	1950~1973 年	1973~2000 年	2000~2014 年
年数	25	50	23	27	14
样本数	4	6	8	28	15
相关系数 R	0.97	0.98	0.99	0.57	0.99
信度水准 P	0.024	1.42E−04	3.33E−06	1.74E−03	1.88E−11
平均环比增长率/%	19.2	4.9	6.2	0.9	5.1
平均年增长量/万吨	105	322	2213	543	5891

钢铁冶金是关于铁元素的过程系统，铁矿石经一系列单元工序转换为钢铁产品。其中，占产量 70%以上的主力生产流程是矿石/高炉炼铁/转炉炼钢生产流程，基本工序构成是：矿石→烧结（球团）→高炉炼铁→铁水预处理→转炉炼钢→二次精炼→连铸→热轧→冷轧（精整/热处理）→成品，示意见图 1-2（a）；其余占产量 30%的生产流程是废钢/电弧炉炼钢流程，示意见图 1-2（b）。

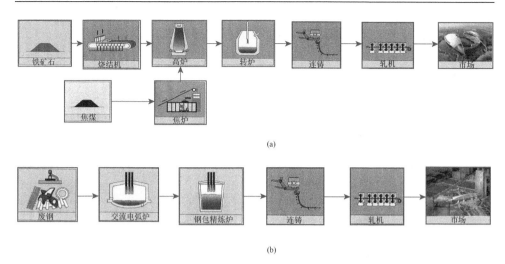

(a)

(b)

图 1-2 当前主要的两类钢铁生产流程及其单元工序

（a）矿石/高炉炼铁/转炉炼钢生产流程及其单元工序；（b）废钢/电弧炉炼钢流程及其单元工序

当前冶金工程系统炼钢工艺是两步法，见图 1-3（b），铁矿石经高炉炼铁获得初级金属/热铁水，再经转炉炼钢的氧化精炼和其后的二次还原精炼得到粗钢；相对比的一步法直接炼钢法至今尚没有获得成功的工业化应用，一步法炼钢和两步法炼钢过程对比示意于图 1-3。

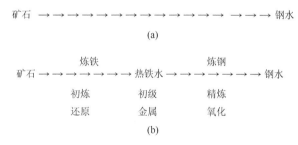

矿石 →→→→→→→→→→ →→ 钢水

(a)

<pre>
           炼铁   炼钢
矿石 →→→→→→ 热铁水 →→→→→→ 钢水
     初炼   初级   精炼
     还原   金属   氧化
</pre>

(b)

图 1-3 一步法直接炼钢和两步法炼钢示意图

（a）一步法直接炼钢；（b）两步法炼钢

钢的炉外精炼是氧化性炼钢后的第二次还原性精炼，习惯称之为二次精炼或二次冶金（secondary metallurgy），示意如图 1-4 所示。

<pre>
          炼铁   炼钢   二次精炼
矿石 →→→ 热铁水 →→→ 初炼钢水 →→→ 合格钢水
     初炼   初级   精炼   精炼
     还原   金属   氧化   还原
</pre>

图 1-4 二次精炼示意图

当前钢铁冶金工程有代表性的生产工序示意绘于图 1-5。

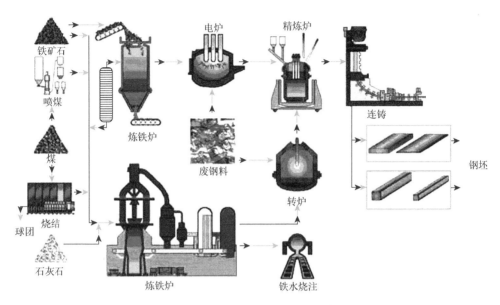

图 1-5　现代冶金生产工艺流程示意图

　　冶金过程系统及其单元工序的物料平衡和能量平衡是其基本的工艺特征,每个单元的物料平衡和能量平衡按照系统内部的结构综合构成了系统的物料平衡和能量平衡,反之系统的物料平衡和能量平衡按内部结构分解就是对每个单元的物料平衡和能量平衡的要求。

　　每个单元的物料平衡和能量平衡是其冶金模型和热模型的基本模型,加上相关的数据库——物料库、经验参数库、物理化学库和方法库;在操作-时间表的主导下就是工艺操作模型;如果能实时得到各种实际测量(包括物理参数和化学参数)数据的反馈,就可以实行人工的自动控制;如果决策过程有人工智能成分,就是智能控制。当然人工智能的水平可能有相当大的差别。

1.2　高炉炼铁单元的物料衡算和能量衡算

　　高炉炼铁单元过程是冶金过程系统中最重要的单元工序,铁矿石中铁的氧化物被还原、铁的氧化物转化成铁元素,原料中的二氧化硅等物质转为炉渣,物料形态变了,但是铁元素的量、氧元素的量、碳元素的量等都没有发生变化。1 mol 的氧化铁被还原生成 1 mol 的铁,即 72 g 的氧化铁转化成 56 g 的铁,损失 16 g 的氧给了一氧化碳(最终转化为二氧化碳),反应前后物质的总量没有改变,每个元素的量也没有改变，改变的只是各种物料的形态和量。过程的能量没有增多，也没有减少，这是冶金工程最基本的现象，这种化学计量模型是冶金工程学最基本的定量描述。

高炉炼铁过程所涉及的物料种类多，涉及的元素、混合物种类也很多，而且有固相、液相、气相三种相，有氧化、还原多个反应，产物有生铁、副产物有煤气、废弃物有高炉渣等等，高炉炼铁过程的物料衡算和能量衡算比较繁复。

实际的高炉炼铁单元过程的物料衡算和能量衡算与理论值有所不同，不同的高炉、不同的原料、不同的炉况、不同的时代都有所不同，许多重要的参数需要靠操作经验的积累，在智能时代，依靠各种仪器仪表的检测、认识、辨识、识别，对这些参数估计的正确与否是高炉炼铁过程优化控制的关键。

1）原燃料及炉尘化学成分

原燃料及炉尘化学成分如表 1-2、表 1-3 所示。

表 1-2 矿石成分（质量分数，%）

名称	TFe	S	P	Fe_2O_3	FeO	CaO	SiO_2	MgO	Al_2O_3
烧结矿	58.8500	0.0100	0.0437	75.5492	7.6700	8.2700	4.5800	1.6300	1.5800
球团矿	66.0000	0.0050	0.0262	94.0079	0.2500	0.8000	2.9800	0.9200	0.6600
块矿	65.3400	0.0105	0.0657	93.1873	0.1400	0.1050	2.1700	0.1450	1.3350

名称	Al_2O_3	MnO	MnO_2	P_2O_5	S/2	S	CO_2	H_2O	Σ
烧结矿	1.5800	0.4000	0.0000	0.1000	0.0000	0.0100	0.0108	0.2000	100.0000
球团矿	0.6600	0.1300	0.0000	0.0600	0.0000	0.0050	0.0500	0.1371	100.0000
块矿	1.3350	0.4650	0.0000	0.1505	0.0000	0.0105	0.0917	2.2000	100.0000

表 1-3 燃料成分（质量分数，%）

名称	成分													
焦炭	固定碳	灰分（11.75）						挥发分（0.75）					有机物（1.23）		
		SiO_2	Al_2O_3	CaO	MgO	FeO	FeS	CO_2	CO	CH_4	H_2	N_2	H_2	N_2	S
	86.87	6.14	2.82	0.85	0.17	1.06	0.11	0.27	0.27	0.03	0.03	0.15	0.30	0.03	0.63

2）高炉冶炼条件

（1）各元素在冶炼过程中的分配率见表 1-4。

表 1-4　各元素在冶炼过程中的分配率

产品	Fe	Mn	P	S
生铁 η	0.9985	0.6	1	
炉渣 μ	0.0015	0.4	0	
煤气 λ				0.05

（2）预设的生铁成分见表 1-5。

表 1-5　预设的生铁成分

组分	Fe	Si	Mn	P	S	C	合计
质量分数/%	94.45	0.35	0.302	0.106	0.03	5.003	100

（3）重要冶炼参数。

干焦比：270 kg/t　　　　　　　　热风温度：1200℃

喷煤量：190 kg/t　　　　　　　　干风含氧：$\omega = 26\%$

炉渣碱度：$R = CaO/SiO_2 = 1.194$　　炉顶煤气温度：200℃

铁水温度：1500℃　　　　　　　　直接还原度：$r_d = 0.504$

3）物料计算

（1）渣量和渣成分见表 1-6。

表 1-6　渣量及渣成分

组分	CaO	SiO_2	MgO	Al_2O_3	FeO	MnO	S/2	合计
渣量/(kg/t)	100.764	84.944	21.294	33.184	3.036	2.431	1.219	246.873
质量分数/%	40.816	34.408	8.626	13.442	1.230	0.985	0.494	100

（2）生铁成分核算见表 1-7。

表 1-7　生铁成分核算

组分	Fe	Si	Mn	P	S	C	合计
质量分数/%	94.211	0.35	0.300	0.105	0.03	5.004	100

（3）风量和碳耗计算结果（1 t 铁水）：

干风量：1096.399 kg　　　　风中水分：11.753 kg

耗碳：399.9 kg   生成二氧化碳：1466.3 kg

（4）煤气成分和煤气量如表 1-8 所示。

表 1-8 煤气成分

	\multicolumn{5}{c} 煤气组成					合计
	CH$_4$	H$_2$	CO$_2$	CO	N$_2$	
体积/m^3	0	63.795	299.830	354.223	637.925	1369.70
体积分数/%	0	4.705	22.115	26.127	47.052	100

4）物料平衡

高炉炼铁单元的物料衡算结果列于表 1-10。

表 1-9 物料衡算结果（1 t 铁水）

\multicolumn{2}{c} 收入项		\multicolumn{2}{c} 支出项	
名称	数量/(kg/t)	名称	数量/(kg/t)
矿石	1560.407	生铁	1000
焦炭	280	炉渣	246.873
煤粉	190	煤气	1834.834
熔剂	0	煤气中水	51.264
鼓风	1096.399	炉尘	0
风中水分	11.753		
合计	3138.559	合计	3132.971
绝对误差	5.588	相对误差	0.178

5）能量衡算

高炉炼铁单元的能量衡算结果列于表 1-10。

表 1-10 能量衡算结果（1 t 铁水）

收入	GJ	占比/%	支出	GJ	占比/%
碳燃烧	2.245	23.86	*	6.96	73.96
CO 氧化	4.735	50.32	热铁水焓	1.24	13.18
热风	1.326	14.09	炉渣焓	0.44	4.68

收入	GJ	占比/%	支出	GJ	占比/%
C，H_2氧化	1.104	11.73	煤气焓	0.41	4.36
			脱硫	0.02	0.21
			损失	0.34	3.61
合计	9.410	100	合计	9.41	100.0

*代表氧化物分解和直接还原耗热。

1.3　氧气转炉炼钢单元的衡算（钢水量为 1000 kg）

氧气转炉炼钢是当今世界上最主要的炼钢方法，以热铁水为原料用纯氧吹炼，因过程能量有富余，一般在冶炼结束前加适量废钢和造渣剂量及其他冷却剂降温，某复吹氧气转炉炼钢单元的物料平衡和能量平衡情况叙述于下，以资参考。

1）氧气转炉炼钢单元主辅原料成分

氧气转炉炼钢单元主辅原料成分列于表 1-11 和表 1-12。

表 1-11　氧气转炉炼钢单元所用主原料成分和温度

项目	Fe/%	C/%	Si/%	Mn/%	P/%	S/%	温度/℃
铁水	94.825	4.39	0.43	0.23	0.095	0.030	1333
废钢	99.21	0.10	0.25	0.40	0.020	0.020	25

表 1-12　氧气转炉炼钢单元所用辅原料成分（%）

项目	CaO	SiO$_2$	MgO	Al$_2$O$_3$	C	P	S	TFe	H$_2$O
石灰	88.0	3.5	5.0	—	—	—	0.1	—	—
白云石	43.0	6.0	30.0	—	—	0.2	0.2	—	1.0
镁球	—	3.5	67.0	—	—	—	—	—	2.0
铁矿石	—	—	—	—	—	—	—	57.0	4.0
炉衬	2.0	3.0	78.8	1.4	14.0	—	0.07	—	—

2）氧气转炉炼钢单元终点钢水和炉渣炉气的成分

设定终点钢水和炉渣、炉气的成分等列于表 1-13 至表 1-15。

表 1-13　设定的终点钢水成分和温度

项目	C/%	Si/%	Mn/%	P/%	S/%	温度/℃
终点钢水	0.08	0	0.1	0.02	0.02	1620

表 1-14 设定的终点渣成分和碱度 R

组分	CaO	MgO	SiO$_2$	TFe	Al$_2$O$_3$	TiO$_2$	S	P$_2$O$_5$	MnO	R
含量/%	38.77	8.13	12.3	16.5	2.07	0.92	0.84	2.15	3.19	3.15

表 1-15 设定的终点炉气成分

组分	CO	CO$_2$	SO$_2$	O$_2$	N$_2$	H$_2$O	合计
含量/%	88.28	9.81	0.03	0.50	0.99	0.39	100.0

3）氧气转炉炼钢单元的物料衡算

氧气转炉炼钢单元的物料衡算结果见表 1-16。

表 1-16 氧气转炉炼钢单元物料平衡表

收入项	kg	%	支出项	kg	%
铁水	914.8	74.73	钢水	1000.0	81.8
废钢	171.5	14.01	炉渣	84.0	6.9
石灰	42.0	3.43	炉气	104.9	8.5
白云石	15.2	1.24	烟尘	13.3	1.1
镁球	4.8	0.39	铁珠	7.2	0.6
炉衬	0.8	0.07	喷溅	13.7	1.1
氧气	75.0	6.13			
合计	1224.1	100.0	合计	1223.1	100.0

注：吨钢用氧 $75 \times \dfrac{22.4}{32} = 52.5 \text{ m}^3$，偏低；吨钢用废钢 171 kg，偏高。

4）氧气转炉炼钢单元的能量衡算

氧气转炉炼钢单元的能量衡算结果列于表 1-17。

表 1-17 氧气转炉炼钢单元的能量平衡表

收入	MJ	占比/%	支出	MJ	占比/%
铁水物理热	1059.1	55.79	钢水物理热	1328.3	69.98
铁水化学热	774.0	40.78	炉渣物理热	177.7	9.36
成渣热	18.5	0.98	炉气物理热	162.9	8.58
烟尘氧化热	46.6	2.45	烟尘物理热	18.0	0.95
			喷溅铁珠带走物理热	1.5	0.08
			渣中金属铁珠物理热	9.4	0.49

续表

收入	MJ	占比/%	支出	MJ	占比/%
			白云石分解热	8.0	0.42
			矿石分解热	161.3	8.50
			其他	31.1	1.64
合计	1898.2	100.0	合计	1898.2	100.0

氧气转炉炼钢过程的能量有富余，生产中希望能尽量多加废钢以降低吨钢的物耗和能耗，本例中所用废钢量偏多，使得吨钢用氧量、渣量以及能耗值都偏低；另外，底吹的惰性气体和溅渣护炉用的氮气没有计入物料衡算和能量衡算，这些惰性气体虽然不参加化学反应，但是会影响转炉烟气成分并造成一些能量的支出。

1.4　电弧炉炼钢单元的衡算（钢水量为 1000 kg）

1）电弧炉炼钢单元衡算用基本参数

（1）以 0℃ 为基点，即物料在 0℃ 条件下其物理热为零；

（2）原料中各发热元素成分按常规取值；

（3）成品钢液和炉渣成分按某企业实际生产的一般数据取值；

（4）炼钢终点钢液温度为 1620℃。

其他有关参数列于表 1-18 和表 1-19。

表 1-18　电弧炉炼钢单元所用其他有关参数

名称	参数
钢铁料氧化氧气来源	72%由氧气供给，28%由空气供给
氧气纯度和利用率	氧气纯度：99%，其余为氮气；氧气利用率为80%
碳的二次燃烧率	15%
炉气二次燃烧率	35%
烟气二次燃烧率	100%
氧气过剩系数	1.05
炉渣碱度	$R = 2.5$
铁的烧损率*	2.5%
焦炭及炭粉中 C 烧损率	100%

*氧化的铁量中 80%生成 Fe_2O_3 变成烟尘，另外 20%按 $FeO：Fe_2O_3 = 3：1$ 的比例成渣，即 2.4%的铁进入烟尘，0.6%的铁进入炉渣。进入炉渣中的铁 0.45%形成 FeO，0.15%形成 Fe_2O_3。

表 1-19　电弧炉炼钢单元的工艺参数

炭粉喷入量	10 kg/t-金属料
废钢比/%	由配料方案计算得到
生铁比/%	由配料方案计算得到
铁水比/%	由配料方案计算得到
海绵铁比/%	由配料方案计算得到
电极消耗量	1.7 kg/t-金属料
炉衬镁砖消耗量	5 kg/t-金属料
天然气量	3 kg/t-金属料
出钢温度/℃	1620

2）电弧炉炼钢单元所用原料和终点钢水成分

原辅料成分列于表 1-20 和表 1-21，终点钢水成分要求列于表 1-22。

表 1-20　电弧炉炼钢单元所用原料的成分（%）

名称	C	Si	Mn	P	S	Fe	H_2O	灰分	挥发分	H	O
废钢	0.18	0.25	0.55	0.030	0.030	98.96					
铁水	4.20	0.80	0.60	0.200	0.035	94.17					
生铁	4.20	0.80	0.60	0.200	0.035	94.17					
DRI	0.25				0.015	86.21		13.53			
焦炭	86.00						0.58	12.00	1.42		
炭粉	92.60						0.50	5.30	1.60		
电极	99.00							1.00			
天然气	84.00									14.50	1.50

注：天然气成分按 C、H、O 的质量百分比给出。DRI 表示直接还原铁。

表 1-21　电弧炉炼钢单元所用辅料成分（%）

名称	CaO	SiO_2	MgO	Al_2O_3	Fe_2O_3	CO_2	H_2O	P_2O_5	S
石灰	88.00	2.50	2.60	1.50	0.50	4.64	0.10	0.10	0.06
高铝砖	0.55	60.80	0.60	36.80	1.25				
镁砂	4.10	3.65	89.50	0.85	1.90				
焦炭灰分	4.40	49.70	0.95	26.25	18.55			0.15	
炭粉灰分	4.60	50.60	0.85	27.30	16.65				
电极灰分	8.90	57.80	0.20	33.10					
DRI 灰分	1.95	33.55	2.25	3.00	59.25				

表 1-22　设定的炼钢终点钢水成分

名称	C	Si	Mn	P	S	Fe
含量/%	0.15	0.01	0.10	0.015	0.025	99.70

3）电弧炉炼钢单元的物料衡算和能量衡算

电弧炉炼钢单元的物料衡算列于表 1-23 和表 1-24。

表 1-23　电弧炉炼钢单元的物料衡算

收入			支出		
项目	质量/kg	占比/%	项目	质量/kg	占比/%
废钢	689.41	56.45	金属	1000.00	81.88
生铁	172.35	14.11	炉渣	100.99	8.28
铁水	0.00	—	炉气	91.03	7.45
DRI	206.82	16.93	烟尘	29.22	2.39
焦炭	0.00	—			
电极	1.81	0.15			
石灰	49.78	4.08			
炭粉	10.69	0.88			
柴油	0.00	—			
天然气	1.60	0.13			
炉顶	0.27	0.02			
炉衬	5.34	0.44			
氧气	50.48	4.13			
空气	32.70	2.68			
合计	1221.25	100.0		1221.24	100.0

注：在本工况下，吨钢总物料消耗为 1221.25 kg。

表 1-24　电弧炉炼钢能量衡算结果

热收入			热支出		
项目	kW·h/t 钢	占比/%	项目	kW·h/t 钢	占比/%
废钢	56.06	8.66	钢水物理热	389.71	60.22
铁水物理热	0.00	—	炉渣物理热	60.28	9.31
铁水化学热	0.00	—	吸热反应耗热	16.49	2.55

热收入			热支出		
项目	kW·h/t 钢	占比/%	项目	kW·h/t 钢	占比/%
生铁化学热	50.31	7.77	冷却水带走	79.48	12.28
DRI 化学热	9.42	1.46	其他热损失	44.00	6.80
炭粉燃烧	36.48	5.64	炉气物理热	45.29	7.00
电极氧化	6.62	1.02	炉尘物理热	11.92	1.84
天然气燃烧	20.97	3.24			
成渣热	17.31	2.67			
炉气二次燃烧	23.36	3.61			
电能	426.61	65.92			
合计	647.14	100.0	合计	647.17	100.00

注：在本工况下，吨钢需补充电能 426.61 kW·h。

电弧炉炼钢过程一般都要在废钢原料中加一定比例的生铁块，以保证炉料熔清后熔池中还有足够的含碳量，利用碳氧化生成一氧化碳气体使熔池活跃沸腾、升温、去气去夹杂，保护熔池不过氧化。

1.5　冶金过程衡算应用实例
——四元炉料的电弧炉炼钢过程物耗和能耗分析

传统的电弧炉炼钢过程使用冷炉料，目前，国际上通常使用的是"冷废钢 + 冷生铁"的二元炉料结构，也有使用"冷废钢 + 冷生铁 + 直接还原铁"的三元炉料结构，本例是使用四元炉料的情况。

某大型电炉炼钢过程要求成品钢质洁净、有害金属含量低，故炼钢所用炉料除废钢、生铁外，还配加一定比例的直接还原铁（direct reduction iron，DRI），为进一步改善钢质、提高生产率，还配加一定比例的热铁水（hot metal，HM）。热铁水不仅仅带入碳、硅、锰等元素，一方面也带入了大量的物理热和化学热，另一方面也加重了炉内冶金反应的负荷。

电弧炉炼钢使用四元炉料的单元过程物料和能量状况，以及各种炉料对冶炼过程物耗和能耗的影响如下。

1）电弧炉炼钢单元的装备及工艺流程

该企业的 150 t 炼钢电弧炉主要技术参数列于表 1-25，冶炼工艺流程示意见图 1-6。

表 1-25　150 t 超高功率电弧炉主要技术参数

项目	参数
公称容量/L	150
炉壳直径/mm	7000
供电方式	三相交流
变压器额定功率/MVA	100
额定一次电压/V	33000
二次电压/V	678~892
最大二次额定电流/kA	83.7
炉门氧枪额定流量/(Nm³/h)	2400×2 支
炉壁 KT 氧枪主氧额定流量/(Nm³/h)	2500×4 支
天然气额定流量/(Nm³/h)	500×4 支
KT 碳枪粉剂额定流量/(kg/min)	50×3 支

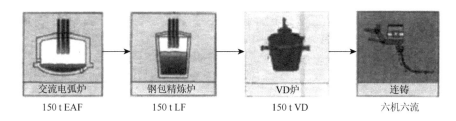

交流电弧炉	钢包精炼炉	VD炉	连铸
150 t EAF	150 t LF	150 t VD	六机六流

图 1-6　炼钢工艺流程示意图

2）四元炉料工况下的物料消耗和能量状况分析

（1）炉料结构参数。

电炉炼钢所用炉料结构参数定义如式（1-1）所示：

$$G = G_{SC} + G_{Pig} + G_{HM} + G_{DRI} \tag{1-1}$$

其中：G 是金属料总装入量，t；G_{SC} 是废钢装入量，t；G_{Pig} 是冷生铁装入量，t；G_{HM} 是铁水装入量，t；G_{DRI} 是直接还原铁装入量，t。

电炉炼钢所用炉料结构参数：

废钢比　　　$R_{SC} = (G_{SC}/G) \times 100\%$；

生铁比　　　$R_{Pig} = (G_{Pig}/G) \times 100\%$；

铁水比　　　$R_{HM} = (G_{HM}/G) \times 100\%$；

直接还原铁比　　　$R_{DRI} = (G_{DRI}/G) \times 100\%$；

以及　　　　　$R_{SC} + R_{Pig} + R_{HM} + R_{DRI} = 100\%$ 　　　　（1-2）

（2）实际物料消耗和能量状况分析。

废钢中配加冷生铁、热铁水和直接还原铁的四元炉料结构平均为每吨粗钢配用废钢 486.4 kg、生铁 95.2 kg、铁水 277.3 kg、DRI 193.0 kg；即炉料配比为：废钢 46.2%、生铁 9.1%、热铁水 26.4%、DRI 18.3%。平均冶炼电耗 321.6 kW·h/t，氧气消耗 43.7 m³/t，天然气消耗 3.4 m³/t，电极消耗 1.47 kg/t，石灰消耗 64.1 kg/t，碳粉和碳球消耗 10.1 kg/t。出钢温度平均为 1640℃，平均出钢量 143 t，冶炼周期平均为 53 min。

物料衡算所用金属原料成分及目标钢水成分见表 1-26。

表 1-26　金属炉料成分和钢水成分（%）

炉料	C	Si	Mn	P	S	Fe	FeO	灰分
废钢	0.18	0.25	0.55	0.030	0.030	98.96	—	—
铁水	4.13	0.62	0.26	0.070	0.040	94.88	—	—
生铁	4.13	0.62	0.26	0.070	0.040	94.88	—	—
DRI	0.36	—	—	—	0.018	8260	10.61	6.41
钢水	0.11	0.01	0.06	0.01	0.05	99.76	—	—

注：废钢成分按普通碳素废钢计，其余成分均为实测平均值。

根据物料平衡和能量平衡，建立了该 150 t 电弧炉炼钢过程的工艺模型"EAF SPM"，使用该工艺模型进行模拟计算得到上述四元炉料结构下的吨钢物料消耗和能量状况，分别列于表 1-27 和表 1-28。该工况下每吨成品钢液的冶炼能量的平衡总量为 627 kW·h/t，电能消耗是 312 kW·h/t。

表 1-27　四元炉料的电弧炉炼钢过程的物料衡算

收入项			支出项		
加入项目	加入量/(kg/t)	比例/%	产出项目	产出量/(kg/t)	比例/%
废钢	486.4	39.2	钢液	1000.0	80.3
生铁	95.2	7.7	炉渣	97.3	7.8
铁水	277.3	22.4	炉气	121.2	10.1
DRI	193.0	15.6	炉尘	23.3	1.9
石灰	64.1	5.2			
碳粉	10.1	0.8			
天然气	3.4	0.3			
氧气	62.4	5.0			
空气	40.3	3.2			
炉顶	1.5	0.1			

续表

收入项			支出项		
加入项目	加入量/(kg/t)	比例/%	产出项目	产出量/(kg/t)	比例/%
炉衬	5.0	0.4			
电极	1.5	0.1			
合计	1240.2	100.0	合计	1241.8	100.0

表 1-28　四元炉料的电弧炉炼钢过程的能量衡算

收入项			支出项		
能量供应项	供应量（kW·h/t）	比例/%	能量消耗项	消耗量（kW·h/t）	比例/%
铁水物理热	92.2	14.7	钢液物理热	393.6	62.8
元素氧化热	163.9	26.1	炉气带走热	50.4	8.0
天然气燃烧放热	49.1	7.8	炉渣带走热	58.7	9.4
成渣热	9.9	1.6	烟尘带走热	8.2	1.3
电能	311.8	49.7	吸热反应热	6.0	1.0
			冷却水带走热	47.3	7.5
			其他热损失	62.7	10.0
合计	626.9	100.0	合计	626.9	100.0

3）四元炉料结构对物耗和能耗影响的模拟

统计大量生产实际数据使用模型 EAF SPM 进行模拟研究，分别得出生铁（Pig）、热铁水（HM）以及直接还原铁（DRI）代替废钢（SC）对冶炼过程物耗和能耗的定量影响，结果分别绘于图 1-7 至图 1-9。

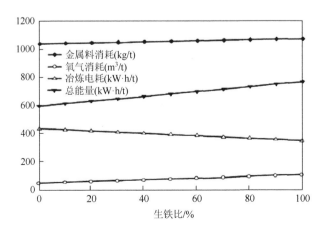

图 1-7　冷生铁代替废钢造成生产指标的变化

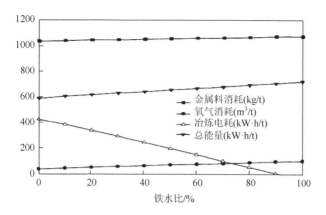

图 1-8　热铁水代替废钢造成生产指标变化

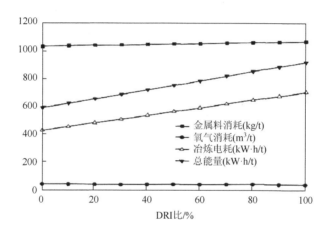

图 1-9　DRI 代替废钢造成生产指标变化图

由模拟计算结果的图 1-7 至图 1-9 可以看出炉料对冶炼过程物耗和能耗的影响如下：

（1）某种炉料配入量变化的影响：①生铁比每增加 1%，则金属料消耗增加 0.4 kg/t，氧气消耗增加 0.5 m³/t，电能消耗降低 0.8 kW·h/t，总能量增加 1.8 kW·h/t；②铁水比每增加 1%，则金属料消耗增加 0.4 kg/t，氧气消耗增加 0.5 m³/t，电能消耗降低 4.7 kW·h/t，总能量增加 1.2 kW·h/t；③DRI 比每增加 1%，则金属料消耗增加 0.3 kg/t，氧气消耗降低 0.03 m³/t，电能消耗增加 2.7 kW·h/t，总能量增加 3.3 kW·h/t。

（2）四元炉料结构变化的影响：生产实际中电弧炉炼钢常用四元炉料结构的变化范围是：废钢比 40%～100%、生铁比 0%～45%、铁水比 0%～60%、直接还原铁比 0%～40%。用工艺模型 EAF SPM 进行模拟分析，得出四元炉料结构的变化对总能量需求、氧量需求、电能需求及电功率需求的定量影响,结果列于表 1-29 (1 t 合格钢水,有效供能时间 40 min),在实际生产的波动范围内,其吨钢电功率需求变化的范围是 153～744 kW。

(3) 利用工艺模型进行模拟分析,可以帮助在实际炼钢过程中,调整供氧参数和供电参数,满足冶炼过程的能量供应量,保证生产合理运行。

表 1-29　炉料结构变化对吨钢能量指标的影响

炉料	变动范围/%	总需氧量/m³	总氧气量/(m³/h)	总能量/(kW·h)	需补加电能/(kW·h)	电功率需求/kW
废钢	40～100	43.1～29.2	65～44	673.1～601.5	496.1～128.3	744～192
生铁	0～45	43.1～51.9	65～78	673.1～6626	496.1～102.0	744～153
铁水	0～60	43.1～51.9	65～78	673.1～6626	496.1～102.0	744～153
DRI	0～40	43.1～51.9	65～78	6626～673.1	102.0～496.1	153～744

4) 生产实际情况

某年 4～6 月使用工艺模型对电炉炼钢生产情况进行模拟分析,帮助在实际炼钢过程中调整供氧参数和供电参数,共 1215 炉次、生产合格钢水 172 247 t。实际的生产数据(1215 炉数据,略)的逐步回归分析(逐步回归方法介绍见 6.4 节)得到炉料结构对冶炼吨钢电耗的定量影响,第一步结果是式(1-3),表示对冶炼吨钢电耗影响最强烈的是炉料中直接还原铁的比例 R_{DRI},R_{DRI} 每增加 10%冶炼电耗增加 14 kW·h;第二步结果是式(1-4),表示对冶炼吨钢电耗影响其次的因素是炉料中热铁水的配比 R_{HM},R_{HM} 每增加 10%冶炼吨钢电耗减少 20 kW·h。逐步回归分析表明第二步结果是最终结果,再也没有其他因子的影响能达到足够的信度。

第一步结果:

$$SEC = 290.7 + 1.4R_{DRI} \qquad (1-3)$$

信度水准,否定概率 $P_{DRI} = 7.0 \times 10^{-37}$;

第二步最终结果:

$$SEC = 347.7 + 1.2R_{DRI} - 2.0R_{HM} \qquad (1-4)$$

信度水准,否定概率 $P_{DRI} = 6.7 \times 10^{-31}$,$P_{HM} = 2.3 \times 10^{-24}$。

考虑到四种炉料结构参数之和是 100%,所以各炉料结构参数之间一定是相关的,吨钢冶炼电耗与四种炉料结构参数的简单相关关系分析结果列于表 1-30,显然表中所列的简单相关关系有虚假的成分,所以不能采用简单的多元线性回归"强迫"处理,所以,使用逐步回归方法予以分析。

表 1-30　吨钢电耗与炉料结构参数的相关关系

参数	r_{SC}	r_{Pig}	r_{HM}	r_{DRI}
吨钢电耗 SEC	−0.21	0.18	−0.32	0.35
信度水准 P	5.4×10^{-14}	1.6×10^{-10}	2.3×10^{-30}	7.0×10^{-37}

注：r_{SC} 吨钢冶炼电耗 SEC 与炉料中废钢配入比的简单相关系数；r_{Pig} 吨钢冶炼电耗 SEC 与炉料中冷生铁配入比的简单相关系数；r_{HM} 吨钢冶炼电耗 SEC 与炉料中热铁水配入比的简单相关系数；r_{DRI} 吨钢冶炼电耗 SEC 与炉料中直接还原铁配入比的简单相关系数。

逐步回归分析显示的结果是废钢中配加冷生铁、热铁水和直接还原铁的四元炉料结构情况下炉料结构变化的综合影响，例如直接还原铁的比例增加则其他炉料的比例就要减少，其他三种原料的减少情况取决于现场的实际操作，所以表现出的效果和模拟计算及简单相关关系分析结果有所不同，而是更贴近于实际的生产情况。

1.6　冶金生产系统物料和能量的宏观情况

钢铁生产系统全流程的物料平衡和能量平衡在不同时期、不同地区的数据大致相同、小有差异，本节引用的数据中，钢铁联合企业系指矿石/高炉炼铁/转炉炼钢流程，包括焦化、烧结、球团等铁前工序，通俗称之为长流程系统；废钢-小钢厂系指废钢电弧炉炼钢企业，通俗称之为短流程系统，或小钢厂。

1）投入物料
冶金过程系统典型的投入物料数据列于表 1-31。

表 1-31　投入物料（1 t 粗钢）

矿石-钢铁联合企业		废钢-电炉钢厂	
铁矿石	1500 kg	废钢/DRI、热/冷生铁	1130 kg
废钢	175 kg		
炼焦煤	610 kg		
燃料煤	60 kg		
		合金元素	10 kg
熔剂、渣料	200 kg	熔剂、渣料	40 kg
（水）	5 m³	（水）	3 m³
合计	2545 kg	合计	1180 kg

2）产出物
冶金过程系统典型的产出物数据列于表 1-32。

表 1-32　产出物（1 t 粗钢）

钢铁联合企业		电炉钢厂	
钢	1000 kg	钢	1000 kg
废炉渣	455 kg	废炉渣	146 kg
炉尘/泥尘	56 kg	炉尘/泥尘	21.5 kg
氧化铁皮	16 kg	氧化铁皮	16 kg
废耐火材料	4 kg	废耐火材料	17 kg
合计	1531 kg	合计	1200.5 kg

3）排放物

冶金过程系统的排放物的典型数据列于表 1-33。

表 1-33　排放物（1 t 粗钢）

钢铁联合企业		电炉钢厂	
废水（SS、油、NH_3）	3.0 m³	废水（SS、油、NH_3）	2.0 m³
固体悬浮物（SS）	1.6 kg		
废油	0.15 kg	—	
氨态氮	0.10 kg	—	
CO	28.0 kg	CO	2.5 kg
CO_2	2200.0 kg	CO_2	120 kg
SO_2	2.2 kg	SO_2	60 kg
VOC	0.3 kg		
NO_x	2.3 kg	NO_x	0.6 kg
颗粒物	1.1 kg	颗粒物	165 kg
其他（金属、H_2S 等）	0.065 kg		

4）输入能源

冶金过程系统典型的输入能源数据列于表 1-34。

表 1-34　输入能源（1 t 粗钢）

钢铁联合企业		电炉钢厂	
煤	19.2GJ（655.3 kgce）	煤/焦炭	0.450GJ（15.3 kgce）
蒸汽	5.2GJ（177.5 kgce）	—	
电力	3.5GJ（119.4 kgce）	电力	5.52GJ（188.4 kgce）
氧气	0.3GJ（10.2 kgce）	氧气	0.205GJ（7.0 kgce）

续表

钢铁联合企业		电炉钢厂	
天然气	0.04GJ（1.4 kgce）	天然气	1.30GJ（44.4 kgce）
		电极消耗	0.12GJ（4.1 kgce）
合计	28.24GJ（963.8 kgce）	合计	7.595GJ（259.2 kgce）

5）输出能量

冶金过程系统典型的输出能量数据列于表 1-35。

表 1-35　输出能量（1 t 粗钢）

	钢铁联合企业	电炉钢厂
蒸汽	5.2GJ（177.5 kgce）	无
电力	3.4GJ（116.0 kgce）	无
煤焦油	0.9GJ（30.7 kgce）	无
苯	0.3GJ（10.2 kgce）	无
合计	9.8GJ（334.4 kgce）	无

表 1-31 至表 1-35 是 20 世纪末比较权威的数据[①]，虽然时过境迁，但仍有比较好的参考价值。新世纪以来冶金过程系统内部结构有所进化，冶金单元工序、单元技术都有比较大的进步，物料能源的消耗适度降低；其二是新世纪以来环境保护日益得到重视，对冶金过程系统的排放严格控制，废弃物和废弃能源的回收再资源化利用得到广泛重视，从外部观察冶金系统有许多数据将有所改观。

冶金工程系统的基本特征就是物料衡算和能量衡算，影响衡算结果的往往是那些"参数"，这些"参数"是描述实际冶金过程的"特征值"，也就是说，了解某个具体冶金过程最重要的就是要掌握这些"参数"，认识这些"参数"将具体的冶金过程"辨识"出来。在信息化的现代，用信息化工具收集、整理、总结、得到这些"参数"，控制、调整这些"参数"是智能制造的基础。

一般说来系统中的子系统或单元的变化对系统的影响有限，许多重大的技术进步很多，如转炉炼钢的溅渣护炉技术、电弧炉炼钢中的偏心底出钢等等，这些技术改善大大促进了冶金过程系统的品质，使物料衡算和能量衡算的"参数"发生变化。在冶金过程系统发展的 170 年里，有颠覆性影响的两项技术革命是：①氧气转炉炼钢替代平炉炼钢；②连续铸钢取代铸锭。系统中的子系统的重大发

---

① 表 1-31 至表 1-35 数据引自：殷瑞钰. 关于钢铁工业大趋势. 钢铁（增刊），1997，32：16-28；引自 IISI 数据。

展影响了系统内部结构性的改变，使冶金工程系统内部结构由以并联为主变成单通道串联结构，系统内部处理物流的速率提高了一个数量级。

1.7　现代冶金过程系统品质的主要评价指标

（1）冶金过程系统品质的评价指标很多，主要有：

收得率：铁元素的收得率，%；

生产率：生铁或钢的产出量（生产规模），t/d 或万 t/a；

生产速率：单位时间的铁或钢的产出量，t/d 或 t/a；

能量利用效率：单位产出量消耗的能量，吨标煤/吨产品；

系统内在洁净度：成品钢中有害杂质含量，%；

系统外部环境的洁净度：有害物质的排放量，t/t。

（2）冶金过程系统的高效化包括三个方面：

高的生产率（生产规模，即铁元素的处理量，万吨生铁或粗钢）；

高的生产速率（即铁元素的处理流量，万吨钢/吨-年）；

高的能量利用效率（万吨钢/单位标准能源消耗）。

高的生产率（生产规模）是指冶金工程系统单位时间内的产钢量：主要是每年产多少万吨（10^4 t/a 或 t/d）。实现全连铸、特别是形成连铸-连轧生产流程后，钢铁企业内部结构趋于单通道串联结构，冶金过程系统生产率与装备的生产率的关系简单化。炼铁炼钢工序的生产率应适应后步工序的需求，例如：宽带热连轧的生产率约为 $200 \times 10^4 \sim 400 \times 10^4$ t/a，薄板坯连铸连轧的生产率约为 $100 \times 10^4 \sim 250 \times 10^4$ t/a，长材连轧的生产率约为 $50 \times 10^4 \sim 100 \times 10^4$ t/a。与之相适应的是冶炼装备的合理大型化，装备大型化与生产率之间关系须参考生产速率指标；大型化的合理性应符合物流通量的平衡；大型化有利于提高装备水平和技经指标。

高的生产速率是一种强度指标，是指冶金工程系统中主体工艺装备的每单位吨公称容量在单位时间内的钢产量——万吨/吨位-年、吨/吨位-日、吨/吨位-时等。在现代冶金过程系统中大部分主体工序和装备都实现了连续或半连续生产，只有炼钢过程是间歇式操作或周期性操作，其生产速率的特征表现为生产节奏——炉次/小时或冶炼周期——分钟/炉次，因此需要整个炼钢工序处于相对稳定的节奏中。

生产速率更直接地反映出冶金过程的装备、操作、工艺的综合水平。讨论影响间歇式操作的炼钢单元处理速率的因素在于分析冶炼周期构成：①缩短有效冶炼时间——提高冶炼强度；②减少辅助操作时间——机械化、自动化；③减少其他非冶炼操作时间——作业率、炉衬、维修、管理等（溅渣护炉在转炉炼钢中成功应用，使热停工时间大大减少）。

高的能量利用效率。从某种意义来看，冶金过程是以能量换取合格钢生产量的工艺过程。现代冶金工程系统的能耗用于：①为合格产品提供的物理热，有用能量约 1380 kW·h/t 钢；②为合格产品与杂质分离的操作耗能；③余热，应尽可能地回收利用，包括物理余热和化学余热；④热损失，应尽量减少。

1.6 节列举了矿石/高炉炼铁/转炉炼钢流程 BF/BOF 系统和电炉炼钢流程 EAF 系统的物料消耗和能量消耗的数据，可以看出矿石/高炉炼铁/转炉炼钢流程 BF/BOF 系统净能耗是电炉炼钢流程 EAF 系统的净能耗的 2.4 倍，BF/BOF 系统的总能耗是 EAF 系统的 3.7 倍，近年来发展了许多节能减排技术，这两种冶金过程系统的能耗都有明显的改善。

1.8 铁 钢 比

铁钢比是某时某地生产的生铁量与粗钢量之比，是一个重要的宏观结构参数，不要简单直观地认为只是某时某地炼钢使用热铁水的份额比例。第一，钢铁生产要消耗铁矿石和焦炭，所以铁钢比表示该地该时炼钢生产对自然资源的依赖和消耗程度；第二，铁钢比反映了该时该地废钢资源回收再生的水平；第三，高炉炼铁包括前步的烧结和焦化，是能耗和污染的主要工序，所以铁钢比反映了吨钢生产的能耗和污染的强度，铁钢比高表示该时该地吨钢的能耗和污染严重，铁钢比低表示该时该地吨钢的能耗较低、污染较轻；第四，废钢/电炉炼钢系统的二氧化碳排放量约为矿石/高炉炼铁/转炉炼钢系统的二氧化碳排放量的三分之一，铁钢比反映了该时该地冶金工业温室气体的排放强度。

高炉炼铁单元是当前最主要的从自然界矿石中提取铁元素的工艺技术，用非高炉炼铁工艺提取的铁大约仅占铁元素总量的 5%～7%。另一方面，社会上的钢铁制品经过一段时间后会转化为废钢：机械装置一般经 10～15 年报废，建筑的钢铁结构报废周期要长一些，报废的钢铁转化为废钢，成为巨量重污染。一般说来每年生成的钢产量就是 20 年后废钢的生成量，按现在每年世界的产钢量估计 20 年后废钢每年的生成量将达到 20 亿吨，如果不及时消化掉，将会造成严重的环境污染。

消化废钢始终是钢铁冶金工程的一项重要任务，综合铁元素在社会上流转的状态以及矿石/高炉炼铁/转炉炼钢流程和废钢/电弧炉炼钢两类流程的关系，可以形象地绘成"北斗状"，如图 1-10 所示。也有人将铁元素在社会中的流动比喻成人体内血液的流动，将从自然界中提取铁元素的流程比喻为提供新鲜血液的"动脉流程"；将处理返回废钢的再生流程比喻为净化回流血液的"静脉流程"。

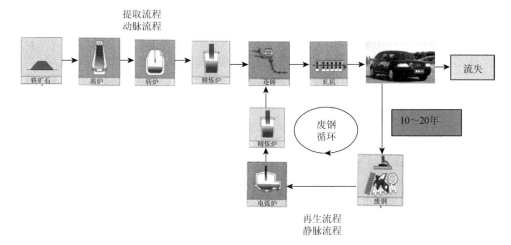

图 1-10　两类流程在社会中的关系和地位

显然，由自然界矿石中提取铁元素比较费时费力，提取过程的物耗、能耗、排放必然较大，对环境的污染也必然较为严重，另一方面废钢返回的再生流程相对而言各方面负荷则较轻。

表 1-36 和图 1-11 是 21 世纪以来全世界和中国以及全球铁钢年产量的增长情况，新世纪以来，全世界的钢铁生产仍保持强劲增长。

表 1-36　21 世纪以来全球钢铁产量（10^3 t/a）

年份	产钢量	产铁量
2000	850 019.6	575 775.5
2001	852 033.0	585 920.6
2002	905 015.2	610 616.5
2003	970 912.5	669 895.0
2004	1 062 617.7	718 702.5
2005	1 147 976.1	800 095.9
2006	1 250 131.8	880 622.2
2007	1 348 183.5	961 014.1
2008	1 343 428.6	949 010.8
2009	1 238 749.2	933 114.6
2010	1 433 432.4	1 034 336.7
2011	1 538 021.0	1 103 856.4
2012	1 560 444.3	1 123 042.5
2013	1 650 422.6	1 170 091.4
2014	1 671 127.6	1 187 040.0

续表

年份	产钢量	产铁量
2015	1 621 536.9	1 160 529.7
2016	1 629 095.8	1 173 519.6
2017	1 732 170.5	1 186 135.8
2018	1 816 611.0	1 252 868.1
2019	1 869 000.0	1 280 700.0

数据来源：世界钢铁协会（www.worldsteel.org）。

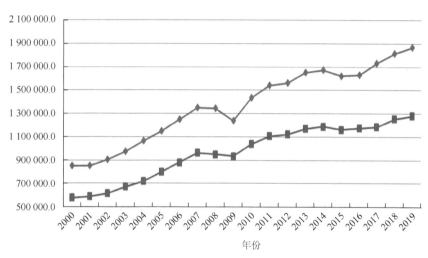

图 1-11　21 世纪全球钢铁年产量（10^3 t/a）

　　铁钢比是一个结构性的强度参数，标志着该地区、该国废钢返回再利用的状况，同时也是该地区、该国的单位产钢量带来的能耗、污染的宏观描述，世界各国都在努力控制铁钢比，1930 年以来世界范围内生铁年产量和钢的年产量之比一直保持着奇妙的 0.7。21 世纪以来全球铁钢比变化的情况列于表 1-37 和图 1-12，可以看出全球的铁钢比仍然维持在 0.7 左右，仅中国的铁钢比较高，然而正在稳定的下降。

表 1-37　21 世纪以来的铁钢比

年份	全球铁钢比/%	中国铁钢比/%	其他铁钢比/%
2000	67.74	101.96	61.64
2001	68.77	102.58	61.45

年份	全球铁钢比/%	中国铁钢比/%	其他铁钢比/%
2002	67.47	93.71	60.85
2003	69.00	96.10	60.95
2004	67.64	92.32	59.11
2005	69.70	96.89	57.48
2006	70.44	98.25	56.32
2007	71.28	97.32	56.43
2008	70.64	94.32	56.05
2009	75.33	98.54	55.08
2010	72.16	93.25	55.21
2011	71.77	91.95	54.83
2012	71.97	91.66	54.61
2013	70.90	86.56	55.36
2014	71.03	86.80	55.76
2015	71.57	86.02	57.37
2016	72.04	86.96	57.37
2017	68.48	81.94	54.86
2018	68.97	83.06	54.24
2019	68.52	81.24	54.00

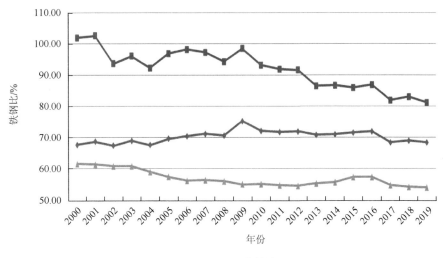

图 1-12　21 世纪以来的铁钢比

第 2 章　冶金物理化学

含铁原料经冶金过程系统转化为合格产品，其中有两个根本性的技术问题：一是如何得到终极的目标产品？二是如何使过程向所需要的终极目标方向前进？即需要定量地解决过程系统以及系统内各单元工序的方向和限度。

冶金工程技术经过 170 多年的发展日趋成熟，形成了矿石-高炉炼铁-氧气转炉炼钢和废钢-电弧炉炼钢两类过程系统，其中矿石-高炉炼铁-氧气转炉炼钢生产流程大致如图 2-1 所示：铁矿石经烧结、球团等操作处理后加入高炉，炼成液态生铁，液态生铁在氧气转炉单元工序中经氧化精炼、脱碳、升温，再经二次精炼得到成品钢液，然后经连铸单元工序铸成铸坯，固态铸坯经加热/均热、轧制成材，有一些轧材还需经精整、深加工。

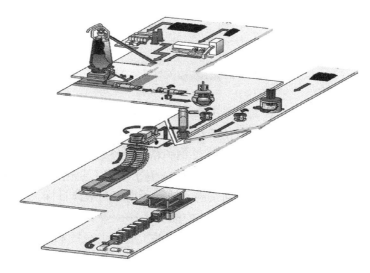

图 2-1　现代冶金工艺流程

冶金过程本质上是高温多相化学反应，可以归纳为碳与氧争夺铁的历程，铁氧碳"三国演义"示意如图 2-2 中的黑线：在炼铁工序焦炭中的碳夺取铁矿石中铁氧化物中的氧，将氧化铁还原成生铁，其后在炼钢工序吹氧将铁水中的碳氧化成一氧化碳气体排出，由于钢液中的氧过量（过氧化），最后需要在二次精炼工序再用碳和其他元素在还原气氛下将钢水中的氧去除，全过程还原-氧化反反复复，逐渐接近终点。

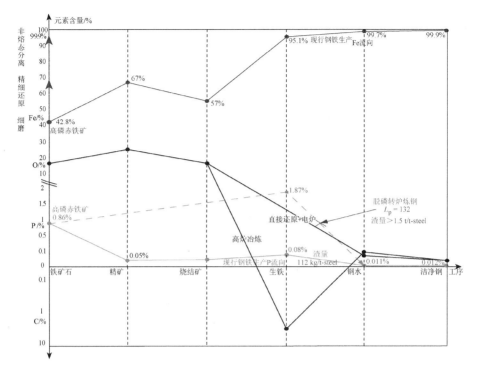

图 2-2　现代钢铁生产的碳与氧争夺铁的历程

从另一个角度来看,含铁原料中铁的氧化物被还原成铁元素,并与脉石及各种杂质分离,铁的纯度(品位)在矿石中约为 35%~60%,经冶金过程系统中的各单元工序,铁的纯度逐渐升高,经过炼钢和精炼最终达到 99%~99.99%以上(合金元素的含量另计),如图 2-2 中细黑线所示。为了达到工业化大规模生产的目的,必须控制冶金过程向所需要的方向发展,达到所期许的最终目标。

当然,最理想的路径莫过于图 2-2 中箭头(———→)所示,铁的纯度直接提高到 99%以上,但是,目前尚没有直接炼钢的工业化生产技术,还有待于冶金工艺的发展。

2.1　铁氧化物还原的单元过程

冶金过程系统的首要任务就是将矿石中铁的氧化物还原成铁元素,经典的化学研究很早就已经得到铁氧化物与碳或氢相互作用的化学反应式,但是并不能给出反应的方向与限度的定量结果,因此难以对冶金工程实际给出定量的预测和指导。冶金工程技术界普遍认为在 20 世纪 20 年代引进的普适热力学使冶金工程技术成为定量的科学。

由于铁和碳都是变价元素，有多种铁的氧化物存在，所以首先必须确定在实际冶金过程中究竟是哪些物质参加反应。直观来看，还原剂是煤或焦炭中的碳元素，但焦炭是固体，焦炭和铁矿石之间的固-固反应难以长时间稳定维持，所以固态的碳与铁氧化物之间的反应应该不是主要的冶金反应，实际的冶金生产应该是铁氧化物与气态的一氧化碳或氢气之间的固-气反应。

2.1.1　化学反应的自由能变化

热力学研究认识到自然界一个普遍存在的规律：一个孤立体系的熵总是在增加，称之为熵增定理，即为热力学第二定律，如果体系的熵不变化则表示体系处于平衡状态。孤立体系在过程中熵的变化 dS（或 ΔS）反映了过程进行的方向和限度，热力学第二定律的定量表述是：

$$dS \geqslant 0 \tag{2-1}$$

其中：dS 为熵的变化。

定义体系的吉布斯自由能：

$$G = U + PV - TS = H - TS \tag{2-2}$$

其中：U 为内能，内能的变化，取决于始态与末态；P 为体系的压力（强）；V 为体系的体积；T 为体系的热力学温度（又称绝对温度）；H 为系统的热焓。

在等温（$dT = 0$）等压（$dP = 0$）条件下，自然界熵增现象即为吉布斯自由能的减少，可见过程进行的方向是

$$\Delta G \leqslant 0 \tag{2-3}$$

在等温等压和不涉及体积功的条件下，过程只能自发地向吉布斯自由能降低的方向进行，直到 G 达到最小，相应的系统达到平衡，$\Delta G = 0$。

物理化学的研究得到化学反应与体系的吉布斯自由能变化的关联式（2-4）：

$$\Delta G = \Delta G^{\ominus} + RT\ln Q_p \tag{2-4}$$

等式的左侧是物理量 G，右侧第二项是"化学反应"，式（2-4）描述了物理参数与化学反应的定量关联关系。

注意：等式两侧的量纲是和谐的。

式（2-4）中 $\Delta G^{\ominus}$ 是标准状态下的吉布斯自由能变化：

$$\Delta G^{\ominus} = -RT\ln K \tag{2-5}$$

其中：K 是化学反应的平衡常数；R 是气体常数，8.3143 J/(mol·K)。

注意：①式（2-5）中等式左端是标准态，右端是平衡态，等式的两端不是同一个状态，等式只表示数值上的关系，不表示处于同一个状态。

②等式两侧的量纲是和谐的。

对于某个特定的化学反应，其反应的平衡常数 K 和标准自由能的变化 $\Delta G^{\ominus}$ 都只是温度的函数，只随温度而变化。

其中，Q 或 Q_P 是等温条件下化学反应的实际的浓度积或活度积，即是反应产物的浓度（活度）的乘积除以反应物的浓度（活度）的乘积（Q_P 表示等压条件下的浓度积）。例如对于化学反应：

$$aA + bB \Longrightarrow cC + dD \tag{2-6}$$

其浓度积为

$$Q = \frac{a_C^c a_D^d}{a_A^a a_B^b} \tag{2-7}$$

标准态状态，反应物的浓度（活度）和反应产物的浓度（活度）都是 1，式（2-4）中的 $\ln Q = 0$，$\Delta G^{\ominus}$ 是反应产物与反应物都处于标准状态下所具有的自由能变化，反映了标准状态的反应距平衡态有多"远"，即标准状态所具有的"化学位能"。

据此，在物理化学方面做了大量严格的实测工作，得到各种化学反应的平衡常数 K 以及其标准状态的变化 $\Delta G^{\ominus}$，还有活度相关的数据，建立了完备的物理化学数据库以供查询使用。

通常认为，固态物质的活度是 1；气态物质 i 的活度是其分压 p_i（浓度）；溶液中各种物质的活度比较复杂，有多种理论和相应的计算方法，其中冶金工程中较常用的有 Wagner 模型：在等温等压下，对于 Fe-2-3 体系，多元体中组元 2 的活度系数 f_i 的对数是其他各组元的浓度[%2]、[%3]……的函数，将其在浓度为零附近展开，得到

$$\lg f_2 = \frac{\partial \lg f_2}{\partial [\%2]}[\%2] + \frac{\partial \lg f_2}{\partial [\%3]}[\%3] + \cdots + \frac{\partial \lg f_2}{\partial [\%n]}[\%n] \tag{2-8}$$

以及

$$\frac{\partial \lg f_2}{\partial [\%2]} = e_2^2 \qquad \frac{\partial \lg f_2}{\partial [\%3]} = e_2^3 \tag{2-9}$$

其中：$e_2^2, e_2^3, \cdots, e_2^n$，称之为组元 $2, 3, \cdots, n$ 对组元 2 的"活度相互作用系数"；所以有

$$\lg f_i = \sum_{j=2}^n e_i^j [\%j] \qquad \lg f_i^j = e_i^j [\%j] \tag{2-10}$$

一般说来，若 A_{r_i}、A_{r_j} 分别为元素 i、j 的原子量（原子摩尔质量），如果二者相差不大，则元素 i 对元素 j 的影响与元素 j 对元素 i 的影响的倒易关系是

$$e_j^i \approx \frac{A_{r_i}}{A_{r_j}} e_i^j \tag{2-11}$$

2.1.2　铁氧化物被一氧化碳还原单元过程的物理化学

有关的物理化学方法用于铁的氧化物被碳还原的研究首先在于确定反应物和

生成物是什么？是什么相？研究结果表明在实际冶金生产的条件下铁的氧化物有多种价位，是固体；反应中的还原物质不是固体碳，因为固体与固体之间的反应不能持续进行，所以反应中的还原物质应该是气态的一氧化碳；物理化学研究的结果归纳示于图 2-3。

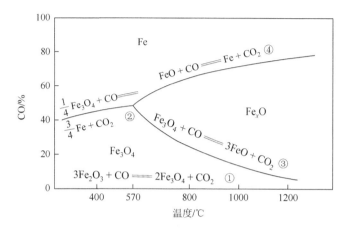

图 2-3　用 CO 还原铁氧化物的平衡图

图 2-3 形象地表明在不同的温度（横坐标轴）和气氛的还原性（纵坐标轴）中各种铁氧化物稳定存在的区间：低于 570℃，稳定参与反应的物质是 Fe_2O_3，由于温度太低，反应速率可能很慢，在实际冶金生产中几乎不起作用。高于 570℃，另外两种铁的氧化物都能稳定地存在，在不同的温度下，还原反应分别逐级是

$$T < 570℃ \quad 3Fe_2O_3 + CO \Longrightarrow 2Fe_3O_4 + CO_2$$

或

$$1/4Fe_3O_4 + CO \Longrightarrow 3/4Fe + CO_2$$

$$T > 570℃ \quad 3Fe_2O_3 + CO \Longrightarrow 2Fe_3O_4 + CO_2$$

$$Fe_3O_4 + CO \Longrightarrow 3FeO + CO_2$$

$$FeO + CO \Longrightarrow Fe + CO_2$$

可以认为，真实地获得铁的冶金反应是高于 570℃ 的 FeO 被 CO 还原反应，见反应式（2-12）。根据冶金工程的实际情况，可以认为真实的冶金反应是 FeO 在 1000～1200℃ 下被 CO 还原：

$$FeO + CO \Longrightarrow Fe + CO_2 \tag{2-12}$$

铁氧化物的还原反应[式(2-12)]是可逆反应，即在很多情况下反应终点还会有一定量的 FeO 存在，这样铁原料的利用率低、还原产物纯度不高，生产效率很差。

工程实际要求反应尽可能向正方向进行，即要求控制反应的吉布斯自由能变化为负值，即要求 $\Delta G \leqslant 0$：

$$\because \quad \Delta G = \Delta G^{\ominus} + RT\ln Q$$

其中
$$Q = \frac{a_C^c a_D^d}{a_A^a a_B^b}$$

Fe 和 FeO 均为固体，所以 a_{Fe} 和 a_{FeO} 都等于 1，

$\therefore$ 其浓度积为
$$Q_p = \left(P_{CO_2} / P_{CO} \right) \tag{2-13}$$

查冶金物理化学数据库，该反应的标准吉布斯自由能变化是

$$\Delta G^{\ominus} = -22\,800 + 24.26T \tag{2-14}$$

$\therefore$
$$\Delta G = \Delta G^{\ominus} + RT\ln \left(P_{CO_2} / P_{CO} \right)$$
$$= -22\,800 + 24.26T + RT\ln \left(P_{CO_2} / P_{CO} \right) \leqslant 0$$

取
$$T = 1273 \text{ K}$$

得到
$$\ln \left(P_{CO_2} / P_{CO} \right) \leqslant -0.76$$

所以，使还原反应向正向进行的热力学条件是控制气相中的

$$P_{CO} / P_{CO_2} \geqslant 2.14$$

或
$$\frac{P_{CO}}{P_{CO} + P_{CO_2}} \geqslant 2.14/3.14 = 68\% \tag{2-15}$$

故用一氧化碳在 1000℃还原铁的氧化物（FeO）为抑制逆向反应，使铁的氧化物尽可能地转化为铁，还原终点气氛中的 CO 相对浓度必须高于 68%。为方便起见，实际的还原反应可以写成式（2-16）：

$$FeO + nCO = Fe + CO_2 + (n-1)CO \tag{2-16}$$

即式中 n 应该大于等于 3，图示见图 2-4，图中虚线是 FeO 与氢气的反应。

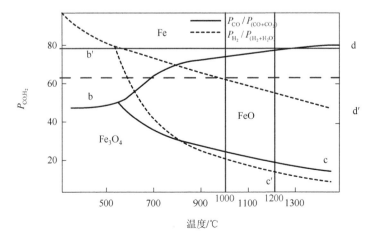

图 2-4 碳还原铁氧化物的实际控制范围

铁的氧化物被碳还原的真实工况是：固态的 FeO 被气态的 CO 还原，生成金属铁和 CO_2 气体，大约需要 3 倍的碳（或 CO），生成物是金属铁和 CO_2，其气相中还有 2 倍富余的 CO。所以逸出的炉气中 CO 很多，$\dfrac{P_{CO}}{P_{CO} + P_{CO_2}} \geqslant 68\%$，带有较多的化学热，应该加以回收利用。而 CO 最终还会被氧化成 CO_2，也就是说，每产出 1 t 金属铁，大约消耗 643 kg 的碳，最终排放出 2357 kg 的 CO_2。实际上，生成铁金属因渗碳、熔点降低，熔化成液态生铁，各物料的换算也有一些改变。

冶金物理化学更贴切于高温多相的冶金实际工况，能够更合理、更精确地描述冶金工程现象，人们广泛地认为"20 世纪 20 年代引入了物理化学使冶金由技艺升为科学"，于是能够合理地估计物理的、化学的条件影响，使冶金成为可以定量计算和控制的工程技术。

冶金物理化学研究表明氧化铁被一氧化碳还原单元过程是微弱的放热反应：

$$\Delta H = -236 \text{ kJ/kg-Fe} \tag{2-17}$$

还原反应的单元过程还产生 1000 kg 的 CO 气体，一氧化碳再氧化生成二氧化碳释放出大量的化学热：

$$CO + \frac{1}{2} O_2 \Longrightarrow CO_2 \tag{2-18}$$

$$\Delta H = -9941 \text{ kJ/kg-CO} \tag{2-19}$$

单元过程的物料衡算和能量衡算得出，每生产 1 t 铁元素（生铁中含铁 93%～94%），伴随产生有 1000 kg 的过剩的 CO，其具有的化学潜热多达 9941 MJ（折合 338 kg 标煤或 2761 度电），必须回收利用。

近年来，出于减少温室气体二氧化碳排放量的考虑，用氢气取代一氧化碳为还原剂的冶金单元技术引起了广泛的兴趣，氢还原产生的气相产物是水蒸气，没有碳排放。用氢气还原铁氧化物的热力学研究结果如图 2-5 所示。氢与氧化铁的还原反应是放热反应，温度高则氢的还原能力低，在温度 $T = 810℃$ 附近 CO 与 H_2 还原能力差不多；还原温度低于 810℃，氢的还原能力大于一氧化碳；还原温度高于 810℃，氢的还原能力低于一氧化碳；在 1000℃ 还原，气相中氢的相对浓度高于 60% 就可以了。

用氢做还原剂的单元技术还有许多具体的工程技术问题需要解决，另外，成本也是一个大问题。

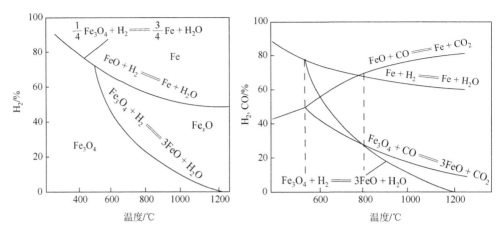

图 2-5　用氢还原铁氧化物的热力学

2.2　铁熔池中的碳氧反应单元

　　用空气吹炼热铁水的转炉炼钢方法诞生于 19 世纪 50 年代，空气中的氧氧化脱除金属熔池中的碳和其他杂质，使之经氧化精炼成为钢。参照铁碳相图（图 2-6），可以看出，随着氧化脱碳的进展，铁液中碳含量降低、熔池的液相线温度升高，所以炼钢过程必须有足够的能量供应以保证熔池升温。

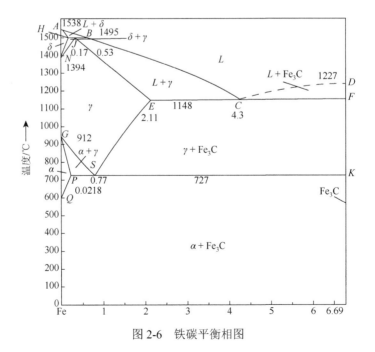

图 2-6　铁碳平衡相图

空气中的氮含量超过 70%，用空气吹炼，空气中的氮大量溶入钢液，使得钢的质量大大恶化；另一方面铁水中的碳硅锰等元素氧化，释放热量使熔池升温，但是空气中多余的其他气体却带走了大量的热，如果熔池温度升高的速率赶不上金属熔池熔点（液相线）升高的速率，会造成熔池"变冷"、出现"低温钢"；所以在 1860 年以后的约一百年的时间内，空气转炉炼钢方法没有得到广泛的工业应用，而是平炉炼钢方法在工业应用中占据了统治地位。直到 1950 年代，得益于空气分离技术的工业化应用，能够获得大量纯净廉价的氧气，氧气转炉炼钢方法才很快全面取代了平炉炼钢方法。

氧气转炉炼钢单元技术的生产效率很高，冶金物理化学研究得出氧气氧化熔池中溶解的碳的反应式和反应热是

$$[C] + 1/2\{O_2\} = \{CO\} \tag{2-20}$$

$$\Delta H = -11\ 637\ \text{kJ/kg[C]} \tag{2-21}$$

钢液的比热容是 0.879 kJ/(kg·℃)，可以算出每脱除 0.1%的碳，钢液理论温升 13.2℃，氧气转炉炼钢过程脱碳量超过 4.0%，理论上钢液温升超过 530℃。在脱碳的同时，熔池中的硅、磷、铁等也氧化放热，不仅能保证熔池温度由 1200℃升至 1600℃以上，还有富余，氧气转炉炼钢后期熔池温度往往过高，需要加冷废钢或冷直接还原铁等冷炉料降温。

氧气转炉炼钢单元过程后期熔池中碳含量相当低，过量的氧溶于铁液，造成钢液过氧化，钢液中氧含量过高，钢液实际上处于"过氧化"状态。冶金物理化学研究指出氧溶于铁液的反应式是

$$FeO_{(l)} + [O] = [FeO] \tag{2-22}$$

其反应平衡常数 K 与温度的关系是

$$\lg \frac{a_{FeO}}{[O]} = \frac{5870}{T} - 2.431 \tag{2-23}$$

因为 FeO 的活度最大不超过 1，所以溶解氧的最大值是

$$\lg[O]_{max} = -\frac{5870}{T} + 2.431 \tag{2-24}$$

取钢液温度为 $t = 1600℃$，$\therefore T = 1873\ K$，有

$$\lg[O]_{max} = 2.431 - 5870/1873$$

$$= 2.431 - 3.134 = -0.703$$

$$\therefore \qquad [O]_{max} = 0.1982\%$$

按照氧化铁溶解于铁液的反应[式(2-22)]，钢中溶解的氧最多能达到 1982 ppm，这对钢的性能有严重的影响。实际的钢液中含有少量碳、硅等元素，钢中溶解的氧会少一些。

物理化学研究指出，钢液中溶解的碳的氧化反应是

$$[C] + [O] == \{CO\} \qquad (2\text{-}25)$$

反应的标准吉布斯自由能的变化是

$$\Delta G^{\ominus} = -20\,482 - 38.94T$$

由此求得反应的平衡常数 K：

$$\lg K = \lg \frac{P_{CO}}{[C] \cdot [O]} = \frac{1070}{T} + 2.036$$

取 $t = 1600\,℃$，$T = 1873\,\mathrm{K}$，

$$\therefore \qquad \lg K = 0.571 + 2.036 = 2.607$$

$$\therefore \qquad K = P_{CO}/(a_{[C]} \cdot a_{[O]}) = 404.6 \qquad (2\text{-}26)$$

一般认为在炼钢高温下，低碳熔池中碳和氧的活度系数的乘积接近 1，所以工程中常直接用碳氧浓度积[C]×[O]。在大气下的普通冶炼中，取 $P_{CO} = 1\,\mathrm{atm}$（$1\,\mathrm{atm} = 1.013\,25 \times 10^5\,\mathrm{Pa}$），得到各温度下的平衡碳氧浓度积，见表 2-1。

表 2-1　各温度下的平衡碳氧浓度积

温度/℃	温度/K	[C]×[O]
1227	1500	0.001781
1327	1600	0.001974
1427	1700	0.002161
1527	1800	0.002342
1627	1900	0.002517
1727	2000	0.002685

不难看出，通过改变冶炼温度来控制钢中溶解氧含量的效果是非常有限的，而且温度过低冶炼操作不能顺利进行；温度过高炉衬难以承受，能耗过高。一般取炼钢熔池中的碳氧平衡浓度积的理论值是[C%][O%] = 0.0025（工程实际中常用值），1650℃下的碳氧平衡图如图 2-7 所示。

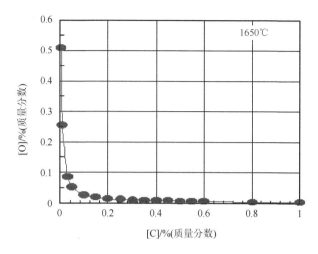

图 2-7　1650℃熔池中的碳氧平衡浓度

在氧气转炉单元过程后期，熔池中含碳量降低、含氧量增高，到冶炼末期，过氧化严重，熔池中氧含量急剧增高，甚至超过 1000 ppm，导致金属烧损严重、夹杂物增多、钢质量变差，较早年代氧气转炉炼钢末期熔池中氧含量实际情况如图 2-8 所示 [（b）图中 LD 和 Q-BOP 分别是两种不同的顶吹氧气转炉炼钢技术]，为保证钢的冶金质量，通常都以炼钢终点熔池中碳氧积作为炼钢控制水平的标志。

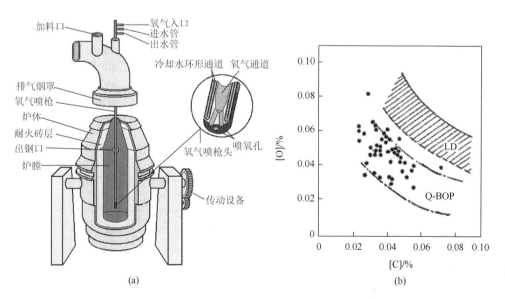

图 2-8　氧气顶吹转炉和炼钢熔池中的碳氧浓度

（a）氧气炼钢转炉示意图；（b）炼钢熔池中的氧浓度

某炼钢厂 60 氧气顶吹转炉炼钢终点熔池中的碳浓度和氧活度的实测数据列于表 2-2,77 炉次的碳氧积 $[a_O][\%C]$ 平均值为 0.0028,略高于理论值,相对差值为 12%。

表 2-2　碳浓度和氧活度数据（77 炉）

序号	温度/℃	氧活度	碳浓度/%	序号	温度/℃	氧活度	碳浓度/%
1	1640	0.01882	0.146	40	1615	0.01714	0.156
2	1663	0.02429	0.116	41	1653	0.03024	0.092
3	1633	0.02144	0.127	42	1613	0.02465	0.108
4	1626	0.0209	0.13	43	1641	0.03276	0.084
5	1664	0.01878	0.151	44	1643	0.01853	0.149
6	1714	0.02961	0.101	45	1650	0.03457	0.08
7	1620	0.02701	0.099	46	1637	0.02283	0.12
8	1637	0.02791	0.098	47	1642	0.02621	0.105
9	1626	0.01527	0.178	48	1656	0.01944	0.144
10	1690	0.02926	0.099	49	1674	0.01656	0.173
11	1708	0.03018	0.098	50	1622	0.02107	0.128
12	1647	0.01896	0.146	51	1592	0.01691	0.154
13	1648	0.01525	0.182	52	1672	0.02762	0.103
14	1673	0.03926	0.081	53	1634	0.02379	0.12
15	1663	0.02361	0.12	54	1640	0.01972	0.14
16	1668	0.0157	0.181	55	1681	0.02386	0.121
17	1663	0.0292	0.098	56	1657	0.01643	0.171
18	1651	0.0173	0.161	57	1625	0.02197	0.123
19	1636	0.0183	0.15	58	1620	0.02051	0.131
20	1630	0.01784	0.153	59	1662	0.01786	0.158
21	1697	0.0331	0.088	60	1635	0.02081	0.132
22	1615	0.0282	0.102	61	1671	0.0311	0.093
23	1654	0.01899	0.147	62	1627	0.02839	0.095
24	1641	0.02535	0.109	63	1633	0.01946	0.14
25	1626	0.01632	0.166	64	1675	0.02023	0.14
26	1630	0.03451	0.096	65	1660	0.01662	0.167
27	1622	0.01914	0.141	66	1647	0.01702	0.16
28	1627	0.02088	0.13	67	1620	0.02013	0.147
29	1673	0.0368	0.084	68	1649	0.02315	0.12
30	1695	0.0394	0.074	69	1654	0.0282	0.099
31	1650	0.01673	0.166	70	1608	0.0245	0.108
32	1669	0.02845	0.099	71	1651	0.01672	0.167
33	1605	0.01516	0.175	72	1668	0.02399	0.118
34	1650	0.02104	0.132	73	1641	0.02081	0.132
35	1651	0.01714	0.163	74	1669	0.01591	0.179
36	1662	0.0241	0.117	75	1672	0.0218	0.133
37	1649	0.01619	0.172	76	1662	0.0217	0.13
38	1633	0.01952	0.14	77	1667	0.0256	0.108
39	1658	0.0178	0.158				

　　铁熔池中的碳氧反应的物理化学进一步研究表明，由于其反应产物 CO 是气体，所以碳氧反应的平衡状况也受反应处气相压力的影响，在 1600℃ 的温度下，低碳钢中平衡的氧含量与碳含量与一氧化碳分压的关系是

$$[\%O] = \frac{0.0025 P_{CO}}{[\%C]} \tag{2-27}$$

其中：P_{CO} 的量纲是大气压（atm）。

　　反应区气相压力和温度对碳氧平衡的影响有广泛的工程实际应用价值，例如二次精炼技术中的真空处理技术就是利用物理条件（压强和温度）来影响冶金化学反应，这就是冶金过程中"物理"对"化学"反应的影响，即"冶金物理化学"。真空下碳脱氧的效果绘于图 2-9。

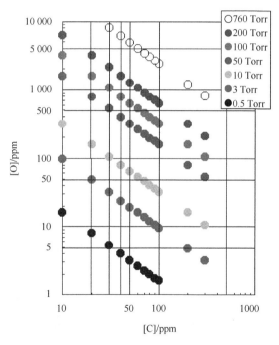

图 2-9　真空氧脱碳平衡图

（1 Torr = 1.333 22×10² Pa）

　　降低气相中一氧化碳的分压可以促进碳氧反应，在负压环境下既可以用氧脱碳，也可以用碳脱氧，在这个领域已开发了许多有价值的冶炼技术。早在 20 世纪三四十年代，就有尝试将盛有钢水的钢水包置于真空室内的真空脱气技术，由于 P_{CO} 降低，脱碳反应正向发展，钢包中的钢水因碳氧反应沸腾、脱氧、脱气。后来，更注意到不需要降低整个环境的压力、降低气相总压，只是降低气相中一氧

化碳分压也能影响碳氧平衡。具体操作是：由钢水包的底部吹入惰性气体——氩气，氩气在钢液中形成气泡上浮，氩气泡中一氧化碳的分压很低，形成一个个小小的脱碳"真空室"；后来，又在钢包顶部加上一个钢包盖，效果更好，加盖钢包底吹氩技术简单易行，得到了广泛应用，成为最基本的炉外精炼技术，见图2-10。

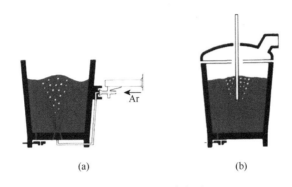

图2-10　钢包吹氩技术

(a) 钢包底吹氩单元技术；(b) 加盖钢包顶吹氩单元技术

为了克服钢包吹氩过程降温问题，采取了多种加热办法，其中，用电弧加热效果最好，构成了LF炉技术，见图2-11。现在，LF炉技术几乎是所有炼钢工序必备的二次精炼（炉外精炼）单元。

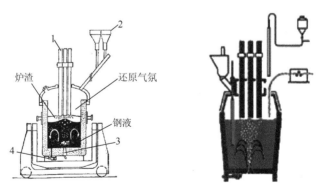

图2-11　LF单元技术示意图

1. 石墨电极；2. 高位料仓；3. 底吹砖；4. 出钢口

降低气相压力最直观的方法就是采用真空技术，将钢液置于密闭空间中，抽气，使整个空间的气相压力降低，促使钢液内碳氧反应正向进行。利用碳氧反应脱氧，生成的一氧化碳气泡上升搅拌熔池，进而达到升温、合金化、去气、去夹杂的目的。真空脱氧方法的最大特点是没有固态脱氧产物，气体产物CO全部可由钢液中排除，不玷污钢液；缺点是钢液温度损失较大，且装备投资大、生产成本较高。

　　历史上，有许多种真空处理技术，如图 2-12 所示钢流真空脱气技术，在长期的冶金工程实践中有的真空处理技术被淘汰、有的真空处理技术改进升级。其中，RH 循环脱气技术（图 2-13）是目前生产高质量钢的主力技术。

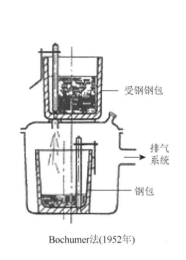

图 2-12　钢流真空脱气单元技术示意图

图 2-13　RH 单元技术示意图

　　20 世纪后期，出现了顶底复吹转炉炼钢技术，其中之一是顶吹氧底吹惰性气体的复吹技术——由顶部氧枪吹入超音速氧气射流，底部通过透气砖吹入惰性气体，转炉底部结构示意如图 2-14 所示。顶吹氧底吹氩复吹转炉炼钢技术取得了非常好的实际应用成绩，炼钢终点熔池中的碳氧积能低于理论值 0.0025。炼钢终点熔池中的碳氧乘积低、钢液中溶解的氧低，二次精炼需要脱除的氧量少、脱氧产生的夹杂物少、合金化成分控制精准、钢质纯净，成品钢的质量优异。近年来，炼钢界都以炼钢终点熔池中的碳氧乘积作为评价炼钢水平能否达到洁净钢生产的重要指标。

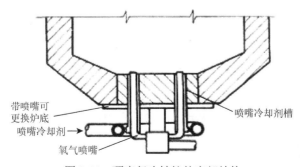

图 2-14　顶底复吹转炉的底部结构

用顶底复吹转炉单元技术炼钢，炉后用 RH 技术精炼，能够大规模地、低成本地生产优质钢，例如一些先进企业能够将成品轴承钢中的氧含量稳定地控制在低于 5 ppm 的水平，又譬如能顺利大规模冶炼无间隙固溶体 IF 钢。IF 钢中氧、氮、碳等杂质元素总含量低于 100 ppm，铁的纯度达到 99.99%（参见图 2-2），超纯铁具有非常独特的性能，如电磁性能、力学性能、化学性能等。

2.3　高碳钢液的脱氧脱气单元过程

高碳轴承钢含碳量约为 1.0%，含铬量约为 1.5%，是重要的特殊钢，轴承是广泛应用的重要零件，轴承特别是滚动体在工作中承受巨大的反复负载，要求轴承钢具有非常高的疲劳寿命，对钢中非金属夹杂物有严格要求。传统上，用与氧结合能力强的元素做脱氧剂沉淀脱氧，脱氧元素的选择须根据其理化性质做全面的评估，常用的脱氧元素的理化性质列于表 2-3。

表 2-3　常用脱氧元素的理化性质

元素	原子量	密度/(g/cm³)	熔点/℃	沸点/℃	1600℃蒸气压/MPa
Ca	40.06	1.55	839	1484	0.184
Ba	137.33	3.50	729	1625/1637	0.030
Mg	24.31	1.74	649	1090	2.038
Al	26.98	2.70	660	2424	0.0043
Ce	140.12	(2.60)	798	3426	—

元素	铁中溶解度（%，质量分数） 1600℃，0.1 MPa	$a_M a_O = K_M$	$a_M a_S = K_M$	$a_M^3 a_P^2 = K_M$
Ca	0.017/0.028	$5.5/43 \times 10^{-9}$	5.9×10^{-9}	7.0×10^{-14}
Ba	0.0043	4.9×10^{-8}	7.8×10^{-8}	4.2×10^{-18}
Mg	0.0056	1.2×10^{-6}	2.0×10^{-4}	—
Al	无限	6.76×10^{-15}	—	—
Ce	无限	4.6×10^{-8}	2.8×10^{-6}	—

注：$X[M] + Y[O] \Longrightarrow M_X O_Y$，平衡常数 $K = \dfrac{a_{M_X O_Y}}{a_{[M]}^X \cdot a_{[O]}^Y}$；若产物 $M_X O_Y$ 是纯物质或固体，其活度为 1，所以有 $a_{[M]}^X \times a_{[O]}^Y = \dfrac{1}{K} = K_M$。

铝不仅有很强的与氧结合能力，而且沸点很高且与铁液无限互溶，所以，传统的炼钢界一般都是出钢后加铝来控制成品钢液的氧和夹杂物，习惯上称之为用铝来"杀一杀"钢水。

加到钢液中的铝与溶解于钢液中的氧反应生成 Al_2O_3，Al_2O_3 熔点很高，在炼钢温度下是固体：

$$2[Al] + 3[O] == Al_2O_{3(s)} \qquad \text{（脚标 s 表示固体）} \qquad (2\text{-}28)$$

若钢中残氧量是 1 ppm，则生成 Al_2O_3 夹杂物的量是：102/54 = 1.89 ppm，所以在 1 t 钢中生成 Al_2O_3 夹杂物的总质量是 $10^6 \times 1.89 \times 10^{-6} = 1.89$ g；取生成的固态 Al_2O_3 夹杂是理想的直径为 1 μm 的球体，则其体积是

$$4\pi r^3/3 = 4\pi \times 0.5^3/3 = 0.523 \ \mu m^3$$

取 Al_2O_3 夹杂的密度是 4.0 g/cm³，1μm 的球状态杂的质量是

$$4.0 \times 0.523 \times 10^{-12} = 2.1 \times 10^{-12} \ g$$

不难算出，1 ppm 的残氧生直径 1 μm 的 Al_2O_3 夹杂物，在 1 t 钢中大约有 10^{12} 个。

若生成的球状夹杂物的平均直径是 5 μm，则 1 t 钢中的氧化铝夹杂物的数量约是 10^{10} 个；若球状夹杂物的平均直径是 10 μm，则 1 t 钢中的氧化铝夹杂物的数量约是 10^9 个。1 t 钢的体积大约是 0.14 m³，所以每立方米的钢中 5 μm 大小的氧化铝夹杂物约是 10^{10} 个（硫化锰夹杂物的数量与此类似）。

可见，去除夹杂物的最基本的技术就是将钢中的氧、硫含量降至尽可能的低，使生成的夹杂物尽可能的少，而不是后处理——去除已生成的夹杂物。

不同文献中报道的关于铝氧反应平衡常数的数值差异很大，在此取 $K_M = 6.76 \times 10^{-15}$。用浓度代入平衡常数式，有

$$[Al]^2[O]^3 = 1/K_M \qquad (2\text{-}29)$$

所以
$$[O]^3 = K_M/[Al]^2 = 6.76 \times 10^{-15}/0.035^2$$

$$= 5.52 \times 10^{-12}$$

$$[O] = 1.77 \times 10^{-4} \approx 0.0002 \ (\%)$$

与 0.035% 铝相平衡的氧含量约为 2 ppm，而实际铝脱氧钢中总氧含量一般在 10～20 ppm，可见钢中的氧大部分不是溶解氧而是以夹杂物形式存在于钢中。

仍然利用前文的环境压力对碳氧平衡影响的关系式：

$$[\%O] = \frac{0.0025 P_{CO}}{[\%C]}$$

根据冶金物理化学数据库，有 $k = \dfrac{P_{CO}}{a_{[C]} a_{[O]}} = 404.7$

活度系数 $f_C = 1.284$、$f_O = 0.293$，则有

$$[O]_{\Psi} = 152.25 \times P_{CO}/[C] \qquad (2\text{-}30)$$

真空处理技术中按气体压强将真空分为五个区域，见表 2-4。

表 2-4　真空度五个区域

	Torr	Pa
粗真空	$\geqslant 10$	$1.0133 \times 10^5 \sim 1333$
低真空	$10 \sim 10^{-3}$	$1333 \sim 0.1333$
高真空	$10^{-3} \sim 10^{-8}$	$0.1333 \sim 1.33 \times 10^{-6}$
超高真空	$10^{-8} \sim 10^{-13}$	$1.333 \times 10^{-6} \sim 1.33 \times 10^{-11}$
极高真空	$< 10^{-13}$	$< 1.33 \times 10^{-11}$

对于一般中低碳机械用钢，其含碳量在[C] = 0.20%左右，负压操作（包括真空处理或吹惰性气体处理），在不同的一氧化碳分压下的平衡氧浓度列于表 2-5，可以看出，在负压操作下高碳轴承钢中碳的脱氧能力远高于铝的脱氧能力。

表 2-5　真空下碳的脱氧能力

一氧化碳的分压 P_{CO}/Pa	1.013×10^5	1333	133	67
平衡氧浓度[O]/%	1.0	0.013	0.0013	0.0007

高碳轴承钢真空处理脱氢脱氮单元技术：

高碳轴承钢进行真空处理的钢水成分是 1.0% C、1.5% Cr、0.4% Mn、0.3% Si、0.015% S、0.010% P，其中原始氢含量为[H] = 6 cm³/100 g，氮含量为[%N] = 0.0090%，钢水温度为 1600℃（$T = 1873$ K），真空处理脱氢脱氮的理论分析如下（若真空度为 1 Torr）。

查冶金物理化学数据库，得到各元素的活度相互作用系数 e_H^j，列表计算 $[j\%]e_H^j$，最终得到活度系数 f_G，计算过程见表 2-6。

表 2-6　氢和氮的活度系数计算

钢液成分	e_H^j	$[j\%]e_H^j$	e_N^j	$[j\%]e_N^j$
C = 1.0%	0.06	0.06	0.13	0.13
Si = 0.3%	0.03	0.009	0.048	0.0144
Mn = 0.4%	−0.001	−0.0004	−0.020	−0.008
S = 0.015%	0.017	0.000255	0.013	0.000195
P = 0.010%	0.011	0.00011	0.05	0.0005
Cr = 1.5%	−0.0023	−0.00345	−0.045	−0.0675
Σ		0.065515		0.069595
f_G		1.1628		1.1738

注：其中 $f_G = 10^\Sigma$。

查治金物理化学数据库得到平衡常数 $\lg K_H$ 和 $\lg K_N$，取温度 $T = 1873\,\mathrm{K}$，有

氢　　　$\lg K_H = -\dfrac{1740}{T} + 2.37 = -\dfrac{1740}{1873} + 2.37 = -0.9290 + 2.37 = 1.441$

　　　　　$K_H = 27.606$

　　　　　$P_{H_2} = P = 1[\mathrm{Torr}] = \dfrac{1}{760}[\mathrm{atm}]$

　　　　　$a_{H平} = K_H \sqrt{P_{H_2}} = \dfrac{27.606}{\sqrt{760}} = 1.001[\mathrm{cm^3/100\,g}]$

　　　　　$[H]_平 = \dfrac{a_{H平}}{f_H} = \dfrac{1.001}{1.1628} = 0.861[\mathrm{cm^3/100\,g}]$

氮　　　$\lg K_N = -\dfrac{188}{T} - 1.25 = -0.1004 - 1.25 = -1.350$

　　　　　$K_N = 0.0447$

　　　　　$a_{N平} = K_N \sqrt{P_{N_2}} = \dfrac{0.0447}{27.568} = 0.0016\%$

　　　　　$[N]_平 = \dfrac{a_{N平}}{f_H} = \dfrac{0.0016}{1.1738} = 0.0014\%$

可见，在真空度为 1Torr 下处理高碳轴承钢，熔池中氢和氮的理论平衡浓度分别是 $[H]_平 = 0.861\ \mathrm{cm^3/100\,g}$ 和 $[N]_平 = 14\ \mathrm{ppm}$，实际上远远达不到理论平衡值。

2.4　不锈钢冶炼的脱碳保铬单元过程

钢中铬含量超过 12% 就具有耐腐蚀性，而碳对钢的耐腐蚀性有不利的影响，所以要求不锈钢中铬含量高于 13% 而碳含量尽可能低（也有碳含量较高的铬不锈钢类）。这给不锈钢的冶炼带来巨大的困难，因为若钢液中铬与氧的亲和力大于铁及碳的亲和力，不锈钢的冶炼过程中铬会大量烧损，不仅经济上不划算，更严重的是所生成的铬氧化物熔点很高，炉渣的渣况很差，使得冶炼操作不能顺利完成。早期，用电弧炉冶炼不锈钢，实际操作非常困难，在生产中用提高冶炼温度的方法来提高碳与氧的亲和力，并减弱铬与氧的亲和力。操作方法是向熔池大量吹氧，使冶炼温度提高；甚至高达 1800℃ 以上，在这种情况下铬的烧损仍然不少，而且炼钢炉衬侵蚀严重、操作条件非常恶劣，不锈钢的质量较差、冶炼成本很高，所以，当年不锈钢是昂贵的"奢侈品"。

在工程中经常使用的熔池温度对熔池中碳铬的影响的经验关系式如式（2-31）及图 2-15 所示。

$$\lg ([\%Cr]/[\%C]) = 8.76 - 13\,800/T \tag{2-31}$$

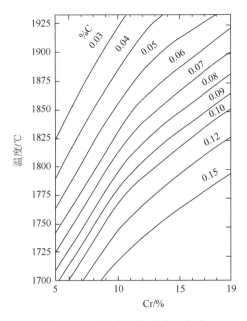

图 2-15　各温度下的碳铬平衡值

在冶金物理化学理论研究的指导下，成功开发了不锈钢的减压冶炼技术。其原理如下：在普通大气下冶炼，一氧化碳的分压可以认为是一个大气压（$P_{CO} = 1\ atm$），如果采取减压操作，使一氧化碳的分压大大低于一个大气压，就能使碳氧反应充分发展，实现"脱碳保铬"的效果。

最广泛使用的 304 奥氏体不锈钢，其 Gr = 18%～19%、Ni = 8%～9%，由图 2-15 可以看出，在这个铬含量范围、普通大气条件中冶炼 304 奥氏体不锈钢，如果想要将熔池中的碳含量降到 0.12% 以下，冶炼温度须超过 1825℃。

不锈钢的"平民化"归功于冶金物理化学的指导，研究指出高铬钢水中铬的氧化反应可以认为是下述反应：

$$1/4Cr_3O_4 + [C] \Longrightarrow 3/4[Cr] + CO \tag{2-32}$$

（1）理论研究得到反应平衡常数（20 世纪五六十年代）表达式为

$$\lg K = \lg \frac{a_{Cr}^{3/4} \cdot P_{CO}}{a_C} = -\frac{12\,220}{T} + 7.993$$

$$= -\frac{12\,220}{1973} + 7.993 = -6.194 + 7.993 = 1.799$$

（2）

∵

$$P_{CO} = P = 10\ Torr = \frac{1}{76}\ atm$$

（3）

$$a_{Cr} = f_{Cr} \cdot [Cr] \qquad 其中[Cr] = 18\%$$

$$a_C = f_C \cdot [C]_平$$

$$\therefore$$

$$K = \frac{a_{Cr}^{3/4} P_{CO}}{a_C} = \frac{(f_{Cr}[Cr])^{3/4} \cdot P_{CO}}{f_C[C]_平}$$

$$\therefore$$

$$[C]_平 = \frac{(f_{Cr}[Cr])^{3/4} \cdot P_{CO}}{K \cdot f_C} = \frac{(2.203 \times 18)^{3/4} / 76}{63.01 \times 0.501}$$

$$= \frac{(39.654)^{0.75}}{63.01 \times 0.501 \times 76} = \frac{15.8021}{2399.17} = 0.0066\% = 66 \text{ ppm}$$

温度 $t = 1700℃$ （$T = 1973\text{K}$），得到

$$\lg K = 7.993 - 12\,220/T = 7.993 - 6.194 = 1.799$$

∴反应平衡常数：

$$K = a_{[Cr]}^{3/4} \times P_{CO} / \left(a_{[C]} \times a_{[Cr_3O_4]} \right) = 63.01 \qquad (2\text{-}33)$$

熔池中的碳和铬的活度系数分别是：铬氧化生成的 Cr_3O_4，熔点很高，固体，活度为 1；考虑到不锈钢钢液的成分是[Cr%] = 18%、[Ni%] = 9%，[C%] = 0.08%，分别对碳和铬的活度系数有影响；而其他元素含量非常低，可以不考虑对碳和铬的活度系数的影响。查物理化学数据库得到各元素对碳铬活度影响系数-活度相互作用系数 e_i^j，乘以有关组元的浓度，然后求和，得出钢液中各元素对铬及碳的活度影响系数，列表计算见表 2-7。

表 2-7　不锈钢液中铬和碳的活度系数

j	[%j]	e_C^j	[%j]·e_C^j	e_{Cr}^j	[%j]·e_{Cr}^j
Cr	18	−0.024	−0.432	0.024	0.432
Ni	9	0.012	0.108	−0.009	−0.081
C	0.08	0.298	0.0238	−0.100	−0.008
Σ			−0.3002		0.343
f_i			0.501		2.203

由此得到不锈钢液中铬元素的活度为

$$a_{[Cr]} = f_{[Cr]} C_{[Cr]} = 2.203 \times 18 = 39.654$$

碳元素的活度为

$$a_{[C]} = f_{[C]} C_{[C]} = 0.501 \times 0.08 = 0.04$$

代入反应平衡常数式 $K = a_{[Cr]}^{3/4} \times P_{CO} / \left(a_{[C]} \times a_{[Cr_3O_4]} \right) = 63.01$，求得，在 1700℃不锈钢的熔池中碳铬碳的平衡浓度 $C_{[C]}$ 是

$$0.501 \times 63.01/2.203 = C_{[Cr]} \times P_{CO}/C_{[C]}$$

$$\therefore \qquad\qquad C_{[C]} = C_{[Cr]} \times P_{CO}/14.33 \qquad\qquad （2\text{-}34）$$

因此，可以认识到降低气相一氧化碳的分压 P_{CO} 能够达到"脱碳保铬"的效果。在实际生产中可以采用降低总压的真空处理技术（如 VOD），也可以采用降低分压的底吹氩氧技术（如 AOD）的方法来降低一氧化碳的分压 P_{CO}。

在不同工况下使用式（2-34）来讨论"脱碳保铬"的效果：

如，在大气条件中冶炼，取 $P_{CO} = 1$ atm，平衡 $C_{[C]} = 18\%/14.33 = 1.26\%$，不合格！

又如，在较低真空条件下冶炼，取真空度为 10 Torr（1333 Pa），$P_{CO} = 1/76$ atm，平衡 $C_{[C]} = 1.26\%/76 = 0.017\%$，仍不合格！

再如，在较高真空条件下冶炼，取真空度为 1.0 Torr（133 Pa），$P_{CO} = 1/760$ atm，平衡 $C_{[C]} = 0.0017\%$，合格！

需要指出的是，实际上脱碳结果没有这么好！

降低一氧化分压 P_{CO} 的脱碳保铬效果见图 2-16 和图 2-17。图 2-17 中，A 是大气下冶炼的工况，B 是负压下冶炼的工况，可以看出在负压下冶炼能够使熔池中的平衡含碳量降至很低。

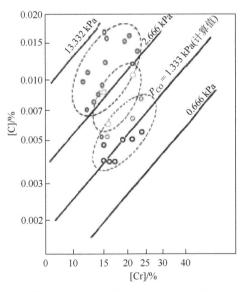

图 2-16　吹氧精炼后[C]和[Cr]的关系

（$t = 1773$℃）

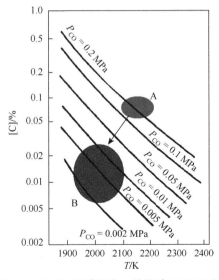

图 2-17　[%C]、温度和 P_{CO} 的关系（18%Cr 钢）

A-吹氧法；B-降低 P_{CO} 法

　　冶金生产中也有采用下述经验公式来估计减压操作的脱碳保铬效果：

$$\lg([\%Cr]/[\%C]) = 8.76 - 13800/T - 0.925\lg(P_{CO})$$

其中，温度 $T = t + 273\ \mathrm{K}$，分压 P_{CO} 为大气压（atm）。

　　根据减压操作脱碳保铬的原理分别形成真空下吹氧脱碳（VOD）技术（图 2-18）和氩氧脱碳（AOD）技术（图 2-19），这两种减压操作技术都能够顺利地、低成本地大规模生产 304 等低碳不锈钢以及各种超低碳不锈钢，使不锈钢成为可以广泛使用的优质钢类。

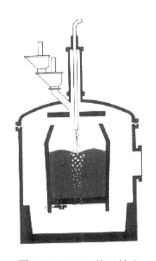

图 2-18　VOD 单元技术

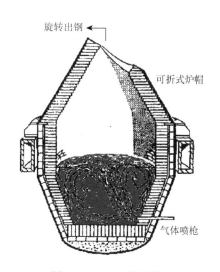

旋转出钢

可折式炉帽

气体喷枪

图 2-19　AOD 单元技术

　　这两项不锈钢冶炼技术的广泛应用被认为是冶金物理化学理论指导冶金工程技术实践的成功典范。

1）AOD 单元技术概述

　　AOD 单元冶炼不锈钢用热铁水、高碳铬铁等含碳较高的低价原料，冶炼初期吹氧脱碳，因熔池中碳含量较高、铬几乎不氧化，随着熔池中碳含量减少、熔池温度升高，碳与氧的反应能力提高、铬与氧的反应能力降低。在冶炼中期以后逐渐在氧气流股中加吹惰性气体氩等（为节约冶炼成本，在前期可适度用氮气代替氩气），根据熔池中碳铬含量之比和温度的变化即时调节吹入气体中的氧氩比，在冶炼进程中始终保持"脱碳保铬"的状态。到冶炼后期减少氧气流量以致用纯氩"清洗"。由于吹入熔池的气体中一氧化碳分压很低，不仅保证在脱碳的同时铬不氧化，而且在冶炼后期能形成真空氧脱碳和最终真空碳脱氧的精炼效果，使成品钢中残余碳含量和氧含量都很低、非金属夹杂物很少，钢质相当纯净。

　　AOD 单元冶炼不锈钢使用的含碳量超过 1.5%的高碳原料价格较低，冶炼工艺、冶炼装备简单,生产效率很高,生产能力很大,冶炼成本低,全世界大约有75%的不锈钢采用 AOD 法冶炼。表 2-8 和表 2-9 是某 AOD 冶炼 304 不锈钢的实际情况,装料至出钢时间为 73 min,铬收得率 98.73%、镍收得率 94.23%、氧气利用率 65.94%。

表 2-8 AOD 单元冶炼 304 操作过程中钢水成分的化验结果

操作过程	C/%	Si/%	Mn/%	P/%	S/%	Cr/%	Ni/%	N/ppm
入炉钢水	2.147	0.267	0.511	0.030	0.032	16.98	6.69	—
脱碳四期末	0.157	—	0.870	0.027	—	15.02	8.24	1035
还原末期	0.040	0.416	1.084	0.031	0.003	17.31	7.71	636
出钢	0.036	0.548	1.098	0.031	0.002	17.20	7.81	593

注:出钢后补加镍铬等合金至成分合格。

表 2-9 AOD 单元冶炼 304 操作过程供气情况

供气	O_2	N_2	Ar
顶枪/(m^3/t 钢)	0.707	0.091	
测枪/(m^3/t 钢)	0.538	1.074	0.295

2)VOD 单元技术概述

VOD 单元技术是用含碳大约 0.4% 的初炼含铬钢水为原料,将盛有初炼含铬钢水的钢包置于真空室内,抽真空,通过钢包底部吹氩、顶部氧枪吹氧、脱碳、升温、补加合金,精炼后期在真空下用氧脱碳、用碳脱氧。

VOD 单元技术冶炼能够顺利地生产超低碳不锈钢,钢水质量纯净。与 AOD 单元技术相比,VOD 单元技术使用的原料价格较贵、冶炼工艺较复杂、冶炼装备较多、冶炼成本较高,也是当今世界上重要的不锈钢冶炼技术。

典型的 VOD 单元冶炼 304 不锈钢的实际情况列于表 2-10 至表 2-13。

表 2-10 VOD 单元冶炼 304 不锈钢的钢液成分

	C/%	Si/%	Mn/%	Cr/%	Ni/%	温度/℃
初炼钢水	0.56	0.13	1.07	18.25	9.85	1619
钢水还原前	0.01	0.01	0.75	17.79	9.95	1685
钢水还原后	0.015	0.28	1.1	18.17	9.89	1533

表 2-11　VOD 单元冶炼 304 不锈钢的消耗实际情况

物料	每吨钢消耗	物料	每吨钢消耗
氧气	10.9 m³/t	铝	3.7 kg/t
氩	0.16 m³/t	石灰	7.5 kg/t
硅/FeSi75	0.6/0.9 kg/t		

表 2-12　VOD 单元冶炼 304 不锈钢的时间构成

脱硅时间	4.4 min	深脱碳和还原时间	30 min
还原前脱碳时间	35 min	冶炼全程持续时间	136 min

表 2-13　VOD 单元冶炼 304 不锈钢的能量情况

能量供给	kW·h	能量损失	kW·h
硅氧化	161	废气带走	—
碳氧化	268	辐射损失	—
铬氧化	225	冷却水带走	—
一氧化碳二次燃烧	96	—	—
合计	750	合计	448

注：开始还原温度 1685℃，熔池温度升高 66℃。

第3章 冶金反应工程

3.1 概 述

冶金过程系统是人工目的系统，是现代工业生产系统，工业化生产的基本特征就是大规模、高效率、均品质，生产过程的速率是其最重要的指标之一，在过程系统处理物料流的速率或速率现象本质上可以理解为是物质对时间的导数，物质与速度的乘积是动量。

牛顿力学的最重要的贡献之一就是认识到了物质的运动与力之间的关系——动量在时间中的变化是力：动量对时间的导数是力；或力等于动量对时间的导数。用数学语言表述是

$$d(mu) = f \qquad 或 \qquad f = d(mu) \tag{3-1}$$

对于质点，式（3-1）可以是式（3-2）：

$$f = ma \tag{3-2}$$

如果所论物体是固体（或刚体），一般情况下能够合理地将其视为质点，对于尺度不能忽略的刚体，则需要考虑转动等问题。

物体的动量也可以延伸到过程系统中的物质流动（物流），物流速度发生变化，就产生了力。如果所论物体是液体，一般是不可压缩的黏性牛顿流体，其内部的运动动量可以写成 $\rho\bar{u}$，其中流动速度 $\bar{u}$ 是三维向量；密度 ρ 是体积质量，不可压缩的黏性牛顿流体一般可以取为常数。所以，式（3-1）化为

$$f = d(mu) = \rho d\bar{u} \tag{3-3}$$

如果所论物体是气体，一般是可压缩的黏性牛顿流体，如气体射流的卷吸效应等，则式（3-1）化为

$$f = d(mu) = m\partial\bar{u} + \bar{u}\partial m \tag{3-4}$$

冶金过程系统和化工过程系统处理的物料除固体物料外大部分可以认为是黏性牛顿流体。20 世纪初，化学工程研究诸如混合、过滤、沉降、流体输送等与流动有关的操作过程，蒸发、加热、冷却和冷凝等与传热有关的操作过程，以及精馏、浸出、萃取和吸收等与传质等有关的操作过程，在科学的观察研究基础上总结得出了单元操作的概念；20 世纪 50 年代以后，总结单元操作中普遍存在的现象本质归结为传输现象——动量传输、能量传输和质量传输，研究传输现象的规律和结果称之为"传输原理"，简称"三传"。

　　由于技术和设备的更新及规模的不断扩大，特别是石油化工迅速发展，在各种新产品开发、新反应器设计及优化操作等方面提出了日益迫切的要求，要求将传输原理作为化学工程问题的基本理论。加之，传统的化学动力学和化工单元操作的理论发展及实验技术的进步使化学反应工程学诞生有了实际可能。1957 年荷兰阿姆斯特丹召开的一次欧洲化工学术会议上，首次使用了"化学反应工程"这一学术术语，确定了"化学反应工程学"这一学科名称及其研究领域。

　　冶金生产是大规模的关于铁元素的工业工程，以关于铁元素的氧化还原等转化为基本特征，一个冶金工程系统往往涉及每年几百万吨、上千万吨的钢铁生产，冶金过程的"速率"与冶金过程的方向和限度一样是冶金过程最关注的问题。20 世纪 60 年代，正式提出了"冶金反应工程"的概念，其中有许多操作仅涉及单纯的物理现象，有一些文献将其独立称之为"冶金传输原理"。

　　冶金中的"速率"，是指物质的浓度随时间的变化，即关于 $\dfrac{dC}{d\tau}$；借助于物理运动学的概念将 $\dfrac{d}{d\tau} \neq 0$ 的现象都称之为"动力学"，所以关于冶金化学反应的 $\dfrac{dC}{d\tau} \neq 0$ 的现象也常称之为"反应动力学"。实际的冶金工程现象大都包括了反应物向反应区间的传来，以及反应产物离开反应区间的传出，而在冶金的高温下，本征反应速率一般很快，决定整个过程速率的往往是物质的传输速率或者是介质的流动速率。

　　对于理解和认识传输现象，借助于流体力学的研究成果，认为所讨论的介质是连续介质，不考虑其原子、分子等不连续的粒子结构，而认为是连续的、可微的，可以在其中选取任意小的微元体来研究。对于一个微元体，流入的、流出的、在微元体内积累的和微元体内产生的，应该满足衡算条件，即物质衡算、能量衡算、动量衡算。某个广义的量 Φ 是空间和时间的场函数 $\Phi(x, y, z, \tau)$，微元体衡算的结果可以写成普适的微分方程：

$$\frac{\partial}{\partial \tau}(\rho\varphi) + \mathrm{div}\,(\rho\vec{u}\phi) = \mathrm{div}(\Gamma_\varphi \mathrm{grad}\phi) + S_v \qquad (3\text{-}5)$$

$$\underset{\text{I}}{} \qquad \underset{\text{II}}{} \qquad \underset{\text{III}}{} \qquad \underset{\text{IV}}{}$$

其中：x, y, z 是广义空间坐标系，也可以是直角坐标系、柱坐标系或球坐标系；τ 是时间坐标；$\Phi(x, y, z)$ 是因变量，可以是物质、能量或动量；$\vec{u}$ 是流体的速度矢量；ρ 是流体的密度；Γ_φ 是广义扩散系数；S_v 是广义源函数；grad 是梯度算子；div 是散度算子；I 是积累项；II 是平流项；III 是扩散项；IV 是源项。

　　方程式中没有旋度算子，意味着场函数 $\Phi(x, y, z)$ 是无旋场，而实际上，冶金反应工程也包括有旋场，如电磁冶金技术等。

基本偏微分方程[式（3-5）]配以初始条件和边界条件构成定解问题，一般说来这类定解问题不能解析求解，大多数情况下要用离散方法数值求解：将空间坐标、时间坐标离散，然后逐个求出各离散点上的函数值。近年来，随着计算机技术的进步、数值计算方法的发展，产生了多种计算流体力学方法和专用软件，有非常强大的前处理和后处理功能，给冶金过程的定量研究和应用提供了方便且强有力的工具。

基于对实际现象的细致观察、进行科学的总结、提炼得到恰当的数学模型，选择合理的数值方法和硬件、软件工具，能够很好地给出冶金工程现象的虚拟表述和精确、定量的结果。

3.2 单元操作——搅拌

3.2.1 混匀时间

20 世纪中期以后，在电弧炉炼钢的还原期操作的基础上发展形成了二次精炼技术，电弧炉炼钢的还原期能够脱氧脱硫去夹杂，但是由于没有碳的氧化反应，熔池平静、动力学条件很差、生产效率低；因此，将还原操作移到出钢后，在炉外采用"搅拌"熔池的操作来提高还原过程的速率，取得了明显的效果，其后各种二次精炼技术得到广泛应用，成为必不可少的冶金单元。

有的专业人士认为近代冶金技术的发展其中一个重要的原因在于搅拌技术的应用。如何定量地描述搅拌的能力？如何定量地评价搅拌的效果？美国和日本的一些科学家总结工程经验得到图 3-1，在此基础上提出：描述搅拌强度的指标为比

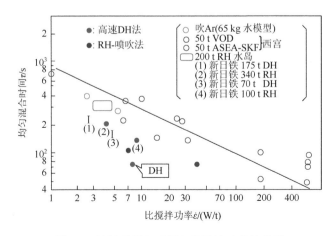

图 3-1 熔池的混匀时间与比搅拌功率的关系

ASEA-SKF 为桶炉精炼技术

搅拌功率或搅拌功率密度 $\dot{\varepsilon}$(W/t)——熔池中每吨钢液所承受的搅拌功率和描述搅拌效果的指标——混匀时间 τ(s)。

图 3-1 使用双对数坐标，将两个变量之间的关系转化为简单的直线关系，从而得到经验公式（3-6），这个经验公式简单而直观，为工程实践中最喜闻乐用的，但其缺点是不够严谨，例如等式左右两端量纲（单位）不一致。

$$\tau = 800\dot{\varepsilon}^{-0.4} \tag{3-6}$$

其中：τ 为混匀时间，s；$\dot{\varepsilon}$ 为比搅拌功率，每吨钢液所承受的搅拌功率，W/t。

3.2.2　钢包底吹气体搅拌

冶金工程中采用的搅拌方法很多，形成的比搅拌功率各不相同，采用底吹惰性气体搅拌是既简单而又高效的方法，工程中常用下式计算比搅拌功率：

$$\dot{\varepsilon} = \frac{371Q \cdot T_{st}}{G}\left(1 - \frac{T_g}{T_{st}} + \ln\frac{P_b}{P_t}\right) \tag{3-7}$$

其中：Q 为底吹惰性气体的体积流量，m^3/s；G 为钢液量，t；T_{st} 为钢液温度，K；T_g 为惰性气体的入口温度，K；P_b 为底部气体入口压力，Pa；P_t 为顶部气体逸出处压力，Pa。

例如，120 t 钢包，包中钢液深度 h_{st} = 3.0 m，顶渣厚度 h_s = 0.2 m，底吹气体流量 Q = 0.003 m^3/s（180 L/min），即吹气强度 1.5 L/min-t。

取钢液密度 ρ_{st} = 7200 kg/m³

则底部钢液静压力 $P_{st} = h_{st} \times \rho_{st} \times g$

$\qquad\qquad\qquad = 3.0 \times 7200 \times 9.81 = 211\ 896$ Pa

取渣密度　　　　ρ_{st} = 2500 kg/m³

则顶渣静压力 $P_s = h_s \times \rho_s \times g$

$\qquad\qquad\qquad = 0.2 \times 2500 \times 9.81 = 4905$ Pa

钢液温度 t_{st} = 1600℃　　　$\therefore T_{st}$ = 1873 K

室温　　　t_g = 25℃　　　$\therefore T_g$ = 298 K

代入式（3-7），得到各项参数对底吹气体产生的比搅拌功率 $\dot{\varepsilon}$ 的影响，见表 3-1。

表 3-1　各项参数对底吹气体产生的比搅拌功率的影响

气相压力/Pa	P	1.0133×10^5	1333	133	67
钢液顶部静压力/Pa	$P_t = P + P_s$	106 238	62 381	50 381	4 972
钢液底部静压力/Pa	$P_b = P + P_s + P_{st}$	318 134	218 134	216 934	21 668
比搅拌功率/(W/t)	$\dot{\varepsilon}$	33.7	76.4	80.0	80.2

炉外二次精炼一般采取较弱的搅拌，避免吹破渣层，使钢水裸露、吸气、再氧化，控制比搅拌功率在 50 W/t 左右为宜。

3.2.3　气泡泵

底吹气体对熔池的搅拌也可以用气泡泵现象来理解，图 3-2 是一个连通器，在平衡状态下连通器两侧管内液体的高度相同，如果在左侧管子的下部吹入气体，连通器左侧的液面就会升高，左侧管子里面的液体由于混入气体其"宏观密度"（单位体积的密度）减少、液面升高，以保证与连通器右侧的液柱的压力平衡，这也可以认为是气体上浮带动的结果。如果将右侧管子插到水池里，在左侧管子的上部一定的高度上将液体放出来，就能将液体从右边较低的地方抽到左边较高的地方，利用这种吹入气体将液体提升的效应称之为气泡泵。在冶金工程中广泛使用根据气泡泵的原理来提升钢液使熔池流动的搅拌技术。

图 3-3 是早期利用气泡泵原理开发的铁水脱硫装置，在铁水包熔池的上方插入一根耐火材料弯管，由管子下方吹中性气体，管内铁水密度减轻、上升，由弯管喷出，使包中铁水循环流动，在包中加脱硫剂，大大提高了脱硫效果。

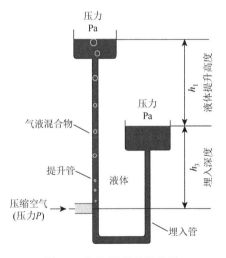

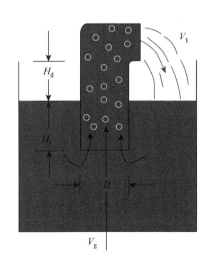

图 3-2　气泡泵原理示意图　　　　　图 3-3　钢包脱硫装置示意图

近年来广泛使用的 RH 技术也是基于气泡泵原理，如图 3-4 所示，上面的真空罐抽真空形成负压，真空罐的两条腿插到钢液里面，在一条腿（上升管）下面吹入惰性气体，由于气泡泵的效应带动钢水从上升管中上升、由另一个管（下降管）向下流出，带动钢包内全部钢液整体循环流动，这种处理技术称之为"循环脱气"技术。钢液的流动速度可达 5 m/s；真空罐内抽真空，真空罐内钢液可上升 1.5 m 左右，在真空室内，钢水呈滴状与真空接触，达到充分真空处理效果。

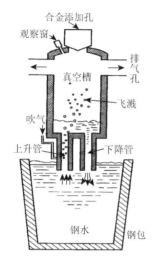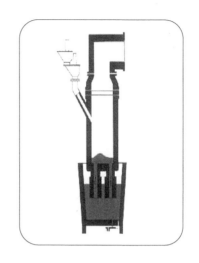

图 3-4　RH 技术示意图

真空循环脱气 RH 技术的一项重要技术参数是"循环流量"，是指单位时间内通过上升管或下降管流过的钢水量。影响因素有上升管或下降管直径、上升管内吹入的氩气流量、吹入气体的位置等。一般要求每分钟通过的钢水量相当于一包钢水量的三分之一，至少要处理三个循环，即纯处理时间大于 9 分钟。RH 技术不仅有非常好的冶金效果，而且处理时间较短，能够很好地与氧气转炉炼钢的生产节奏相匹配。近年来 RH 技术也有不断的发展和进步，是现代高品质洁净钢冶炼的主流技术。

3.2.4　电磁搅拌

交变磁场可以产生感应电势，这个电势会导致固态或液态金属内部产生感生电流，感生电流与交变磁场相互作用，产生力，交变磁场有旋场，旋度不为零，其数学物理描述较为复杂。

金属内部的感生电流产生电阻热可以作为热源，产生的电磁力被用来驱动液态金属形成电磁感应搅拌技术。电磁感应搅拌可分为排斥搅拌和运动搅拌。排斥搅拌：用空间不动的交变磁场产生排斥搅拌，如普通感应炉；运动搅拌：运用移动磁场产生运动搅拌。冶金工程中主要使用的电磁感应搅拌器，现有直列形（主要用于电弧炼钢炉和钢包炉）和圆筒形（仅用于钢包炉和感应炉）两类。

磁场强度随垂直于搅拌器的距离的增大而逐渐衰减。搅拌力在整个周期和空间内的平均值的表达式见式（3-8）：

$$\bar{f} = \mu_\tau \mu_o \frac{a_3^2 \tau^2}{2\pi^2} \hat{H}_{x_o}^2 e^{-\frac{2\pi\delta}{\tau}} \left(1 - e^{-\frac{2\pi\Delta}{\tau}} \right) \tag{3-8}$$

其中：$\bar{f}$ 为平均搅拌力；μ_τ，μ_o 为导磁率；a_3 为涡流常数；τ 为极距（波的正最大值到负最大值的距离）；$\hat{H}_{x_o}$ 为 x 轴方向的磁场强度振幅分量；δ 为比电导；Δ 为钢包中钢液深度。

瑞典 ASEA-SKF 给出其钢包精炼炉的比搅拌功率 $\dot{\varepsilon}$ 的计算式是式（3-9）：

$$\dot{\varepsilon} = \frac{\hat{H}_{z_o}^2}{a^2} \int_0^a \left\{ \left(\frac{\sigma\mu\omega}{\xi} \right)^2 \left(\frac{1}{\sigma} + \frac{\epsilon}{2\sigma^2} \right) \left(\frac{I_1(\xi)}{I_0(\xi)} \right)^2 + \frac{\mu}{2} \left[\left(\frac{I_1(\xi)}{I_0(\xi)} \right)^2 + \left(\frac{\lambda}{\xi} \right)^2 \left(\frac{I_1(\xi)}{I_0(\xi)} \right)^2 \right] \right\} r \, \mathrm{d}r \tag{3-9}$$

其中：r 为钢包径向坐标；$\bar{H}_{z_o}$ 为钢包壁处 Z 方向的磁场强度，A/m；a 为钢包的内径（半径），cm；σ 为比电导，S/m；μ 为钢水的磁导率；ω 为磁场的角速度，rad/s；ϵ 为介电常数；ξ，λ 为关于交变磁场强度、角速度以及钢液电磁物理性质的常数；I_0、I_1 分别为 0 次、1 次变形的贝塞尔函数。

电磁搅拌的优点是没有部件或介质与钢水接触，不会污染钢水，而且钢液内部流场平稳，几乎没有死区；缺点是装备复杂、昂贵，能量效率较低，操作成本较高。与气泡搅拌相比，因为钢液内部没有气泡形成局部的"负压"，少了气泡的清洗作用。近年来，冶金工程中电磁搅拌技术主要用于连续铸钢工序——结晶器电磁搅拌、凝固中段的电磁搅拌和凝固末段电磁搅拌，用来改善铸坯质量。

3.3 单元操作——钢液中夹杂物上浮去除

钢液中夹杂物上浮现象常用关于球状物体在静止液体中运动的斯托克斯（Stokes）公式来描述：

$$v = \frac{2}{9} g r^2 \frac{\rho_s - \rho_i}{\eta_s} \tag{3-10}$$

其中：g 为重力加速度，9.81 m/s^2；v 为夹杂物上浮速度，m/s；r 为夹杂物当量直径，m；ρ_s 为钢液密度，kg/m^3；ρ_i 为夹杂物密度，kg/m^3；η_s 为钢液黏度，Pa·s；脚标 s 及 i 分别表示钢及夹杂物。

根据冶金工程实际，取夹杂物密度 ρ_i 为 3900 kg/m^3；钢液密度 ρ_s 为 7100 kg/m^3；钢液黏度系数 η_s 为 5.5×10^{-3} Pa·s。按斯托克斯公式，若夹杂物当量直径 $d = 5$ μm，则上浮速度为 $v = 7.9 \times 10^{-6}$ m/s；若夹杂物当量直径 $d = 10$ μm，

则上浮速度为 $v = 3.2 \times 10^{-5}$ m/s；若夹杂物当量直径 $d = 100$ μm，则上浮速度为 $v = 3.2 \times 10^{-3}$ m/s。

可以求出，在钢水深度 3.5 m 的精炼钢包内，10 μm 的夹杂物由包底位置上浮到顶部钢渣界面大约需要 10^5 s，即大约 28 h；这说明，在镇静的钢包熔池内 10 μm 的夹杂物实际上不能仅仅依靠上浮去除。

同样利用斯托克斯公式 [式 (3-10)] 讨论底吹气的工况，取气泡密度为 1.29 kg/m^3，气泡当量直径 $d = 2.0$ cm；气泡上浮速度 $v = 281.1$ m/s，是夹杂物上浮速度的几十万倍。可见在有底吹的二次精炼工况中，夹杂物的去除主要依靠气泡上浮带动、而不是依靠斯托克斯上浮，夹杂物的尺寸并不是决定性的因素。

底吹惰性气体，气泡中一氧化碳的分压很低，有利于脱氧脱碳，所以底吹惰性气体是净化钢液的有效手段，形象地说是用惰性气体洗涤钢液，分析表明底吹惰性气体是二次精炼不可缺少的基本单元操作。

说明：这些讨论并不精确，只是说明大概的趋势，因为用斯托克斯定律要求以下条件：①颗粒为球形；②颗粒和流体的相对速度较低，雷诺数 (Re) 低于 2；③颗粒与流体分子之间没有滑移。

夹杂物上浮速度与夹杂物和钢液之间的密度差成正比，与夹杂物尺寸的平方成正比，与钢液的黏度成反比。钢液的黏度、钢液和夹杂物的密度差不会有很大的变化，所以长期以来认为主要靠增加半径才能有效去除夹杂物是一种误解。

另外，5～100 μm 的夹杂物，其在钢液中的雷诺数 Re 只有 10^{-6}～0^{-4}，斯托克斯模型实际也不太适用。

3.4　单元操作——固体中传导传热

固体中的传导传热是一个广泛存在的物理现象，对其观察和研究已有很长的历史，冶金工程中经常遇到固体中传导传热现象，诸如钢坯的加热、冷却，冶金炉体的冷却等。固体内的传热特性与物质的扩散相类似，可以用偏微分方程予以描述。在固体的微元体内热量的积累（升温或降温）等于流入和流出热量之差，可写成抛物线型偏微分方程

$$\frac{\partial}{\partial t}(\rho C_p T) = \mathrm{div}(k\,\mathrm{grad}\,T) = \nabla(k \nabla T) \qquad (3\text{-}11)$$

其中：τ 为时间；T 为温度。

如果材料的性质均匀且为一常数，长宽均为其厚度的 6～9 倍以上，则其传热现象可简化为一维常系数偏微分方程：

$$\rho C_p \frac{\partial T}{\partial t} = k \frac{\partial^2 T}{\partial x^2} \qquad (3\text{-}12)$$

其中：x 为长度指标；以及材料的热物理性质：密度 ρ，kg/m³；比热容 C_p，kJ/(kg·K)；导热系数 k，W/(m·K)。

定义材料的热扩散系数 $\dfrac{k}{\rho C_p} = \alpha$（m²/s）；则式（3-12）转化为式（3-13）：

$$\frac{\partial T}{\partial t} = \alpha \frac{\partial^2 T}{\partial x^2} \tag{3-13}$$

一维传导传热方程是一个经典问题，有标准的解析方法求得解析解。

固体物质内的一维传导传热可以理解为如下的工程问题：一件温度为 T_i、厚度为 $2L$ 的板材，浸到温度为 T_0 的大水池里，直观的方法是在钢板的各个部位安装温度测量探头测量钢板的降温过程；但是，在很多情况下固体板材内部的精细测量很困难、甚至不能进行，需要采取建立数学模型的方法来模拟。

根据实际工况建立的物理模型和数学模型如图 3-5 所示。

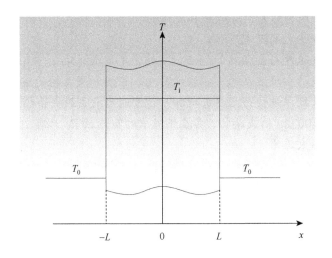

图 3-5　一维传导传热物理模型示意图

图中将坐标原点置于板材对称中心处，取厚度方向为 x 轴方向，以温度 T 为纵轴；在初始时间 $t=0$ 时，板材内部位置 $x < \pm L$ 处的温度是初始温度 T_i，在 $x > \pm L$ 处是环境温度是 T_0；若板材与外部环境的热交换非常强烈，在任意的 $t \geqslant 0$ 时刻，在板材表面 $x = \pm L$ 处，温度均为 T_0，即是数学上的第一类边界条件；若板材与外部环境的热交换与板材内部传导传热强度相差不特别大，可以取为数学上的第三类边界条件，即钢板内部温度梯度与外部散热热流平衡：

$$-k \frac{\partial T}{\partial x} = h(T - T_0) \tag{3-14}$$

其中，h 是板材表面给（换）热系数，$W/(m^2 \cdot K)$。

（1）第一种情况，板材表面换热是第一类边界条件。

引入量纲为一的量：

取量纲为一的空间坐标　　　　　　　$X = x/L$ 　　　　　　　　（3-15）

量纲为一的时间坐标（傅里叶数）$F_0 = \alpha t / L^2$ 　　　　　　（3-16）

量纲为一的温度　　　　　　　　$\Theta = \dfrac{T - T_0}{T_i - T_0}$ 　　　　　　（3-17）

原始的基本微分方程及其定解条件转化为量纲为一的标准形式的抛物线型偏微分方程定解模型：

基本微分方程　　　　　　　　$\dfrac{\partial \Theta}{\partial F_0} = \dfrac{\partial^2 \Theta}{\partial X^2}$ 　　　　　　（3-18）

初始条件　　　　　　$F_0 = 0$ 时，在 $X \leqslant \pm 1$ 处，$\Theta = 1$；

边界条件　　　　　　$F_0 > 0$ 时，在 $X = \pm 1$ 处，$\Theta = 0$；

$F_0 > 0$ 时，在 $X = \pm 0$ 处，因左右温度场对称，温度梯度 $\dfrac{\partial \Theta}{\partial X} = 0$。

定解问题[式(3-18)]可以用分离变量法解析求解，得到量纲为一形式的无穷级数形式的解析解[式(3-19)和式(3-20)]。

$$\Theta = \frac{4}{\pi} \sum_{n=1}^{\infty} \frac{1}{n} \sin(2n\pi X) \exp\left\{ -\left(\frac{n\pi}{2}\right)^2 F_0 \right\} \qquad (3\text{-}19)$$

还原到原始变量，有

$$\frac{T - T_0}{T_i - T_0} = \frac{4}{\pi} \sum_{n=1}^{\infty} \frac{1}{n} \sin\left(2n\pi \frac{x}{L}\right) \exp\left\{ -\left(\frac{n\pi}{2}\right)^2 \frac{\alpha t}{L^2} \right\} \qquad (3\text{-}20)$$

式中无穷级数值可以数值计算求得，也可以查有关数学手册。

（2）第二种情况，板材表面换热是第三类边界条件。在总热阻中表面热阻占有相当的比例，表面处的物理条件应按第三类边界条件考虑。在板材表面，按对流传热考虑，有

边界条件　　　$t > 0$ 时，$x = \pm L$ 处，$-\dfrac{\partial T}{\partial x} = \dfrac{h}{k}(T - T_0)$ 　　（3-21）

同样引入量纲为一的量 X、F_0、Θ 和 Bi，得到量纲为一的定解微分方程[式(3-22)]，包括：

基本微分方程　　　　　　　　$\dfrac{\partial \Theta}{\partial F_0} = \dfrac{\partial^2 \Theta}{\partial X^2}$ 　　　　　　（3-22）

和　初始条件　　　　$F_0 = 0$ 时，在 $X \leqslant \pm 1$ 处 $\Theta = 1$；

边界条件　　$F_0 > 0$ 时，在 $X = \pm 0$ 处，因左右温度场对称，温度梯度 $\dfrac{\partial \Theta}{\partial X} = 0$

（热流为零）；

$$F_0 > 0 \text{ 时，在 } X = \pm 1 \text{ 处，} \frac{\partial \Theta}{\partial X} = Bi\,\Theta。$$

其中，毕奥数 Bi 是量纲为一的表面给热系数，是表征外部给热能力与板材内部传热能力相比较的特征数。

$$Bi = \frac{hL}{k} \tag{3-23}$$

对于定解问题[式(3-22)]，同理可用分离变量法解析求解，得到量纲为一形式的无穷级数形式的解析解[式(3-24)]：

$$\Theta = \sum_{n=1}^{\infty} 2 \frac{\sin \delta_n}{\delta_n + \sin \delta_n \cos \delta_n} \cos(\delta_n X) \exp(-\delta_n^2 F_0) \tag{3-24}$$

其中：特征数 δ_n 满足特征方程：

$$\text{ctan}\,\delta_n = \frac{\delta_n}{Bi} \tag{3-25}$$

注：定解微分方程[式(3-18)和式(3-22)]详细的求解过程可参阅一般的"数学物理方程"或"传热学"书籍。

通过这两个例子可以看出：

（1）求解定解模型的过程中产生了多个量纲为一的量以及量纲为一的特征数，这些量纲为一的量已经脱离了这个具体的问题，而具有更广泛的意义；

（2）可以看出最终解中都有 $\exp(-F_0)$ 项，说明在板材内部的温度是随时间(F_0)呈负指数规律降低。

3.5　单元操作——水冷模内纯金属凝固

金属凝固是冶金工程中非常重要的基本现象，火法冶金制备液态金属，冶炼速率高，成分均匀，纯净度高。冶炼产生的高温液态金属必须凝固成为固体才能生产出可用的材料，全世界每年约有 18 亿～20 亿吨的液态钢水经过凝固单元过程。在另一方面，凝固也是铸造工作的基本过程，金属铸造已有数千年的历史，对于凝固现象和凝固的规律已有多年的研究和体会，例如经验表明凝固过程的进程与时间几乎是平方根的关系，而不是线性的关系，等等。

凝固过程的直接观测和研究非常困难，首先是因为液态金属温度非常高；其次是凝固后形成固态金属内部无法有效地直接即时观测；三者铸坯和铸造过程速率很快、规模很大，铸件尺寸形状复杂，这都使得工程现场研究非常困难，因此数学模拟的方法尤为重要。

凝固单元过程的数学模拟，现已形成一专门的领域。液态物质因为散热降温而凝固，凝固单元过程的本质是传热，是一类特殊的传热现象。金属的凝固传热不同于普通的固体内部传热，在凝固进程中随着温度的降低，凝固前沿向前推进，固-液边界也在向前移动，液态金属凝固会释放出熔化热，这些都大大增加了建模和采用解析方法求解的难度，一般说来应采用数值方法来模拟。

纯金属的凝固不同于合金凝固，是最简单的凝固现象，降温过程金属没有经过液-固两相区，没有在经过两相区产生的复杂现象。纯金属具有唯一的熔化温度（熔点）。纯金属在水冷模型内冷却是更为简单的现象，水冷模有强烈冷却效果，保证具有稳定的边界温度或散热条件，其冶金工程背景是连续铸钢中钢水在水冷结晶器内凝固，电渣冶金和真空电弧重熔等特种冶金技术中熔化的金属在水冷结晶器中的凝固也是类似的现象。

根据理想化的纯金属在水冷模内的凝固现象建立的数学模型是极少数可能用解析方法求解析解的数学模型，下述将予以展开说明。

1）水冷模内纯金属凝固的物理模型

纯金属在水冷模内的一维凝固现象的物理模型示意于图 3-6。

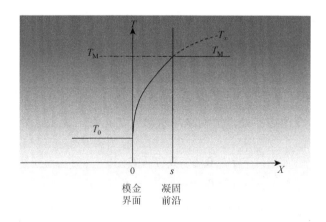

图 3-6　水冷模内纯金属凝固现象的物理模型

参照前文固体中一维传热模型认为在已凝固的金属中的传热与之相同，区别在于金属凝固层的厚度随时间增长、在凝固前沿 s 处释放出凝固（熔化）热。水冷模的冷却效果很好，可以认为与水冷模壁接触处的温度恒为 T_0；并认为液态金属没有过热，其温度恒为纯金属的熔点 T_M（液态金属的温度恒定），金属的凝固

潜热是 H，凝固释放出的潜热全部通过凝固层导至水冷模壁散失；金属凝固层的热物性参数取为常数：

密度	ρ	kg/m^3
比热容	C_s	kJ/(kg·K)
导热系数	k	kJ/(s·m·K)
热扩散系数	$\dfrac{k}{\rho C_p} = \alpha$	m^2/s
凝固潜热	H	kJ/kg

2）水冷模内纯金属凝固的数学模型

将坐标原点 0 置于水冷模与金属接触的界面处，x 轴方向是凝固发展方向，考虑纯金属注入模内已有一段时间，凝固的金属层厚度为 s，即凝固前沿是 $x = s$；在已凝固的金属层内取任一微元体，由热量平衡得到偏微分方程形式同前式（3-12）：

$$\rho C_p \frac{\partial T}{\partial t} = k \frac{\partial^2 T}{\partial x^2}$$

整理得到基本微分方程，同前式（3-13）：

$$\frac{\partial T}{\partial t} = \alpha \frac{\partial^2 T}{\partial x^2}$$

加上边界条件和初始条件得到定解模型[式(3-26)]包括：

初始条件：

在 $t = 0$ 时刻，在 $x \leqslant 0$ 处，恒为冷却水温度 T_0；在 $x \geqslant 0$ 处，温度均为虚拟温度 T_∞，即

$$t = 0,\ x \leqslant 0,\ T = T_0$$
$$t = 0,\ x \geqslant 0,\ T = T_\infty < \infty \tag{3-26}$$

边界条件：

在金属与水冷模边界处，恒为冷却水温度 T_0；在 x 无限远处，恒为虚拟温度 T_∞，即

$$t > 0,\ x = 0,\ T = T_0$$
$$t > 0,\ x \to \infty,\ T = T_\infty \leqslant \infty$$

另外，凝固前沿 s 向前推进的速度为 $\dfrac{\partial s}{\partial t}$，所释放的凝固潜热的热量为 $\rho_s H \dfrac{\partial s}{\partial t}$，由于液态金属的温度恒定，所以释放的凝固潜热的热应等于传入已凝固的金属中的量 $k_B \dfrac{\partial T}{\partial x}$。

在 $x = s$ 处，凝固金属前沿推进速度为 $\dfrac{\partial s}{\partial t}$，相应释出的热流密度为

$$\left(\frac{q}{A}\right)\bigg|_{x=+s} = -\rho_s H \frac{\partial s}{\partial t}\bigg|_{t=t_s} \tag{3-27}$$

在 $x = -s$ 处，流入固体金属层的热流密度是：

$$\left(\frac{q}{A}\right)\bigg|_{x=-s} = -k_B \left(\frac{\partial T}{\partial x}\right)\bigg|_{x=-s} \tag{3-28}$$

在 s 处无热量聚集，故两热流密度相等：

$$\left(\frac{q}{A}\right)\bigg|_{x=-s} = \left(\frac{q}{A}\right)\bigg|_{x=+s}$$

∴有

$$\left(k_B \frac{\partial T}{\partial x}\right)\bigg|_{x=-s} = \rho_s \frac{\partial s}{\partial t}\bigg|_{t=t_s} \tag{3-29}$$

由于有凝固潜热释放，求解难度大大增加，为此设一个待定常数 T_∞，可以认为是虚拟的无限远处的温度，用来虚拟地描述释放潜热的热源，在求解过程中通过热流密度的平衡边界条件求出 T_∞，再予以消除。

固体凝固层传热基本微分方程与边界条件及初始条件一起构成了数学模型[式(3-30)]，示意于图 3-6 所示。

$$\begin{cases} \dfrac{\partial T}{\partial t} = \alpha_s \dfrac{\partial^2 T}{\partial x^2} \\ T\big|_{x=0} = T_0, T\big|_{x\to\infty} = T_\infty < \infty \\ T\big|_{t=0} = T_\infty \\ T\big|_{x=s} = T_M \\ k_s \left(\dfrac{\partial T}{\partial x}\right)\bigg|_{x=s} = \rho_s H \dfrac{\partial s}{\partial t} \end{cases} \tag{3-30}$$

取定性尺度 L，定性时 t_0，所以有变量化为量纲为一的量：

$$X = x/L \qquad \tau = t/t_0$$

∴　$x = 0 \qquad X = 0$

$x \to \infty \qquad X \to \infty$

$x = s \qquad X = s/L = S$

以及

$$\theta = \frac{T - T_\infty}{T_0 - T_\infty}$$

∴　$T = T_M \qquad \theta = \theta_M$

$$\theta_M = \frac{T_M - T_\infty}{T_0 - T_\infty} = \frac{T_\infty - T_M}{T_\infty - T_0}$$

$$T = T_\infty \qquad \theta = 0$$

$$T = T_0 \qquad \theta = 1$$

$$\therefore \frac{\partial \theta}{\partial \tau} = \frac{\partial}{\partial \frac{t}{t_0}}\left(\frac{T - T_\infty}{T_0 - T_\infty}\right) = \frac{t_0}{T_0 - T_\infty}\frac{\partial T}{\partial t}$$

$$\frac{\partial T}{\partial t} = \left(\frac{T_0 - T_\infty}{t_0}\right) \cdot \frac{\partial \theta}{\partial \tau} \tag{3-31}$$

$$\frac{\partial \theta}{\partial X} = \frac{\partial}{\partial \frac{x}{L}}\left(\frac{T - T_\infty}{T_0 - T_\infty}\right) = \frac{L}{T_0 - T_\infty}\frac{\partial T}{\partial x}$$

$$\frac{\partial T}{\partial x} = \left(\frac{T_0 - T_\infty}{L}\right) \cdot \frac{\partial \theta}{\partial X}$$

$$\frac{\partial^2 \theta}{\partial X^2} = \frac{\partial}{\partial X}\left(\frac{\partial \theta}{\partial X}\right) = \frac{\partial}{\partial \frac{x}{L}}\left(\frac{L}{T_0 - T_\infty}\frac{\partial T}{\partial x}\right) = \frac{L^2}{T_0 - T_\infty}\frac{\partial^2 T}{\partial x^2}$$

$$\frac{\partial^2 T}{\partial x^2} = \left(\frac{T_0 - T_\infty}{L^2}\right) \cdot \frac{\partial^2 \theta}{\partial X^2} \tag{3-32}$$

$$\frac{\partial S}{\partial \tau} = \frac{\partial}{\partial \frac{t}{t_0}} \cdot \frac{s}{L} = \frac{t_0}{L} \cdot \frac{\partial s}{\partial t} \tag{3-33}$$

$$\frac{\partial s}{\partial t} = \frac{L}{t_0} \cdot \frac{\partial S}{\partial \tau} \tag{3-34}$$

整理，得到量纲为一的定解（模型）偏微分方程[式(3-35)]，包括基本微分方程：

$$\begin{cases} \dfrac{T_0 - T_\infty}{t_0} \cdot \dfrac{\partial \theta}{\partial \tau} = \alpha_s \dfrac{T_0 - T_\infty}{L^2} \dfrac{\partial^2 \theta}{\partial X^2} & (X > 0, \tau > 0) \\ \theta|_{X=0} = 1 & (\tau \geqslant 0) \\ \theta|_{X=\infty} = 0 & (\tau \geqslant 0) \\ \theta|_{\tau=0} = 0 & (X > 0) \end{cases} \tag{3-35}$$

以及在 $X = S$ 处的边界条件：

$$\begin{cases} \theta\big|_{X=S} = \theta_M \\ k_s \cdot \dfrac{T_0 - T_\infty}{L} \cdot \left(\dfrac{\partial \theta}{\partial X}\right)\bigg|_{X=S} = \rho_s H \dfrac{L}{t_0} \dfrac{\partial S}{\partial \tau} \end{cases}$$

在 $X = S$ 处边界条件化为

$$\begin{cases} \theta\big|_{X=S} = \theta_M \\ F_0 \cdot N'_H \left(\dfrac{\partial \theta}{\partial X}\right)\bigg|_{X=S} = \dfrac{\partial S}{\partial \tau} \end{cases}$$

其中，多个有关参数也随之合并成两个量纲为一的特征数，分别是

量纲为一的傅里叶数[式(3-36)]，

$$F_0 = \frac{\alpha_s t_0}{L^2} = \frac{k_s t_0}{\rho_s c_s L^2} \tag{3-36}$$

注意：这里的 F_0 是特征数，而前例中的 F_0 是与时间有关的变量。

量纲为一的热焓 $\qquad N_H = \dfrac{T_0 - T_\infty}{H} C_s \tag{3-37}$

对于这样一个半无限的定解问题，用拉氏变换（算符 L）转化为 Θ 关于复变量的常微分方程，求得 Θ，然后再通过拉氏逆变换（算符 L^{-1}）求得解析解：

定义　　取拉氏变换为

$$L\{\theta\} = \Theta \tag{3-38}$$

按拉氏变换定义有[式(3-39)]：

$$L\left\{\frac{\partial \theta}{\partial \tau}\right\} = sL\{\theta\} - \theta\big|_{\tau=0} = s\Theta - 0 = s\Theta$$

$$L\left\{\frac{\partial^2 \theta}{\partial X^2}\right\} = \frac{\partial^2 \Theta}{\partial X^2} \tag{3-39}$$

代入，原偏微分方程化为二级常微分方程；

∴　对无因次定解问题取拉氏变换后有

$$F_0 \frac{\partial^2 \Theta}{\partial X^2} = s\Theta \tag{3-40}$$

∴　得到的常微分方程定解问题[式(3-41)]：

$$\begin{cases} \dfrac{\partial^2 \Theta}{\partial X^2} - \dfrac{s}{F_0} \Theta = 0 \\ \Theta\big|_{X=0} = \dfrac{1}{s} \\ \Theta\big|_{X\to\infty} = 0 \end{cases} \tag{3-41}$$

对此常系数二阶常微分方程有通解：

$$\Theta = A \cdot e^{X\sqrt{s/F_0}} + B \cdot e^{-X\sqrt{s/F_0}} \tag{3-42}$$

代入边界条件，得到

$$L\left\{\theta\big|_{X=0}\right\} = \Theta\big|_{X=0} = L\{1\} = \frac{1}{s}$$

$$L\left\{\theta\big|_{X\to\infty}\right\} = \Theta\big|_{X=0} = L\{0\} = 0$$

$\because$ 　　　　　　$X = 0$ 处，

$\therefore$ 　　　　　　$\Theta = B = 1\big/s$

又$\because$　　　　　　　　　$X \to \infty$处，

　　　　　　　　　$\Theta = 0$

$\therefore$ 　　　　　　$A = 0$

$\therefore$ 　特解为　$\Theta = \dfrac{1}{s} \cdot e^{-X\sqrt{s/F_0}} \tag{3-43}$

用拉氏逆变换，求得原问题的解 θ：

$$\theta = L^{-1}\{\Theta\} = L^{-1}\left\{\frac{1}{s} \cdot e^{-X\sqrt{s/F_0}}\right\}$$

$$= \operatorname{erfc}\left\{\frac{X/\sqrt{F_0}}{2\sqrt{\tau}}\right\} = \operatorname{erfc}\left\{\frac{X}{2\sqrt{F_0\,\tau}}\right\}$$

$$= \operatorname{erfc}\left\{\frac{X/L}{2\sqrt{\dfrac{\alpha_s t_0}{L^2} \cdot \dfrac{t}{t_0}}}\right\} = \operatorname{erfc}\left\{\frac{X}{2\sqrt{\alpha_s t}}\right\}$$

$$\therefore \quad \theta = \operatorname{erfc}\left\{\frac{X}{2\sqrt{F_0\tau}}\right\} = \operatorname{erfc}\left\{\frac{x}{2\sqrt{\alpha_s t}}\right\} \tag{3-44}$$

其中，erf 是误差函数符号，定义是

$$\operatorname{erf}(t) = \frac{2}{\sqrt{\pi}}\int_{\infty}^{t} e^{-t^2}\,\mathrm{d}x$$

erfc 是误差余函数符号，定义是

$$\operatorname{erfc}(t) = \frac{2}{\sqrt{\pi}}\int_{t}^{\infty} e^{-t^2}\,\mathrm{d}x$$

$\therefore$ 　代回用原始变量，有

$$\frac{T-T_\infty}{T_0-T_\infty}=\frac{T_\infty-T}{T_\infty-T_0}=\text{erfc}\left\{\frac{x}{2\sqrt{\alpha_s t}}\right\}=1-\text{erf}\left\{\frac{x}{2\sqrt{\alpha_s t}}\right\} \tag{3-45}$$

∴

$$1-\frac{T_\infty-T}{T_\infty-T_0}=\frac{T_\infty-T_0-T_\infty+T}{T_\infty-T_0}=\frac{T-T_0}{T_\infty-T_0}=\text{erf}\left\{\frac{x}{2\sqrt{\alpha_s t}}\right\} \tag{3-46}$$

再利用 $X=S$ 或 $x=s$ 边界上的条件求 T_∞，取在 $x=s$ 处的对应的时间为 t_s。

∴

$$T\big|_{x=s}=T_M$$

又∵

$$\frac{T_M-T_0}{T_\infty-T_0}=\text{erf}\left\{\frac{s}{2\sqrt{\alpha_s t_s}}\right\}=\text{const}$$

令：

$$v=\frac{s}{2\sqrt{\alpha_s t_s}} \qquad 或 \qquad s=2v\sqrt{\alpha_s t_s}$$

可由凝固前沿处的边界条件确定系数 v，利用以上的结果：

$$\frac{\partial T}{\partial x}=(T_\infty-T_0)\frac{\partial}{\partial x}\left(\frac{T-T_0}{T_\infty-T_0}\right)=\frac{\partial}{\partial x}\text{erf}\left\{\frac{x}{2\sqrt{\alpha_s t}}\right\}(T_\infty-T_0)$$

$$=(T_\infty-T_0)\frac{\partial}{\partial x}\left[\frac{2}{\sqrt{\pi}}\int_0^{\frac{x}{2\sqrt{\alpha_s t}}}e^{-z^2}\mathrm{d}z\right]$$

根据含参变量（变积分限）的定积分求导公式：

$$\frac{\partial}{\partial\alpha}\int_a^{b(\alpha)}f(x)\mathrm{d}x=f(b)\frac{\partial b}{\partial\alpha}$$

其中

$$f(b)=e^{-\frac{x^2}{4\alpha_s t}}=\exp\left\{-\frac{x^2}{4\alpha_s t}\right\}$$

$$\frac{\partial b}{\partial\alpha}=\frac{\partial}{\partial x}\left(\frac{x}{2\sqrt{\alpha_s t}}\right)=\frac{1}{2\sqrt{\alpha_s t}}$$

代入得

$$\frac{\partial T}{\partial x}=\frac{2}{\sqrt{\pi}}(T_\infty-T_0)\frac{1}{2\sqrt{\alpha_s t}}\exp\left\{\frac{-x^2}{4\alpha_s t}\right\}=\frac{(T_\infty-T_0)}{\sqrt{\pi\alpha_s t}}\exp\left\{\frac{-x^2}{4\alpha_s t}\right\} \tag{3-47}$$

对于：$x=s$，$t=t_s$，

$$\nu = \frac{s}{2\sqrt{\alpha_s t_s}} \qquad \text{或} \qquad \frac{s}{2\nu} = \sqrt{\alpha_s t_s}$$

$$\left(\frac{\partial T}{\partial x} \right)\Bigg|_{x=s} = \frac{(T_\infty - T_0)}{\sqrt{\pi \alpha_s t_s}} \exp\left\{ \frac{-s^2}{4\alpha_s t_s} \right\} = \frac{(T_\infty - T_0)}{\sqrt{\pi}} \exp\{-\nu^2\} \Bigg/ \frac{s}{2\nu}$$

代入原方程：

$$k_s \left(\frac{\partial T}{\partial x} \right)\Bigg|_{x=s} = \rho_s H \frac{\partial s}{\partial t}\Bigg|_{t=t_s}$$

得到

$$k_s \frac{(T_\infty - T_0)}{\sqrt{\pi}} \exp\{-\nu^2\} \frac{2\nu}{s} = \rho_s H \frac{\partial s}{\partial t}$$

$$\frac{k_s}{\sqrt{\pi}} \frac{(T_\infty - T_0)}{\rho_s H} \cdot 2\nu \cdot e^{-\nu^2} \cdot dt = s ds$$

$$\frac{k_s}{\sqrt{\pi}} \frac{(T_\infty - T_0)}{\rho_s H} \cdot 2\nu \cdot e^{-\nu^2} \int_0^{t_s} dt = \int_0^s s ds$$

$$\frac{k_s}{\sqrt{\pi}} \frac{(T_\infty - T_0)}{\rho_s H} \cdot 2\nu \cdot e^{-\nu^2} t_s = \frac{1}{2} s^2 = \frac{1}{2} \cdot 4\nu^2 \alpha_s t_s = 2\nu^2 \alpha_s t_s$$

消去 T_∞：

∵

$$\frac{T_M - T_0}{T_\infty - T_0} = \text{erf } \nu$$

∴

$$T_\infty - T_0 = \frac{T_M - T_0}{\text{erf } \nu} \qquad\qquad (3\text{-}48)$$

代入得

$$\frac{k_s}{\sqrt{\pi}} \frac{(T_M - T_0)}{\text{erf } \nu} \cdot \frac{e^{-\nu^2}}{\rho_s H} = \nu \alpha_s = \nu \frac{k_s}{\rho_s c_s}$$

整理得到[式(3-49)]：

$$\nu \cdot e^{\nu^2} \cdot \text{erf } \nu = \frac{(T_M - T_0)}{H\sqrt{\pi}} c_s \qquad\qquad (3\text{-}49)$$

或

$$\nu \cdot e^{\nu^2} \cdot \text{erf } \nu = (T_M - T_0) \cdot \frac{c_s}{H\sqrt{\pi}} \qquad\qquad (3\text{-}50)$$

可以看出：ν 只取决于金属材料的热物理性质（c_s, H, T_M）和水冷壁的温度 T_0，是量纲为一的常数。

这个超越方程的形式很复杂，不能简单求得计算值，需查有关数学手册或用数值方法计算。

用

$$\frac{1}{T_\infty - T_0} = \frac{1}{T_M - T_0} \operatorname{erf} \nu$$

代入，得到解析解：

$$\frac{T - T_0}{T_M - T_0} \cdot \operatorname{erf} \nu = \operatorname{erf}\left(\frac{x}{2\sqrt{\alpha_s t}}\right) \tag{3-51}$$

通过这个水冷模内纯金属凝固现象的数学模拟的讨论可以得到以下几点认识：

（1）通过对实际现象进行考察和分析，建立物理模型（图 3-6），再根据物理模型建立数学模型[式(3-30)]，用解析方法求解，过程虽然复杂，但是最终解的形式相当简单。由求解过程和最终解析解可以清楚地看到各变量之间的关系，厘清各项参数对凝固过程的影响。

（2）由式(3-50)可知，系数 ν 只取决于金属材料的热理性质（c_s, H, T_M）和水冷壁的温度 T_0，是量纲为一的常数，而 $\nu = \dfrac{s}{2\sqrt{\alpha_s t_s}}$，所以有 $s = \beta\sqrt{t_s}$ 或 $t_s = c_s^2$，说明凝固前沿的进展与凝固时间之间有平方根的关系，也就是说，铸件的完全凝固时间与铸件尺寸的平方成正比，即从理论上解释了这个实际得到的经验。习惯上，称 $\beta\,(\mathrm{mm/min^{1/2}})$ 为凝固系数或称 $c\,(\mathrm{min/mm^2})$ 为结晶系数。冶金工程中常采用实测方法来确定某种凝固过程的 β 值，用以评价该铸造方法的技术水平，在连续铸钢领域常用 β 值来估计铸坯的液芯长度，调整二冷工艺、确定液芯压下的位置、决定剪切机的位置等，连续铸钢的 β 值一般在 23～28、金属模铸造 β 值要低一些、砂模铸造的 β 值更低，而电渣重熔的 β 则会更高一些。

（3）温度场 T 的最终解是分布于空间 x 和时间 t 的场函数 $T(x, t)$，在已凝固的金属层中任一点 x 处的任一 t 时刻的温度都可以用数学模型及其解定量予以描述，因为各表达式的数学结构已确定，决定终解的数值其实是三个量纲为一的特征数参数 ν 和隐藏的 F_0 及 N_H。在实际工作中可以采用适当的实验测定这三个量纲为一的特征数，就能掌握这个凝固现象的特征。

（4）工程实际中的金属都是多种成分的合金，生铁和钢都是铁碳合金，相图参见图 2-6，所以真实的钢铁材料的凝固现象远比水冷模内纯金属一维凝固现象复杂。

液态合金冷却凝固过程由液相线温度冷却到固相线温度要经过两相区，在两相区内合金逐渐变成固体、固体金属呈枝晶状长大、液态金属中的多余的溶质（包括合金元素和杂质元素）在凝固降温过程中析出、在剩余的液体中聚集，所以，先凝固的金属纯度较高、后凝固的金属合金元素和杂质含量较高，加上剩余的液态金属在枝晶间流动，形成微观偏析和宏观偏析；而液态金属凝固过程体积收缩、形成空隙，如果没有液态金属及时补充，就会形成疏松、严重的孔洞，更严重的在铸件心部形成缩孔。液态合金凝固产生的种种缺陷实际上主要与冷却过程中温度经过两相区有关，与液态金属中的冷却以及在固态金属中的冷却关系较小，在金属中的某一点处温度通过两相区的时间长度称之为"当地凝固时间"，温度通过两相区的速率称之为"当地凝固速度"，这些更为精细的、深刻的变化，以及两相区内发生的种种单元过程都难以用简单的微分方程来描述，也无法解析求解，如果几何形状比较复杂，就更只能用数值方法来模拟和描述。对此，近年来已发展了许多数值模拟的软件，包括专用软件工具。一家企业对其常年生产的连续铸钢、铸造工序应该开发合理的数学模型以模拟各项工艺参数对连铸过程、铸坯质量的影响，不仅可以细致地定量展示两相区内的种种变化，也能够描述铸坯在固态发生的金相变化，进而开发控制软件，直至智能制造。

　　冶金工程中认识到合金凝固过程的客观规律，不能简单地用铸件的平均冷却速度代替当地凝固速度，因而开发了多种影响工艺技术来改善两相区中的物理化学过程，取得了一定的效果，例如连续铸钢工艺已全面取代了模铸工艺，并由此影响了冶金工艺流程，影响了冶金工程系统的品质。

　　并非所有的凝固过程都会产生偏析和疏松，近年来出现了超强冷却的（薄）带钢连铸技术（图 3-7），带钢厚度小于 2～3 mm，不仅在工程技术层面绕开了两相区内的种种变化，而且进一步影响了冶金工程系统的结构和系统品质。

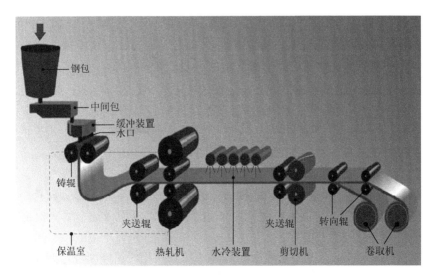

图 3-7　带钢连铸示意图

3.6　冶金反应工程——真空氧脱碳冶炼超低碳不锈钢

　　冶金过程在具体的物料之间进行，实际上不是纯粹的简单的化学反应，物料体积或大或小，即具有一定的尺度，所以冶金过程中的现象包含了本征化学反应和空间传质两方面的效应，属于冶金反应工程学研究的范畴。

　　冶金过程的本质是高温多相的化学反应，在温度很高的情况下本征化学反应速度往往很快、短时间内就能达到平衡，因而冶金过程的速率往往受制于空间传质。一般说来，固体物料内部的扩散传质速率太慢，工程中尽量避免出现固体内部传质的情况，多采用液态介质和气态介质来保证实际过程有足够高的速率。

　　流体力学研究观察到流体流过固体表面，由于流体的黏滞性，在靠近固体表面附近存在一个很薄的速度逐渐变化的区域，经过这个区域，流体的速度由与固体表面相同的速度（一般认为是零）逐渐增加至与流体内部的平均速度相一致，这个很薄的过渡区域，称之为速度边界层，示意如图 3-8 所示。

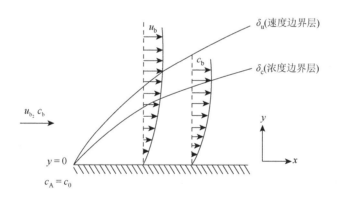

图 3-8　速度边界层和浓度边界层

　　与流体内部的速度现象相类似，液体内部物质的浓度分布也有类似的状况：界面处液体中物质的浓度是液-固反应平衡浓度，通过这个很薄的过渡区域，物质的浓度很快由界面处的反应平衡浓度变化达到液体中物质的平均浓度，这个很薄的过渡区域称之为化学浓度边界层，浓度边界层的情况也示意于图 3-8，钢渣界面两侧的浓度边界层情况示意见图 3-9。化学浓度边界层现象可以存在液体-固体边界、气体-固体边界、气体-液体边界以及液体-液体边界，液体-液体的边界两侧都可能有边界层，例如钢渣界面形成的双界面层，如果两侧传质速率相差很多，就只会在传质较慢的一侧观察到边界层。

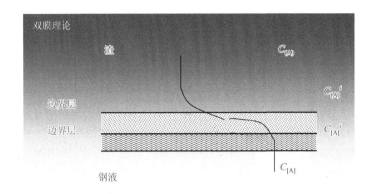

图 3-9　传质边界层示意图

物质在流体中传输的"阻力"完全在于反应边界层，边界层内物质的浓度分布一般认为应该满足扩散方程，即抛物线型偏微分方程。实际边界层厚度很薄，冶金熔体界面上溶质的反应边界层的厚度往往不到 1 mm，反应边界层的阻力因传质物质、流体物质、流动状况、温度等多种因素而异，可以查阅有关手册和资料，也可以通过专门的实验测得。

体积为 $V(\mathrm{m}^3)$ 的熔体，其反应界面面积为 $A(\mathrm{m}^2)$，熔体中 i 溶质的（平均）浓度为 c_i，熔体中 i 物质的量为 $n_i = Vc_i$ (mol)，若界面处的反应平衡浓度是 c_i^{B}；在单边界面传质的情况下，界面熔体侧传送的质量是

$$\frac{\mathrm{d}n_i}{\mathrm{d}t} = Ak\left(c_i - c_i^{\mathrm{B}}\right) \tag{3-52}$$

其中：k 是边界层传质系数（m/s）。

i 物质穿过边界层的速率等于 i 物质扩散穿过厚度为 δ 的边界层的速率，即边界层传质系数 k 是物质在边界层内的扩散系数 $D(\mathrm{m}^2/\mathrm{s})$ 除以边界层厚度 $\delta(\mathrm{m})$：

$$k = \frac{D}{\delta} \tag{3-53}$$

另一方面体积为 V 的流体中物质 i 流失的速率应该是

$$\frac{\mathrm{d}n_i}{\mathrm{d}t} = -V\frac{\mathrm{d}c_i}{\mathrm{d}t} \tag{3-54}$$

∴　得到　　　$$\frac{\mathrm{d}c_i}{\mathrm{d}t} = -\frac{A}{V}k\left(c_i - c_i^{\mathrm{B}}\right) \tag{3-55}$$

二者相等，对时间 t 积分，代入初始条件得到

$$\ln\frac{c_i - c_i^{\mathrm{B}}}{c_i^0 - c_i^{\mathrm{B}}} = -\frac{A}{V}kt = -\frac{A}{V}\left(\frac{D}{\delta}\right)t \tag{3-56}$$

其中：c_i^0 和 c_i^B 分别是组分 i 的初始浓度和两相边界处的平衡浓度。

这个结果是描述两相边界上（有了一定尺度的宏观现象）传质的速率现象，例如 VOD 单元技术中 00Cr18Ni9 超低碳不锈钢钢液，其真空氧脱碳过程的现象符合边界层传质的规律。

VOD 处理前钢中原始碳含量 0.08%，60 t 精炼钢包内钢液面直径为 2.7 m，处理温度为 1700℃，处理的真空度为 10 Torr（1333 Pa）。有关参数是

钢液质量：$W_g = 60$ t

钢液密度：$\rho_L = 7.0$ t/m^3

钢液面直径：$D = 2.7$ m

钢液温度：$t_s = 1700$℃，即 $T_s = 1973$ K

真空室真空度：$P = 10$ Torr

原始含碳量：$[C]_0 = 0.08\% = 800$ ppm

钢液中原始碳含量为 0.08%，属低碳范围的真空碳脱氧范围，故认为钢液内碳的边界传质是限制性环节，钢中碳含量随时间而变化的规律可按上述边界层传质[式(3-56)]计算：

$$\ln \frac{[C]-[C]_\text{平}}{[C]_0-[C]_\text{平}} = -\frac{A}{V}\left(\frac{D}{\delta}\right)t$$

$$\therefore \qquad [C] = [C]_\text{平} + \left\{[C]_0 - [C]_\text{平}\right\} \exp\left\{-\frac{A}{V}\left(\frac{D}{\delta}\right)t\right\}$$

钢液中原始碳含量：$[C]_0 = 800$ ppm；

按脱碳保铬反应：

$$\frac{1}{4}Cr_3O_{4(s)} + [C] = \frac{3}{4}[Cr] + CO\uparrow$$

须先求界面处平衡碳浓度 $[C]_\text{平}$：

（1）查有关资料得知在 1700℃下，反应平衡常数 K 为

$$\lg K = \lg \frac{a_{Cr}^{3/4} \cdot P_{CO}}{a_C} = -\frac{12\,220}{T} + 7.993$$

$$= -\frac{12\,220}{1973} + 7.993 = -6.194 + 7.993 = 1.799$$

脱碳保铬反应的化学平衡常数 $K = 62.95$。

（2）气相压力：

$$P_{CO} = P = 10[\text{Torr}] = \frac{1}{76}[\text{atm}]$$

（3）活度：

$$a_{Cr} = f_{Cr} \cdot [Cr] \qquad \text{其中}[Cr] = 18 \qquad a_C = f_C \cdot [C]_{平}$$

查活度相互作用系数，计算 f_C 和 f_{Cr}，列于表 3-2。

表 3-2 不同元素的活度相互作用系数表

j	$[\%j]$	e_C^j	$[\%j] \cdot e_C^j$	e_{Cr}^j	$[\%j] \cdot e_{Cr}^j$
Cr	18	−0.024	−0.432	−0.0003	−0.0054
Ni	9	0.012	0.108	0.0002	0.0018
C	0.08	0.14	0.0112	−0.12	−0.0096
$\sum e_i^j$			−0.3128		−0.0132
f			0.487		0.97

$\because \qquad\qquad K = \dfrac{a_{Cr}^{3/4} P_{CO}}{a_C} = \dfrac{(f_{Cr}[Cr])^{3/4} \cdot P_{CO}}{f_C [C]_{平}}$

$\therefore \qquad [C]_{平} = \dfrac{(f_{Cr}[Cr])^{\frac{3}{4}} P_{CO}}{K f_C} = \dfrac{(0.97 \times 18)^{0.75} / 76}{62.95 \times 0.487}$

$\qquad\qquad = \dfrac{8.5415}{2330.00} = 0.0037 = 37 \text{ [ppm]}$

钢液面面积 $\qquad A = \dfrac{\pi}{4} D^2 = \dfrac{\pi}{4} \times 2.7^2 = 5.726 \text{ [m}^2\text{]}$

钢液体积 $\qquad V = \dfrac{W_g}{\rho_L} = 60/7 = 8.571 \text{ [m}^3\text{]}$

$\therefore \qquad A/V = 5.726/8.571 \text{ [1/m]}$

$\qquad\qquad = 5.726 \times 10^{-2}/8.571 \text{ [1/cm]}$

又 $\because$ 查资料得知 $\lg\left(\dfrac{D}{\delta}\right) = -\dfrac{6650}{RT} - 0.062 = -\dfrac{6650}{1.987 \times 1973} - 0.062$

$\qquad\qquad = -1.696 - 0.062 = -1.758$

$\therefore \qquad\qquad \left(\dfrac{D}{\delta}\right)_C = 0.01745 \text{ [1/cm]}$

$\dfrac{A}{V}\left(\dfrac{D}{\delta}\right) = \dfrac{5.726 \times 10^{-2}}{8.571} \times 0.01745 = 0.668 \times 1.745 \times 10^{-4}$

$\qquad\qquad = 1.17 \times 10^{-4} \text{ [1/s]}$

$\qquad\qquad = 0.0070 \text{ [1/min]}$

得到　　　　　$[C] = [C]_平 + ([C]_0 - [C]_平) \exp\left\{ -\dfrac{A}{F}\left(\dfrac{D}{\delta}\right)t \right\}$

$\qquad\qquad\qquad = 37 + (800{-}37)\exp(-0.007)\ [\text{ppm}]$

即为钢中含碳量随时间（min）的变化，见表 3-3。

表 3-3　真空处理时间长度对钢中碳含量的影响

t/min	0	2	4	6	8	10	12	14
[C]/ppm	800	789.39	778.93	768.62	758.45	748.42	738.53	728.77
t/min	16	18	20	25	30	35	40	45
[C]/ppm	719.16	709.67	700.32	677.51	655.48	634.20	613.66	593.83
t/min	50	60	70	80	90	100	110	120
[C]/ppm	574.68	538.33	504.43	472.83	443.37	415.89	390.28	366.40

从上述计算得知：

（1）在所论工况下，保持真空大约 50 min，熔池中的碳含量可以降到 0.06% 以下，再延长真空处理时间实际上较为困难。

（2）所论工况真空度太低，只有 10 Torr，相应的平衡碳浓度已可达到 37 ppm，已经相当低。现代 VOD 精炼过程真空度可以达到 1 Torr 以下，相应的平衡碳浓度可降低 10 倍至 3.7 ppm。由上述计算结果可以看出平衡碳浓度[C]_平对降碳曲线影响不大，这表明冶炼超低碳不锈钢过程中脱碳的阻力主要还是在边界层传质，不能仅仅依靠提高真空度来降低产品钢中的碳含量。

（3）降低产品钢中的碳含量的关键在于提高边界传质系数，强化底吹氩等技术，借助于气泡上浮穿过钢液，强烈搅拌钢液，由于气泡中一氧化碳分压很低，有可能大大提高边界传质系数，如果$\left(\dfrac{D}{\delta}\right)$值扩大 5 倍，将会有怎么样的效果，读者可以自行验算。

3.7　关于确定型解析模型的讨论

现代冶金过程系统的生产规模巨大，生产速率非常高，一座年产 1000 万吨的冶金过程系统每天流过系统内部的铁金属流量约 3 万吨，系统内各个工序、各个单元都与之相匹配。冶金过程系统之所以能达到如此高的效率的原因不仅仅只是在于多年生产经验的积累，也在于认识到了冶金过程系统本身的客观规律，包括物料衡算，冶金过程物理化学和冶金反应工程学，顺势而为，说句老话，"道法自然"。

　　自然界现象的客观规律可以有多种描述，可以用文字叙述，也可以用图画绘出，其中最简明、最深刻的当然是数学的描述（数学模型）。通过对冶金工程现象细致的观测和分析，提炼出定量的数学表描述、建立数学模型，从而能够阐述其中的道理和客观规律，这个过程反映了中国数千年的认识论：关于"理、象、数"的辩证思维哲学思想。

　　人们对事物的认知首先来自于感知形成的象，包括人类的各种直观感受以及种种传感器、仪器、仪表的测量结果。人类与动物的重大区别首先在于语言功能，其后在于有了文字和数字，中国在商代以前就以天干、地支记数，以花甲记录年代，商周之际以元、亨、利、贞来表达顺序，出现了河图、洛书、八卦、五行、六十四卦（384爻）等等数的概念（中国特有的数字体系），以及十进制记数体系，万、亿、兆等巨大的计数单位。

　　而罗马人、印度人、阿拉伯人采用数目字来表达数，中世纪阿拉伯人首先采用字母代替数字出现了"代数"学，传到欧洲，代数方法得到发展，有了"变量"的概念，其后又出现了系数、参数等等概念。近代数学起源于欧洲，出现了基于无穷小量的数学分析方法，近代数学是现代科学、技术、工程的基础。

　　人类从认识世界开始就力图去描绘自然、模仿自然，无论在中国还是在西方，古老的概念都只是用文字或图形给出，"只可意会，不可言传"，并没有能给出精确的定量描述。现代科学认为只有获得定量的描述才是精准的表述，方程则需求得解析解，数值解往往被认为缺乏明确的意义。近代发展了许多非解析的数学方法，但是，还必须将获得的数值解转化为可视化直观的结果。

　　在对现象观察和理解的基础上通过精细、精密测得的数据以及进而求知各参数之间的定量关系，由"象"上升为"数"，得出定量的数学描述就是由感觉上升为科学的"理念"。象和数是客观事物被人们认知的某种表现；自然界的客观规律是客观存在的内在的理，不因具体事物而改变，换而言之，理是普适的，适用于各个具体事物、具体的情况。

　　中国先贤们早在四五千年以前就已形成理、象、数哲学理念，这同样也是现代科学的认识论，是建立数学模型的哲学基础。科学的认知首先在于对事物的细致观察，然后是思考和体会，探究其内在的道理，接下来就是精密的测量，最终建立合理的数学模型。

　　正确的有价值的科学理论应该是合理的、普适的，普适的科学道理应该具有三个特征：不因具体问题而改变——不易，置之四海而皆准；适用于各种具体问题——变易；普适的真理更应该是简单而明确——简易。显然，冶金过程系统原理及其模型的基本特征也应该符合普适的，关于理、象、数和三易的哲学理念。

　　广义的模型、包括冶金过程系统模型，一般应具有三个要素：①一定存在原型。原型不仅可以是真实存在，也可以不是真实存在的、虚拟的、设想的；②模型与原型之间必定有相同之处，往往是功能相同或相仿；③模型与原型之间必定有所不同，模型比原型要有某些"好处"，如快捷、方便、灵活、适时、价廉、形象、直观等。各种模型中以数学模型最为快捷、方便、灵活、适时、便宜、形象、直观等。

建模过程中首先须对原型做详细周密的研究，采用恰当的推理方法从而建立合适的物理模型，再抽象得到数学模型，然后才能借助已有的数学方法求解、仿真。建立冶金过程系统程模型的方法论在哲学范畴属于演绎推理。演绎推理（deduce deduction）是科学研究中最常用的方法，可以追溯到古希腊"几何原本"时代，演绎推理所得到的模型通常是确定的数学模型，因其有明确的数学形式和物理含义，故为广泛采用。一般说来演绎推理有三个步骤，示意见图 3-10：大前提、小前提、结论，例如：

大前提：物理化学反应服从热力学第一定律和第二定律；

小前提：冶金反应是一种物理化学反应；

结论：冶金反应服从热力学第一和第二定律。

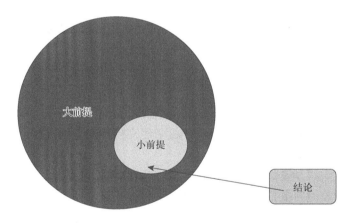

图 3-10　演绎推理示意图

演绎推理从建立模型到用于解决实际问题也会产生谬误，分别有：

（1）物理模型与原型之间有误；

（2）数学模型与物理模型之间有误；

（3）求解模型与数学模型之间有误；

（4）求解过程产生误差，算法的选择，计算过程的稳定性、收敛性，计算软硬件工具的选择，等等；

（5）其他还有测量误差、计量误差，等等。

各谬误中，以物理模型与原型之间有误的危害最大。数学模型的研究最重要工作之一就是与误差做斗争——需要认识到误差是客观存在，只有正确地认识误差，才能将误差的干扰降至最低。

前文 3.2 节中叙述的比搅拌功率的经验公式就是典型的代数模型，优点是形式简单、明确、实用，为现场人员喜用，缺点是不合理，因为等式两端量纲（单位）不和谐，而且幂函数没有明确的量纲（单位）；另一个缺点是不精确，由散点图 3-1 可以看出数据相当分散。该模型最有价值的贡献是首次提出了评价熔池搅拌的参数——熔池混匀时间和比搅拌功率，是后来评价冶金工程技术的重要指标。

冶金过程是高温多相过程，难以精确地直接观察和测量，所以建立数学模型尤为重要。采用演绎推理方法建模大都是确定型的解析模型，因其有明确的数学形式和物理含义，这类模型的优点是变量之间关系明确，使用工程技术人员惯用的学术语言，符合工程习惯。

冶金工程建模至应用过程一般可以归纳为三个阶段：

第一阶段，建模（至关重要）。

首先要对所研究的冶金工程现象进行周密的观察和研究，经过认真思考和理解，建立物理模型。工程现象是"彼岸"的客观存在，经过思考和理解，将其提炼成为抽象的"此岸"概念，这是一个重大的认识升华。科技历史中最经典的范例就是牛顿观察树上的苹果掉下来，从而提出地心吸引力的概念，在此之前，人们看见树上的苹果掉下来已有千百万年的历史，并没有认识到地心吸引力这一存在，可见，由"形而下"的现象提炼出"形而上"的概念是多么难。不理解这种概念的提升是最重要的研究，往往就会忽略建立物理模型的过程，只是简单地套用已有的结果，这是非常不可取的。

合理的数学模型基于合理的物理模型，合理的物理模型是建立数学模型的基础。建立数学模型首要的工作是确定自变量和因变量，一般说来自变量是空间和时间，三维空间坐标可以是直角坐标系、也可以是柱坐标系或球坐标系，时间坐标可以是正向或逆向（现实生活中人生时间坐标只可以是正向）。

因变量的选择非常重要，首先要能充分反映现象的本质，在许多情况下因变量的选择应能反映最关心的系统"功能"，例如 3.6 节中超低碳不锈钢中的终点碳。其次所建立的数学模型能够合理地求解，例如 3.4 节中定义量纲为一的温度，使偏微分方程转化成标准型，能够解析求解；因变量的选择是一项技术含量很高的工作，甚至说是一种"科学的艺术"也不为过。例如 3.4 节中，设定在无限远处的虚拟温度 T_∞，使得非规范边界条件——移动的凝固前沿，且释放凝固潜热，纳入标准形式的微分方程，使得求解析解能够合理进行。

实际工程现象往往是复杂的多方面的，例如转炉炼钢单元涉及铁水、供氧、脱碳、升温、造渣、炉气冷却、炉气能量回收、装置、溅渣等一系列的冶金操作，以及机械装备等诸方面的问题，因此，一般的物理模型、数学模型无法全面地描述或模拟，只能对其某一方面予以模拟，譬如仅就其熔池终点碳的控制问题予以模拟，建立明确有限的物理模型，据之再建立数学模型。

由物理模型转化成数学模型除了需要引入自变量和因变量外，还要给出初始状况和特定时刻的状况；几何形状、几何尺寸；各物质的物理、化学性质，如热物理性质、化学元素浓度、活度、化学反应平衡常数等；以及物理、化学的各种条件，如温度、压力等。这些参数可以是常数，也可以是变量。

建立的数学模型有三个非常重要的要求：一是模型的量纲必须和谐；二是解的存在性；三是解的唯一性。量纲和谐是普适的要求，将在后文第 7 章系统相似问题中再详细讨论。建立的数学模型必须有最终的解，不论是用哪种方法去解、能得到哪种形式的解，一定要有"解"存在，这个"解"不一定是解析形式的解，也有可能没有一个能够写出来的"解"，而只是一个客观存在的"解"。

工程问题往往非常复杂，涉及的各方面问题可能相互矛盾，如果构成矛盾方程，就没有解，这种情况下，糊里糊涂强行建立模型、求解，有时也能得到某种结果，其实是一个谬论，是一个赝结果，这是十分可怕的，常言道"偏见比无知离真理更远"。另外，建立的数学模型必须只有唯一解，包括有限个数的解，即给出的定解条件不够完备，可能得到无穷多个解。在建模过程中对这两类问题必须给予充分的论证。

例如，"两点之间可以连一条直线"，这个结论就包含了存在性和唯一性这两个方面，首先是存在性——两点之间是可以连一条直线；其次是唯一性——两点之间只能连一条直线，而两点之间能够连许多条曲线，曲线可以有无数多条。

具有这三个特征的数学模型是完备的、封闭的，有唯一的"解"，无论用什么方法、用什么计算工具，求得解必须"收敛"于这个潜在"真解"。于是又有了新的问题，即潜在的"真解"唯一的解取决于最初的完备的封闭的最"原始"的数学模型，它才是最根本、最核心的"数学模型"（注意，有些软件工具往往在网格化过程称"建模"，这是工作中的习惯说法，应予以区别）。

常用解析模型建模求解模拟流程示意如图 3-11 所示。

由物理模型建立了可靠的数学模型后就进入第二阶段的求解工作。

第二阶段，求解，包括解析方法求解和数值方法求解。

最理想的情况是所建立的数学模型能够解析方法求得解析解，如前文中的解析方法求解析解的最突出的优点是推理过程清晰、数学物理概念明确、符合工程技术传统；但是，具体的冶金工程问题相当复杂，一般说来难以用解析方法求得解析解，而且如像 3.4 节或 3.5 节得到的解析解还是超越函数，需要用数值方法才能算出结果。

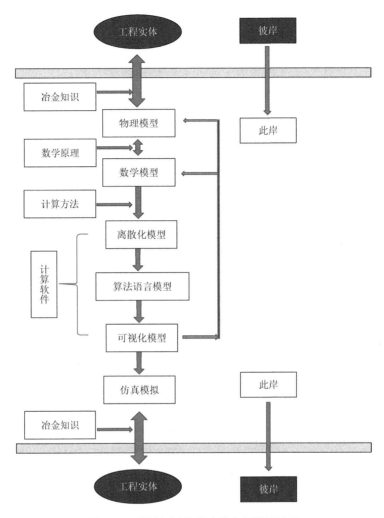

图 3-11　常用解析模型建模求解模拟流程

　　初期，计算硬件工具能力不高，数值计算方法还不成熟，需要考虑计算时长，评估数值计算方法的稳定性和收敛性。近年来，计算硬件工具、软件工具非常强大，一般说来，计算时间，计算的稳定性、收敛性都很好，特别是强大的前处理和后处理功能能够满足实际求解计算的需要，有良好的贴体网格，完美的离散化方法，各种可用的数值计算方法，以及可视化的后处理。应该看到，这些可视化的结果只取决于最初的数学模型，是最初的数学模型的唯一结果，是最初的数学模型的展现。中间过程可能很复杂、很冗长，不论如何，唯一的只取决于最初的数学模型的存在性和唯一性，在某种意义上是一种"强迫"的结果。

　　第三阶段，模拟、仿真。

　　求解后应该返回去检查所得到解是否得符合原始的数学模型、物理模型，以及原始的工程实际，找出原因、反复调整、修改，力求符合实际情况。最重大的误差是模型误差，是物理模型与工程实际之间不相符处，其次是数学模型不能正确地反映物理模型的数学本质；数值化和计算误差相对较小。

　　应该特别指出：建立数学模型的目的不止在于求解，最终目的在于用模型进行仿真实验，定量地考察各种情况变化对目标（函数）的影响。

3.8　方坯连铸凝固单元过程的数值模拟

3.8.1　物理模型和数学模型

1. 物理模型和几何坐标系

　　在连铸坯（包括刚刚注入结晶器的钢水和未凝固的液芯）的几何空间中，取结晶器内钢液面的几何中心点为坐标系 $oxyz$ 的原点，x, y 为钢液面的两个方向坐标，拉坯方向为 z 方向，所论空间为：$0 \leqslant x \leqslant D$，$0 \leqslant y \leqslant D$，$0 \leqslant z \leqslant L$，如图 3-12 所示，$2D$ 为方坯横断面的宽度和厚度，L 是大于铸坯冶金长度的某个尺寸。

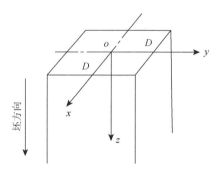

图 3-12　连铸方坯传热模型的坐标系

　　取连铸坯的温度场函数 $T_{x,y,z,t}$ 为因变量，温度场函数在所论时空内连续可微。

2. 传热基本微分方程

　　（1）认为在连铸坯中（固相、液相和两相区）钢的密度 ρ 是常数，在固相区、两相区和液相区分别记为 ρ_s、ρ_f 和 ρ_l，有三维非稳态传导传热偏微分方程：

$$\rho c_p \frac{\partial T}{\partial \tau} = \frac{\partial}{\partial x}\left(k \frac{\partial T}{\partial x}\right) + \frac{\partial}{\partial y}\left(k \frac{\partial T}{\partial y}\right) + \frac{\partial}{\partial z}\left(k \frac{\partial}{\partial z}\right)$$

实测 z 向热流很小，问题简化成二维传导传热偏微分方程：

$$\rho c_{\mathrm{p}} \frac{\partial T}{\partial \tau} = \frac{\partial}{\partial x}\left(k\frac{\partial T}{\partial x}\right) + \frac{\partial}{\partial y}\left(k\frac{\partial T}{\partial y}\right) \tag{3-57}$$

其中：c_{p} 为定压热容。

（2）若拉坯速度 $u = \mathrm{d}z/\mathrm{d}\tau$ 为某个定值，铸坯各点温度处于准稳态，故时间坐标 τ 和空间坐标 z 等效。

（3）考虑到冷却过程中相变潜热的释放和比热 C 的变化，引入 $H\text{-}T$ 曲线（因 $CT = H$），于是温度场 $T_{x,y,z,t}$ 与热焓场 $H_{x,y,z}$ 可以相互转化。

取固态钢的导热系数 k 为温度的线性函数：

$$k = a + bT \tag{3-58}$$

其中，常数 a、b 由钢种的物性所决定。

由此得到传热基本微分方程[式(3-57)]转化为

$$\rho u \frac{\partial H}{\partial z} = a\left[\frac{\partial^2 T}{\partial x^2} + \frac{\partial^2 T}{\partial y^2}\right] + b\left[\left(\frac{\partial T}{\partial x}\right)^2 + \left(\frac{\partial T}{\partial y}\right)^2\right] \tag{3-59}$$

未凝固的液芯中和两相区中，仍采用固体传热的统一形式，靠引入有效传热系数 k_{eff} 来修正：

$$k_{\mathrm{eff}} = nk \tag{3-60}$$

其中，n 是不同相的修正系数，取决于钢种，一般可取 $n = 3$。

在未凝固的液芯中，有

$$\rho_{\mathrm{l}} u \frac{\partial H}{\partial z} = na\left[\frac{\partial^2 T}{\partial x^2} + \frac{\partial^2 T}{\partial y^2}\right] + nb\left[\left(\frac{\partial T}{\partial x}\right)^2 + \left(\frac{\partial T}{\partial y}\right)^2\right] \tag{3-61}$$

在两相区中，传热系数取为

$$k'_{\mathrm{eff}} = -\frac{1+n}{2}k \tag{3-62}$$

$$\therefore \quad \rho_{\mathrm{f}} u \frac{\partial H}{\partial z} = \frac{1+n}{2}a\left[\frac{\partial^2 T}{\partial x^2} + \frac{\partial^2 T}{\partial y^2}\right] + \frac{1+n}{2}b\left[\left(\frac{\partial T}{\partial x}\right)^2 + \left(\frac{\partial T}{\partial y}\right)^2\right] \tag{3-63}$$

（4）初始条件和边界条件分别是

①初始条件：

$$t = 0 \text{ 时，} \quad z = 0 \text{ 处，} \quad T_0 = T_{\mathrm{MM}} \quad\quad H_0 = H_{\mathrm{MM}} \tag{3-64}$$

其中，T_0、H_0 分别为初始温度、初始热焓；T_{MM}、H_{MM} 分别为浇铸温度和该温度下钢液的热焓。

②边界条件 I（铸坯中心处 $x = 0$，$y = 0$）：

假定方坯传热是关于 ox、oy 轴对称的，此时铸坯中心处热流和温度梯度均为 0：

$$\frac{\partial T}{\partial x}\bigg|_{x=0}=0, \quad \frac{\partial T}{\partial y}\bigg|_{y=0}=0 \tag{3-65}$$

③边界条件 II（铸坯表面处 $x=D$，$y=D$）：

铸坯表面传热，均按第 2 类边界条件处理

$$-k\frac{\partial T}{\partial x}\bigg|_{x=D}=q, \quad -k\frac{\partial T}{\partial y}\bigg|_{y=D}=q \tag{3-66}$$

沿拉坯方向，在不同的区段上表面热流密度分别有

i. 结晶器区：

a. 按结晶器平均热流密度 $\bar{q}_M$ 考虑：

$$-k\frac{\partial T}{\partial x}=\bar{q}_M \quad -k\frac{\partial T}{\partial y}=\bar{q}_M \tag{3-67}$$

b. 结晶器内分段考虑热流密度 q_{M_i}，实测热流密度如图 3-13 所示。

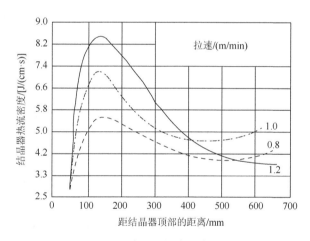

图 3-13　结晶器热流密度分布

沿整个结晶器的高度分段取不同的平均热流密度 q_{M_i}：

$$\begin{cases} q_{M_i}=-k\dfrac{\partial T}{\partial x} \\[3mm] q_{M_i}=-k\dfrac{\partial T}{\partial y} \end{cases} \tag{3-68}$$

其中：$i=1, 2, 3, \cdots, m$；m 为结晶器内部划分的段数。

ii. 喷水二冷却区：

取各热流密度 q_{R_j} 分别为

$$q_{R_j} = h_{R_j}\left(T - T_{W_R}\right) \tag{3-69}$$

其中：$j = 1, 2, 3, \cdots, r$；r 是二冷区的划分段数。

喷水冷却的综合给热系数 h_{R_j} 可通过冷却水密度 W_j 来估算，h_{R_j} 与 W_j 的关系式为

$$h_{R_j} = AW_j^\alpha \tag{3-70}$$

其中：常数 A、α 由实验测定。

iii. 空冷段仅考虑铸坯对环境的辐射传热，热流密度为

$$q_z = \varepsilon\sigma\left[\left(\frac{T + 273}{100}\right)^4 - \left(\frac{T_a + 273}{100}\right)^4\right] \tag{3-71}$$

基本微分方程式和全部定解条件构成方坯传热的原始数学模型。

3.8.2　工艺参数

温度场 $T(x, y, z, \tau)$ 涉及各类输入、输出工艺参数。

1）输入参数

（1）几何参数：①铸坯断面边长 $2D$，结晶器长度 h_m；②弧型铸机半径；③二冷喷水区长度，喷嘴型号及布置；④铸机冶金长度。

（2）热物性参数：①钢种的化学成分；②钢的固相线温度 T_S，液相线温度 T_L；③钢的凝固潜热 L_f，钢的比热 C，钢的热焓 H，钢的热传导系数 k。

（3）工艺参数：①浇铸温度 T_{MM}；②浇铸速度 u；③结晶器热流密度 q_M；④二冷区冷却水分布；⑤冷却水温 T_{W_R}；⑥环境温度 T_a；⑦二冷区综合传热系数 h_{R_j}。

2）输出参数

（1）铸坯温度：①铸坯温度场 $T(x, y, z, \tau)$；②铸坯液相线；③固相线形状。

（2）凝固坯壳厚度：①结晶器出口时凝固壳厚度 δ_m；②浇铸方向上各断面坯壳厚度 δ；等等。

（3）液芯长度 L_m。

（4）表面温度：①拉坯方向表面温度 T_m；②铸坯断面表面温度 T_s；③矫直点表面温度；等等。

（5）温度梯度：①拉坯方向表面温度梯度；②任意断面坯壳内温度梯度；等等。

3.8.3　离散化和求解

方坯传热的数学模型无法解析求解，故采用显式有限差分方法，编程，用电子计算机求解。显式有限差分方法简单介绍如下：

（1）离散化：将空间坐标 x、y 进行离散，二维非稳态问题离散化须满足计算过程稳定、收敛条件：

$$0 < \frac{k\Delta\tau(\Delta x^2 + \Delta y^2)}{\rho C(\Delta x^2 \cdot \Delta y^2)} \leq \frac{1}{2} \tag{3-72}$$

所以，时间步长 $\Delta\tau$ 的取值受到空间步长 Δx、Δy 取值的限制。取拉速为 1.1 m/min，断面尺寸为 180 mm×180 mm，冶金长度为 11 m，不同的 Δx、Δy 值，相应的 $\Delta\tau$ 的取值以及节点的个数 N 列于表 3-4。

表 3-4　步长与节点数

Δx、Δy/cm	$\Delta\tau$/s	ΔZ/cm	节点个数 N	计算时间/h
1.5	1.01	1.85	29 088	2.02
1.0	0.45	0.82	125 000	8.68
0.5	0.113	0.21	1 890 952	131.32
0.3	0.074	0.135	14 285 135	992.02
0.25	0.051	0.093	29 527 450	2050.52

因为坯壳厚度较薄，Δx、Δy 取值应该比较小，由表 3-4 可以看出，与之相应的 $\Delta\tau$ 急剧减小，结果总的节点个数大大增加，计算时间也大大延长。表 3-4 也列出了用 IBM-PC 级的微机作计算工具时一次模拟计算所用时间（该计算工作的日期是 1984 年），可以看出，若 Δx、Δy 取值小于 0.5 cm（仍不够精细），一次模拟计算所用时间相当长，如果用较好的计算工具，模拟计算时间可以大大缩短。

（2）显式有限差分方法：在各个离散点上用差商代替微商，可以将导热偏微分方程化成温度场 $T(x, y, z, \tau)$ 对空间坐标系的差分方程。

　　　x 的向前差分 $\Delta x = x_{i+1,t} - x_{i,t}$

　　　　　向后差分 $\Delta x = x_{i,t} - x_{i-1,t}$

同理 y 的向前差分 $\Delta y = y_{j+1,t} - y_{j,t}$ 　　　　　　　　　　（3-73）

　　　　　向后差分 $\Delta y = y_{j,t} - y_{j-1,t}$

　　　　　同样 $\Delta\tau = \tau_{i,t+1} - \tau_{i,t}$

其中：空间节点编号 $i, j = 1, \cdots, N$；时间节点编号 $t = 1, \cdots, M$。

将微分化为差分：

认为　　　　　　　　$\Delta x \approx \mathrm{d}x$　　$\Delta y \approx \mathrm{d}y$　　$\Delta\tau \approx \mathrm{d}\tau$ 　　（3-74）

将一阶导数化为差商：

$$\frac{\mathrm{d}x}{\mathrm{d}\tau} \approx \frac{\Delta x}{\Delta\tau} \qquad \frac{\mathrm{d}y}{\mathrm{d}\tau} \approx \frac{\Delta y}{\Delta\tau} \tag{3-75}$$

二阶导数化为二次差商：

$$\frac{\partial^2 x}{\partial \tau^2} = \frac{\left(\frac{\Delta x}{\Delta \tau}\right)_{i+1} - \left(\frac{\Delta x}{\Delta \tau}\right)_{i-1}}{\frac{\Delta x}{\Delta \tau}} = \frac{x_{i+1,t} - 2x_{i,t} + x_{i-1,t}}{\Delta \tau^2} \qquad (3\text{-}76)$$

与空间坐标系离散化相应，温度场函数 $T_{x,y,z}$ 和热焓场函数也离散化，各节点处的温度值对应是 $T_{i,j,t}$，于是偏微分方程近似转化为差分（差商方程）：

$$\frac{T_{i,j,t+1} - T_{i,j,t}}{\tau_{t+1} - \tau_t} = \alpha \frac{T_{i+1,j,t} - 2T_{i,j,t} + T_{i-1,j,t}}{(x_{i+1} - x_i)^2} \qquad (3\text{-}77)$$

所以，关于温度场 $T_{x,y,z}$ 的偏微分方程化为关于节点 $x_{i,t}$、$y_{j,t}$ 和 $\tau_{i,t}$ 处的离散温度 $T_{i,j,t}$ 的代数方程组。根据初始条件和边界条件，节点 $i=0$，$j=0$，$t=0$ 处的温度值 $T_{0,0,0}$ 已知，于是可通过式（3-77）逐步迭代求得各空间节点、时间节点全域温度 $T_{i,j,t}$ 的数值，即为温度场函数的数值解。

3.8.4　方坯连铸传热单元过程的数学模拟结果

根据上述研究建立了方坯连铸温度场数学模型，模型考虑了11个输出变量和30个输入变量，利用这个模型可以用来做模拟计算和做模拟实验，用以定量地评估各输入变量和参数的变化对连铸过程各冶金指标的影响，以下仅就结晶器热流密度及二冷段比水量对各输出量影响的模拟结果予以简单叙述。

（1）结晶器平均热流密度 q_m[J/(cm·s)]对出结晶器时坯壳厚度 δ_m(mm)和出口处表面温度 T_m(℃)的影响见图3-14。

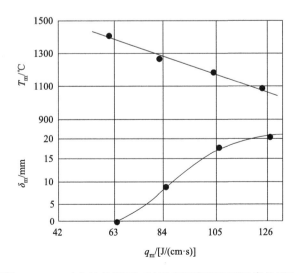

图3-14　q_m 对出结晶器下口时坯壳厚度和表面温度的影响

（2）固定二冷各段配水量之比，讨论总的比水量 W_R(dm³/kg-钢)的影响。

液芯长度 L_m（m）和矫直点表面温度 T（℃）随总比水量 W_R 的变化示于图 3-15，拉坯方向表面温度 T_m（℃）随 W_R 的变化示于图 3-16，拉坯方向坯壳厚度（mm）的变化示于图 3-17，横截面表面温度 T_x（℃）随 W_R 的变化示于图 3-18。

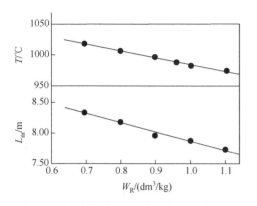

图 3-15　总比水量 W_R 对液芯长度及矫直点
表面温度的影响

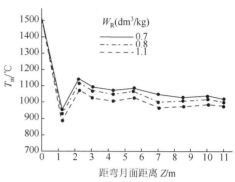

图 3-16　总比水量 W_R 对拉坯方向表面
温度的影响

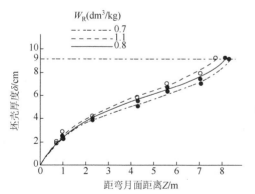

图 3-17　总比水量 W_R 对拉坯方向坯壳
厚度的影响

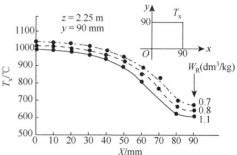

图 3-18　总比水量 W_R 对横截面上温度
分布的影响

由这些典型的模拟结果可看出，连铸凝固传热的数学模型可用于：①在设计过程提供连铸参数选取的初步意见，或对设计方案进行评估。②在生产过程对操作制度的制定提出定量的评估，帮助生产工艺优化。③提供分析生产事故和质量事故的依据，指导工艺改进方案的制定。④作为建立自动控制模型和智能模控制的基础。

3.9　钢包底吹氩单元现象的数学模拟
——气液两相流现象的数学模拟

　　钢包底吹氩操作是现代广泛应用的冶金技术，诸如 LF 炉、VOD、AOD 以及复吹转炉等都采用底吹或侧吹操作。钢包底吹氩涉及气体和液体两相流动，气液两相及两相之间的相互作用相当复杂，3.2 节对其宏观效应予以讨论，没有涉及钢液中气泡上浮的详细描述，由于钢液中气泡群上浮的现象非常复杂，难以给出详细描述，将其认为是气液两相流来讨论是一种介乎微观和宏观之间的方法，可称之为介观方法。

　　假定气液两相流仍是连续介质，只是其微元体的密度因含气率而有所不同，所以可以采用连续性方程、动量守恒方程、能量守恒方程以及湍流模型（k-ε 模型）来描述该现象，现代强大的计算流体力学软件包为其离散化和数值模拟提供了技术支持和保证。模拟过程一般包括四个步骤：①建立解析模型；②前处理；③模拟计算；④后处理。

　　数学模拟的具体操作如下：①根据实际工况建立物理模型和几何模型，按实际钢包的内部形状和尺寸、钢液深度、底吹透气位置等，建立坐标系。②根据实际工况确定各项参数，包括钢液质量、底吹气体的体积流量、设定各项物理条件以及初始条件和边界条件。③建立微分方程形式的解析模型，包括连续性方程（质量守恒定律）、动量守恒方程（牛顿第二定律）、能量守恒方程（热力学第一定律）及两相流模型和湍流模型（k-ε 模型），以及定解条件（边界条件和初始条件）等。④模拟计算，选用软件工具，例如选用商用软件 ANSYS CFX 11.0 等；建立贴体网格（包括划分网格）示意如图 3-19 所示，图中总网格数约为 30 万个，各节点间的最大间距为 50 mm，最小的节点间距为 2 mm。⑤进行数值模拟，包括确定模拟计算的中止条件，图 3-19 的贴体网格取残差控制小于 10^{-3}，总计算步数取小于 2000 步，用普通微机进行模拟计算实际 CPU 时间约 18 小时。⑥模拟结果的后处理。模拟计算结果经后处理得到各种有价值的结果，如其中一些特殊截面图见图 3-20 至图 3-23。

　　特殊截面 I 是底吹气孔所在的纵截面上的钢液的速度矢量图及速度云图，见图 3-21。

　　特殊截面 II 是与底吹气孔所在的纵截面相垂直的截面上的钢液的速度矢量图及速度云图，见图 3-22。

　　特殊截面III是包中钢液的上表面，其速度云图见图 3-23。

图 3-19　钢包几何模型网格化结构图

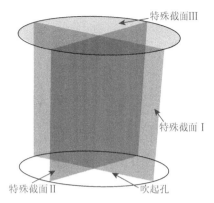

图 3-20　特殊截面的位置示意图

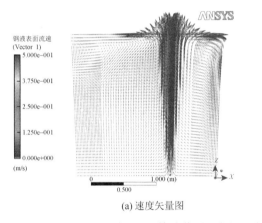

(a) 速度矢量图

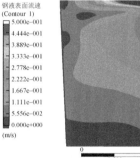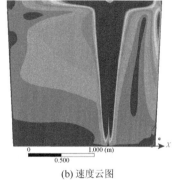

(b) 速度云图

图 3-21　特殊截面 I 上的钢液的速度矢量图及速度云图

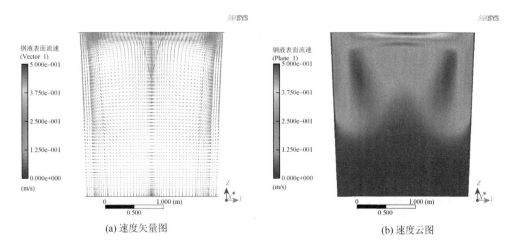

(a) 速度矢量图　　　　　　　　　　　　　　　　　　　(b) 速度云图

图 3-22　特殊截面 II 上的钢液的速度矢量图及速度云图

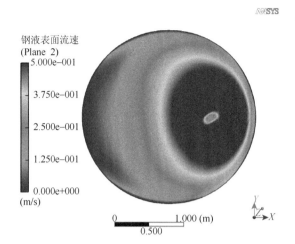

图 3-23　包中钢液上表面的速度云图

改变工艺条件，进行多次模拟计算，得到钢包底吹氩现象的介观描述，据之对现象进行分析和总结，得出最佳工况。

3.10　市场供需现象的模拟

建立数学模型进行模拟研究是系统工程中的一个重要方法，这样的研究不仅能够对冶金过程系统的运行状态进行模拟，也能够对系统外更大系统的特征进行模拟研究，例如可以对市场稳定性进行模拟研究，并借以说明过程模拟与计算求解之不同。

市场中商品的价格 P 对供应量 S 和需求量 Q 都有影响，反之，供应量 S 和需求量 Q 对市场中商品的价格 P 也有影响。一般说来，商品的价格高则供应量增加而消费需求量减少，反之价格低则供应量减少而消费需求量增高，简化的市场模型可以认为是两条走向不同的直线。

取市场变量分别是制造供应量 S、消费需求量 Q 以及商品市场价格 P（控制参数）。如果商品市场价格 P 比较高，则制造者增产意愿强，供应量 S 就会增长，反之，价格 P 比较低，供应量 S 就会减少，在线性假设下，供应量 S 的市场模型是

$$S = a + bP \tag{3-78}$$

另一方面，如果商品市场价格 P 比较高，消费意愿就会降低，需求量 Q 就会减少，反之，市场价格 P 比较低，需求量 Q 就会增加，在线性假设下，消费需求量 Q 的市场模型是

$$Q = c - dP \tag{3-79}$$

其中：正常数 a、b、c、d 为市场的结构参数。

显然，市场供需平衡点是

$$Q = S \tag{3-80}$$

直观的理解，根据供需平衡的要求可以建立联立方程：

$$\begin{cases} S = a - bP \\ Q = c - bP \\ Q = S \end{cases} \tag{3-81}$$

解联立代数方程[式(3-81)]，可求得最佳定价价格的精确值 P^*（解析解）。

这个联立方程组[式(3-81)]也可以用数值方法求解，譬如可以用迭代法求得近似解 $P^{\varnothing}$，如果迭代次数足够，近似解 $P^{\varnothing}$ 能够以适度的精度逼近精确值 P^*。

这种数值方法的求解代数组的结果可以得到市场供需平衡的理想价格 P^*，缺点是没有模仿市场的运行过程，不能理解市场结构参数 a、b、c、d 对市场稳定性的影响。

模拟市场运行的迭代过程示意于图 3-24。

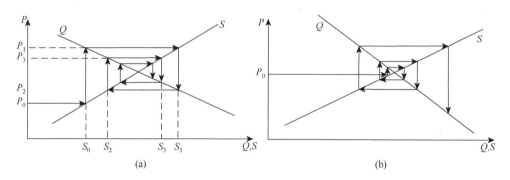

图 3-24　模拟市场的迭代过程

(a) 模拟进程稳定的情况；(b) 模拟进程不稳定的情况

图 3-24（a）：供应方向市场提供价格为 P_0 的产品量为 S_0，因物美价廉受到消费者的欢迎，产品全部售出，消费需求量 Q_0 等于供应量 S_0，有 $Q_0 = S_0$；由于需求意愿旺盛，所以价格由 P_0 升至 P_1；产品价格上涨，刺激供应方增加供应，产品供应量由 S_0 增加到 S_1；市场上产品供应量增加，结果产品价格下降，由 P_1 降至 P_2；产品价格下降打击了供应方的积极性，使供应量减少至 S_2，结果产品又全部售出，即又有 $Q_2 = S_2$；供应量减少又造成产品价格上涨至 P_3，又促使供应方加快供应，产品供应量由 S_2 增加到 S_3；产品供应量增加又造成市场中产品价格的降低；等等。如此往复循环多次，最终收敛于平衡点 P^*、Q^*、S^*。

然而，并非所有的市场都是收敛的，图 3-24（b）所示的市场则是发散的，

不论最初的定价 P_0 离理论平衡点 P^* 有多近，最终的结果都不能收敛于理论平衡点 P^*。

仔细研究这两种情况，不难发现关键在于供应与需求两条斜线的斜率之间的相对关系，如果供应线的斜率（绝对值）大于需求线的斜率，市场就收敛；如果供应线的斜率小于需求线的斜率，市场就会发散。因此，希望市场稳定，不在于定价有多么准确，而是在于供需双方对价格的敏感程度。

一般说来，需求方的敏感程度是市场的客观存在，能够主观调节的是供应方，所谓的"供给侧改革"就是改善供应方（生产方）对市场价格的敏感性，避免出现垄断，而不是简单地增加供应量或调整商品的定价。

通过市场模拟可以看出：市场是否稳定与最初定价无关，而是取决于市场结构，只要供应对价格的敏感程度大于需求对价格的敏感程度，即图中曲线 S 的斜率大于曲线 Q 的斜率，不论如何定价，市场都将趋于稳定。反之，若供应对价格的敏感程度低于需求对价格的敏感程度，即图中曲线 S 的斜率低于曲线 Q 的斜率，不论如何定价，市场都不稳定。

市场经常会有轻微的扰动情况，不稳定的市场中商品价格 P 的波动越来越大，微小扰动都会将引起市场的混乱，如图 3-24（b）所示。从单纯的数学求解的观点来看，这类不稳定的市场，也能够求得理论上的平衡点值 P^*，但是没有能反映系统的抗扰动性质。

关于市场稳定性的讨论属于宏观经济的范畴，对于微观经济也有指导意义，在市场的大环境中冶金过程系统是供应方（图 3-24 中的 S 线）。冶金过程系统一般是巨量的流程工业系统，很难开开停停，或者改变生产状况。在正常运行状态下系统处于稳态，系统中的各个子系统或单元都处于相应的稳定运行状态，这种高效稳态的系统呈现某种意义的"刚性"。如果市场或者环境发生较大变化，"刚性"的冶金过程系统将受到较大影响。在经常变动的市场和环境中只有具有足够高斜率的冶金过程系统才能长久生存，这种高的斜率可以认为是系统的"弹性"，更深刻地说应该称之为系统的"柔性"，一个高品质的冶金过程系统应该是一个"柔性制造系统"，例如经验表明，冶金过程系统中的二次精炼单元工序是其中热的柔性制造环节；又譬如，采用智能控制比传统的自动控制具有更丰富的柔性。系统的柔性不仅仅在于生产速率，也应更广泛地包括过程系统的质量、品质、市场的适应性、开发能力等。正如《道德经》所言"人之生也柔弱，其死也坚强。草木之生也柔脆，其死也枯槁。故坚强者死之徒，柔弱者生之徒"。

第 4 章　冶金系统工程

　　系统工程是从系统观念出发，以最优化方法求得系统整体的最优的综合化的组织、管理、技术和方法的总称。钱学森先生在 1978 年指出：" '系统工程' 是组织管理 '系统' 的规划、研究、设计、制造、试验和使用的科学方法，是一种对所有 '系统' 都具有普遍意义的科学方法。"[①]

　　冶金系统工程就是以系统的观念来观察和认识冶金工程现象，或者说是研究冶金工程现象的系统性质和规律，并用于冶金工程。

4.1　系统和系统方法

4.1.1　关于系统的一些概念

　　"系统"作为一种概念是人类认识自然界和人类社会的实践中长期形成的总体概念或全局概念，有意识地进行整体的、全局的优化，是人类特有的智能活动。自古以来中国就有对其许多深刻的论述和优秀的应用范例。在 20 世纪三四十年代，"系统"又被给予现代科学定义，引起了广泛的兴趣、讨论和发展，系统和系统工程已渗入各个学科、各项工程技术领域，至今在人工智能的前沿领域，对系统认知更是处于指导的地位。

　　在汉语的语境中，"系统"一方面有一种子承父业、子子孙孙、时间上历史垂直传承的意思；也有总揽全局、综合包容的意思。长久以来，在不同领域、出于不同的目的、处于不同的地位对"系统"常有不同的理解，有各种各样的解释。按照现代一般性的理解，例如认为系统一词的含义是"有组织的或是组织化了的总体"；系统是结合起来构成的总体的各种概念、各种原理的综合；是有规则的相互作用或相互依赖的形式结合起来的对象的集合；等等。在许多情况下，系统这个词是一哲学概念，是一种整体的综合的思考方法。

　　将系统作为一项重要的科学概念而予以研究，是于 1937 年首次提出的，一般系统论在 20 世纪 40 年代后期逐渐形成，认为无论系统的种类和性质如何，存在着适用于系统的一般性原则。一般系统理论在于把系统的目的、结构、行为用抽

---

① 钱学森，等. 论系统工程. 增订本. 长沙：湖南科学技术出版社，1982.

象的严密理论给予描述、分析、评价和优选；系统理论专论是在一般系统理论的基础上，针对系统对象的特点了解其结构和行为的一些专门学科，如控制论、规划论、对策论、信息论、图论等。

系统工程最早于 1940 年由美国贝尔电话公司所提出，其前期是始于 20 世纪 30 年代的系统思考（System Thinking）和系统处理（System Approach）等方法。第二次世界大战期间及其后运筹学（Operations Research）、系统分析（System Analysis）等方法取得了实用成果。由于专业背景不同、认识程度不同，人们对"系统工程"的定义、理解也各不相同。尽管如此，但大致可以认为系统工程的基本思想是：从系统整体的观念出发，全面考虑系统内部各组成部分相互之间的制约关系，讨论系统整体的最优策略。其主要理论基础是运筹学、系统理论和现代控制论，主要技术手段是计算机技术。系统科学在工程领域中的应用发展成为系统工程。

系统科学体系，包括：系统概念、一般系统理论、系统理论专论、系统方法论（系统工程、系统分析）和系统方法的应用五部分。按照从抽象到具体、从概念到应用可列成如图 4-1 所示的系统科学体系。

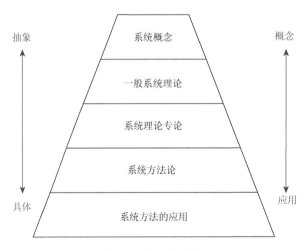

图 4-1　系统科学体系

从工程的角度来理解，系统包括两个内涵：一是系统由若干单元所组成；二是系统内各单元之间具有某种关系。也就是说，系统是由组成系统的各个部分（单元）以及这些部分的关系所构成的，即包括单元和结构。系统内部的结构往往很复杂，并存在不确定性、竞争性等；而从外部来看，系统具有特定的功能。

系统的含义还可以用与其反义的两个词来理解：一是单元（Element）或部分（Component）；另一是混沌或无序（Chaos）。

用数学的语言可以将系统表述如下式：

$$S = \{X|R\} \tag{4-1}$$

其中：X 是系统中可识别的、独立的各单元的集合：

$$X = \{x_i \in X|_{i=1-n}\} \tag{4-2}$$

其中：$x_1, x_2, \cdots, x_n$ 为其子系统或单元；R 是系统中各单元之间的关系的集合，即对系统内部结构的描述：

$$R = \{r_j \in R|_{j=1-m}\} \tag{4-3}$$

其中：$r_1, r_2, \cdots, r_m$ 是系统中各单元之间的关系。

现代系统的概念中第一次明确将"关系的集合"重点提出。"关系"的重要性可以用材料的"同素异构"现象来理解，以碳元素为例，以碳原子为单元的物质在不同的关系下具有完全不同的性质，在某种关系下可以是无定形碳；在某种关系下可以是做铅笔芯的石墨、电解用的电极或电弧炉的石墨电极；在另一种关系下可以是晶莹剔透、刻划硬度最高的金刚石，也可以是新型材料石墨烯，等等。

4.1.2　系统的基本知识

1）自然系统和人工系统

按构成系统的单元的性质，可将系统划分为两大类型，一类是自然系统——自然界形成的系统；另一类是人工系统——例如以人类对自然界加工、制造的装置为主所构成的工程系统，以及管理系统、各种社会系统、科学体系、技术体系等。人工系统根据系统的目的来设定其功能，所以人工系统的功能是为了完成系统的目的，例如冶金工程系统就是一个以生产钢铁产品为目的的系统。

实际上还存在着许多自然的和人工的复合系统。

2）系统与环境

从逻辑上讲，系统 S 之外是非系统 $\overline{S}$，系统和非系统的关系示意如图 4-2，非系统也可以认为是为系统的环境（Environment）。

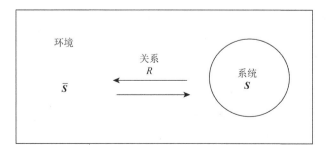

图 4-2　系统和非系统

　　系统与其环境构成更大系统，如图 4-3 所示。从逻辑上讲，只要有系统，就有其相对应的非系统，任何系统与非系统是共存的，亦即是"系统与环境共存"。所以，系统工程从来都是将环境与系统作为一个更大的系统统一考虑，这是思想认识的重大提升。环境给予系统目标和约束，对系统提出功能要求和运行的条件，环境对系统的影响是巨大的、根本性的，例如在新时代对室温气体排放控制的要求促生了富氢还原技术的发展，从而根本上改变了冶金系统的技术结构。

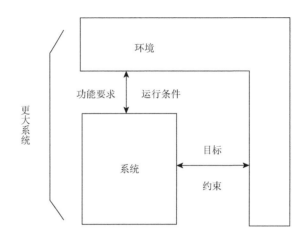

系统与环境(更大系统)

图 4-3　系统与其环境构成更大系统

　　任何工程系统从来都不是孤立系统，冶金过程系统与其环境自然构成了更大系统，建设一座冶金工程系统必须考虑周边条件，例如水文地质、电力能源、交通运输等；冶金工程系统的生产运行也必然对周边的生态环境有所影响，如温室气体、固液废弃物的排放等等，当然也有很多有利影响，可以极大地提升当地经济。冶金工程系统与环境的关系不仅仅局限于当地，例如中国的冶金过程系统所需的铁矿石可能来自巴西或澳大利亚，与万里之外的巴西、澳大利亚的矿石生产息息相关，"环境"这个概念延伸到了万里之外。

　　3）闭系统和开系统

　　根据系统与环境的关系，可将系统分为闭系统（Closed System）和开系统（Open System）。闭系统——与外部环境完全没有关系的系统，类似物理化学中所讨论的孤立体系；开系统——与环境之间有相互关系的系统，往往需要用不可逆热力学来描述。

工程系统一般都是开系统，冶金过程系统与环境密切关联，与环境之间有强烈的、不间断的物质交流和能量交流，例如一座年产一千万吨钢的冶金企业每年物料的输入输出量总计能达到五六千万吨，大约每小时达到六七千吨。实际上环境对系统的影响几乎是决定性的，对于冶金过程系统不仅需要从环境索取原料，也需要向环境输出产品，还需要环境提供辅料、还原剂、能源；另外，也需要环境承受固废、废液、废气；以及需要环境提供场地、环境承受物料的运入和发送，等等不一而足。

孤立的闭系统不与环境发生物质和能量的交流，只是一种理想化的抽象概念，在现实中、特别是在冶金过程系统范畴内是不存在的。

4）输入-输出系统和因果系统

有许多系统，系统与环境之间有明确的边界，也有密切的联系，但是却无明确的输入输出可寻。例如，一个冶金工程系统一般有围墙将厂区与周边环境隔离开，系统与环境之间有明确的边界，物料能量都有明确的输入输出可寻，但是在另一方面，冶金过程系统的职工与周边环境生活的居民虽然有区别、但是有密切的联系，没有明确的边界、也无明确的输入输出（如图 4-4 中的向量 U 和 Y），冶金企业的职工系统是开系统，但不是输入-输出系统。

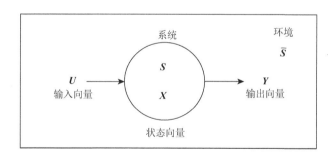

图 4-4　输入-输出系统

若系统与环境之间有明确的边界，而且该开系统与环境的关系可通过一组输入向量 U 和输出向量 Y 来描述，则这类系统称之为输入-输出系统。一般的工程系统都是输入-输出系统，如果系统的输出向量 Y 仅取决于输入量 U，则称之为因果系统。

5）系统、子系统和系统的层次结构

系统一般都具有金字塔式的层次（Hierarchy 或 Level）结构：系统由下面一层的子系统构成，这些组成系统的次一级较低的系统称之为系统的子系统（Subsystem）。子系统则由比它更低一层次的子系统构成，最低层次的子系统称之为单元（Unit）。上下层次的系统与子系统之间的关系以及同一层次子系统之间的

相互关系 $R = (r_1, r_2, \cdots, r_m)^{\mathrm{T}}$，是整个系统的结构，如某钢铁企业的层次结构示意图见图 4-5。

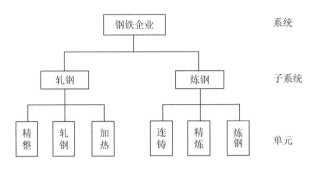

图 4-5 冶金工程系统的层次结构

子系统是相对于系统而言的，没有绝对的意义，只是对于所讨论的问题才有具体的系统、子系统、子系统的子系统，直到基本单元。例如，一个人到医院去看病，要分生病的器官是哪个系统，如呼吸系统病、消化系统病、神经系统病等；而消化系统有病，又要分是胃病还是肠病；等等。又如一个钢铁联合企业的子系统有炼铁分厂、第一钢轧分厂、第二钢轧分厂等；而第一钢轧分厂的子系统是炼钢作业区、精炼作业区、连铸作业区、连轧作业区等；其连轧作业区的子系统又有加热区、轧钢区、精整区等；其轧钢区又有其子系统：甲、乙、丙、丁各班；各班又有子系统至每个操作人员等。另一方面，钢铁联合企业上面还会有集团公司，钢铁联合企业又是集团公司的子系统，等等。物质是不可穷尽的，系统、子系统、单元，没有绝对的意义，只有相对的意义。

系统中各单元是如何构成系统的，称之为系统的结构。结构是对系统内部的描述，表达了单元之间的联系和秩序。系统总体的、有机的活动，及其相应的各系统单元的活动，称之为系统的行为。以系统的结构为基础，将系统的行为展开，称之为系统的功能。根据系统的功能，可将某个系统作为特定的系统认识出来。

系统的结构对系统的性质有重大影响，典型的例子是碳素材料。系统工程将系统的结构、单元的关系着重提出是思维观念的重大提升，是系统思考的特点。一般说来，关于单元的研究是各个专业领域的研究，而关于"关系"的研究则是脱离了具体的各个专业的更高层次的、普适的研究。

通常，系统的特征受子系统影响不是很大，上层的子系统对系统的性质可能会有一些影响，下层的子系统对系统性质的影响进一步减弱，一般对三四层以下的子系统不再予以关注。而且，系统的性质不仅取决于构成它的单元，在很大程度上也取决于单元之间的相互关系。

还必须指出，系统最优的情况中子系统一般不是最优，反之，由最优的各个子系统所组成的系统也不一定最优。举一个例子：企业要发年终奖若干，显然，子系统各分厂都认为发给自己这个分厂奖金多是较优方案，然而，站在系统的位置来看问题，这绝不是好的方案，大家平均分配也不是最优方案；最佳系统方案应该是各分厂按贡献加权平均分配奖金；可见，系统最优、子系统不是最优。又如，炼钢系统经技术改造投产后，产钢能力由年 100 万吨提高到 120 万吨，子系统最优了，但是前步炼铁还只能年供应 100 万吨钢用的铁水，而后步轧钢也只能年加工 100 万吨钢坯，增产的能力没有原料，多余的钢水无法消化，全厂的生产平衡被打乱，系统不但没有"最优"，反而乱了。为此，通常要求子系统的工作状态要服从于系统最优的情况。

6）系统的维度和自由度

系统的维度，通常的理解就是系统所具有的独立自变量的个数。系统工程所讨论的维度常指系统所涉及的全部变量的个数，系统工程所讨论的系统大都具有较高的维度。

笛卡儿坐标系以及广义的几何坐标系都是三维的空间坐标，物理坐标系是时空四维坐标，人的心理坐标系一般是空间三维时间半维的三维半坐标系，本书前三章涉及的问题都是在物理坐标系中展开的。一般说来，超过三维半的问题就超出了人类能够正常理解的心理范畴，是非现实的"虚拟时空系统"。冶金系统工程中的许多工程问题往往涉及多个维度，是高维问题，要去适应、去理解高维现象，才有可能正确地理解和应用大数据、人工智能等现代工具。

在第 3 章关于凝固现象的讨论中已退化为自变量是时间一维和空间一维的现象，因变量是温度场函数，因变量与自变量的关系是抛物线型的二阶偏微分方程，这个微分方程的解的值取决于三个量纲为一的特征数 F_0、N_H 和 ν，这三个量纲为一的特征数又是由 10 个参变量组成。

$$F_0 = \frac{\alpha_s t_0}{L^2} = \frac{k_s t_0}{\rho_s c_s L^2} \tag{4-4}$$

$$N_H = \frac{T_0 - T_\infty}{H} c_s \tag{4-5}$$

$$\nu \cdot e^{\nu^2} \cdot erf\, \nu = (T_M - T_0) \cdot \frac{c_s}{H\sqrt{\pi}} \tag{4-6}$$

凝固温度场函数在时空中分布的状况受这 10 个参变量所控制,是一个十"维"问题，经过分析研究将这 10 个参变量合并成 3 个量纲为一的特征数 F_0、N_H 和 ν，将一个十维问题降维成三维问题，即如果能测定这三个量纲为一的特征数，凝固温度场函数在时空中分布的状况就唯一被确定，这个凝固温度场在时空中分布的现象只是这三个量纲为一的特征数构成的"抽象空间"中的一个现象的"点"。

热力学研究指出一个热力学体系具有若干个状态函数，如焓 H、熵 S 等，体系状态一定、这些状态函数的数值也就随之确定，反之，如果这些状态函数的值确定，则体系的状态也就确定。现在的问题是，要想确定体系的状态需要知道几个状态函数的值？即热力学体系的自由度是几？热力学研究得出体系的自由度数符合相律：

$$D = K - \Phi + 2 \tag{4-7}$$

其中：D 为体系的自由度数；K 为体系中的组元个数；Φ 为体系中相的个数。

如果热力学体系是单组元 $K = 1$，单相 $\Phi = 1$，则体系的自由度数 D 是 2，也就是说一个理想的热力学体系只有两个自由度，只要知道两个独立的状态函数的值就能将这个热力学体系的状态确定下来。在诸多状态函数中最容易测到的是温度 t 和压（强）力 P，这两个量就是热力学中的"热"字和"力"字。

同样，从第 3 章的凝固现象的解析可以看出，一个时间一阶导数空间二阶导数的偏微分方程的求解过程已经是相当繁琐，而中间包内的三维流场问题则不能解析求解，需要采用数值方法，这些求解过程不仅在于所用数学知识较多，更主要的问题是繁琐的求解过程掩盖了对现象的理解和认识，所以，大多数传统的工程技术人员都尽量避免处理高维问题。

但是，工程问题实际上涉及的变量很多，只选择其中一两个变量来处理往往会失之偏颇，会造成先入为主的错误。系统思考提醒需要承认面对的工程现象其实是多变量现象这个现实，要学会处理多变量问题，系统工程方法认为需要尽可能多地将所涉及的变量都放在一起来讨论、一起来参与定量评价、一起来参与筛选，或剔除、或合并成为主变量，然后再估计变量之间的关系，要做到不漏过一个可能的变量，也不错选一个无效的虚假因子。

7）系统的大小

在系统思考中，所谓的系统的大小，其含义并不是指数据量的多少、几何尺寸的大小或物理上的质量轻重，而主要指的是如下两个方面：

（1）系统的大小指的是系统内所含的单元多少、维数的高低。现在计算机技术非常发达，收集数据、存储数据非常方便，很容易就能得到海量数据，这不是大数据的科学含义；大数据的科学含义在于通过大量的数据，认识存在众多变量、揭示变量之间真实的关系，不要有所遗漏、需要滤除噪声，剔除假象。需要着重说明的是，剔除假象比揭示关系更为重要，有这样的格言说"偏见比无知离真理更远"。

（2）系统的大小指的是系统内部结构复杂程度，系统内的多个单元之间的关系复杂，不确定性（以至模糊性）不可避免。一个系统可能相当复杂，但总是具有某种（或某些）整体的目标和目的，则可以将整体的系统目标分解，或按整体的目标优化。

由于冶金过程系统涉及的数据类型多种多样，系统内部结构复杂，因此需要借助于更多的学科以及更多的方法和工具。系统科学借助当代各学科的成就，与现代智能技术无缝衔接。例如系统科学与方法有：①决策论（Decision Theory）；②信息论（Information Theory）；③分配论（Allocation Theory）；④排队论（Queuing Theory）；⑤自动机理论（Automata Theory）；⑥模拟理论（Simulation Theory）；⑦网络理论（Network Theory）；⑧树论（Tree Theory）；⑨测度论（Measurement Theory）；⑩控制理论（Control Theory）；⑪最优化理论（Optimization Theory）；等等。

8）线性系统（Linear System）和非线性系统（Nonlinear System）

数学模型是系统变量的线性关系式的系统，称之为线性系统。系统变量的线性关系指的是对于系统的状态变量及其各阶导数的幂不超过一次，而系统的参数可以以非线性形式出现。线性系统遵循迭加原理和互易原理，迭加原理说明，两个不同的作用函数，同时作用于系统的响应等于两个作用函数单独作用的响应之和，因此，线性系统对于几个输入量的响应，可以一个一个地分别处理，然后对它们的响应结果进行迭加。

数学模型是系统变量的非线性关系的系统，称之为非线性系统，迭加原理不适用于非线性系统。系统变量的非线性关系指的是对于系统的状态变量及其各阶导数幂有超过一次的情况。在大多数情况下，真实系统往往实际上是非线性的，一些所谓的线性系统往往只是在一定范围内才能保持线性关系。非线性系统的理论和求解难度远远超过线性问题，最常采用的方法是经线性化处理，逐步逼近求解。

9）系统特性

系统的特性，亦称系统的性能，是评价系统的基本指标，主要有：①可靠性（Reliability）；②稳定性（Safety）；③快速响应特性（Responsiveness）；④变通性（Versatility）；⑤适应性（Flexibility），亦称灵活性或柔性；⑥扩展性（Expandability）；⑦并存性（Compatibility）；等等。其他两个重要指标是：费用（Cost）和时间（Schedule）。

10）系统功能与指标

系统优化，实质上是在给定系统功能和环境条件下对系统实施不同方案进行比较而选出最佳方案，因此，在一定条件下的系统之间的比较是系统优化的基础，这种比较也称之为系统评价。为了进行系统之间的比较，首先就必须有比较的标准，即评价指标，针对不同的评价指标，系统的评价结果和优选的结果也不同。

　　系统评价的第一个特点是不确定性。对于同一个系统的评价，在不同的时期、不同的地点，以及不同的评价者，评价的结果会不一样，因为，在这些不同的情况下，评价指标的选择会有所不同。

　　系统评价的第二个特点是评价指标不一定是定量型的。有许多评价指标是定量的，根据这些定量指标比较容易进行严格的系统评价，但是还有一些指标是无法定量化的。

　　系统评价的第三个特点是评价指标的多重性，评价一个系统，即便是一个简单的过程单元，一般说来，仅用一个评价指标是不够的，对于一个冶金工程系统的评价，通常至少要考虑四五项指标（如第1章所述）。这些指标之间往往存在着某些相互依赖的关系，如产值依赖于产量，成本受能耗的影响，等等。这样评价指标之间会形成某种层次结构，某个指标可能处在某几个指标之上、又或处于某几个指标之下，在同一个层次水平上又有可能存在有多个评价指标，评价指标的层次结构示意图见图4-6。

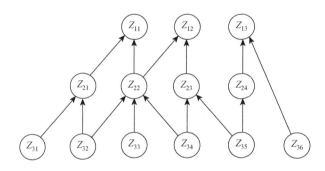

图4-6　评价系统的层次结构

　　若评价指标不止一个，即使所有的评价指标都是定量可比的，有时也难以对不同的方案或系统给出优劣的判断。例如，用产量的高低来评价一个方案，显然产量较高的是"好"方案；若以成本的高低来评价，那么很自然，成本低的方案是"好"方案；但如果同时必须考虑这两个准则，则会出现产量高成本也高的情况。

　　如图4-7（a）所示的情况，方案A1和方案A2就难分优劣，而方案A3比方案A1和方案A2都好，所以方案A1和方案A2都可以被方案A3淘汰；而方案A4可以淘汰其他各方案，可见，尽管所有方案之间并不能完全一一比较，但是，整体上还是存在最佳方案的。而图4-7（b）所示的情况，方案A5、A6、A7不可比较、又不能被淘汰，难分优劣，它们称之为"非劣"方案，这种情况在系统评价中有可能经常遇到。

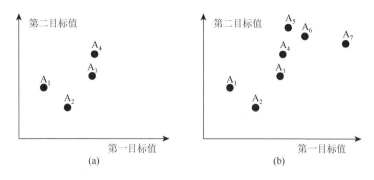

图 4-7　多重判据下的方案优选

（a）存在最优方案；（b）不存在最优方案

11）系统方法的应用

应用系统研究问题、解决问题归纳起来通常遵循的程序主要有以下 7 个步骤：①搜集待研究问题的有关信息；②建立系统结构；③系统建模；④可持续性分析与发展分析；⑤建立系统目标；⑥仿真改进后的系统与分析可行方案；⑦决策并执行。

12）系统分析和系统综合

系统分析（System Analysis）是系统工程中最基本、最重要的处理方法之一。其目的在于通过分析比较各种可供选择的方案的费用、效益、功能、可靠性等指标，求出系统应采用哪种组成和行动方式最为合理。

系统分析常借助于计算机技术用系统模型进行系统的模拟、仿真和优化。对于复杂系统，现有的数据和信息往往不完整，不确定性因素和风险的估计及预测是非常重要的。

（1）系统分析自上而下地将系统 S 分解为子系统集 $X(x_1, x_2, \cdots, x_n)$ 和关系集 $R(r_1, r_2, \cdots, r_m)$。一般包括四个步骤：目的系统的选定和分析，系统的模化，建立评价体系，对解进行评价。

（2）系统综合（System Synthesis）：自下而上由子系统 $X(x_1, x_2, \cdots, x_n)$ 按相互关系 $R(r_1, r_2, \cdots, r_m)$ 整合构成系统 S；一般认为是研究对给定的原料、需求的产品如何产生一个理想的过程系统。可以归纳为：①概念设计（包括科研开发）；②过程设计（包括工艺设计和初步设计）；③详细设计；④建设施工。

（3）系统优化：将系统按指定的目标和约束寻优，确定最优系统 S^* 和相应的最优决策，包括最优决策向量 X^* 和最优决策关系 R^*。

（4）系统模拟：用最优决策模型进行模拟，调整子系统的单元特性和结构以及约束条件，反复进行优化，对得到各子系统的单元特性和结构以及约束条件对最优决策的影响进行评估（敏度分析），得到最佳的最优系统。

13）系统科学与方法

系统科学与方法借助当代各学科的成就和现代智能技术无缝衔接，主要学科有：①一般系统论；②控制论；③耗散结构理论；④协同学；⑤突变论；⑥超循环理论；⑦混沌理论；⑧模糊理论及其应用；⑨神经网络；⑩遗传算法系统评价体系；等等。

4.1.3　系统模型

系统科学的重要方法之一是模型化方法，模型是对客观事物的模拟，模型化方法是通过模型来描述事物和过程的主要特征，便于逻辑推理和判断。

选择系统模型的一般标准有三条：①模型的适用性，简单、易于应用；②模型的可靠性，能在允许的近似程度上反映系统的真实状况；③模型对系统设计应是有益的，而且是可实现的。

常用模型有：①定性模型，包括：实物模型（桥梁、建筑、风洞等）、概念模型（政治、心理、语言等）、直观模型（广告、方框图、程序框图等）；②定量模型，包括：数学模型（代数方程、微分或差分方程、积分方程等）、结构模型（几何或图论方法，如网络模型、决策树模型等）、仿真模型（数值模拟和逻辑模拟）等。

建模（Modeling）又称模化。模型化的方法论有归纳法（Induction Approach）和演绎法（Deduction Approach）两大类。

模型工程一般由定性研究和定量研究相辅相成。研究事物的性质属于定性研究；而研究事物的数量关系属于定量研究。定性是定量的基础，定量是定性的精确化。定性研究只有建立在定量研究的基础上，才能揭示出事物的本质特征。大多数是指如何对某个给定的问题或对象来建立数学模型，有时也指建立物理模型。

建模的具体方法大致又可分为机理建模（Mechanism Modeling）和经验建模（Experiment Modeling）两种。

根据对研究对象的物理、化学特征及有关理论，经演绎推导建立数学模型的方法称之为机理建模。而估计参数和因次分析等半经验模化也常划属为机理建模的范畴。机理建模的优点是数学物理意义较为明确，便于描述变量之间的关系，如本书第1～3章列举各实例。

根据适量的实验结果或观测数据，经归纳而成数学模型的方法称之为经验建模。经验建模根据"黑箱"的理念，多采用数理统计的方法。由于不必对研究对象的内在规律做详尽的了解，故建模过程简单、实用、方便，所以在工程实践中较受欢迎。在此基础上发展的系统辨识（System Identification）技术，以及神经网络技术也日益得到了广泛的应用。

建模过程一般有以下几个步骤：①明确对象的目的；②建立模型进行模拟运算；③按"合理、简明、精确、可信"四个方面综合进行评价。

4.1.4　常用模型类型

1）理论模型（Theoretical Model）

理论模型是根据对过程或现象的理解，经一定的抽象和简化，根据基本的物理、化学理论经演绎推导而得，其中包含有最少的臆测或经验处理的成分。在大多数情况下，理论模型以微分方程或偏微分方程的形式出现，使用解析方法或数值方法求解。

2）严格模型（Rigorous Model）

严格模型对应的是经典数学中满足充分必要条件的模型，即理论解存在且唯一（或有限的几个）。

3）机理模型（Mechanistic Model）

大多数理论模型属于机理模型，包括某些半经验模型。一般认为机理模型能更有效地描述物理化学过程的本质和细节。机理模型是由过程机理推导而得到的，其特点是模型反映了化学反应或传输现象的机理。在建立机理模型时，通常要借助于在被研究的体系内微元体的物质衡算或能量衡算而导出微分方程或积分方程。

4）经验模型（Experiential Model）

经验模型是由实测数据归纳而得到的，是定量描述因变量和自变量之间的相关联关系的数学模型。经验模型较少甚至可以完全不依赖于对过程的了解。在建立模型的过程中常采用统计分析方法，要求在一定条件范围内进行大量的测量或试验。经验模型通常比理论模型简明而且便宜，因此在工程实际中更为方便实用。其缺点是只对所测定的工作范围才能应用，而且仅对已做了测定的单元才是有效的。

5）半理论模型（Semi-Theoretical Model）

半理论模型也可以称半经验模型（Semi-Experiential Model），在理论模型的基础上，含有一定经验处理的成分。实际上大多数工程应用的数学模型都属于半理论模型。

使用半理论模型的原因主要有两点：①有些理论模型求解和模拟往往非常复杂，使用非常不方便；②有些模型缺少必要的数据或知识，无法实现。

6）集总参数模型（Lumped Parameter Model）

数学模型中的输入变量、状态变量和输出变量只与时间有关，而与空间无关，则称之为集总参数模型，或集中参数模型。集总参数模型的数学形式是常微分方程。与集总参数模型相对应的过程或系统的内部特征是各种性质和状态在空间上是均匀的或其局部发生的变异很小，可忽略不计。

7）分布参数模型（Distributed Parameter Model）

数学模型中的变量与空间有关或只与大于一维的空间有关，则称之为分布参数模型。分布参数模型的数学形式是偏微分方程。如果其中关于时间的各阶导数均为零，则为稳态模型。反之则为动态模型或非稳态模型。分布参数模型相对应的过程或系统的内部特征是各种性质或状态在空间上不是均匀的，或在不同的空间点上有不可忽略的局部变化发生。

8）时间序列模型（Time Series Model）

时间序列模型又称离散时间模型，主要应用于不可能详细描述在两个离散时刻之间所发生的情况的过程或系统。通过对物质、能量或信息的积累，直到指定的"事件"发生，在离散的时间基线上形成的数学模型。其数学特征是有限差分方程或代数方程。

9）确定性模型（Deterministic Model）

数学模型中的输入、输出和状态变量均为确定型变量，则该模型称之为确定性模型。大多数理论模型、机理模型和半理论模型都具有确定模型的形式。有关确定模型的理论基于确定性数学，其特点是理论完整、严密，数学物理意义明确。确定性模型的求解和模型运算不一定采用解析解法。

10）随机模型（Stochastic Model）

包含有随机变量的数学模型，或称为概率型模型。模型的随机性又有三种情况：系统变量是确定型，而输入变量是随机型；系统变量是随机型，而输入变量是确定型；系统变量和输入变量都是随机型。

按变量与时间的连续-离散关系，随机过程可以有四种组合：状态离散，时间离散的随机模型；状态离散，时间连续的随机模型；状态连续，时间离散的随机模型；状态连续，时间连续的随机模型。

11）模糊模型（Fuzzy Model）

输入、输出、状态变量具有模糊性的数学模型称之为模糊模型。模糊数学的根本特征在于模糊集，而以往的集合论中元素是"分明的"——要么属于某一集合，要么就不属于，即其从属函数或取 1 或取为 0；而模糊集合中元素的从属函数可在 0～1 中连续取值。美国加利福尼亚大学查德（L. A. Zadeh）教授于 1965 年提出了模糊性（Fuzzy）的数学概念，到 70 年代模糊的概念已被广泛接受和引用。

12）单元模型（Unit Model）

描述系统中单元特性的模型。单元模型所描述的对象是系统中的子系统或单元过程，与基元反应、机理模型相比更为宏观，相应于过程工业中的以物理现象为主的单元操作或以化学反应为主的单元过程或更上层次的子系统。单元模型主要是用于系统分析和系统模化，因此其模型的特点是描述输出（向）量与输入（向）量和状态（向）量的变量关系。理论模型、半理论模型和经验模型都已应用于实际。

13）系统模型（System Model）

描述系统的模型称之为系统模型，通常有结构模型、数学模型、模拟模型、小试模型、实际模型等形式。系统的数学模型可以有不同的表示方法，一般又分为参数模型和非参数模型两大类。

由于系统是复杂的，系统模型只表述系统的一部分属性，大都是根据系统的目的，从系统的各属性中选择出适当的属性来表述系统的动作或功能。简化的原则是系统模型与原系统之间的等效性，简化的标志是模型参数的数量。

14）过程系统模型

过程系统模型常采取二层结构模型：系统结构模型和单元功能模型。

单元模型描述单个单元过程或单元操作，作为系统结构模型的结点，描述过程单元的输入输出和状态参数之间的关系。通常可以分为两类，第一类是以守恒定律为基础的衡算模型，从宏观上给出单元输入与输出的守恒关系；第二类是动力学模型，反映单元内化学反应、物质及能量传递的动态性质。

系统结构模型描述单元间的联系，主要是物流和能流的传递关系，从而实现单元模型构成系统模型的综合。改造系统结构模型的重要工具是图论。图 4-8 中的点称之为顶点，代表单元模型。顶点之间的连线称之为边，常常需要有指向的边，这些边代表单元间的物流、能流或信息流。例如图 4-8 中，V1 是选矿单元、V2 是烧结单元、V3 是炼铁单元、V4 是炼钢精炼和连铸单元、V5 是轧钢单元，则该图就是一个钢铁厂含铁物流模型。

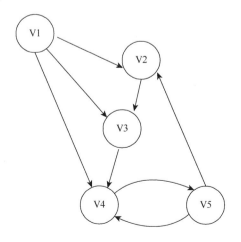

图 4-8　系统结构模型示意图

4.1.5 优化设计与运行优化

优化设计与运行优化是系统工程中最重要的两个工具。

①根据所描述的原型系统分类：联合企业系统模型；工厂系统模型；工艺过程系统模型；单元过程模型。②根据所描述系统的性质分类：结构模型；功能模型。③根据模型的应用目的分类：描述模型；决策模型。大多数模型不是仅属于一种类型。

1）系统优化设计

系统优化设计内容如图 4-9 所示，包括以下步骤：①明确系统目标和环境条件；②确定系统的评价判据；③选择优化方法；④优化计算及设计。

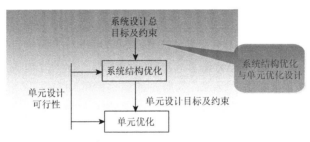

图 4-9　系统优化设计内容

2）系统运行优化

系统运行优化示意图见图 4-10，其中最主要的内容有中长期生产计划的优化和日常作业调度的优化。系统运行优化与设计优化的重要区别在于前者是动态和实时的，因此，必须包括对环境及系统的检测及对控制与调整结果的反馈功能。

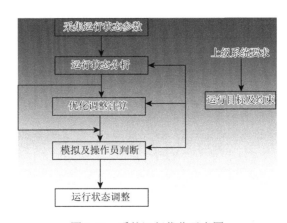

图 4-10　系统运行优化示意图

4.2　黑　　箱

4.2.1　"黑箱"概念

黑箱（Black Box）是一抽象的哲学理念，是一种思考问题的方法，不是一个真实的箱体，有些文献说"高炉是一个黑箱"，是将黑箱理解为一个密闭的钢铁外壳和耐火炉衬包围的密闭空间，是对黑箱概念"形而下"的理解。

黑箱的理念其实是非常久远的"形而上"的思考，而正式作为一种科学概念提出则是在 20 世纪 50 年代的自动控制领域。黑箱的理念认为如果对系统 S 内部完全不了解，则认为该系统处于黑箱之中，即将系统或过程内部当作一个完全不了解的"黑的箱子"。黑箱模型只关心系统的输出（向）量 $Y(t)$ 与输入（向）量 $X(t)$ 之间的关系。最初的黑箱模型的建模基于试验和观测数据，所用方法可以是刺激-响应分析的传递函数、状态微分方程，也可以是数理统计、系统辨识等。

举一个日常生活的例子来说明黑箱理念的哲学含义，有一机械手表坏了，去请修表匠修理，修表匠拧了拧小手柄，这就是一种刺激-响应试验，从而能够判断是哪个零件坏了，于是打开后表盖，找到坏的小齿轮，这已经变成"白箱"操作，更换齿轮后就修好了，修理过程用时 30 分钟，收费 20 元。然而，如果交给金属材料专业的人来修理，他们会认为这种机械层面的"白箱"操作太粗糙，按材料层面来理解是"黑箱"操作，应该送到材料研究机构查找金相组织和夹杂物等方面的原因，更换新的材料做齿轮，这意味着要花很多时间和金钱。金属材料专业人士的建议，又被科学院基础物理方面的人士给否定，认为应该将这个坏的齿轮送到科学院查一查原子结构方面的问题，等等。这样，不同专业人士对同一个具体问题是"黑箱"还是"白箱"的理解不尽相同。而用各自理解的"白"或"黑"的程度来认识和处理这个修表的问题，所费工时、费用都不一样，在最"白"的箱的层面上处理这个修表的问题，估计要花费好几个亿，而且一辈子也修不完。向另一个方向发展的理解层面是经济层面，认为请修表匠修理是一种"白"的处理方法，不如花 200 块钱再买一块表算了，这是最"黑"的处理方法，也是最简单最快的处理方法。一般来说，都会认为在机械层面处理较好，也有的会认为在经济层面上处理较好，而最"白"的处理方法是最费时费工费钱的方法。

通过这个修表的例子，不难看出："黑箱"是一个哲学理念，实际上对任何具体事物都是会有一定程度了解、又不甚了解的不"黑"不"白"的"灰箱"，选择"灰"的程度是一种科学研究的"艺术"，对冶金过程系统问题选择在何种"灰"的程度来认识、来处理，也是非常重要的。

认识到黑箱普遍存在性、相对性，承认实际上人们对现象不甚了解，于是就出现了广义的"认识"和"辨识"问题，以及需要通过广义的"实验"，这其实是一个普遍的认识论的问题。黑箱原理的提出打破了信息完备的"白箱"概念的桎梏，为系统辨识、"灰色系统"、"模糊理论"以及人工智能等近代理论和技术的发展开辟了全新的哲学基础。

4.2.2　传递函数

黑箱概念的形成源于电路研究的"古典"控制论，如图 4-11（a）中的单输入-单输出系统，对应的电路是图 4-11（b）。

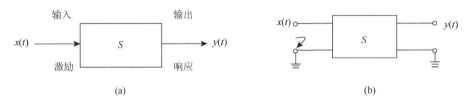

图 4-11　输入-输出系统和四端网络

（a）单输入-单输出系统；（b）四端网络

这个"四端网络"在输入输出两端分别形成两个导电回路，输入信号也称之为"激励"或"刺激"，输出也称之为"响应"。在分析电路或控制系统时，关心的不是系统本身的内在结构、元件或材料，而是在于系统在电路中的"品质"，即输出对于输入刺激的响应的特征，这就是最初的黑箱问题，后来逐渐发展成一套关于的黑箱概念。

视单元 S 是一"黑箱"，只讨论其输出量 $y(t)$ 与输入量 $x(t)$ 之间的关系。也就是讨论将单元 S 串入系统后使输入量变为输出量的转换关系，在古典控制论中用"传递函数"来表征系统 Θ 的性质。

可以证明，消除了初始条件等影响后，有关系式：

$$Y(S) = G(S)X(S) \tag{4-8}$$

其中：S 为复变量；有 $X(S) = L[x(t)]$，$Y(S) = L[y(t)]$，$Y(S)$ 为输出函数 $y(t)$ 的拉氏变换，$X(S)$ 为输入函数 $x(t)$ 的拉氏变换；$G(S)$ 为系统的传递函数。

由上式得到关于单元 S 的品质的描述是

$$G(S) = \frac{Y(S)}{X(S)} \tag{4-9}$$

其中：$G(S)$ 称之为单元 S 的传递函数。

采用拉氏变换的目的一方面是为了将时域（t）上的微分方程转化为复域（S）

上的代数方程，也是为了便于通过规范试验来测定系统的传递函数 $G(S)$。根据数学原理，已知某些常用的激励函数 $x(t)$ 的拉氏变换列于表 4-1，可以看出，有些输入函数的拉氏变换 $X(S)$ 具有非常简单的形式，例如脉冲输入的拉氏变换是常系数 A（脉冲的面积）。这样就可以设计一些标准试验，以规范的输入 $x(t)$ 激励系统，测输出 $y(t)$ 的响应，经拉氏变换就可求出系统的传递函数 $G(S)$，就是系统 S 的品质。在自动化通信和电声领域常用脉冲响应分析、频率响应分析等，在冶金化工工程领域也经常用脉冲响应分析来研究反应器的品质和特征。

表 4-1　某些常用的激励函数 $x(t)$ 的拉氏变换

响应分析	激励（输入）		拉氏变换结果 $x(s) = L[x(t)]$
	函数 $x(t)$	图形	
脉冲响应分析	$x(t) = \begin{cases} \lim\limits_{t_0 \to 0} \dfrac{A}{t_0} & (0 < t < t_0) \\ 0 & (t < 0,\, t > t_0) \end{cases}$	A
阶跃响应分析	$x(t) = \begin{cases} 0 & (t < 0) \\ A & (t \geqslant 0) \end{cases}$		A/s
斜坡响应分析	$x(t) = \begin{cases} 0 & (t < 0) \\ At & (t \geqslant 0) \end{cases}$		A/s^2
频率响应分析	$x(t) = \begin{cases} 0 & (t < 0) \\ A\sin\omega t & (t \geqslant 0) \end{cases}$		$\dfrac{A\omega}{s^2 + \omega^2}$

单元或系统的传递函数 $G(S)$ 是单元或系统本身具有的品质，与输入无关，单元或系统的输出是输入和单元或系统传递函数 $G(S)$ 相互作用的结果。这种基于黑箱的激励-响应研究方法，其实早就广泛应用于各个领域，例如，设备维修过程经常用敲打的方法来测定设备损坏的情况，有经验的师傅往往不需要拆开设备来检查；优秀的大夫常用"望闻问切"来初步了解患者的病况，不一定要解剖查看；教育部门常用的标准考试等等都是某种激励-响应方法，在冶金工程中也以此来研究反应器的品质和特征。

4.2.3　多输入-输出系统

在一般的工程技术领域和较复杂的控制系统中经常遇到的是多输入-输出系统，如图 4-12 所示。

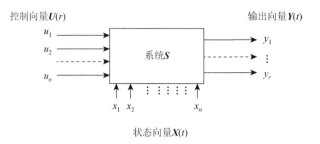

图 4-12　多输入-输出系统

对于这样的系统，古典控制论中的传递函数方法已经失去了效能，对此，现代控制论发展了状态方程方法。现代控制论认为一个线性的动态系统可以用一个一阶的矩阵微分方程组来描述。多输入-输出系统一般可用输入向量的一阶常微分方程组[式(4-10)]来表述：

$$\frac{\mathrm{d}}{\mathrm{d}t}\begin{pmatrix} x_1 \\ x_2 \\ \vdots \\ x_n \end{pmatrix} = \langle a \rangle_{n \times m} \begin{pmatrix} x_1 \\ x_2 \\ \cdots \\ x_n \end{pmatrix} + \langle b \rangle_{n \times r} \begin{pmatrix} u_1 \\ u_2 \\ \vdots \\ u_n \end{pmatrix}$$

$$\begin{pmatrix} y_1 \\ y_2 \\ \vdots \\ y_n \end{pmatrix} = \langle c \rangle_{n \times m} \begin{pmatrix} x_1 \\ x_2 \\ \cdots \\ x_n \end{pmatrix} + \langle d \rangle_{n \times r} \begin{pmatrix} u_1 \\ u_2 \\ \vdots \\ u_n \end{pmatrix} \qquad (4\text{-}10)$$

写成向量形式，是为"系统向量矩阵微分方程"，包括向量状态方程[式(4-11)]和输出方程[式(4-12)]。

$$\begin{cases} \dfrac{\mathrm{d}X(t)}{\mathrm{d}t} = A(t)X(t) + B(t)U(t) & (4\text{-}11) \\[2mm] Y(t) = C(t)X(t) + D(t)U(t) & (4\text{-}12) \end{cases}$$

其中：$X(t)$ 为 n 维状态向量；$\dfrac{\mathrm{d}X(t)}{\mathrm{d}t}$ 为 n 维状态向量对时间的一阶导数；$U(t)$ 为 m 维控制向量；$Y(t)$ 为 r 维输出向量；$A(t)$ 为 $n \times n$ 阶系统矩阵；$B(t)$ 为 $n \times m$ 阶系统矩阵；$C(t)$ 为 $r \times n$ 阶系统矩阵；$D(t)$ 为 $r \times m$ 阶系统矩阵。

若各系数矩阵 A、B、C、D 都不随时间而变化，则称之为线性定常系统，反之为线性时变系统。

"系统向量矩阵微分方程"[式(4-11)]和[式(4-12)]中的系数矩阵 A、B、C、D 完整地表征了系统的结构和品质，系统的输出向量取决于系统的输入向量、控制向量和系统的系数矩阵，系统的认识或辨识完全在于正确地估计系数矩阵 A、B、C、D。

对照下面的一阶常微分方程的求解：

$$a\frac{\mathrm{d}x(t)}{\mathrm{d}t}+bx=f(t) \tag{4-13}$$

式（4-13）相应的齐次方程是

$$a\frac{\mathrm{d}x(t)}{\mathrm{d}t}+bx=0$$

移项，分离变量后，等式两端分别积分，得到通解：

$$x=\mathrm{e}^{-\frac{bt}{a}+c}$$

相对比可以看出，一阶的"系统向量矩阵微分方程"很容易求得积分解，有兴趣的读者可参阅有关的控制论书籍。

向量状态方程具有广泛的意义，例如关于变量 $x(t)$ 的三阶线性微分方程可以转化成一阶的微分方程组，即向量状态方程的形式：

$$a_3\ddot{x}(t)+a_2\ddot{x}(t)+a_1\dot{x}(t)+a_0x(t)=b \tag{4-14}$$

其中：$\dddot{x}(t)$、$\ddot{x}(t)$、$\dot{x}(t)$、$x(t)$ 是关于 $x(t)$ 的三、二、一阶导数；a_3、a_2、a_1、a_0 是各阶导数的系数。

令：

$$x_1=\dot{x}(t);\ x_2=\dot{x}_1=\ddot{x}(t);\ x_3=\dot{x}_2=\dddot{x}(t) \tag{4-15}$$

联立，能够得到向量 $X=(x_1;\ x_2;\ x_3)^{\mathrm{T}}$ 的一阶导数的方程组[式(4-16)]：

$$\begin{cases} \dot{x}_2=\dfrac{1}{a_3}[b-(a_2x_2+a_1x_1+a_0x)] \\ \dot{x}_1=x_2 \\ \dot{x}(t)=x_1 \end{cases} \tag{4-16}$$

不难看出，任一 n 阶的线性常微分方程均可借助于变量代换转换成 n 维的一阶的线性向量状态方程，且可以推广到多个线性常微分方程的情况。

向量状态方程在冶金工程系统中用得不多，但是参考向量状态方程采用类似的系统分析方法，将所讨论诸多影响因素汇集在一起，整理得到输入变量、输出变量和状态变量，以建立系统模型。

4.3　冶金工程研究中的脉冲-响应实验

连铸中间包的水力学模拟实验是典型的刺激-响应实验。

冶金过程系统中的连续铸钢单元过程要求铸坯的拉坯速率稳定，所以希望上游钢液的供应速率也尽可能稳定，为此在大包（钢水包）和连铸结晶器之间设置中间包以减缓大包流出的钢液对连铸结晶器内钢液的直接冲击，稳定中间包中钢液的深度以保证中间包出口处钢液的静压力稳定，改善钢液注入结晶器的流动特征，这种减缓效果越大，注入结晶器的钢液流动越稳定，连铸操作效果越好，连铸坯的质量相应地也越好。钢液在中间包内平稳流动还有去除非金属夹杂物的效果，有些人将中间包内的综合效应统称之为中间包冶金。

如果大包中钢液的初始深度是 3 m，浇钢末期残留钢液深度是 60 mm，大包出钢口处所承受的钢液静压力则由初始的 2100 kg/cm^2 降 42 kg/cm^2，变化将近 50 倍，钢液静压力的变化和钢液流动状态的变化对连铸操作和铸坯质量的稳定性影响非常大；而使用中间包以后，正常操作下中间包内钢液的深度十分稳定，一般能控制在 800～1000 mm 之间，这对多炉（多次更换大包）连浇是非常重要的。可见，中间包的评价指标是这种"减缓"或"阻隔"效应的大小，反之从钢液流入处到中间包钢液流出处形成"短路"，则是非常不好的状态；最理想的是钢液在中间包中呈"活塞流"的状态。

实际冶金生产中在中间包内设置多个挡墙、挡坝，阻塞产生短路流、延长流线，在保证钢液流量满足拉坯需要的前提下，使钢液在中间包内停留时间尽可能得长，使钢液的流动状态尽可能接近"活塞流"，这时中间包内部流动的"死区"最小、相应的没有流动"短路"的情况，中间包内部钢液的流动状态与"活塞流"的接近程度表征了连铸中间包的工作品质。

用水力学方法模拟某中间包的实验如下：实验的原型是实际使用中间包，其内部结构和尺寸示意如图 4-13 所示。

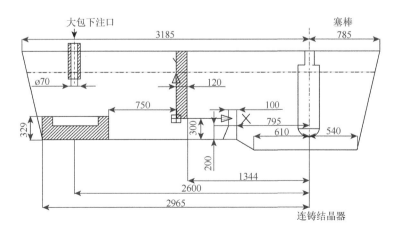

图 4-13　30 t 单流板坯连铸中间包结构（单位：mm）

中间包的冶金参数主要有：类型——单流板坯中间包；公称容量 30 t，有效容积 4.17 m³；额定钢液深度 900～1000 mm；连铸板坯断面 930 mm×160 mm、1020 mm×160 mm；连铸拉坯速变化范围 1.2～1.6 m/min；钢液密度取为 7.2 g/cm³。

水力学模拟研究实验装置示意如图 4-14 所示，按生产中间包的形状和尺寸，用有机玻璃制作大包（钢包）和中间包，用市政供应的自来水模拟钢液，进水由中间包上方的钢包注入，保持大包中水的深度相对稳定，在大包至中包的注流中加示踪剂，在中间包下部水流出口处安置测量探头，测量水流电导的变化，由电导仪记录电导变化曲线。

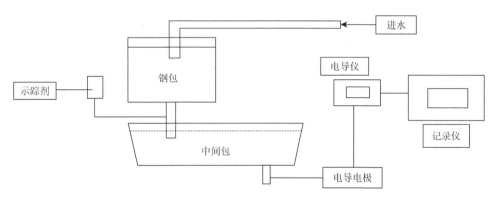

图 4-14   水力学模型实验装置示意图

（1）几何相似：根据实验室的条件，取模型与生产用中间包的尺寸相似的比例，为 $\lambda = 1:2.5$，脚标 R 表示原型，脚标 m 表示模型。所以，模型的有效体积 V_m 与工程实物有效体积 V_R 之比为 $1:\lambda^3 = 1:15.625$，水力学模型中间包的有效体积 $V_m = 0.267$ m³。

（2）动力学相似：中间包中钢液流动主要受力为黏滞力，为保证原型和模型运动相似，需要考虑雷诺数 Re 和弗劳德数 Fr 同时对应相等。因为，本研究中原型和模型的雷诺数均处于第二自模化区，所以不考虑 Re 相等的限制，仅考虑弗劳德数相等。取模型的 Fr_m 和原型的 Fr_R 相等（$Fr_m = Fr_R$），得到原型钢液的体积流量 Q_R 与水力学模型中水的体积流量 Q_m 之比为 $\lambda^{5/2}$：

$$Q_m = Q_R \times \lambda^{5/2} = Q_R \times 0.1012 = 1.5 \text{ m}^3/\text{h}$$

水在模型中间包内的理论（活塞流）停留时间为

$$t_m = Q_m/V_m = 10.68 \text{ min} = 641 \text{ s}$$

实际生产中钢液的体积流量因铸坯断面尺寸拉坯速度而改变，相应的模型中水的体积流量也有所变化，列于表 4-2，大约在 1.0～1.6 m³/h 范围内。

表 4-2　模型中水的体积流量

项目	参数	
铸坯流数	1	1
铸坯断面/mm	930×160	1020×160
拉速/(m/min)	1.2	1.6
原型流量/(m³/h)	10.714	15.667
模型流量/(m³/h)	1.084	1.586

实验中调整水流量 Q_m 稳定后，在水流入中间包处加饱和 KCl 水溶液为示踪剂，中间包出口处水流的电导值的变化反映了水流中示踪剂浓度的变化，典型的电导变化曲线如图 4-15 所示。

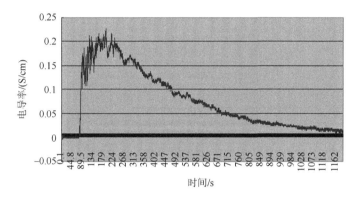

图 4-15　实测电导变化曲线

根据电导的变化曲线图 4-15 可分别求得滞止时间值（加示踪剂至电导开始变化的时间间隔）、峰值时间值（加示踪剂至电导增至最大值的时间间隔）和平均停留时间值（加示踪剂至电导变化低于 5% 的时间间隔）三个指标。

水力学模型实验考察中间包内部结构变化的影响，取四个影响因素：①挡墙高度；②挡墙的位置；③挡墙和挡坝的相对距离；④挡坝的高度。四个因素都分别取四个水平，列于表 4-3。

表 4-3　中间包水力学模型实验的水平因素表

水平	墙距离/mm	墙高/mm	坝高/mm	相对距离/mm
1	60	40	40	60
2	140	80	80	100
3	220	120	120	140
4	300	160	160	180

选用 $L_{16}(4^5)$ 正交表设计安排实验方案，16 组实验方案如表 4-4 所列。具体实验顺序随机执行，每组实验重复三次，取平均数为测量结果[$L_{16}(4^5)$ 正交表和实验结果的原始数据从略]。

表 4-4　16 组试验安排

实验编号	墙距离/mm	墙高/mm	坝高/mm	相对距离/mm
1	60	40	40	60
2	60	80	80	100
3	60	120	120	140
4	60	160	160	180
5	140	40	80	140
6	140	80	40	180
7	140	120	160	60
8	140	160	120	100
9	220	40	120	180
10	220	80	160	140
11	220	120	40	100
12	220	160	80	60
13	300	40	160	100
14	300	80	120	60
15	300	120	80	180
16	300	160	40	140

由表 4-4 可知，每个水平有四个测量值，取其平均值为该水平的主效应，平均停留时间的主效应列于表 4-5，以及极差列于表 4-6，其他两个指标的数据从略。

表 4-5　各因素的主效应（平均停留时间，s）

水平	墙距离/mm	墙高/mm	坝高/mm	相对距离/mm
平均值 1	388.6	451.7	406.2	436.1
平均值 2	417.5	423.7	430.1	416.3
平均值 3	453.4	409.2	434.9	427.9
平均值 4	452.9	427.8	441.2	432.2
极差	64.7	42.4	35.0	19.8

表 4-6　按极差大小定性判断因素的重要性

重要		次要	
墙距离	墙高	坝高	相对距离

极差是该组数据的最大值与最小值之差：$R = X_{max} - X_{min}$。

　　评价这个中间包结构优劣有三个指标，除了平均停留时间外，还有其他滞止时间和峰值时间两个指标，同样进行分析讨论，可以得到各影响因素对评价指标的影响的三套结果（数据略），其中坝高对滞止时间的影响较显著，各因素对峰值时间的影响均不显著。如果对三个指标同样考虑则是多重判据的情况，就会出现"非劣"的矛盾。本实验根据生产实际经验以平均停留时间为主要判据，另外两项指标仅作为参考，避免了出现"非劣"的情况。

　　按较直观极差分析结果进行评定，提出对中间包的结构进行优化改造的建议，其中最优的第 2#方案（已在 16 次实验中安排）和其他较优方案的实验结果以及按生产原型中间包的模型做的实验之结果对照列于表 4-7，比较可以看出，最佳结构中间包的流动效果使平均停留时间大幅延长，"死区"比例几乎缩小了一倍。

表 4-7　按极差分析结果进行评定的比较（第 2#方案为最优方案）

实验号	理论停留时间/s	平均停留时间/s	滞止时间/s	峰值时间/s	死区比例	活塞区比例	全混区比例
1	641	513.6	107.3	221.2	0.1988	0.2562	0.5450
2	641	536.3	129.6	226.6	0.1634	0.2778	0.5588
3	641	483.2	113.5	226.1	0.2461	0.2649	0.4890
4	641	491.9	110.7	157.5	0.2326	0.2092	0.5582
5	641	490.3	100.2	187.9	0.2351	0.2247	0.5402
原型	641	440.7	95.2	158.3	0.3125	0.1977	0.4898

　　{结论}　对中间包改进的建议是：①挡墙的位置不变；②挡墙到中间包底的距离由 300 mm 减少到 100 mm 或 200 mm；③挡墙和挡坝的间距为 450 mm；④挡坝的高度为 400 mm。结构优化后的平均停留时间延长，死区比例减小，滞止时间延长，活塞流扩大。可望达到的最佳效果的估计是：钢液平均停留时间延长至 536 s，死区减少为 16.34%，比原生产用工况（31.25%）减少近一倍；滞止时间增至 129.6 s，比原生产工况的 95.2 s 增加 36%；峰值时间为 222.6 s，比原工况的 158.3 s 增加了 40.6%。

　　冶金工程中的刺激-响应实验不能像自动控制通信领域的实验那样得到传函数，但是能够求得反应器品质的定量描述，也是非常有价值的实用结果。

　　虚拟的"输入-输出"实验列于附录Ⅰ，正文中的水力学模拟实验为"黑箱"实验，附录Ⅰ中的实验是虚拟的"白箱"实验。

4.4　过程系统和冶金系统工程概念

4.4.1　过程系统

1）过程

物理化学定义过程（Process）为：体系从一个状态发生变化后达到另一个状态，称之为经历了一个过程。控制理论则认为：任何被控制的运行状态称之为过程。过程系统工程认为：按预定好或计划好的方式动作的一个系统或者一系列有规律的动作称之为过程。

按不同的方法可将过程分类，如按变量的性质分类有：确定过程和随机过程；按物理、化学特征分类有：化学过程、扩散过程、传热过程等；按应用分类有：吸收、干燥过程等。

使物料由原料状态转化成产品状态的工业称之为过程工业，典型的过程工业就是化工工业，代表性的过程工程就是化工工程。

2）连续过程和间歇过程

连续过程是反应物不断地流入反应器，反应产物又不断地从反应器中流出，反应过程连续进行，反应物和反应产物都处于连续流动的状态。连续过程达到稳定后称之为稳态，其特点是系统中的温度、压力、浓度等参数在空间上的分布是一个定值，即在某一位置处的各参数不随时间而变化，仅是空间位置的函数。例如高炉炼铁单元过程稳定的生产情况类似于连续运行状态，可以认为是"准连续过程"。

间歇过程是反应物一次性加入反应器，经历一定的反应时间达到所要求的反应率后，将反应生成物一次性卸出。在反应过程中没有物料加入或卸出，过程是分批进行的。在间歇过程中独立自变量是时间，反应体系的温度、压力、浓度均随时间而变化。例如氧气转炉炼钢和电弧炉炼钢单元过程都是典型的间歇过程，在系统中运行的特征是"冶炼周期"或生产节奏。

3）稳态过程和动态过程

稳态过程是特性不随时间而变化的过程，或称之为定态过程（系统）或静态过程。稳态过程的数学模型特征是，状态变量对时间的各阶导数均为零（不出现），系统仅为状态变量的函数。

动态过程是特征随时间而变化的过程。动态过程的数学模型中，状态变量对时间的各阶导数中不全为零即状态变量为时间的函数。若动态过程是线性的，并由定常的集中参数组成，其数学模型是线性常微分方程，称之为线性定常过程。若其系数是时间的函数，则称之为线性时变过程（系统）。

4）马尔可夫过程

马尔可夫过程（Markov Process）是一种随机因素影响的动态过程，其特征是：系统在某个时期所处的状态是随机的，而从该时期到下个时期的状态按照一定的概率转移，且下个时期的状态只取决于这个时期的状态和转移概率，与从前各时期的状态无关。这种性质称为无后效性，或马尔可夫性。通俗的说法就是：已知现在，将来与历史无关的过程。马尔可夫过程亦称随机转移过程，包括离散和连续两种类型。其中离散的随机转移过程常称为马氏链（Markov Chain），在经济、社会、生态、遗传和工程等许多领域内有着广泛的应用。其数学方法称之为随机动态规划或马尔可夫决策过程。

5）单元过程和单元操作

以化学反应为主的单元习惯上称之为单元过程（Unit Process），如氧化、还原、燃烧等；以物理过程为主的单元也有人称之为单元操作（Unit Operation），如搅拌、加热等操作。

火法冶金中常用的单元过程很多，例如有：①焙烧-烧结-煅烧；②氧化-还原；③熔炼-吹炼；④精炼；⑤熔化；⑥凝固等。电冶金中常用的单元过程有：①熔盐电解；②溶液电解等。

火法冶金中常用的以物理过程为主的单元操作（Unit Operation）也很多。例如，搅拌，分别有：①机械搅拌；②电磁搅拌；③气体搅拌。又如电加热，有：①感应加热；②电阻加热；③电弧加热；④等离子加热等。又如化学加热，有：①燃油加热；②燃煤加热；③硅热法；④铝热法等。再又如改变工作环境压力的操作，有：①正压操作；②常压操作；③减压操作；④真空操作，等等。

6）灰色系统

灰色系统（Gray System）的正式提出最早见于 1982 年，相对于白色（白箱）系统和黑色系统（黑箱）相对而言，信息完全明确的系统称之为白色系统；信息完全不明确的称之为黑色系统；部分明确、部分不明确的系统称之为灰色系统。

显然，实际的系统大都是灰色的系统，灰色系统用灰色数、灰色方程、灰色矩阵及灰色群来描述，基于灰色系统理论的数学模型，称之为灰色模型。

7）化学工程和过程系统

过程系统（Process System）是一类人造的有目的的系统，其功能是处理物流或能量流，即实现物质或能量转换的工业系统。另一种说法是：由被加工的物料流或能量流经过的诸单元所构成的系统称之为过程系统。这些单元中以化学反应为主的称之为单元过程，以物理变化为主的可称之为单元操作。典型的过程工业有化工、冶金、电力、石化等，传统的过程工业是化学工程工业，习惯上所谓的"过程系统"指的就是化学工业系统。

按物料在系统中流动的状态，过程系统可以分为连续过程系统、离散过程系统和间歇过程系统三大类。过程系统中的各单元之间以物料相连接,上一个单元的输出是下一个和几个单元的输入。单元之间的连接方式主要有串联、并联和回流三种,示于图 4-16。

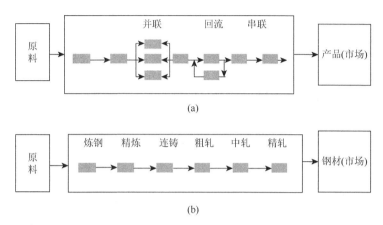

图 4-16　过程系统示意图

(a) 过程系统中物料连接的几种方式;(b) 紧凑型冶金过程系统

过程系统及其内部的子系统和单元的现象都遵循质量守恒和能量守恒规律。

4.4.2　过程系统工程和冶金系统工程

1) 过程系统工程

将系统工程的思想和方法用于过程系统就形成了过程系统工程。化工过程是典型的过程系统,而且关于化工系统工程的研究开展得较早、较为深入,在许多场合所谓的过程系统工程就是化工系统工程,冶金工程系统是关于金属元素的过程系统,常用的金属元素有数十种,其中铁元素的量占据绝大多数,所以关于铁元素的工程系统是最主要的冶金过程系统。过程系统工程的主要任务是在一定的限制条件下,根据输入和输出的要求,寻求构成的过程系统最优。其主要工作内容大致可分为三个相互关联的方面:对于系统结构及各子系统均已给定的现有系统进行系统分析;对有待设计的系统进行系统综合;实现过程系统的最优控制。

2) 冶金系统工程

参照过程系统工程,将系统工程的思想和方法用于冶金过程系统就形成了冶金系统工程。含铁原料进入冶金过程系统,经过一系列的单元过程转化为钢铁产品,冶金过程系统处理的物料是以铁元素为主的无机物,过程的特点是非常高的温度和多种物相,例如炼钢熔池的温度达到 1650~1750℃,而氧气射流的火点和电弧炉电弧内部的温度能高达 2500~3000℃;冶金过程不仅涉及气液固三相,而且其中多种物料在不同的温度下呈多种物相，例如仅铁元素在固态中就有多种相变；冶金过程系统的另一个特色是巨量性，一座现代过程系统年产钢往往达到数百万吨甚至千万吨，一家年产 300 万吨的冶金过程系统每小时通过全系统的"铁元素流"近 400 吨。伴随高温多相和巨量物料流，不仅仅是物料种类繁多数量巨大，而且系统内部的化学反应、物理过程、能量交换非常快速而复杂，与之同时系统内部的信息传输和交换也非常频繁，冶金过程系统非常需要全面而精密的自动控制和人工智能的应用。

冶金过程系统内部的高炉炼铁单元、连铸单元和轧钢单元已是半连续或准连续过程，而炼钢单元和精炼单元仍然是间歇过程，在宏观上可以认为冶金过程系统是一种半连续过程或准连续过程。

传统的冶金工程系统内部物料连接方式往往以并联为主串联为辅：譬如有多座小高炉并联是为炼铁系统、多座炼钢炉并联是为炼钢系统，炼钢的成品钢液浇铸形成若干钢锭，钢锭加热后经开坯机轧成钢坯再分送到后面各成品轧机，多台轧钢机并联是为轧钢系统。其中开坯轧机是全厂物料的集散地，开坯轧机的能力决定了全厂的生产能力。

半个多世纪以来，全连铸技术得到广泛应用，冶金过程系统内部物料的连接方式有了很大的进步，近代冶金过程系统内部物料连接的方式以串联为主，而且向单通道发展，也有并联。绕流、回流很少，只有部分废钢和一些含铁废弃物参与回流。

例如以电弧炉炼钢为核心的单通道串联过程系统示意见图 4-17，可以看出其中的系统、子系统和单元层次结构。单通道串联过程系统的内部结构非常简单，系统结构没有什么变化，系统结构对系统性质的影响降低，子系统、单元工序的影响增加。

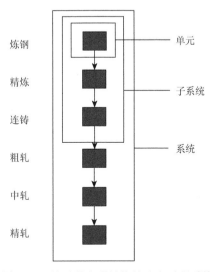

图 4-17 单通道串联结构的冶金过程系统

　　含铁原料进入冶金过程系统经过一系列的单元操作和单元过程转化为钢铁产品，其中主要有高炉炼铁、转炉炼钢、精炼、连铸、轧钢等单元工序（子系统），每个单元工序中又包括多项物理的、化学的单元过程，这些单元工序、单元过程都是满足物质衡算和能量衡算的工程现象，单元之间以铁元素的流动相连接，铁元素的物流贯穿整个系统。冶金过程系统内部的物流与普通的物流有重大区别，是高温物料的流动，运输用的容器装备、运输的时间节奏都是不容忽视的技术问题，例如炼铁与炼钢工序之间的铁水用鱼雷罐车或铁水罐等容器通过轨道或汽车运输，所以工序之间的平面布置、轨道、道路规划也非常重要；炼钢、精炼、连铸工序之间用钢水包为容器、运输靠天车吊运，所以厂房内天车和钢水包的数量、天车钢水包的调度工作都会对生产能否顺利进行、亦即对系统的品质有重要影响。

4.5　冶金工程系统现象的理解和认识

　　冶金现象的观察和理解是人类悠久文化的一部分。冶金工艺是人类历史上最古老的技艺之一，无论中外，在古老的历史文化中冶金是某种经常用到的工艺。近代科学技术中冶金属于化学工程的范畴，20 世纪 20 年代引进物理化学使关于冶金过程的认识上升到熵增的层面，对冶金过程的方向和限度能够有定量的估计；冶金反应工程学帮助在传现象的层次上来观察和理解冶金现象，促进了对冶金中速率现象的认知，现代冶金学已发展成为一个精密定量的科学体系。

　　关于冶金单元的认识和定量的描述包括四个层次：工艺操作层次、冶金化学反应层次、冶金计量层次和热化学计量层次，示意绘于图 4-18。

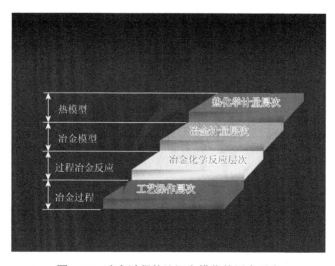

图 4-18　冶金过程的认识和模化的四个层次

第一个层次是关于冶金过程中物质转化的直白叙述，工艺操作层次，示意于图 4-19。冶金工程系统的输入量是富铁原料和还原剂、燃料及辅料，经过系统中的氧化还原混合分离等一系列单元操作和单元过程、经过各单元工序转化为合格产品，产品离开冶金过程系统输出于市场，在冶金过程系统中的各种转化现象都符合物料衡算和能量衡算，据之构成了关于冶金过程的工艺操作层次的"冶炼过程模型"。

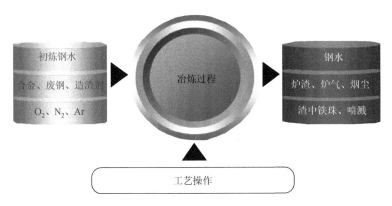

图 4-19　第一层次：关于物质转化的工艺操作层次

第二个层次是关于元素和组元的冶金化学反应层次，冶金过程的内在本质是高温多相的化学反应，有哪些元素参加哪些反应？这些反应的方向是什么？反应的限度在哪里？结果是什么？冶金现象这些规律，都能够借助于物理化学方法予以理解和描述，见图 4-20。

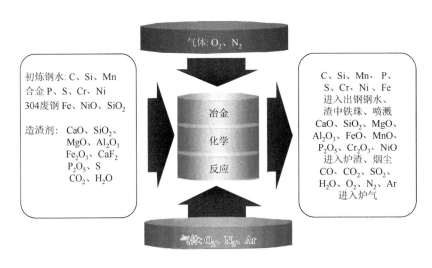

图 4-20　第二层次：关于元素和组元的冶金化学反应层次

第三个层次是关于冶金化学反应的计量层次，是第二个层次的具体化的量化描述，应该体现物质不灭的物料衡算规律，是冶金过程现象在"数"的层面的理解，其形式是"冶金模型"，如图 4-21 所示。

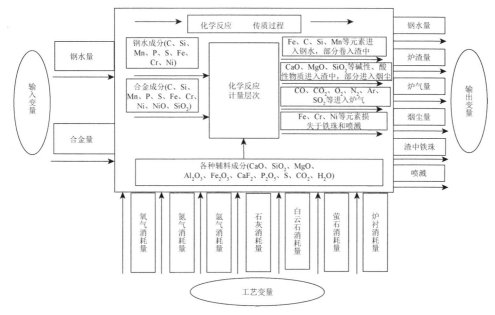

图 4-21　第三层次：关于化学反应的计量层次，即冶金模型

第四个层次是关于冶金过程热化学计量模型，即关于伴随冶金工程的能量现象的定量描述，应该体现能量守恒的能量衡算规律，冶金过程的热模型图示于图 4-22。

冶金过程实际的化学反应计量模型和热模型还与具体的操作和工程条件有关。

用数学语言来表达这四个层次的理解和描述，就是关于冶金过程或冶金过程系统的数学模型，可以据此建立相应的计算机软件模型，这就是实用的过程控制模型的基础。将这样的模型与"操作-时间表"相结合，即按照在某一个时间段执行某种冶金操作进行物料衡算和能量衡算，就能够动态地模拟冶金过程，或进而形成过程的程序控制。

由于这些衡算必须使用冶金物理化学和反应工程学中的各种数据和公式，使用相关的资料库、数据库、模型库和程序库，还有许多关键的经验参数需要靠经验积累和在生产中辨识，有许多选择问题需要作选择、本质上是一个逻辑（运算）问题，进而可以升级为"智能"控制。根据操作-时间表按冶金过程实际的时间进程逐步反复调用数据库中的数据和方法库中的程序，模拟冶金过程实际的进程，如果有相应的计量检测系统和执行系统就可以实现冶金过程系统不同程度的自动控制。

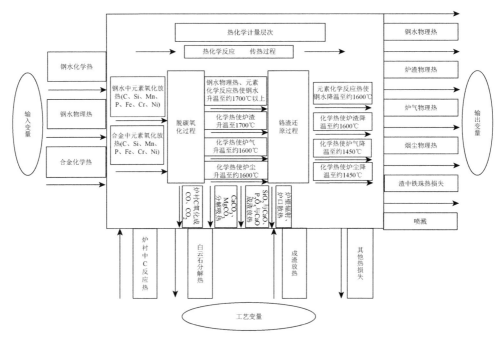

图 4-22　第四层次：关于过程伴随的热化学计量层次，即热模型

　　对于冶金工程系统的认识和理解没有什么深浅之分，也没有什么发展可言，只是观察和理解的立足点不同，这种关于冶金工程现象的认识与理解观念所依据的理论基础的变动大致可以绘成图 4-23。

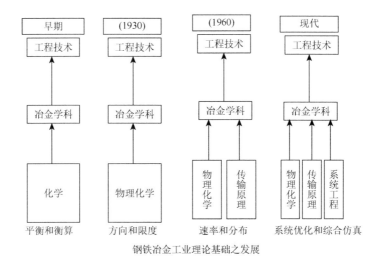

图 4-23　冶金现象的认识与理解观念的变迁

随着冶金过程系统的生产能力扩大，冶金过程系统的生产速率的提高，对冶金过程系统实行全面精确的自动控制的要求日益增加，与之同时要求对冶金工程系统客观规律的认识不断深化。一般说来，关于冶金工程现象的认识基于化学反应，无论是铁氧化物的还原，还是熔池中碳硅锰等元素的氧化，其本质都是化学反应，可以用质量作用定理和衡算模型予以定量描述；但是冶金反应的平衡、冶金反应向什么方向发展以及冶金反应在什么状态下达到平衡，都不是单纯的化学原理能够认识的。借助于引进物理学中的热力学解决了冶金反应的方向和限度问题。例如，铁氧化物被一氧化碳还原气相中必须有两倍的剩余一氧化碳才能使反应进行得比较彻底，也就是说在冶金化学的基础上植入了物理学的知识，形成了冶金物理化学。又譬如，在高温下，冶金反应的速率很快，必须认识到物质和能量的传输在很大程度上影响着反应的进程，是物理过程实际上控制了冶金反应的速率，这表明物理学的内容进一步融入冶金学。总而言之，在基于化学工程的冶金学的发展过程中，物理学的知识不断地渗入其中。

与之相应的冶金学所采用的数学方法也有所变化，如本书前文各章所列，由初等数学到微积分、到偏微分方程、到积分变换，到系统理论，需要大量的现代数学工具。可以认为，冶金现象的认识和描述所涉及的理论基础是化学，实际上不断引进物理学和数学原理，化学、物理、数学三条主线伴随着冶金学观念的变迁，示意于图 4-24。

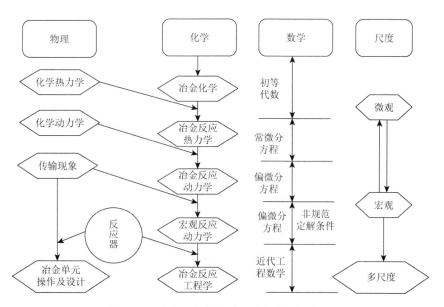

图 4-24 冶金工程的基础理论的发展示意图

另一方面对冶金工程系统认知的视野也有变化，例如一般的冶金化学反应基本上是在原子分子层面的理解，冶金化学反应的速率是关于物质的量或浓度对时间的导数 $\dfrac{dC}{d\tau}$ 的理解，传输现象是关于空间导数的理解，理解冶金过程的视野不仅仅限于微观层面，也有在宏观层面的认识。冶金系统工程则将眼界放宽到系统、甚至到系统与环境层面，即冶金学认知的范围不仅是由微观到宏观，也是微观 ⟷ 宏观的时空多尺度的世界观。这些变化图示绘于图4-24。

4.6　系统分析和系统优化举例

能量经转换系统通过一系列的单元由一种能量形式转化为另一种能量形式，这也属于过程系统。本节以某个企业的能源转换系统——自备发电系统为例说明系统的分析和系统优化。

某企业由自备发电系统供应电力，自产电能的缺口由市电电网供应。该系统有两台蒸汽发电机组 T_1 和 T_2，发电机组由两台锅炉 B_1 和 B_2 供应蒸汽，锅炉以重油为燃料，所用重油外购，该自备发电系统如图4-25所示。

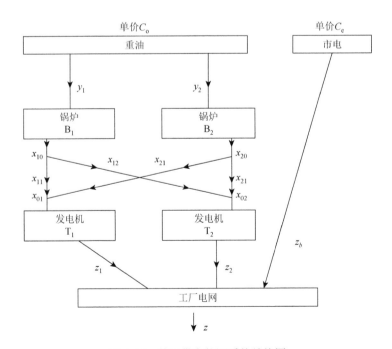

图4-25　某厂供电能源系统结构图

该能源系统的输出是电能，输入是化学能重油和市电，经过厂内的能量转换单元——由燃油转换成蒸汽、再由蒸汽转换成电能，各单元都是输入-输出单元。

根据图 4-25 将系统分解成各单元，给出单元模化结果：

（1）工厂用电量为 z，其上下限分别为 u 和 l，故有约束

$$l \leqslant z \leqslant u \tag{4-17}$$

（2）第 j 号机组发电功率为 z_j，$j = 1, 2$。不足的由市电供给，记为 z_b[kW]，可知：

$$z = z_1 + z_2 + z_b \tag{4-18}$$

市电的供电上限为 u_b，故有

$$z_b \leqslant u_b \tag{4-19}$$

（3）发电机发出的电功率与蒸汽用量呈二次三项式

关系：
$$z_j = c_j x_{oj}^2 + d_j x_{oj} + e_j \tag{4-20}$$

其中：x_{oj} 为第 j 台发电机的蒸汽用量；c_j、d_j、e_j 为第 j 台发电机的特性常数；

（4）锅炉产汽量与重油消耗量之间呈线性关系：

$$x_{oi} = a_i y_i + b_i \qquad i = 1, 2 \tag{4-21}$$

其中：x_{oi} 为第 i 号锅炉的蒸汽产量；y_i 为第 i 号锅炉的重油消耗量；a_i、b_i 为第 i 号锅炉的特性常数。

（5）发电机的蒸汽消耗量的上下限分别是 l、u，故有

$$l_{oj} < x_{oj} < u_{oj} \tag{4-22}$$

（6）由于锅炉向发电机是并行供气，故有如下蒸汽平衡：

锅炉
$$X_{o1} = x_{11} + x_{12} \tag{4-23}$$
$$X_{o2} = x_{21} + x_{22} \tag{4-24}$$

发电机
$$X_{1o} = x_{11} + x_{21} \tag{4-25}$$
$$X_{2o} = x_{12} + x_{22} \tag{4-26}$$

该供电能源系统是一个能量转换系统，属于过程系统，其中式（4-17）至式（4-22）都是单元模型，是单元过程的输出-输入传输特性，显然，不能像电信系统一样有传递函数；式（4-23）、式（4-24）和式（4-25）、式（4-26）是结构模型。式（4-17）至式（4-26）是式（4-1）$S = \{X|R\}$ 中的单元向量 X 和关系向量 R，还未构成系统 S 的模型。将式（4-17）至式（4-26）联立，记为式（4-27），是供电能源系统的系统模型。该电能源系统是一个目的系统，其目的在于保证全厂用电，是约束式[式(4-17)]，要求供电总功率 z 大于 l，低于 u。然而，这个目标并不是系统优化的目标。

系统优化另有评价指标，要求系统在满足约束式[式(4-17)]的条件下外购重油和市电的总成本最低，因此，需另外建立一个评价指标——经济指标，要求系统

最佳的运行状态是外购重油和电力总的成本最低，在这个状态下运行是系统的最优运行状态。然而系统的运行状态最优而各个子系统的运行状态不一定最优，譬如，如果燃油蒸汽发电系统工作效率不高，市电价格较低，就会多购买市电，让燃油蒸汽发电系统低负荷工作，甚至停一台，或两台全停，即自备的燃油蒸汽发电系统不处于最优状态；如果在某些地方燃油价格非常低，市电价格较高，就会安排燃油蒸汽发电系统满负荷运转，尽量少外购市电。

这样，得到包括决策变量、目标函数和约束构成的系统优化模型，对模型求解，可以使用模型模拟外部条件的变化对最优结果和最优排产方案的影响，以及内部每个子系统运行状态对最优结果和最优排产方案的影响。其中，最优排产方案是指在系统最优的状态下每个子系统应处的运行状态的安排。

该供电能源系统的系统优化模型[式(4-27)]整理得到：

（1）决策变量：各 x、y、z，共 14 个；

（2）目标函数：总费用最低。

$$\min \mathrm{f} = C_\mathrm{o}\left(\sum_{i=1}^2 y_i\right) + C_\mathrm{e} z_\mathrm{b}$$

其中：C_o 和 C_e 分别是重油和电力的单价。

（3）约束（s.t.）：其中等式约束 9 项；不等式约束 11 项。

约束（s.t.）：

$$\left.\begin{array}{l} a_1 y_1 + b_1 = x_{10} \\ a_2 y_2 + b_2 = x_{20} \end{array}\right\} \quad \text{锅炉特性}$$

$$\left.\begin{array}{l} x_{10} = x_{11} + x_{12} \\ x_{20} = x_{21} + x_{22} \end{array}\right\} \quad \text{产汽量平衡}$$

$$\left.\begin{array}{l} l_{10} \leqslant x_{10} \leqslant u_{10} \\ l_{20} \leqslant x_{20} \leqslant u_{20} \end{array}\right\} \quad \text{产汽量限制}$$

$$\left.\begin{array}{l} x_{01} = x_{11} + x_{21} \\ x_{02} = x_{12} + x_{22} \end{array}\right\} \quad \text{发电机组供汽量平衡}$$

$$\left.\begin{array}{l} l_{01} \leqslant x_{01} \leqslant u_{01} \\ l_{02} \leqslant x_{02} \leqslant u_{02} \end{array}\right\} \quad \text{发电机组用汽量限制}$$

$$\left.\begin{array}{l} z_1 = c_1 x_{01}^2 + d_1 x_{01} + e_1 \\ z_2 = c_2 x_{02}^2 + d_2 x_{02} + e_2 \end{array}\right\} \quad \text{发电机组特性}$$

$$z = z_1 + z_2 + z_b \qquad\qquad 工厂用电衡算$$

$$z_b \leqslant u_b \qquad\qquad 市电网供电的限制$$

$$l \leqslant z \leqslant u \qquad\qquad 工厂用电需求限制$$

　　该例中，发电机组特性是二次三项式，这个系统优化问题是一个 11 维、等式约束 9 项、不等式约束 11 项的非线性最优化问题，不能很方便地得到最优解（可参阅第 5 章）。

　　该供电能源系统是输入化学能源一系列单元过程转化为电能输出的过程系统，对其进行系统分析、单元模化、根据系统结构进行系统综合，示意如图 4-26 所示。

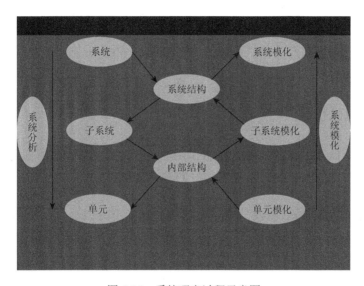

图 4-26　系统研究过程示意图

第5章 系 统 优 化

5.1 最优化技术概述

冶金工程系统是人工系统，是人造的目的系统，具有明确的指标，可以是多指标系统，在这种情况下各指标之间有可能出现"非劣"的情况。在冶金生产实际中常常以经济指标作为系统指标，如经济效益最大或生产成本最低等。正如第 4 章所述，系统最优、其子系统不一定最优，所以系统最优包括两个方面：一是系统的指标达到最大或最小，二是系统中的各子系统和关系处于最佳的匹配状态。即平常称之为"最优值"和"最优解"，其所使用的方法称之为"最优化"。

5.1.1 古典最优化

最优化（Optimization）是应用数学中一个非常有使用价值的分支，其根本的含义是"在一组特定的条件下确定最好的决策方案"。

最优化方法的原理和应用可以追溯到公元前，近代数学的微积分原理中的极值问题就是经典的最优化问题。现在一般都认为专门的最优化分支是从高斯最小二乘原理和古典变分开始，20 世纪 50 年代以前，最优化主要依靠求导数的方法和变分方法，这些可导函数或泛函极值的充分必要条件称之为"古典最优化"方法。

优化已成为社会上最常用的词语，往往是改进、进步、改善的意思，而在系统研究中的专业含义则是"最优化"或是"求极值"的意思。"最优化"的概念自古已有，譬如古代中国建立城市都取接近正方形，古代埃及和欧洲建城多取圆形，因为，在同样面积下圆形和正方形边长最小，修建城墙的工程量最少，而且在战争时最容易防守。

在经典数学中极值是一类重要的问题，因为函数 $U(x)$ 的导数给出了函数上升还是下降的趋势，所以，函数由上升转为下降或由下降转为上升其导数将由正变负或由负变正须经过零点，这个导数为零的点的函数值 U^* 比其前后的函数值都大或小，称之为"极值"（局部最优）。极值点对应的自变量 x^* 为"最优解"，即极值的条件是函数在该处的一阶导数为零：

$$\frac{dU}{dx} = 0 \tag{5-1}$$

式（5-1）只是必要条件，充分条件是在该处的二阶导数为负：

$$\frac{d^2U}{dx^2} < 0 \tag{5-2}$$

同理，极小值的条件也是在该处的一阶导数为零，不同只是二阶导数为正，如果二阶导数为零，则不能判定为极值。

如果，U 是两个自变量的函数 $U(x, y)$，极值条件是函数在该处的两个一阶偏导数都为零：

$$\frac{\partial U}{\partial x} = 0 \quad 和 \quad \frac{\partial U}{\partial y} = 0 \tag{5-3}$$

亦即 U 在该处的梯度为零：

$$\nabla U^* = \text{grad} U^* = 0 \tag{5-4}$$

可以形象地理解为爬山过程，梯度为零就是爬到顶点了。相应的，达到极大值充分条件是四个二阶偏导数构成的行列式为负：

$$\begin{vmatrix} \dfrac{\partial^2 U}{\partial x^2} & \dfrac{\partial^2 U}{\partial x \partial y} \\ \dfrac{\partial^2 U}{\partial y \partial x} & \dfrac{\partial^2 U}{\partial y^2} \end{vmatrix} < 0 \tag{5-5}$$

同样，四个二阶偏导数构成的行列式为正，是为极小值。如果四个二阶偏导数构成的行列式为零，则不能判定为极值。

如果，U 是三个自变量的函数 $U(x, y, z)$，极值条件也是三个一阶偏导数为零，亦即该点处函数的梯度为零：

$$\nabla U^* = \text{grad} U^* = 0 \tag{5-6}$$

同理，达到极大值的充分条件是九个二阶偏导数构成的行列式为负定，达到极小值的充分条件是九个二阶偏导数构成的行列式为正定；如果九个二阶偏导数构成的行列式为零，则不能判定为极值。依次类推，可以得到多元函数的极值条件。

这种基于数学分析的极值方法是非常严格的，但是也有很大的缺点，例如：

（1）要求函数 U 必须在极值点附近连续可导，很多实际问题不一定能满足。

（2）如果函数 U 的数学形式比较复杂，求一阶导数、二阶偏导数则比较困难。

（3）如果函数 U 在所讨论的区间内有多个极值，甚至有极大值、也有极小值，这样就很麻烦。

（4）还有一种情况，函数在边界处的值最大（或最小），则需要另行判断。

凡此种种，经典的极值方法在应用中遇到很多困难。

第二次世界大战以后，最优化的理论和方法有了很大的变化，出现了许多结合电子计算机数值求解的理论和方法，并在科学、技术、工程、经济和其他领域中都得到了成功的应用。随着最优化理论、方法不断地丰富和发展，加之工具和手段的进步，已形成了广泛实用的技术，如线性规划、非线性规划、动态规划、最优控制、最优设计等，这些现代最优化原理、方法和技术，统称之为"最优化"。

"最优化"一词有其独特的专业含义，应与一般的通俗的"优化"概念予以区别。最优化技术是研究如何将一个具体问题转化为最优化的数学模型，根据这个模型合理地求得较为精确的最优解，给出实际问题的最优决策方案和相应的最优结果，简言之，即为建模和求解。

5.1.2　现代最优化

1. 最优化模型

现代最优化方法首先在于建立最优化数学模型，一般包括以下几方面。

1）自变量（Variable）

最优化模型的自变量又称之为决策变量，一般自变量不止一个，应称之为决策向量，记作：$x_1, x_2, \cdots, x_m$，其中 m 是决策变量个数或向量的维数。或用向量符号，记作：

$$X = \begin{pmatrix} x_1 \\ x_2 \\ \vdots \\ x_m \end{pmatrix} = (x_1, x_2, \cdots, x_m)^\mathrm{T} \qquad (5\text{-}7)$$

最优化问题中的自变量经常是非负的，属于 m 维欧几里得空间，记作：

$$X \in E^m \qquad (5\text{-}8)$$

2）目标函数（Objective Function）

评价问题是否最优，其定量的数学形式是目标函数：

$$f(X) = f(x_1, x_2, \cdots, x_m) \qquad (5\text{-}9)$$

"最优"的标准是使目标函数值取最小（min）或最大（max），或统一记作：

$$\mathrm{Opt}\, f(X) \qquad (5\text{-}10)$$

其中：符号 Opt 表示取最优值，依实际情况可取 min 或 max。

3）约束（Constraint）

对目标函数求最优，经常伴随着若干限制条件，称之为"约束"或"约束条件"，约束又有等式约束和不等式约束：

等式约束：

$$h_i(X) = 0 \qquad (5\text{-}11)$$

其中：$i = 1, 2, \cdots, n, < m$；

不等式约束：

$$g_j(x) \leqslant 0 \tag{5-12}$$

其中：$j = 1, 2, \cdots, r$。

这些约束条件实质上是对自变量取值有所限制，满足约束的自变量集合称之为"可行域" Ω，有

$$X \in \Omega \subset E^m \tag{5-13}$$

2. 最优化问题的类型

（1）按自变量分类：按自变量的类型可分为确定型和随机型两类，更可按明确和模糊分为两大类，本书只讨论介绍确定型变量的最优化问题。

（2）按自变量的维数 m 分为三种情况：一维最优化问题（$m = 1$），这是最简单的情况。多由一维问题入手讨论最优化的思路、原理和基本方法。

有限维最优化问题（$m \geqslant 2$），这是最优化问题的主体，按维数 m 的多少又可细分为小型、中型、大型和特大型几种情况，这种划分随优化问题本身的性质而有很大差别，另外与求解方法的能力、计算工具也有很大关系。

无限维最优化问题，多见于最优控制。

（3）线性和非线性：目标函数和约束式都是自变量的线性代数方程，这类最优化问题称之为线性最优化问题。并因其在规划范畴中广泛而成功的应用，习惯称之为"线性规划"（Linear Programming）。部分变量或全部变量要求取整数的线性规划问题称之为"整数规划"。

目标函数和约束式是自变量的线性或非线性代数函数，这类优化问题称之为非线性最优化问题，习惯上称之为"非线性规划"（Nonlinear Programming）。

其中目标函数中各项是一个自变量的平方或为两个自变量之积的二次型，而约束式均为线性的特殊类型，称之为"二次规划"；等等。

（4）按约束分为有约束和无约束两类。

（5）按静态和动态分类。不随时间而变化的，属于静态最优化问题。若各变量或部分变量是时间的函数，则为动态最优化问题。在具体问题中动态和静态问题可以相互转化。

3. 求解方法

给出最优化问题的数学模型的目的在于求解和做模拟计算。求解是一项困难的工作，实际应用中常需根据求解能力和计算工具的条件对数学模型做调整、修改和简化，模型和求解之间的合理配合是成功应用最优化技术的关键。近十年来发展了许多求解理论、方法和技巧，从根本上可分为直接方法和间接方法两大类型。

1）间接方法

间接方法是指先求导数，以确定极值条件，然后求最优解，是解析的古典最优化的发展和延续。间接方法在原理上有明确、严格的结论，对问题的理解和认识是非常有价值的，但在实用中只宜处理变量少、函数较简单的问题。

2）直接方法

直接方法是直接寻求目标最优值的数学方法，是近代最优化技术的主要手段。直接方法是数值方法，电子计算机是其不可缺少的工具。一个最优化问题，其数值求解方法不是唯一的，可能有多种求解方法，正确地选择求解方法，合理地应用计算工具，需要经验和技巧。无论采用何种方法求解，在求解前都需对求解的存在性和唯一性作出判断，这是最优化理论最关心的问题。

4. 计算机应用

最优化问题的求解过程计算量一般都比较大，离不开计算机，使用计算机做模拟和仿真，使最优化数学模型具有更大的使用价值，在最优控制和最优设计等工作中，计算机更是不可缺少的工具。

将最优化模型及其求解方法以及输入输出格式编制成计算机软件，需要注意处理好以下三方面的合理配合，即计算精度、计算速度和内存空间占有量。目前许多方便实用的最优化软件已作为商品流通，功能强大的新软件还在不断出现，可根据需要予以选用。

5. 敏度分析

敏度（Sensitivity）是指最优化数学模型中各项参数的变动对最优解的影响，对于最优化技术的应用而言，敏度分析是非常必要的。优化模型一经确立，在求最优解的数学原理解决后，还必须确知各项参数变动的影响，因为：①测定各参数必定存在着误差；②建立模型所做的必要简化也会带来误差；③实际工作状态和环境条件的变迁不可避免也会带来误差。因此，必须定量地估计各项参数变动的影响。

对于一个工程系统，总是希望它是一个低敏度的系统，这样在操作和环境产生扰动时系统仍能在接近最佳状况运行。目前对于代数方程或微分方程表达的问题的敏度分析已有较成熟的原理和方法，因篇幅所限，在此不予以叙述和讨论，请读者查阅有关著作和资料。

6. 最优值的判断

最优化的数学原理对最优值的判断有详尽且严格的证明，但在实际工作中对此可能产生误解，特别是采用数值方法通过逐次迭代逼近最优解，所得最优决策可能与理论值相差较远。

　　有些特殊情况如图 5-1 所示，目标函数的值 $\psi(x')$ 距理论上的最优值 $\psi(x^*)$ 很近，其对应的自变量 x'（最优决策）距理论上的最优决策 x^* 值相当远。站在数学理论的角度来评价，认为 x' 离理论解点 x^* 较远，有较大的误差，是一个不好的结果；而从另一个角度按最优值 $\psi(x')$ 来评价，则可以认为目标函数的值理论与理论上的最优目标值 $\psi(x^*)$ 相差不大，可以认为 x' 是最优决策 x^* 的良好近似点。另一方面，最优目标值 $\psi(x^*)$ 理论上应该和 $\psi(x')$ 相重合，实际上可能有差异，不完全重合。

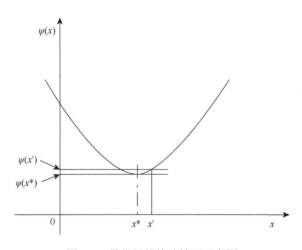

图 5-1　最优解的特殊情况示意图

5.2　线性规划模型

5.2.1　线性规划

　　目标函数和约束条件都是线性代数方程的优化问题，称之为线性规划。

　　线性规划的数学特征：线性规划的数学表达式是原实际问题的线性规划模型，其数学形式较为统一。

　　（1）线性规划模型有 m 个自变量（也称之为决策变量或向量），$X = (x_1, x_2, \cdots,$ $x_m)^{\mathrm{T}}$，模型的维数是 m，m 个自变量构成 m 维的欧几理得空间 E^m。自变量的一组取值表示所采取的一个确定的方案，在大多数情况中自变量是非负的或者可以转化为非负的要求。

　　（2）模型有一个用自变量的线性函数来表示追求的目标，称之为目标函数，是在第 $m+1$ 维的泛函超平面。根据实际问题的要求，目标函数值取最大（max）

或最小（min）。

（3）存在着一系列的限制，称之为约束条件（s.t.）。约束条件是一组自变量的线性等式或不等式，分别称之为等式约束和不等式约束。在约束条件限制下构成问题的可行域 Ω，m 维的自变向量的变化应该限制在可行域 Ω 内，而可行域属于 m 维的欧几理得空间，所以有

$$X \in \Omega \subset E^m$$

5.2.2　线性规划模型的规范形式

（1）对于一组变量 $x_1, x_2, \cdots, x_m$。线性规划问题为求目标函数的最优值：

$$\max \text{ 或 } \min \qquad z = c_1 x_1 + c_2 x_2 + \cdots + c_m x_m \tag{5-14}$$

并满足约束条件：

$$
\left.
\begin{array}{l}
a_{11} x_1 + a_{12} x_2 + \cdots a_{1m} x_m \leqslant b_1 \qquad (\text{或} = \text{或} \geqslant b_1) \\[4pt]
a_{21} x_1 + a_{22} x_2 + \cdots a_{2m} x_m \leqslant b_2 \qquad (\text{或} = \text{或} \geqslant b_{21}) \\[4pt]
\cdots \\
\cdots \\
a_{n1} x_1 + a_{n2} x_2 + \cdots a_{nm} x_m \leqslant b_n \qquad (\text{或} = \text{或} \geqslant b_n) \\[4pt]
\text{和非负条件：} x_1, x_2, \cdots, x_m \geqslant 0
\end{array}
\right\}
\tag{5-15}
$$

其中：a_{ij}、c_j 和 b_i 均为已知常数，$(i = 1, 2, \cdots, n, \quad j = 1, 2, \cdots, m)$。

（2）利用求和符号，规范型线性规划模型为

$$\max(\text{或} \min) \qquad z = \sum_{j=1}^{m} c_j x_j \tag{5-16}$$

s.t.

$$\sum_{j=1}^{m} a_{ij} x_j \leqslant b_i \tag{5-17}$$

其中：$i = 1, 2, \cdots, n$；

和 $\qquad\qquad x_j \geqslant 0 \qquad j = 1, 2, \cdots, m$。 $\tag{5-18}$

（3）写成矩阵形式，规范型的线性规划模型为

$$\max(\text{或 } \min) \qquad z = \boldsymbol{C}^{\mathrm{T}} \boldsymbol{X} \tag{5-19}$$

s.t. $\qquad\qquad \boldsymbol{AX} \leqslant \boldsymbol{B} \text{（或} = \text{或} \geqslant \boldsymbol{B}）$ $\tag{5-20}$

非负条件： $\qquad\qquad \boldsymbol{X} \geqslant 0$ $\tag{5-21}$

其中，

$$\boldsymbol{X} = (x_1, x_2, \cdots, x_m)^{\mathrm{T}} \qquad m \text{ 维（决策）向量}$$

$$\boldsymbol{C} = (c_1, c_2, \cdots, c_m)^{\mathrm{T}} \qquad m \text{ 维（价格）向量}$$

$$\boldsymbol{B} = (b_1, b_2, \cdots, b_n)^{\mathrm{T}} \qquad n \text{ 维（约束）向量}$$

系数（结构）矩阵：

$$A_{n \times m} = \begin{pmatrix} a_{11}, a_{12}, \cdots, a_{1m} \\ a_{21}, a_{22}, \cdots, a_{2m} \\ \vdots \\ a_{n1}, a_{n2}, \cdots, a_{nm} \end{pmatrix} \tag{5-22}$$

5.2.3　线性规划模型的标准形式

规范型的线性规划模型有多种情况，如约束条件可以是等式也可以是不等式，不等式情况又有大于或小于两种。对目标函数又有取最大或最小两种。为了能够对于各种类型的线性规划问题予以统一的讨论和求解，给出标准形式的线性规划模型，如下所述。

目标函数：

$$\max\text{ 或 }\min \qquad z = c_1 x_1 + c_2 x_2 + \cdots c_m x_m + \cdots c_l x_l \tag{5-23}$$

约束条件：

$$\text{s.t.} \begin{cases} a_{11} x_1 + a_{12} x_2 + \cdots a_{1m} x_m \cdots + a_{1l} x_l = b_1 \\ a_{21} x_1 + a_{22} x_2 + \cdots a_{2m} x_m \cdots + a_{2l} x_l = b_2 \\ \qquad \cdots \\ a_{n1} x_1 + a_{n2} x_2 + \cdots a_{nm} x_m \cdots + a_{ml} x_l = b_m \end{cases} \tag{5-24}$$

非负条件：

$$x_1, x_2, \cdots, x_m, \cdots x_l \geqslant 0 \tag{5-25}$$

或求和形式：

$$\max(\text{或}\min) \qquad z = \sum_{j=1}^{m} c_j x_j$$

$$\text{s.t.} \qquad \sum_{j=1}^{l} a_{ij} x_j = b_i \sum_{j=1}^{l} a_{ij} x_j = b_i$$

$$i = 1, 2, \cdots, n; \quad j = 1, 2 \cdots, m, \cdots, l_{\circ} \tag{5-26}$$

$$x_j \geqslant 0 \qquad j = 1, 2, \cdots, m, \cdots, l_{\circ} \tag{5-27}$$

或矩阵形式：

$$\max \qquad z = \boldsymbol{C}^{\mathrm{T}} \boldsymbol{X} \tag{5-28}$$

$$\text{s.t.} \qquad \boldsymbol{A} \boldsymbol{X} = \boldsymbol{B} \tag{5-29}$$

$$\boldsymbol{X} \geqslant 0 \tag{5-30}$$

其中，

$$\boldsymbol{X} = (x_1, x_2, \cdots, x_m)^{\mathrm{T}}$$

$$\boldsymbol{C} = (c_1, c_2, \cdots, c_m)^{\mathrm{T}}$$

$$\boldsymbol{B} = (b_1, b_2, \cdots, b_n)^{\mathrm{T}}$$

$$\boldsymbol{A}_{n \times l} = \begin{pmatrix} a_{11}, a_{12}, \cdots, a_{1m} \cdots, a_{1l} \\ a_{21}, a_{22}, \cdots, a_{2m} \cdots, a_{2l} \\ \vdots \\ a_{n1}, a_{n2}, \cdots, a_{nm} \cdots, a_{nl} \end{pmatrix}$$

其中，$\qquad\qquad\qquad\qquad l = m + n$

通过一些简单的数学处理，任何形式的线性规划问题都可化为标准模型。

5.2.4 常见的几种化规范模型为标准型的数学处理技巧

（1）目标函数统一取最大值。对于寻求目标函数最小值问题，将其乘以–1，就可以使之化为取极大值，如：

$$\min \qquad z = \sum\nolimits_{j=1}^{m} c_j x_j$$

可化为 $\qquad\qquad \max \qquad z' = -z = -\left(\sum\nolimits_{j=1}^{m} c_j x_j \right)$

（2）将不等式约束化为等式，例如某项约束为

$$\sum_{j=1}^{m} a_{ij} x_j \leqslant b_i \quad (i = 1, 2, \cdots, n)$$

引入松弛变量（Slack Variable）X_k，则不等式化为等式：

$$\sum_{j=1}^{m} a_{ij} x_j + x_k = b_i \quad (i = 1, 2, \cdots, n)$$

其中，x_k 是人工假定的非负变量，显然，其相应的（价格）c_k 为 0。

（3）对于无非负约束的变量，可用下法将其改造成两个非负的变量：若变量 x_p 无非负约束，可取两个非负的变量 x_p' 和 x_p''，令 $x_p = x_p' - x_p''$。显然，若 $x_p' > 0$，$x_p'' = 0$，则 x_p 为正值，而 $x_p' = 0$，$x_p'' > 0$，x_p 为负值；x_p'，x_p'' 都为 0，则 $x_p = 0$。

由此可知，在标准型的线性规划模型中，$x_1 \sim x_m$ 是原问题给出的真实决策自变量，而 $x_{m+1} \sim x_l$ 是人造的虚拟的变量，其相应的价格系数 $c_{m+1} \sim c_l$ 为零。

5.3 现代最优化方法的基本特征

现讨论一个简化了的最佳配料（或混料）问题以举例说明现代最优化与传统的寻优方法的重大区别，说明现代最优化方法的基本特征。例如，有两三个独立变量的最简单的线性规划问题，用图解方法求解。通过对图解方法的讨论还有助于理解线性规划及其求解方法中的最朴素的原理和动机。

例如用三种原料 i、ii、iii 配成 1 kg 混料，要求混料成本价最低，而且混料中 A、B、C 三种组分的百分含量满足给定的技术规范。原料成分和价格以及技术规范要求列于表 5-1。

表 5-1　配料计算依据

		各组分的百分含量/%			价格/(元/kg)
		A	B	C	
	i	6	2	9	15
原料	ii	3	4	5	12
	iii	4	1	3	8
配成混料		≥4	≥2	≥7	—

1）传统的试算配料法

传统的方法可以称为试算法（或凑算法），先确定三种原料的各自用量，然后验算配得混料的成分是否合格，即先决策，再验算。如果合格，再计算混料的成本价；然后再根据经验按混料成本降低的方向调整三种原料的各自用量，然后再验算配得的混料成分是否合格，如果合格，再计算混料的成本价……如此反复调整——核算、计算成本、调整，直至混料的成本降低得到满意或混料的成分不合格为止，这样做的结果是否能达到"最优"，无严格的证明。

由表 5-1 可以看出，原料 i 的成分符合成品要求，故取原料 i 为 1# 备选配料方案，即 $x_1 = 1.0$ kg；显然此方案成分合格，但混料的成本价格最高（15 元/kg），因为较廉价的原料未能利用。

为了获得较为低廉的合格混料，依经验用 0.1 kg 的原料 ii 和原料 iii 代替部分原料 i，得到 2# 备用配料方案，取：

$$x_1 = 0.8 \text{ kg}, x_2 = 0.1 \text{ kg}, x_3 = 0.1 \text{ kg}$$

验算 2# 备用方案的配料成分：

$$A_2 = 0.8 \times 6 + 0.1 \times 3 + 0.1 \times 4 = 5.5\% > 4\%，合格$$
$$B_2 = 0.8 \times 2 + 0.1 \times 4 + 0.1 \times 1 = 2.1\% > 2\%，合格$$
$$C_2 = 0.8 \times 9 + 0.1 \times 5 + 0.1 \times 3 = 8.0\% > 7\%，合格$$

2# 备用方案的混料成本为

$$P_2 = 0.8 \times 15 + 0.1 \times 12 + 0.1 \times 8 = 14(元/kg)$$

2# 配料方案亦为合格方案，且配成混料成本降低了 1 元/kg。

依经验再作调整，ii、iii 两种原料各再增加 0.1 kg，成为 3# 备用配料方案：

$$x_1 = 0.6 \text{ kg}, x_2 = 0.2 \text{ kg}, x_3 = 0.2 \text{ kg}$$

验算 3#混料成分：

$$A_3 = 0.6 \times 6 + 0.2 \times 3 + 0.2 \times 4 = 5.0\% > 4\%，合格$$
$$B_3 = 0.6 \times 2 + 0.2 \times 4 + 0.2 \times 1 = 2.2\% > 2\%，合格$$
$$C_3 = 0.6 \times 9 + 0.2 \times 5 + 0.2 \times 3 = 7.0\% = 7\%，合格$$

验算 3#混料成本：

$$P_3 = 0.6 \times 15 + 0.2 \times 12 + 0.2 \times 8 = 13.0(元/kg)$$

验算结果表明 3#配料方案亦为合格配料方案，且配料成本又降低了 1 元/kg。但是，混料中组分 C 的含量已是下限，再调整就可能造成成分不出格，例如将原料 ii、iii 各再增加 0.05 kg，构成 4#备用配料方案：

$$x_1 = 0.5\ kg,\ x_2 = 0.25\ kg,\ x_3 = 0.25\ kg$$

验算 4#混料成分：

$$A_4 = 0.5 \times 6 + 0.25 \times 3 + 0.25 \times 4 = 4.75\% > 4\%，合格$$
$$B_4 = 0.5 \times 2 + 0.25 \times 4 + 0.25 \times 1 = 2.25\% > 2\%，合格$$
$$C_4 = 0.5 \times 9 + 0.25 \times 5 + 0.25 \times 3 = 6.50\% < 7\%，不合格$$

成分 C 不合格！

验算 4#混料成本：

$$P_4 = 0.5 \times 15 + 0.25 \times 12 + 0.25 \times 8 = 12.5(元/kg)$$

虽然，混料成本价又降低了 0.5 元/kg，但是，混料中组分 C 的含量低于下限，是不合格方案。

根据不同经验和配料原则还可以提出多种备选配料方案，经过验算和比较、评选，最后确定合适的配料方案。反复调整-验算过程也可以编成一个小程序自动进行。但是仍有两个根本性的问题没有解决：一是如何去调整配料方案是最好的调整方法？二是如何判断是否已经达到了成本最低（最优结果）？

2）图解方法（最原始的优化方法）

最优化方法与传统方法不同，不是先决策，由某个可行的方案出发，再验算，再决策……；而是首先考虑全局，即考虑所有的合格方案，然后在全部合格方案内寻优，得到的最优解当然是可行的，先是"可行解"，再"寻优"，得到的必然是"最优可行解"。

具体做法如下：

（1）确定决策变量。根据题意，取三种原料的配入量分别记为 x_1、x_2、x_3，称之为决策变量或自变量，确定决策变（向）量是解决问题最重要的第一步。

（2）确定约束条件（s.t.），包括有

总配成量的约束，总配成量为 1 kg：

$$x_1 + x_2 + x_3 = 1$$

配成混料成分的约束：

A 成分方面： $6x_1 + 3x_2 + 4x_3 \geqslant 4$

B 成分方面： $2x_1 + 4x_2 + x_3 \geqslant 2$

C 成分方面： $9x_1 + 5x_2 + 3x_3 \geqslant 7$

非负条件： $x_1 \geqslant 0$，$x_2 \geqslant 0$，$x_3 \geqslant 0$

整理以上各约束条件，消去变量 x_3，得到

$$\text{s.t.} \begin{cases} 2x_1 - x_2 \geqslant 0 \\ x_1 + 3x_2 \geqslant 1 \\ 3x_1 + x_2 \geqslant 2 \\ x_1 \geqslant 0 \\ x_2 \geqslant 0 \\ x_1 + x_2 \leqslant 1 \end{cases}$$

（3）作图：取坐标原点 o 和正交坐标轴 x_1 和 x_2，构成 ox_1x_2 直角坐标系，在此坐标系中将各约束条件分别作图 5-2（a）～（d），图中阴影部分是合格区，再将这四个图合成一张图［图 5-2（e）］，其公共的阴影区域满足所有的约束条件，称之为"可行域"。不难看出，"可行域"中的每一个点都对应着一个可行的配料方

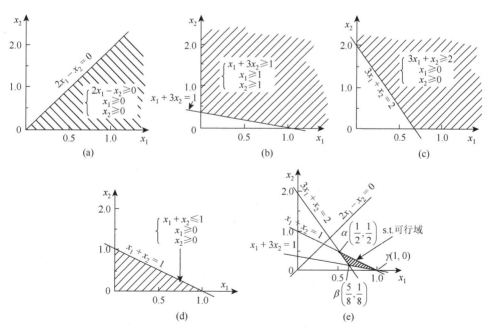

图 5-2　各项约束在 ox_1x_2 平面上给出的允许配料区间[图（a）～（d）]和可行域图（e）

案，亦即，全部可行的配料方案的集合构成了"可行域"。图 5-2（e）中约束条件所决定的可行域（凸集）的三个顶点分别是 $\alpha\left(\dfrac{1}{2}, \dfrac{1}{2}\right)$、$\beta\left(\dfrac{5}{8}, \dfrac{1}{8}\right)$ 和 $\gamma(1, 0)$。

（4）目标函数超平面：

以配料成本建立目标函数：

$$J = 15x_1 + 12x_2 + 8x_3$$

根据实际情况，要求目标函数 J 最低为最优，即

$$\min \quad J = 15x_1 + 12x_2 + 8x_3$$
$$= 7x_1 + 4x_2 + 8$$

目标函数 J 并不在 ox_1x_2 的坐标平面内，取垂直于 ox_1x_2 坐标平面的空间坐标为坐标轴 oJ，所以目标函数 J 是空间的一个平面，在 ox_1x_2 坐标平面系中表示为目标函数 J 的等值线（等高线的投影），图 5-3 给出了目标函数的等值线（等高线的投影），图中箭头是目标函数值增加的方向。

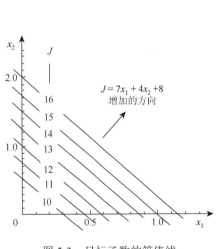

图 5-3　目标函数的等值线

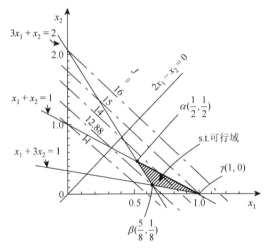

图 5-4　图解法求最优可行解

（5）寻优：

根据配料要求，目标函数 J 最低为最优，即

$$\min \quad J = 15x_1 + 12x_2 + 8x_3$$
$$= 7x_1 + 4x_2 + 8$$

将图 5-3 和图 5-2（e）相重叠构成图 5-4。可以看出在可行的配料域内配成的混料的成本不一样，最低的配料成本是在 β 点获得。由此得到最优配料方案是

$x_1 = \dfrac{5}{8}, x_2 = \dfrac{1}{8}$，与之相适应还需配入第三种原料 $x_3 = \dfrac{1}{4}$，才能构成 1 kg 总量。

所以，得到最低成本的可行配料方案，即最优解向量 $\boldsymbol{x}^*$ 是

$$\boldsymbol{x}^* = \begin{bmatrix} x_1^* \\ x_2^* \\ x_3^* \end{bmatrix} = \begin{bmatrix} \dfrac{5}{8} \\ \dfrac{1}{8} \\ \dfrac{1}{4} \end{bmatrix}$$

或

$$\boldsymbol{x}^* = (x_1^*, x_2^*, x_3^*)^{\mathrm{T}} = \left(\dfrac{5}{8}, \dfrac{1}{8}, \dfrac{1}{4} \right)^{\mathrm{T}}$$

或

$$x_1 = \dfrac{5}{8}\,\mathrm{kg}, x_2 = \dfrac{1}{8}\,\mathrm{kg}, x_3 = \dfrac{1}{4}\,\mathrm{kg}$$

即三种原料配入量应分别为 0.625 kg、0.125 kg 和 0.25 kg。

最优值即最低廉的配料成本是

$$J_{\min} = 15 \times \dfrac{5}{8} + 12 \times \dfrac{1}{8} + 8 \times \dfrac{1}{4} = 7 \times \dfrac{5}{8} + 4 \times \dfrac{1}{8} = 12.88 (元 / \mathrm{kg})$$

3）几点认识和有价值的启发

（1）由这个简单的例题还可以推理认识到：①各种线性约束在 n 维决策变量所构成的"平面"内给出了可行域凸集；②目标函数 J 并不在决策变量所构成的平面内，而是在第 $n+1$ 维上形成"超平面"；③这个"超平面"在 n 维决策变量所构成的投影，即等高线指出目标函数值增加或减少的方向，目标函数 J 的极大值或极小值一定会落在可行域凸集的某一个顶点上。

[补充]几个基本概念

（1）凸集。设 K 是 m 维欧氏空间的一个点集，任意两点 $X^{(1)} \in K$，$X^{(2)} \in K$ 的连线上的一切点都满足 $[\alpha X^{(1)} + (1-\alpha)X^2] \in K, (0 < \alpha < 1)$，则称 K 为凸集。

最简单的二维示意图见图 1。

凸集　　　　　　　　非凸集　　　　　　　　非凸集

图 1　二维空间的凸集与非凸集

（2）线性规划问题的所有可行解组成的集合（可行域）D一般是凸集。

（3）线性规划问题的基本可行解X对应于可行域D的顶点。

（4）若K是有界凸集，则任何一点$X \in K$都可表示为K顶点的凸组合。

（5）若可行域有界，线性规划问题的目标函数一定可在其可行域的顶点上达到。

有时目标函数可能在多元一个顶点处达到最大值，这时在这些顶点的凸组合上也达到最大值，此时线性规划问题有无穷多个最优解。

若可行域无界，则可能无最优解，但也可能在某个顶点上达到最优解。综上所述，线性规划问题的全部可行解构成的集合——可行域一般是凸集。具有有限个顶点，线性规划问题的每一个基本可行解都对应着可行域的一个顶点，若最优解存在，必定在某个顶点处得到。

可以证明线性规划问题的可行域的顶点个数不超过C_l^m个，一次可用有限次运算达到最优解（自变量个数为m，约束数为n，$l = m + n$）

（2）可行域。现代最优化方法提出了可行域的概念，其影响广泛而深远。现在做任何一个项目都要进行可行域研究，其实是来源于现代最优化原理的启发，此前基于极值的各种方法，如求导数、求梯度、求变分等方法，都是将研究的重点放在对函数即对因变量值域的取值范围的研究上，而现代最优化的研究首先关心的是自变量的可能的取值范围，即首先要对可行域进行研究。

许多人误认为可行性研究是讨论如何"可行"，将重点放在论述"可行"的理由，因而往往在项目完成得差不多了才发现其实是"不可行"的；由本例可以看出关于可行域的研究重点在于"可行"和"不可行"的边界划分上，排除掉"不可行"的区域才是真正可行域。

（3）由本例可以看出，如果适当放宽"约束"有可能获得更低廉的最优配料成本，反之，如果收紧"约束"，最优的配料成本可能有所增加（变差），这种变化与日常"严格约束"的管理理念是相悖的，极端的情况是收紧"约束"到没有可行域，当然也就没有最优解。这说明合理的管理理念是尽可能地放宽"约束"、扩大可行域，才能获得更优的最优结果。

（4）敏度分析。由本例子可以看出最优解是在β点处，所以只有与β有关的约束直线的变动才对最优结果有影响，远离β点的约束直线的变动对最优结果没有影响，如图 5-2（a）中的约束$2x_1 - x_2 \geq 0$和图 5-2（d）中的约束$x_1 + x_2 \leq 1$对最优解β就没有影响。

也就是说配成混料的量和成分 A 的约束对混料的最低成本没有影响，其他两个成分 B 和 C 的约束对β点的位置有影响，其影响的大小也不完全相同，可以看出成分 C 的影响更强烈一些，而且也可以看出三种原料的各个成分的变动对 β 点的位置也会有影响，从而这些变动就表现出原料的各个成分也具有某种"价值"，这种"价值"是这些变动在这个具体问题内的投影，可以称之为"影子价格"，是这些成分影响的"边际效应"。

另外，这三种原料的价格 C_i 对目标函数 J 超平面的"倾斜"方向和"倾斜"角度都有影响，即对等值线图 5-3 有影响，所以合成的最优可行解图 5-4 也会受影响，对最优结果 β 的取值也有影响，最优结果的取值变动的大小通常不等于原料价格本身的变动。

（5）站在配料者的立场考虑采购问题，根据敏度分析的结果可以提出最佳的"采购方案"，即以什么样的价格？买什么成分的原料？买多少？例如钢铁企业可用于对铁矿石的采购进行模拟分析，根据各种铁矿石的许用量和成分（与供应链有关）以及和本企业配料成分规格的要求，求出各种铁矿石的用量和成分的单位变动对最优配料成本的定量影响，即可得出这些参数的"价格"，不仅能给出铁品位的"价格"，也能给出二氧化硅、磷、硫等杂质的"价格"。

（6）通过本例也可以看出一个优化问题所涉及的各个方面已构成了一个整体，或结合成了一个系统，系统的每一个参数的变动都会对最优结果（最优解）产生影响，采用适当的计算方法可以对这些影响给出定量的估计。而且每一个参数对最优解影响的大小与所有的参数有关，也就是说每一个参数都有其在系统中"投影"出其价值，其"投影"的价值与其他所有的参数都有关系。所以一个东西的真实的市场价格不仅仅取决于其使用价值，而更取决于其所处的系统，例如粮食是人类的必需品，是非常重要的物资，但是一般说来粮食的价格并不贵；水则更为重要，但比粮食还便宜；最重要的空气则不要钱；最贵的是最没有实用价值的珠宝；然而在某些极端的情况下，水和粮食会比珠宝的价格贵。

5.4 线性规划和单纯形方法

5.4.1 线性规划

1）线性规划的数学特征

线性规划的数学特征是目标函数和约束条件都是线性代数方程，由于约束方程中有不等式，所以通常有无穷多个解，这些解构成了可行域，所以其最优解一定在可行域中，如果有可行解，其最优解必定是最优可行解。

线性规划之所以是应用最为广泛、最有效的最优化工具，主要有两个原因：一是线性规划模型可以容纳众多的自变量，维数可达数百数千以上，而且能够有唯一的最优解；二是线性规划模型有一个最合理的通用求解方法——单纯形求解方法，可以用规范的计算程序或能力强大的通用软件进行计算求解，并给出相应的敏度分析。

2）线性规划问题的解

对于标准型的线性规划问题的解有下列基本概念：

（1）可行解（向量）（Feasible Solution Vector）。满足约束条件的解向量 $X = (x_1, x_2, \cdots, x_m)^T$，称为线性规划问题的可行解（向量）。

（2）可行域（Feasible Region）或可行集（Feasible Set）。所有可行解的集合，称之为可行域。

（3）最优解（向量）（Optimum Solution Vector）。满足目标函数式达到最大值（或最小值）的可行解，称为线性规划问题的最优解，记作 $X^* = \left(x_1^*, x_2^*, \cdots, x_m^*\right)^T$。

（4）基本解（Basic Solution）。线性规划问题有 n 个约束方程，m 个变量，且 $L = (m + n)$，使其中 $m = L-n$ 个变量置零的解（向量），称为线性规划问题的基本解。基本解的个数小于或等于从 L 个给定变量中选取 m 个变量的组合数：

$$C_l^m = \frac{l!}{m!(l-m)!}$$

在基本解中未置零的变量称之为基变量（Basic Variable），对已置零的变量称为非基变量。基变量的系数矩阵称为线性规划问题的一个基。

（5）基本可行解（Basic Feasible Solution）。满足所有原始约束条件和非负限制的基本解称为基本可行解。

（6）最优基本可行解（Optimal Basic Feasible Solution）。使目标函数达到最优的基本可行解称为最优基本可行解。

下面举例说明基本解、基本可行解和最优基本可行解的概念：

某线性规划有两个决策变量 x_1 和 x_2，并有两个不等式约束，为

$$2x_1 + 3x_2 \leqslant 100$$
$$4x_1 + 2x_2 \leqslant 120$$

目标函数为

$$\max \quad Z = 6x_1 + 4x_2$$

引入两个松弛变量 x_3 和 x_4，将规范模型的线性规划模型转化成标准型的线性规划模型：

$$\max \quad Z = 6x_1 + 4x_2$$
$$2x_1 + 3x_2 + x_3 = 100$$
$$4x_1 + 2x_2 + x_4 = 120$$
$$x_1, x_2, x_3, x_4 \geqslant 0$$

其中：x_3 和 x_4 是引入的松弛变量（人工变量）。

约束中有两个等式，四个变量，因此若将使其中任意两个变量置零，余下的两个变量与两个方程式即可得到一组解，是为基本解。基本解的个数，最多是组合数：

$$C_4^2 = \frac{4!}{2!2!} = 6$$

求出这六个基本解，绘于图 5-5，并列于表 5-2。从图中可以看出，并不是所有的基本解都是可行的，如 E 点和 F 点不是可行解；也可以看出其中最优解点 C，同时也是可行解，即为最优基本可行解，所以最优决策是 $x_1 = 20$，$x_2 = 20$，相应的目标函数是最大（最优）值 $Z_{\max} = 200$。

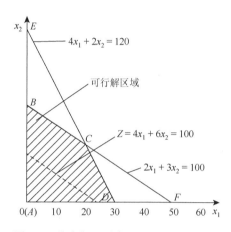

图 5-5　基本解、基本可行和最优基本解

表 5-2　基本解、基本可行解和最优（基本可行）解

非基变量	基变量	目标函数	是否基本可行	图 5-5 中的点
$x_1 = x_2 = 0$	$x_3 = 100$，$x_4 = 120$	0	是	A
$x_1 = x_3 = 0$	$x_2 = 33.33$，$x_4 = 53.33$	133.32	是	B
$x_1 = x_4 = 0$	$x_2 = 60$，$x_4 = -80$	240	否	E
$x_2 = x_3 = 0$	$x_1 = 50$，$x_3 = 40$	300	否	F
$x_2 = x_4 = 0$	$x_1 = 30$，$x_4 = 40$	180	是	D
$x_3 = x_4 = 0$	$x_1 = 20$，$x_2 = 20$	200	是	C

3）几种特殊情况

（1）有多个最优解。线性规划问题在某些情况下可能出现多个（甚至无穷个）最优解。

如果上述问题的目标函数改为

$$\max \quad Z = 4x_1 + 6x_2$$

$$\text{s.t.} \begin{cases} 2x_1 + 3x_2 \leqslant 100 \\ 4x_1 + 2x_2 \leqslant 120 \\ x_1, x_2 \geqslant 0 \end{cases}$$

不难看出，目标函数 Z 取最大值 $Z_{\max} = 4x_1 + 6x_2 = 200$，恰好与 $2x_1 + 3x_2 = 100$ 线相重合，故线段 BC 上任意一点都能使目标函数达到最大，有无穷多个最优解。这种情况在数学上会带来一定的困难，但在实用中仍有一定的意义，即可能有多个最佳方案可供选用。

（2）无界可行域的情况。各种约束条件给出的可行域会出现无界的情况，如约束：

$$\text{s.t.} \begin{cases} x_1 + x_2 \geqslant 1 \\ x_1 - 3x_2 \geqslant 3 \\ x_1, x_2 \geqslant 0 \end{cases}$$

构成的可行域如图 5-6 所示。

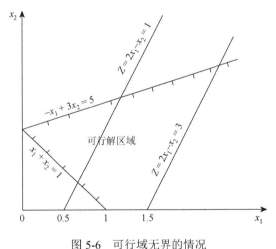

图 5-6　可行域无界的情况

可行域无界的问题不一定发散，例如在上述情况下，目标函数为：$Z = 2x_1 - x_2$，当求最大值时问题发散，若求最小值则线性规划问题有唯一解。

（3）无可行域的情况，约束条件相互矛盾，造成无可行域，此时线性规划问题无可行解。

例如：

$$\text{s.t.} \begin{cases} x_1 + x_2 \leqslant 10 \\ 2x_1 + x_2 \geqslant 30 \\ x_1, x_2 \geqslant 0 \end{cases}$$

如图 5-7 所示，此问题无可行域

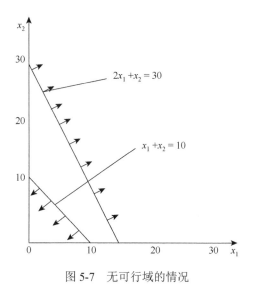

图 5-7　无可行域的情况

现代最优化研究中提出的首先进行可行域研究，以及边际效应和影子价格等敏度分析研究对 20 世纪后半叶以来的科学研究和经济学研究产生了巨大而深远的影响。

5.4.2　求解线性规划的单纯形方法

1）线性规划求解的图解法

两个决策变量的线性规划问题可以用图解方法求得最优解，如 5.2 节中最优混料例题；三个决策变量的线性规划问题也可以用图解方法求解，但是三维立体图形处理起来就比较麻烦。四个决策变量的线性规划问题难以用图解方法求解，只有极少数的情况可以降维用图解方法求解。

线性规划求解的图解法见 5.2 节，在此不再重叙。

2）线性规划求解的枚举法

线性规划问世后引起了广泛的兴趣，原因是其不仅提供了新的考虑视角，将研究范围扩大到虚拟高维空间，而且能够有效地解决许多实际问题，对此产生了许多求解方法。其中"枚举法"是最直观的方法，虽然有点"笨"，但也是最可靠的方法；然而，若决策变量个数 m 和松弛变量个数 l 都相当大，例如数十个以上，可行域的顶点个数达到非常多的 C_{m+l}^2 个，就会使得直观的"枚举法"变得相当复杂和困难。

5.4.3　单纯形方法

为了克服"枚举法"所存在的问题，各研究者纷纷探求更为有效的普适的算法，其中最为成功的是 1947 年匈牙利籍学者乔治·旦泽（George B. Dantzing）研究提出的单纯形方法（Simplex Method），是至今公认的有效算法，后来在此基础上发展了各种方法和计算软件。

单纯形方法的思路是：从线性规划问题的某一个基本可行解出发，根据目标函数值增加（或减少），转移到下一个基本可行解，直到达到最优为止。形象地说，就是由可行域凸集（凸超多面体）的一个顶点到下一个顶点的"旅行"，"旅行"的目的是寻求目标函数值达到最优（最大或最小），这种"旅行"在数学上表现为迭代的线性变换过程。

早期用单纯形法处理线性规划问题，因计算工具所限，使用代数方法、列向量法和单纯形表方法等进行计算，只能处理决策变量个数和约束个数都较少的问题。随着电子计算机技术和软件技术的高速发展，处理问题的能力扩大到几十、几百，以至上千个、上万个变量的规模，计算机技术和线性规划模型相得益彰，发展了许多非常有效的软件，在原理、技巧以及前处理和后处理方面都有许多发展，一般说来，只要能将具体问题写成规范型的线性规划模型就可以认为能够方便地得到最优解，以及各种敏度分析结果。

下面举例说明单纯形方法：

原始问题有两个决策变量 x_1 和 x_2，其

目标函数　　　　　　　　max　　$Z = x_1 + x_2$

约束　　　　　　　　　　s.t.　　$3x_1 + 4x_2 \leqslant 12$

$$4x_1 + 3x_2 \leqslant 12$$

$$x_1, x_2 \geqslant 0$$

1）图解法

作图 5-8，ox_1x_2 平面上的阴影部分，（a）是满足条件 $3x_1 + 4x_2 \leqslant 12$，$x_1 \geqslant 0$，$x_2 \geqslant 0$ 的域；（b）是满足条件：$4x_1 + 3x_2 \leqslant 12$，$x_1 \geqslant 0$，$x_2 \geqslant 0$ 的域；（c）是满足全部约束条件 s.t. 的域。图 5-9 是目标函数 $Z = x_1 + x_2$ 作为变量 x_1、x_2 的函数的等值线，是一组平行直线，可以看到使 Z 增加的方向。综合图 5-8（c）和图 5-9 可得到最优可行解，见图 5-10。

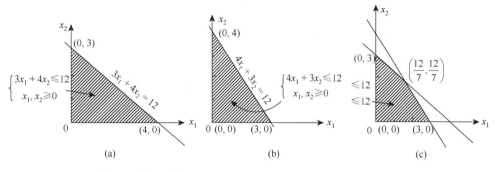

图 5-8 各约束给出的可行区间[（a）、（b）]和可行域（c）

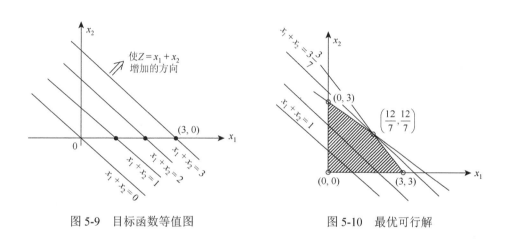

图 5-9 目标函数等值图　　　　　图 5-10 最优可行解

满足约束条件的可行域是由四条直线 $x_1 = 0$，$x_2 = 0$，以及 $3x_1 + 4x_2 = 12$ 和 $4x_1 + 3x_2 = 12$ 所包围的影线部分，其顶点分别为 $(0, 0)$，$(3, 0)$，$(0, 3)$ 和 $\left(\dfrac{12}{7}, \dfrac{12}{7}\right)$。目标函数 Z 的最大值在顶点 $\left(\dfrac{12}{7}, \dfrac{12}{7}\right)$ 处取得，即线性规划的最优决策是 $\left(\dfrac{12}{7}, \dfrac{12}{7}\right)$，目标函数最优值是 max $Z = 3\dfrac{3}{7}$。

2）单纯形解法

（1）引进松弛变量 x_3、x_4 得到标准型线性规划模型：

目标函数　　　　　　　　max　　$Z = x_1 + x_2$

约束　　　　　　　　　　s.t.　　$3x_1 + 4x_2 + x_3 = 12$

$$4x_1 + 3x_2 + x_4 = 12$$

$$x_1, x_2, x_3, x_4 \geqslant 0$$

同理可作图 5-11（a）和（b），由图可以看出松弛变量的意义。

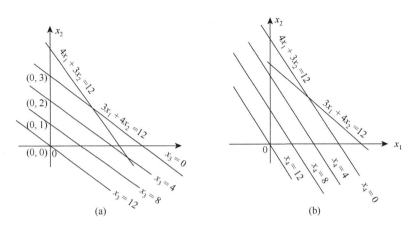

图 5-11　关于松弛变量的示意图

（a）松弛变量 x_3；（b）松弛变量 x_4

对于 ox_1x_2 坐标系，原点 o 的坐标是（0，0），而 $x_1=1, x_1=2, x_1=3, \cdots$，是一组与 x_2 轴（$x_2=0$）相平行的平行线。原点（0，0）对于引进的松弛变量来说正好是：$x_3=12$、$x_4=12$ 两条线。而 $x_3=1, x_3=2, \cdots$，是一组与 $3x_1+4x_2=12$（即 $x_3=0$）相平行的平行线。$x_4=1, x_4=2, \cdots$，是一组与 $4x_1+3x_2=12$ 相平行的平行线。这样，图 5-11 的每一个点都对应了（x_1, x_2, x_3, x_4）的一组取值，如图 5-12 中坐标原点 o 为（0，0，12，12）。

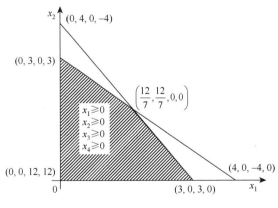

图 5-12　松弛变量和可行域

（2）作变量代换，对约束式作消元运算，选取第二个式（b）的 x_1 作为主元素：

$$\begin{cases} 3x_1 + 4x_2 + x_3 = 12 & \text{(a)} \\ 4x_1 + 3x_2 + x_4 = 12 & \text{(b)} \end{cases}$$

取 4(a)–3(b) = (c)，得到

$$7x_2 + 4x_3 - 3x_4 = 12 \quad \text{(c)}$$

以(c)取代(a)，有

$$\begin{cases} 7x_2 + 4x_3 - 3x_4 = 12 & \text{(c)} \\ 4x_1 + 3x_2 + x_4 = 12 & \text{(b)} \end{cases}$$

$$x_1, x_2, x_3, x_4 \geqslant 0$$

这个结果可以改写为

$$\frac{7}{4}x_2 + x_3 - \frac{3}{4}x_4 = 3$$

$$x_1 + \frac{3}{4}x_2 + \frac{1}{4}x_4 = 3$$

$$x_1, x_2, x_3, x_4 \geqslant 0$$

由图 5-12 可以看出，这其实就是由点（0, 0, 12, 12）变到点（3, 0, 3, 0）处；即从开始的 $x_1 = x_2 = 0$，$x_3 = x_4 = 12$ 的状态，转到 $x_1 = x_3 = 3$，$x_2 = x_4 = 0$ 的状态。实际上就是由顶点（0, 0, 12, 12）转移到另一个顶点（3, 0, 3, 0）处，并使得目标函数值从 $Z = x_1 + x_2 = 0$ 增至 $Z = 3$。由图 5-12 可更直观地看出，从（3, 0, 3, 0）顶点再走一步"旅行"到 $\left(\dfrac{12}{7}, \dfrac{12}{7}, 0, 0\right)$ 处，到达最优点。

为什么选 x_1 作为进入变数，而选取 x_4 作为退出变数？目的是使目标函数有所增长，而又不至于"出界"，即不至于出了图 5-12 的影线所标的允许解域。

3）推理至一般性问题

由上例推理至一般性问题，用非基变量 x_i 取代基变量，即让基变量 x_j 退出，而选非基变量 x_i 作为基变量，必须以 x_i 列系数的第 j 列元素作为主元素消去其他各元素，观察由此引起的变化，特别是对目标函数的影响。显然当

$$\begin{bmatrix} a_{1i} \\ a_{2i} \\ \vdots \\ a_{ji} \\ \vdots \\ a_{mi} \end{bmatrix} \text{经过消元} \begin{bmatrix} 0 \\ 0 \\ \vdots \\ 1 \\ 0 \\ \vdots \\ 0 \end{bmatrix} \longleftarrow 第 j 列元素$$

同时
$$\begin{bmatrix} b_1 \\ b_2 \\ \vdots \\ b_j \\ \vdots \\ b_m \end{bmatrix} \xrightarrow{\text{常数项变化}} \begin{bmatrix} b_1 - a_{1i}/a_{ij} \cdot b_j \\ b_2 - a_{2i}/a_{ij} \cdot b_j \\ \vdots \\ b_j/a_{ij} \\ \vdots \\ b_m - a_{mi}/a_{ij} \cdot b_j \end{bmatrix} \tag{5-31}$$

所以基变量由 $x_k = b_k$ 变为

$$x_k = \begin{cases} b_k - \dfrac{a_{ki}}{a_{ji}} \cdot b_j & k \neq j \\ 0 & k = j \end{cases} \quad \text{(因为 } x_i \text{ 作为进入基变量)} \tag{5-32}$$

因而新的目标函数值为

$$\sum_{\substack{k=1 \\ k+l}}^{m} C_k \left(b_k - \frac{a_{ki}}{a_{ji}} b_j \right) + C_i \frac{b_j}{a_{ji}}$$

$$= \sum_{k=1}^{m} C_k \left(b_k - \frac{a_{ki}}{a_{ji}} b_j \right) + C_i \frac{b_j}{a_{ji}} \tag{5-33}$$

$$= \frac{b_j}{a_{ji}} \left(C_i - \sum_{k=1}^{m} C_k a_{ki} \right) + \sum_{k=1}^{m} C_k b_k$$

故目标函数的改变量为

$$\frac{b_j}{a_{ji}} \left(C_i - \sum_{k=1}^{m} C_k a_{ki} \right)$$

因 $\dfrac{b_j}{a_{ij}} > 0$ ，这就是为什么选 x_i 作为进入变量的必要条件为

$$c_i - \sum_{k=1}^{m} c_k a_{ki} > 0 \tag{5-34}$$

同时要求
$$x_k = b_k - \frac{a_{ki}}{a_{ji}} b_j \geqslant 0 \tag{5-35}$$

$$\frac{b_k}{a_{ki}} - \frac{b_j}{a_{ji}} \geqslant 0 \tag{5-36}$$

所以 x_{ki} 作为退出变量，必须选取

$$\frac{b_j}{a_{ji}} = \min_k \left\{ \frac{b_k}{a_{kj}} \middle| a_{kj} > 0 \right\} \tag{5-37}$$

5.5　线性规划问题的类型及其用

线性规划模型的最大优点在于能够包含非常多个变量，而且能够有效地得到唯一的最优解，并且能够给出有价值的定量的敏度分析，一般说来只要能将具体问题转化成基本型的线性规划模型就可以认为已经能够获得了最优解。线性规划模型对于过程系统的优化非常重要，首先是因为过程系统本身是关于物质或能量转化的系统，工程的特征大多呈线性代数方程，过程系统的优化适合于线性规划模型；其次，线性规划模型能够将所描述的系统的维数延展到数十、数百，以致数千，并且能够有统一的求解方法，能够方便地获得唯一的解；最后，过程系统的优化可以认为是广义的有限资源的最佳利用，非常适合用线性规划模型描述。

为了能够将具体问题转化成基本型的线性规划模型，在此归纳给出几种典型的应用类型，并介绍一些将非线性问题转化成线性问题的小技巧，以供参考。

5.5.1　混合及配料问题

冶金工程系统是关于金属元素的过程系统，原料经过一系列的单元过程转化为产品，一般产品的生产成本中原料占了 70%～80%，优化配料是冶金产品的质量和成本的最重要的问题。表面上看，混合及配料问题的主要目的还是如何以最低的原料成本将几种不同的原料混合和配制成满足一定成分要求的产品，这实际上也包含了原料成分的精确稳定的控制和资源的最佳利用。

在钢铁冶金生产中，配料是一项经常性工作，各冶炼工序都有配料问题，在冶金生产中应用的实际例子详见 5.6 节，与传统凑算法相比，采用线性规划模型配料，有以下优越性：

（1）配料能力强。可以考虑的原料品种、化学成分种类、技术条件项目等数目都大大增多；

（2）配料成分的精确性和稳定性高；

（3）能够全面、综合地利用资源，特别是有助于有效地利用廉价的资源；

（4）配料的原料费用降低，能带来明显的节约。

{例 5.1}　某化铁炉生产合金生铁铸件，成分要求是 3.2%～3.5% C、2.7%～3.0% Si、1.4%～1.6% Mn、0.3%～0.45% Cr。所用原料成分和价格列于表 5-3。各种原料许用量的限制为：碳化硅 SiC≤0.01 t；1#废钢≤0.3 t；2#废钢≤0.3 t；3#废钢≤0.3 t；废钢总量≤0.3 t；总配成量取 1.0 t。

表 5-3　原料成分及价格

原料	变量号	成分/%（余为 Fe）				价格/(元/t)
		C	Si	Mn	Cr	
生铁	$x(1)$	4.2	2.25	0.8	—	58
高硅铣铁	$x(2)$	—	15.0	4.5	10.0	120
1#硅铁	$x(3)$	—	45.0	—	—	128
2#硅铁	$x(4)$	—	42.0	—	—	120
1#合金	$x(5)$	—	18.0	60.0	—	200
2#合金	$x(6)$	—	30.0	9.0	20.0	260
3#合金	$x(7)$	—	25.0	33.0	8.0	238
SiC	$x(8)$	15.0	30.0	—	—	160
1#废钢	$x(9)$	0.4	—	0.9	—	39
2#废钢	$x(10)$	0.1	—	0.3	—	30
3#废钢	$x(11)$	0.1	—	0.3	—	33

要求确定最佳配料方案：在成分合格条件下配料成本最低。

建立模型的首要工作就是确定决策变量，在此取各种原料的配入量分别为 $x(1), x(2), \cdots, x(11)$，总配料量为 1 kg，这个化铁炉冶炼合金生铁的最佳配料问题转化标准型为线性规划问题。

目标函数

$$\min Z = 58x(1) + 120x(2) + 128x(3) + 120x(4) + 200x(5) + 260x(6)$$
$$+ 238x(7) + 160x(8) + 39x(9) + 30x(10) + 33x(11)$$

约束 s.t.

碳含量范围：

$$4.2x(1) + 15x(8) + 0.4x(9) + 0.1x(10) + 0.1x(11) \geqslant 3.2$$
$$4.2x(1) + 15x(8) + 0.4x(9) + 0.1x(10) + 0.1x(10) \leqslant 3.5$$

硅含量范围：

$$2.25x(1) + 15x(2) + 45x(3) + 42x(4) + 18x(5) + 30x(6) + 25x(7) + 30x(8) \geqslant 2.7$$
$$2.25x(1) + 15x(2) + 45x(3) + 42x(4) + 18x(5) + 30x(6) + 25x(7) + 30x(8) \leqslant 3.0$$

锰含量范围：

$$0.8x(1) + 45x(2) + 60x(3) + 9x(6) + 33x(7) + 0.9x(9) + 0.3x(10) + 0.3x(11) \geqslant 1.4$$
$$0.8x(1) + 45x(2) + 60x(3) + 9x(6) + 33x(7) + 0.9x(9) + 0.3x(10) + 0.3x(11) \leqslant 1.6$$

铬含量范围：

$$10x(2) + 20x(6) + 8x(7) \geqslant 0.3$$
$$10x(2) + 20x(6) + 8x(7) \leqslant 0.45$$

许用量约束：

$$x(8) \leqslant 0.01$$
$$x(9) \leqslant 0.3$$
$$x(10) \leqslant 0.3$$
$$x(11) \leqslant 0.3$$
$$x(9) + x(10) + x(11) \leqslant 0.3$$

总配成量约束：

$$x(1) + x(2) + \cdots + x(10) + x(11) = 1.0$$

非负约束：

$$x(1), x(2), \cdots, x(10), x(11) \geqslant 0$$

代入有关软件，计算得到最优结果。

最优配料方案：

$$x(1) = 0.7208 \text{ t} \quad (\times 58 = 41.81 \text{ 元})$$
$$x(2) = 0.0300 \text{ t} \quad (\times 120 = 3.6 \text{ 元})$$
$$x(3) = 0.0 \text{ t}$$
$$x(4) = 3.379459E\text{–}03\text{t} \quad (\times 120 = 0.405 \text{ 元})$$
$$x(5) = 0.0103 \text{ t} \quad (\times 200 = 2.06 \text{ 元})$$
$$x(6) = 0.0 \text{ t}$$
$$x(7) = 0.0 \text{ t}$$
$$x(8) = 0.010 \text{ t} \quad (\times 160 = 1.6 \text{ 元})$$
$$x(9) = 0.0 \text{ t}$$
$$x(10) = 0.2255 \text{ t} \quad (\times 30 = 6.765 \text{ 元})$$
$$x(11) = 0.0 \text{ t}$$

总计配料量为 0.9999 t≈1.0 t。

最优（低）配料成本是 56.24 元/吨合金生铁，因配加一些 2#废钢，配料成本还略低于原料生铁的价格（58 元）。

另外，在实际工作中还需要验算配成成分。

{例 5.2}　单纯的混合、配料问题与产品编排问题一样简单。表 5-4 列出了某食材成分及配餐营养要求，可以看出这同样属于混合、配料问题，可建立线性规划模型，寻求最优食谱。

表 5-4　食材成分及配餐营养要求

		I 沙丁鱼	II 豆腐	III 黄油	IV 猪肉	V 牛奶	VI 鸡蛋	VII 大米	VIII 面包	IX 玉米	X 洋白菜	XI 橘子	标准量 最少	标准量 最多
养分及其含量	1 热量	130.0	58.0	721.0	279.0	59.0	156.0	351.0	270.0	40.0	24.0	40.0	2200.0	
	2 蛋白质	17.5	6.0	0.6	0	2.9	0	0	0	1.2	1.6	0	71.0	
	3 钙	80.0	120.0	10.0	16.7	100.0	12.7	6.2	5.0	40.0	45.0	14.0	600.0	
	4 钠	100.0	0	780.0	4.0	36.0	65.0	6.0	11.0	10.0	15.0	4.0	1300.0	
	5 铁	3.0	5.0	0.1	90.0	0.1	90.0	2.0	480.0	0.5	0.4	0.2	10.0	
	6 维生素 A_1	60.0	1.4	2400.0	2.4	120.0	2.6	0.4	0	6.0	33.0	40.0	1900.0	5300.0
	7 维生素 B_1	0.02	0	0.01	0	0.04	800.0	0	1.0	0.03	0.08	0.09	1.2	
	8 维生素 B_2	0.15	0.02	0.03	0.59	0.15	0	0.09	0	0.02	0.05	0.02	1.2	
	9 维生素 C	1.0	0.02	0	0.10	2.0	0.1	0.03	0.10	10.0	50.0	50.0	63.0	
	10 维生素 D	530.0	0	0	0	0	0.3	0	0.03	0	0	0	400.0	
价格（元）	下限	60.0	40.0	100.0	75.0	15.0	40.0	25.0	30.0	20.0	10.0	15.0		
用量	下限					1.00								
	上限					4.00								

约束

混合、配料问题也广泛地应用于保健及营养领域，如运动员、幼儿园、学校、康复医院等配餐工作，可以用线性规划模型寻求最优食谱，不仅能保证各种营养全面精确地符合科学要求，而且成本低廉。有兴趣的读者可以试着根据表 5-4 所给出的数据建立线性规划模型，并求解。

5.5.2 覆盖、职员雇佣和下料问题

"覆盖"是一类具有实际含义的问题，现通过一个设立消防站的例子来认识这类问题。

{例 5.3} 如表 5-5 所示，有 7 个需要重点消防保护的呼救点，考虑有 A、B、C、D、E 等 5 个潜在的设立消防站点的位置，对于每个呼救点要求在 5 分钟路程之内至少设有一家消防队，距呼救点小于 5 分钟路程的预设消防队位置在表中标记为"Y"，即表中记有符号"Y"者表示消防队 j（列）距呼救点 i（行）的路程不超过 5 分钟，表中的费用是指该位置上消防队包括投资的年费用（用万元记货币单位）。

表 5-5 设立消防站的有关技术数据

可能的消防队位置		A	B	C	D	E
费用（1.0 万元）		310	250	260	330	280
呼救点	1			Y	Y	
	2	Y	Y			
	3	Y				Y
	4	Y			Y	Y
	5	Y	Y	Y	Y	
	6		Y	Y	Y	
	7				Y	Y

建立线性规划数学模型的关键是给出恰当的决策变量，在此定义决策变量为逻辑变量，如定义变量 A 为

$$A = \begin{cases} 1 & \text{消防队设在A点} \\ 0 & \text{消防队不设在A点} \end{cases}$$

决策变量 B 和 C、D、E 同 A 类似。

显然，目标函数应该是：

$$\min \quad 310A + 250B + 260C + 330D + 280E$$

按要求，每个呼救点都应该被消防队"覆盖"，即对每个呼救点都应该有一个大于 1 的约束，例如对于第 4 个呼救点的约束是不等式：

$$A + D + E \geqslant 1$$

这是因为由表 5-5 可知 A、D、E 距呼救点 4 的距离都在 5 分钟路程之内。按表 5-5 得到各项约束为

$$
\left.
\begin{array}{l}
①C + D \geqslant 1 \\
②A + B \geqslant 1 \\
③A + E \geqslant 1 \\
④A + D + E \geqslant 1 \\
⑤A + B + C + D \geqslant 1 \\
⑥B + C + D \geqslant 1 \\
⑦D + E \geqslant 1
\end{array}
\right\} \text{s.t.}
$$

目标函数和约束构成线性规划模型，代入有关求解程序或软件，得到最优解是：

最优决策方案：A = 1.0；B = 0.0；C = 0.0；D = 1.0；E = 0.0；

目标函数最优值是 640.0（万元/年）。

这个最优解表明最佳方案是只要在 A 和 D 两处设置消防队即可，就能将这 7 个呼救点全都"覆盖"，且年费用最低。这个最优解是唯一的，没有其他最优解。

通过这个简单的例子可以看出"覆盖"是一类具有广泛含义的问题，在现实工作和生活中有许多表面上与此不相关的事情，实质上却属于这类"覆盖"问题，如常见的职员雇用问题，下料问题，设立送外卖送快递工作站、销售中心、维修中心等，也有设立航空侦查中心、航空打击中心等军事问题，等等。

5.5.3　产品组合问题

产品组合问题经常是一些大型问题的重要组成部分，虽然在实际中很少会直接遇到简单的这类问题。产品组合问题的特点是：一组产品相互争夺有限的资源，譬如有 m 种资源和 n 种产品，则资源分配可以列成一张 m 行 n 列的技术表，其中第 i 行产品的第 j 个数据代表生产单位产品 i 消耗第 j 种资源的数量，表中的一行数据对应着线性规划模型中的一个约束条件的各项系数，通常这些系数是非负的，模型参数还有每种产品的单位利润和每种资源的可用量等。这类问题的研究目的是在不超过可用资源数量的条件下寻求实现最大利润的排产方案（即各种产品的生产数量）。

现通过实例介绍产品组合问题的线性规划模型的一般结构，并说明其中非线性特征的参数用线性的方式表达的方法。

{例 5.4}　某工厂有三台机器Ⅰ、Ⅱ、Ⅲ，能够生产 5 种产品 A、B、C、D、

E，每种产品所花费的工时列于表 5-6，每台机器每周可以工作 128 h（每周有五天工作三班，加一个白班，一周共工作 16 班，每班工作 8 h）。

表 5-6 三台机器生产五种产品所需的工时（分钟/单位产品）

产品	机器		
	I	II	III
A	12	8	5
B	7	9	10
C	8	4	7
D	10	0	3
E	7	11	2

其中，产品 A、B 和 C 的售价按元计，分别是 5 元、4 元和 5 元；每周生产的头 20 个 D 和 E 售价为 4 元，超过 20 个后，每个只能卖 3 元。机器 I 和 II 每小时的操作费用是 4 元，机器 III 每小时的操作费用是 3 元。产品 A 和 C 的材料成本为每个为 2 元，B、D、E 的材料成本每个为 1 元。其最优的目标是如何排产，才能使这个工厂获利最大？

建立数学模型的关键首先在于定义决策变量，在此取每周五种产品的产量为决策变量，分别记为 A、B、C、D 和 E。可以看出，产品 D 和 E 的利润是其产量的非线性函数，这将造成非线性的问题，需要将其消除。采取的方法是，另外再定义两个决策变量：产品 D_2 和 E_2，令其单位售价为 3 元，并将原产品 D 和 E 的量上限定为 20 个，即要求 $D \leqslant 20$，$E \leqslant 20$，决策变量及有关数据列于表 5-7。

表 5-7 决策变量及其有关数据

定义	单位利润
A：每周生产的 A 产品数量	5−2 = 3 元/个
B：每周生产的 B 产品数量	4−1 = 3 元/个
C：每周生产的 C 产品数量	5−2 = 3 元/个
D：每周生产不超过 20 个的 D 产品数量	4−1 = 3 元/个
D_2：每周生产超过 20 个的 D 产品数量（D 产品的总量为 $D + D_2$）	3−1 = 2 元/个
E：每周生产不超过 20 个的 E 产品数量	4−1 = 3 元/个
E_2：每周生产超过 20 个的 E 产品数量（E 产品的总量为 $E + E_2$）	3−1 = 2 元/个
M_1：每周机器 I 的工作小时数	−4 元/h
M_2：每周机器 II 的工作小时数	−4 元/h
M_3：每周机器 III 的工作小时数	−3 元/h

三台机器所用工时分别记为 M_1、M_2 和 M_3，由于产品加工时间单位是"分钟"，但机器的工作时间按小时计量，所以得到三台机器的工时分别为

$$12A + 7B + 8C + 10D + 10D_2 + 7E + 7E_2 = 60M_1$$
$$8A + 9B + 4C + 0D + 0D_2 + 11E + 11E_2 = 60M_2$$
$$5A + 10B + 7C + 3D + 3D_2 + 2E + 2E_2 = 60M_3$$

根据表 5-7 整理，得到 10 个决策变量（8 个原始变量，2 个人造变量 D_2 和 E_2），显然都是非负的。如果不设定这两个人造变量，就会出现非线性模型，就不能方便地得到最优解。

这个最优排产问题的规范型的线性规划模型如下：

目标函数

$$\max \quad 3A + 3B + 3C + 3D + 2D_2 + 3E + 2E_2 - 4M_1 - 4M_2 - 3M_3$$

约束 s.t.

①$12A + 7B + 8C + 10D + 10D_2 + 7E + 7E_2 - 60M_1 = 0$

②$8A + 9B + 4C + 11E + 11E_2 - 60M_2 = 0$

③$5A + 10B + 7C + 3D + 3D_2 + 2E + 2E_2 - 60M_3 = 0$

④$D \leqslant 20$

⑤$E \leqslant 20$

⑥$M_1 \leqslant 128$

⑦$M_2 \leqslant 128$

⑧$M_3 \leqslant 128$

约束④和⑤是产品 D 和 E 以 3 元一个售出数量的上限（20 个），最后 3 个约束给出了每周每台机器使用时间的上限是 128 小时。

使用有关软件计算，求得该线性规划模型的最优决策，即该工厂的最优排产方案：

$A = 0.0$；$B = 0.0$；$C = 942.5$；$D = 0.0$；$D_2 = 0.0$；$E = 20.0$；$E_2 = 0.0$；$M_1 = 128.0$；$M_2 = 66.5$；$M_3 = 110.65$。

目标函数最优值每周的利润是 1777.62 元。

这个最优解是一个非常极端的情况，因为所有的约束中没有用户对产品供应量的限制，只考虑该工厂自身的利益：生产 E 最为有利，每周生产 20 个，达到按最高的价格售出的上限；另外，生产 C 也有利，尽可能量多生产，直至机器 I 的工时全部用完；而产品 A、B 和 D，一个都不生产。

对此问题还可建立多个不同的决策变量和相应结构的线性规划模型，它们的约束和变量数会有所不同，但是得到的最优解是一样的，这也是线性规划问题的一个特点。

产品组合模型的一个普遍特征是可用两个或多个变量来表示不同方法生产的

同一产品数量,此时,线性规划不仅被用来求出找出该产品应生产多少,而且还可被用来选择该产品的最佳生产过程。

另一个特征是模型中往往含有产品需求约束,即对产品的产量有一定的要求(这种情况已超出了单纯产品组合问题的范围)。

需要说明的是:此例中没有给出产品 A、B、C、D 和 E 只能取整数的约束,所以最优决策中产品 C 出现了小数,这是不合理的,如果要求 A、B、C、D 和 E 只能取整数,就成了"整数规划",问题复杂程度大大增加,需要另作别论。

{例 5.5} 某轧钢厂有三台钢板轧机 B_3、B_4、B_5,其生产的钢板厚度和轧制速度各不相同,技术数据列于表 5-8。

表 5-8 三台钢板轧机的技术数据

轧机	轧制速度/(m/min)	生产板材的厚度/mm	每周可工作时间上限/(h/周)	操作费用货币单位/h
B_3	150	6～12	35	10
B_4	100	10～16	35	15
B_5	75	12～24	35	17

本周计划要生产三种厚度的钢板,按钢板的长度计算,8 mm 厚的钢板至少要生产 218 000 m,12 mm 厚的钢板至少要生产 114 000 m,16 mm 厚的钢板至少要生产 111 000 m。扣除材料费和生产费用以后,每米钢板的利润分别是 0.017 元、0.019 元和 0.02 元。轧钢厂的发运部门的能力上限是 600 000 m,与钢板厚度无关。

需要考虑的是:如何在保证完成定货量的基础上安排生产,使轧钢厂总利润最大?

首先需要仔细选定决策变量。根据表 5-8 的技术数据,8 mm 厚的钢板只能用 B_3 轧机生产,12 mm 厚的钢板三台轧机都能够生产,16 mm 厚钢板用 B_4 或 B_5 轧机都能生产。因此,选定决策变量(以 1000 m 为单位)分别是:

B_{31}——用 B_3 轧机生产 8 mm 厚钢板的长度(以 1000 m 为单位);

B_{32}——用 B_3 轧机轧制 12 mm 厚钢板的长度(以 1000 m 为单位);

B_{42}——用 B_4 轧机生产 12 mm 厚钢板的长度(以 1000 m 为单位);

B_{52}——用 B_5 轧机生产 12 mm 厚钢板的长度(以 1000 m 为单位);

B_{43}——用 B_4 轧机生产 16 mm 厚钢板的长度(以 1000 m 为单位);

B_{53}——用 B_5 轧机生产 16 mm 厚钢板的长度(以 1000 m 为单位);

约束为:

(1)三台轧机生产能力和发运部门的能力上限(四项)。

(2)为完成生产任务,必须有三种钢板的生产量要求(三项)。

先求出每台轧机轧制 1000 m 钢板需的工时：轧机 B_3 为 0.111 11 h；类似地，B_4 和 B_5 分别为 0.166 67 h 和 0.222 22 h。

由于单位产品收益中已扣除原材料费和生产费用以及管理费用是固定的，所以在目标函数中只需考虑轧机的操作费用。B_{31} 每小时生产速率 9 km，操作工时费是 10.0 元，故每千米钢板的操作工时费是 1.11 元，每千米 B_{31} 的收益是 15.98 元；B_{32} 每小时生产速率也是 9 km，每千米钢板的操作工时费也是 1.11 元，故每千米 B_{32} 的收益是 17.89 元；B_{42} 每小时生产速率是 6 km，操作费用是 15.0 元，每千米钢板的操作工时费是 2.5 元，每千米 B_{42} 的收益是 16.50 元；B_{52} 每小时生产速率也是 4.5 km，所以操作工时费是 17.0 元，每千米钢板的操作工时费是 3.78 元，每千米 B_{52} 的收益是 15.22 元；B_{42} 每小时生产速率是 6 km，操作费用也是 15.0 元，每千米钢板的操作费用为 2.5 元，所以每千米 B_{42} 的收益是 17.50 元；B_{53} 每小时生产速率也是 4.5 km，操作工时费是 17.0 元，每千米钢板的操作费用亦为 3.78 元，所以每千米 B_{52} 的收益是 16.22 元。汇总目标函数中各决策变量的系数列于表 5-9，可以看出边际利润最高的是 B_{32} 和 B_{43}，其次是 B_{42} 和 B_{53}，而 B_{52} 最差。

表 5-9　各决策变量在目标函数中的系数

变量	边际利润/（元/km）
B_{31}	15.89
B_{32}	17.89
B_{42}	16.50
B_{52}	15.22
B_{43}	17.50
B_{53}	16.22

得到线性规划模型：

目标函数　max　$15.89B_{31} + 17.89B_{32} + 16.50B_{42} + 15.22B_{52} + 17.50B_{43} + 16.22B_{53}$

约束　s.t.

（1）$0.111\,11\,B_{31} + 0.111\,11\,B_{32} \leqslant 35$ ⎫

（2）$0.166\,67\,B_{42} + 0.166\,67\,B_{43} \leqslant 35$ ⎬　轧机生产能力（h）

（3）$0.222\,22\,B_{52} + 0.222\,22\,B_{53} \leqslant 35$ ⎭

（4）$B_{31} + B_{32} + B_{42} + B_{52} + B_{43} + B_{53} \leqslant 600$　　发运能力（km）

（5）$B_{31} \geqslant 218$ ⎫

（6）$B_{32} + B_{42} + B_{52} \geqslant 114$ ⎬　产品需求（km）

（7）$B_{43} + B_{53} \geqslant 111$ ⎭

[注]　如果没有最后三个约束，就是单纯的产品组合问题。

代入有关线性规划计算软件求得最优解为

最优决策方案　　　$B_{31} = 218.0$ km（钢板）

$B_{32} = 97.0$ km（钢板）

$B_{42} = 17.0$ km（钢板）

$B_{52} = 0.0$ km（钢板）

$B_{43} = 193.0$ km（钢板）

$B_{53} = 75.0$ km（钢板）

根据所得到的最优解，得出最佳排产计划如下：B_3 轧机开工率最高，8 mm 厚的钢板只生产 218.0 km，全部由 B_3 轧机生产，达到需求的下限，消耗工时 24.2 小时，而 B_3 轧机的其余工时都用于生产 12 mm 的钢板（参见表 5-9，B_{32} 的边际利润最高），其余少量的 12 mm 钢板由 B_4 轧机，直到达到 12 mm 厚度的钢板所需的生产量，B_5 轧机不安排生产 12 mm 厚度的钢板；B_4 轧机其余工时全部用于生产 16 mm 的钢板（参见表 5-9，B_{43} 相当高）直到满 35 小时，B_5 轧机也生产部分 16 mm 钢板，16 mm 钢板的生产量大大超过合同要求的数量，直到钢板的总产量达到发运部门能力的上限 600 km 为止。

相应的轧钢厂的总利润达到最大，即目标函数最优，为 10 073.00 元/周。

5.5.4　多阶段计划问题

前述各问题都限于讨论某一时期内的问题，该时期的决策与未来的时期及其决策没有发生联系，然而在实际工作中，多数问题要考虑这类时间前后联系的情况。一般的多阶段计划问题属于动态规划的范畴，但动态规划的求解比较复杂，而且可解问题的规模也十分有限。对某些具体问题，如果不存在非线性因素或其影响不大，则可通过一定的技巧，将这类问题描述成线性规划模型，下面举例说明之。

{例 5.6}　某汽车轮胎厂生产甲种（N）和乙种（G）两种轮胎，在未来的三个月中需要交付的轮胎数量列于表 5-10。

表 5-10　未来三个月需要的交货量（只）

日期	甲种轮胎（N）	乙种轮胎（G）
6 月 30 日	4000	1000
7 月 31 日	8000	5000
8 月 31 日	3000	5000
总计	15 000	11 000

该厂有两台机器 W 和 R，在未来的三个月内，这两台机器可供生产工作的小时数列于表 5-11。

表 5-11　两台生产机器允许工作的小时数（h）

月份	W 机	R 机
6 月	700	1500
7 月	300	400
8 月	1000	300

机器生产率以每只轮胎需要多少小时来表示，其数值如表 5-12 所示。

表 5-12　机器的生产率（h/每只轮胎）

	W 机	R 机
甲种轮胎	0.15	0.16
乙种轮胎	0.12	0.14

两种机器和两种轮胎的生产费用都是每小时 5 元，每只轮胎每个月的存储费都是 0.1 元，每只甲种轮胎和乙种轮胎的材料费用分别为 3.10 元和 3.90 元，每只轮胎的装配、包装和运输费用都是 0.23 元，每只甲轮胎的售价是 7.00 元，每只乙种轮胎的售价格是 9.00 元。

需要解决下面三个问题：

（1）由于两种轮胎的总产量（交货量）已确定，所以该厂的利润最大相当于以最小的成本来满足交货需要，应该怎样安排生产？

（2）已经预定了一台新的 W 机，将在 9 月初投产，如果多支付 200 元，就可以提前在 8 月 2 日投产，这样 8 月份就可以增加 172 h 的机器工作时间，要不要采取这一行动？

（3）这两台机器每年一次的维修检查安排在何时合适？

首先须确定决策变量：将 3 个月划分为 3 个时期，每个时期 1 个月，6、7、8 月分别对应记为 $T = 1, 2, 3$；为了安排生产，必须知道每个月每种机器生产每种轮胎的数量，以及每个月底每种轮胎的库存量。因此取决策变量为

WNT——在第 T 个月份内 W 机生产甲种轮胎的数量；

RNT——在第 T 个月份内 R 机生产甲种轮胎的数量；

WGT——在第 T 个月份内 W 机生产乙轮种胎的数量；

RGT——在第 T 个月份内 R 机生产乙种轮胎的数量；

INT——在第 T 个月底甲种轮胎的库存量；

IGT——在第 T 个月底乙种轮胎的库存量。

到 8 月底必须把所有轮胎交付出去，因此 8 月份的库存量应为零。

每个月有 6 个决策变量，3 个月共有 18 个变量。

模型的参数有：可供使用的机器小时数、机器生产率、成本和收益，以及每个月生产能力的约束和每个月需要量的约束。

例如 6 月份的生产能力约束，可以用每台机器的生产时数写出，对于 W 机，6 月份应该是

$$0.15\,WN1 + 0.12\,WG1 \leqslant 700$$

对于 R 机，6 月份有

$$0.16\,RN1 + 0.14\,RG1 \leqslant 1500$$

其他两个月只是右端项数值不同。

对于 W 机，7 月份应该是

$$0.15\,WN2 + 0.12\,WG2 \leqslant 300$$

对于 R 机，7 月份有

$$0.16\,RN2 + 0.14\,R2 \leqslant 400$$

对于 W 机，8 月份应该是

$$0.15\,WN3 + 0.12\,WG3 \leqslant 100$$

对于 R 机，8 月份有

$$0.16\,RN3 + 0.14\,RG3 \leqslant 300$$

需求约束条件：6 月份生产的每种轮胎应该满足需求，剩余的产品存入仓库，这样甲种轮胎（N）6 月份的需求约束条件是

$$WN1 + RN1 - IN1 = 4000$$

乙种轮胎（G）6 月份的需求约束是

$$WG1 + RG1 - IG1 = 1000$$

6 月份存入仓库的轮胎可以用来满足 7 月份的需求，所以甲种轮胎（N）7 月份的需求约束条件是

$$IN1 + WN2 + RN2 - IN2 = 8000$$

乙种轮胎（G）7 月份的需求约束条件是

$$IG1 + WG2 + RG2 - IG2 = 5000$$

8 月底没有库存，所以甲种轮胎（N）8 月份的需求约束条件为

$$IN2 + WN3 + RN3 = 3000$$

8 月份的乙种轮胎（G）约束条件为

$$IG2 + WG3 + RG3 = 5000$$

显然，诸自变量均满足非负条件。

目标函数：因为满足了全部需求，得到的总收入是固定的，所以利润最大的

要求可以等价地变为费用最小的问题。再者，这3个月每种产品的生产总量是固定的，所以材料费用也是固定的，于是合适的目标函数应该是在各费用中令可变动的那些费用最少，即生产操作费用加上存储费用达到最小。

因为两种机器每小时的生产操作费用是常数，但每种机器生产每种轮胎的生产效率不一样，所以每只轮胎的生产操作费用有所不同。例如，用R机生产乙种轮胎，每只轮胎的生产操作费用（元/h）得到，即（0.14×5）=7元/每只轮胎。依此类推，得到结果，列于表5-13。

表5-13 每只轮胎的生产操作费用（元/每只轮胎）

	W 机	R 机
甲种轮胎（N）	0.75	0.80
乙种轮胎（G）	0.60	0.70

每只轮胎每个月的存储费用为 0.1 元。故目标函数为

min　0.75WN1 + 0.80RN1 + 0.60WG1 + 0.70RG1 + 0.10IN1 + 0.10IG1
　　　+ 0.75WN2 + 0.80RN2 + 0.60WG2 + 0.70RG2 + 0.10IN2 + 0.10IG2
　　　+ 0.75WN3 + 0.80RN3 + 0.60WG3 + 0.70RG3 + 0.10IN3 + 0.10IG3

其中：IN3 = 0，IG3 = 0。

代入线性规划求解软件，得到最优解是最低总费用为 19 173.7 元和最优方案即各决策变量的最佳取值，列于表5-14，表5-15是在最优方案中各约束的右端项的允许变动范围。

表5-14 求解结果（凡未列出的变量均为 0）

目标函数最优值	最低总费用为 19 173.7 元
决策变量：	
WN1 = 1867	RN2 = 2500
RN1 = 7033	WG2 = 2500
WG1 = 3500	WN3 = 2677
IN1 = 5500	RN3 = 333
IG1 = 2500	WG3 = 500
松弛：	
R−1 = 279	R−3 = 247
约束的影子价格：	
W−1 = −0.33	G−1 = 0.64

续表

目标函数最优值	最低总费用为 19 173.7 元
W–2 = –1.17	N–2 = 0.90
R–2 = –0.63	G–2 = 0.74
W–3 = –0.33	N–3 = 0.80
N–1 = 0.80	G–3 = 0.64

表 5-15　各约束的右端项的允许变动范围

约束	低界	当前值	高界
W–1	438.75	700.00	1845.00
R–1	1221.3	1500.00	无界
W–2	38.75	300.00	600.00
R–2	122.33	400.00	1280.00
W–3	768.75	1000.00	1050.00
R–3	53.33	300.00	无界
N–1	–3633.30	4000.00	5741.7
G–1	–2500.00	1000.00	3177.1
N–2	2500.00	8000.00	9741.7
G–2	2500.00	5000.00	7177.1
N–3	2666.70	3000.00	4541.7
G–3	4583.30	5000.00	6927.1

由所得到的最优解可以得到有关结论：

（1）生产安排。由线性规划的最优解可以看出最优的生产安排应该如表 5-16 所示。

表 5-16　最优生产决策

		W 机	R 机
6月份	甲种轮胎产量（只）	1867	7633
	乙种轮胎产量（只）	3500	0
	未被利用的机器工时（h）	0	279
7月份	甲种轮胎产量（只）	0	2500
	乙种轮胎产量（只）	2500	0
	未被利用的机器工时（h）	0	0
8月份	甲种轮胎产量（只）	2667	333
	乙种轮胎产量（只）	5000	0
	未被利用的机器工时（h）	0	247

每台机器未被利用的工时数就是相应的松弛量。

两种轮胎的每个月月末的库存量分别是

	6 月份	7 月份	8 月份
甲种轮胎	5500	0	0
乙种轮胎	2500	0	0

（2）新机器的提前使用问题。

新机器是一台 W 机，它比 R 机的性能好，问题是需不需要提前投产？

因增加一台 W 机，需 200 元，若这台机器被充分地利用，可以增加 172 h 的工时，故每小时的边际费用是：

$$200 \text{ 元}/172 \text{ h} = 1.16 \text{ 元/h}$$

由表 5-14 可以看出，8 月份 W 机的影子价格 W–3 是–0.33，即每增加一小时得到的收益只有 0.33 元，因此，建议不要提前使用新的 W 机。

（3）维修安排。

计算结果没有直接回答每台机器工作的时间限度，也没有说明是否可以在以后维修，也不知道在夜间和周末进行机器维修的工时费用，因此无法准确地告诉维修部门该怎么办？但是由变量的松弛计算结果可以看出：W 机没有空闲时间，R 机在 6 月份有 279 h 的空闲时间，8 月份有 247 h 的空闲时间，可考虑安排检修。

另外，由约束右端项的计算结果看出，可以调整生产计划安排：对于 W 机在影子价格为 0.33 元/h 的情况下，在 6 月份可减少工时 261.25 h（当前值 700 h 与低界值 438.75 h 之差），在 8 月份还有 231.25 h 可供调整（当前值 1000 h 与低界值 768.75 h 之差），这种可调整的余地可供安排维修计划参考。

5.5.5　投入产出模型

在现代冶金生产中，生产过程多是逐级进行的，一个单元过程的产出可能就是另一个单元过程的输入，为了保证生产的顺利进行，各级之间必须保持相应的物料平衡（衡算），这样便产生了多级纵向组合问题。与多阶段计划问题中的不同时间阶段连接相类似，多级纵向组合问题的特点是存在着不同单元过程之间的连接。例如在一个钢铁联合企业中，最初的单元过程可能是采矿、炼焦等原料生产，次级的单元过程是炼铁、炼钢，最终的单元过程可能是加工单元以得到各种钢、铁制品。每一级单元过程都可以从前一级单元得到原料或从外面购入，亦即存在着一个"生产或外购"的决策。显然，连接上下级单元的变量是中间产品，并对每种中间产品会存在一个"资源等于使用"的约束，这就是多级纵向组合问题的特点。

与多级纵向组合问题密切相关的模型是 1951 年美国经济学家列昂捷夫提出

的投入产出宏观经济模型，这类模型可以映射为国民经济发展中的"部门平衡"问题，它与多级纵向组合模型所不同的是部门之间往往具有环状的连接关系。例如：钢铁工业需要铁路部门来运输铁矿和钢材，而铁路部门又需要钢铁部门产出的钢铁材料等，所要求的目标是决定（或预测）每个生产部门的最佳活动水平。

投入产出宏观经济模型的原理和方法也可以用于分析微观问题，尤其是具有多级纵向组合特点的大型生产系统或联合企业。近年来，冶金企业在不同程度上开发了本企业的投入产出模型，对掌握企业内部物料、能源、中间产品的平衡，进行企业的经济活动分析，以及制定和调整生产计划等方面，都起到了一定的作用，为提高企业的经济效益做出了贡献。

{例 5.7}　简化了的地区宏观投入产出模型

某地区有四个主要的出口产品：钢材、汽车、电子和塑料，地区政府希望把进出口贸易值增加到最大限度。

外部市场中每单位的钢材、汽车、电子和塑料的单价分别是：500 元、1500 元、300 元和 1200 元。

每生产单位钢材产品需要 0.02 单位的汽车产品、0.01 单位的塑料产品、半个人年的劳力和在市场上购买 250 元的原材料。

每生产单位汽车产品需要 0.8 单位的钢材、0.15 单位的电子产品、0.11 单位的塑料产品、一个人年的劳力和 300 元的进口材料。汽车产品的最大生产能力为年产 650 000 个单位。

每生产单位电子产品需要 0.01 单位的钢材、0.01 单位的汽车产品、0.05 单位的塑料产品、半个人年的劳力和 50 元的进口材料。

每生产单位塑料产品需要 0.03 单位的汽车产品、0.2 单位的钢材、0.05 单位的电子产品、两个人年的劳力和 300 元的进口材料。塑料产品的最大生产能力为年产 60 000 个单位。

该地区可用的劳动力为 830 000 人/年，没有钢材、汽车、电子和塑料产品可以进口。

为使该地区的出口贸易值最大，上述四种产品的生产和出口各是多少？

投入产出模型的建模步骤与一般线性规划相同，首先定义决策变量如下：S 为钢材年生产量；A 为汽车年生产量；P 为塑料年生产量；E 为电子产品年生产量；SEX 为钢材年出口量；AEX 为汽车年出口量；PEX 为塑料年出口量；EEX 为电子产品年出口量。

能直接参与贸易的商品有钢材、汽车、电子产品和塑料，加上人力、汽车和塑料方面的限制，共存在着 7 个约束。目标函数显然是外贸创汇额最大的。

得到数学模型如下：

目标函数：

$$\max \quad 500SEX + 1500AEX + 300EEX + 1200PEX$$
$$-250S-300A-50E-300P$$

约束 s.t.

①$SEX-S + 0.8A + 0.01E + 0.2P = 0$

②$AEX + 0.02S-A + 0.01E + 0.03P = 0$

③$EEX + 0.15A-E + 0.05P = 0$

④$PEX + 0.01S + 0.11A + 0.05E-P = 0$

⑤$0.5S + A + 0.5E + 2P \leqslant 83\,000$

⑥$A \leqslant 650\,000$

⑦$P \leqslant 60\,000$

将此模型输入线性规划求解软件，得到最优解列于表 5-17，此结果表明该地区的最佳贸易形式是出口汽车（AEX）。

表 5-17　模型的解——最佳贸易决策

变量	最优量
S	393 958.330
A	475 833.340
E	74 375.001
P	6 000.000
SEX	547.914 290
AEX	465 410.420
EEX	00
PEX	00

目标函数的最优值，即地区出口创汇额的最大值是 435 431 260（元）。

如果用钢材、汽车、电子产品和塑料出口（或消费）的目标水平代替最大利润，则问题将是保证出口（或消费）的目标水平所必需的生产水平，那时问题的解与目标函数无关，即为传统的列昂捷夫投入产出模型。

5.6　冶金生产实际应用实例

冶金工程系统是原料经过一系列的单元工序转化为产品的系统，原料成本在总成本中一般占 70%～80%，所以优化配料对冶金生产的成本控制非常重要，现举两个生产应用实例。

5.6.1 不锈钢优化模型配料

1980 年代中期，某特殊钢厂采用返回法冶炼铬镍不锈钢，使用不锈钢返回料和其他返回合金钢原料和铁合金为原料，采用电弧炉炼钢＋真空吹氧脱碳（VOD）工艺，由于原料种类多且不锈钢中需要控制的成分种类也多，配料是一项高难度的技术工作，习惯上由经验丰富的专职技术人员负责配料工作。

在生产中试用线性规划模型配料，与传统配料相对比进行实验情况如下：

该特殊钢厂生产铬镍不锈钢可供使用原料有 17 种（各原料实际成分从略），建立线性规划配料模型取各原料配入量（t）为决策变量共 17 个，记为 $x_i = x_1, \cdots, x_{17}$，显然各决策变量非负：

$$x_i \geqslant 0$$

取相应的原料价格分别为 $c_1, \cdots, c_{17}$；目标是配料成本最低，即目标函数是

$$\min \quad c_1 x_1 + c_2 x_2 + \cdots + c_{16} x_{16} + c_{17} x_{17}$$

约束条件（s.t.）分别有

（1）配料成分的约束：配料成分的要求有 8 项，列于表 5-18 中。

表 5-18　不锈钢配料成分的要求

C/%	Mn/%	Si/%	P/%	Cr/%	Ni/%	W/%	Mo/%
0.6~0.8	0.5~2.0	1.0~1.2	≤0.35	18.8~19.5	9.0~9.5	0.30	≤0.30

（2）配料成分的约束为

$$l_j \leqslant \frac{\sum_1^{17} a_{ij} \eta_i x_i}{\eta \left(\sum_1^{17} x_j \right)} \leqslant u_j$$

其中：$i = 1, 2, \cdots, 16, 17$；$j = 1, 2, \cdots, 7, 8$；a_{ij} 为第 i 种原料中第 j 种元素的含量；η_i 为第 i 种原料的收得率；η 为原料总的收得率；u_j 和 l_j 分别为对第 j 种元素含量控制的上下限。

不难看出直接使用这个配料成分的约束是非线性的分数，直接使用就会造成非常大的困难，使用线性规划模型配料的关键技巧在于将这种非线性约束转化为线性约束，具体的做法是用分母乘以不等式两边，然后将求和符号打开、移项，合并同类项，就可得到两个关于 x_i 的线性约束：

$$\sum_1^{17} a_{ij} \eta_i x_i - \eta \left(\sum_1^{17} x_j \right) l_j \geqslant 0$$

和

$$\eta \left(\sum_1^{17} x_j \right) u_j - \sum_1^{17} a_{ij} \eta_i x_i \geqslant 0$$

类似于铬镍不锈钢等多种控制成分的高合金钢配料，由于不能直接得到标准的规范型线性规划模型，需要有专用的前处理程序，将这种非线性约束转化为线性约束。

（3）许用量的约束

$$x_i \leqslant G_i$$

其中：G_i 是第 i 种原料的库存量，即允许使用量。实际上在各种原料中本钢种的返回料成分最合适，而且价格相对低廉，应该尽可能地使用；但是本钢种的返回料的量有限，不可能全部配用本钢种的返回料，本钢种的返回料的配入量受到了严格的限制。

（4）总配成量的约束

$$\sum_1^{17} x_i = G$$

其中：G 是生产要求的总配成量（t）。

总配成量和本钢种的返回料的配入量构成了一对矛盾。

有成分的上下限约束共 $2 \times 8 = 16$ 项，以及许用量约束 17 项和总配成量的约束 1 项，非负约束 17 项，总计约束 51 项，所有约束给出了 17 维配料空间的可行域 $\Omega \in E^{17}$。

某年某月进行了 9 批 31 炉次的线性规划模型配料和传统方法配料的对比，结果配料的成分波动降低，每吨炉料的配料成本比原经验丰富的老工程师的配料成本低 269.22 元（配料成本相对降低约 12.2%），线性规划模型配料和传统方法配料的对比情况列于表 5-19。

表 5-19　线性规划模型配料和传统方法配料结果对比

配料技术	配成炉数	配成量/t	C/%	Mn/%	Si/%	P/%	Cr/%	Ni/%	配料成本/（元/吨）
传统方法	31	840.51	0.619	0.732	0.975	0.0292	19.030	9.238	2204.85
线性规划模型	31	840.10	0.700	0.743	0.963	0.030	19.000	9.239	1935.63
线性规划模型	20	542.00	0.700	0.729	0.886	0.030	19.000	9.239	1739.30
线性规划模型	40	1084.00	0.700	0.752	0.976	0.030	19.000	9.239	2017.06

使用线性规划模型对不同配成量进行了对照研究，可以看出：

（1）原料情况不变，配成量越多，配料成本越高，而控制配料成本相同，则允许配成量大大增多。

（2）使用线性规划模型配料，配料成分不受配料人员技术水平的影响，也不受配成量的影响，配料成分的稳定性高；有害成分 P 含量始终控制在规格上限以下，合金元素 Cr、Ni 控制在规格的中限，而且非常稳定。

线性规划模型配料同样可用于合金钢精炼工序的合金化配料和铁合金生产的配料，合金钢精炼的合金化配料成本降低的幅度可能稍小，但是对于多个合金成分的精准控制会有所帮助。

5.6.2　炼铁用烧结矿优化模型配料

烧结矿生产是高炉炼铁的第一道工序，也是整个钢铁生产的第一道工序，所以烧结矿的质量控制和烧结矿的生产成本对整个冶金工程系统的品质都十分重要。

与合金钢配料相比，烧结矿生产所用原料情况更为复杂，一般有含铁原料、燃料、熔剂三大类，这三大类原料之间不仅成分结构不一样，而且在烧结过程中失水、烧损情况差别很大，更重要的问题是烧结矿有一项重要的质量指标是二元碱度，二元碱度是各原料残留的碱性氧化物和酸性氧化物之比，是一个非线性的参数。

例如，某钢铁企业 1990 年代中期烧结原料情况（见表 5-20），其中铁精粉已经是几种矿的混合后的成分，实际上也可以直接使用原矿的数据。

表 5-20　烧结原料情况

原料	水分/%	TFe/%	SiO_2/%	CaO/%	MgO/%	Al_2O_3/%	S/%	P/%	烧损/%	许用量/t	价格/(元/吨)
铁精粉	9	65.64	6.66	0.40	0.38	1.65	0.070	0.04	1.0	0～10000	215
球团返粉	0	61.29	9.03	1.0	0.83	0.90	0.036	0	0.5	400～432	170
高炉返粉	0	52.80	6.93	1.8	3.24	0.63	0.36	0	2.0	0～800	150
炼钢污泥	30	59.62	3.30	8.76	2.40	2.31	0.05	0	1.5	300～400	120
氧化铁皮	3	68.20	2.50	0	0	0.28	0.06	0.06	1.0	100～160	56
除尘灰	0	21.92	4.39	38.17	6.21	0.43	0	0	1.5	90～96	12
生石灰	0	—	6.73	75.4	8.5	0	0	0	8.5	400～600	160
石灰石	1	—	1.21	48.6	5.98	0	0	0	42.3	0～200	33
白云石	1	—	1.48	30.8	19.58	0	0	0	44.2	0～200	35

焦炭粉中：碳，78.5%；灰分 19%。灰分中，$w(SiO_2) = 48\%$，$w(CaO) = 5\%$，$w(Al_2O_3) = 1.33\%$。

建模：

取各种原料的配入量为决策变量 x_i，其中 $i = 1, 2, \cdots, n{-}1, n$；$n$ 为原料种类。

相应的有各原料的含水量 h_i，其中 $i = 1, 2, \cdots, n{-}1, n$。

各原料的烧减 η_i，其中 $i = 1, 2, \cdots, n{-}1, n$。

各原料的单价（按干料计价）是 C_i，其中 $i = 1, 2, \cdots, n{-}1, n$。

所以，目标函数是

$$\min \quad \frac{\sum_1^n C_i(1-h_i)x_i}{G}$$

其中，G 是配成量，有等式约束（1 项）是

$$\sum_1^n (1-h_i)(1-\eta_i)x_i = G$$

因为 G 是一个确定值，所以目标函数是 x_i 线性代数方程。

烧结矿化学成分的约束有 $n + 1$ 项：

记第 i 种原料中的第 j 种成分的含量（按干料计）为 a_{ij}，其中 $i = 1, 2, \cdots, n{-}1, n$；$j = 1, 2, \cdots, m{-}1, m$；$m$ 为原料中化学成分的种类，如 $a_{i\text{CaO}}$、$a_{i\text{SiO}_2}$ 分别是第 i 种原料的 CaO 和 SiO_2 的含量。

所以，有烧结矿成分的约束 m 项（线性）：

$$l_j \leqslant \frac{\sum_1^n a_{ij}(1-h_i)x_i}{G} \leqslant u_j$$

其中，u_j 和 l_j 分别是烧结矿中第 j 种成分的控制上下限。

又，焦炭对成分的贡献只是灰分，计算式是

$$\sum_1^n (1-h_i)(1-\eta_i)a_{ij}x_i$$

另有烧结矿二元碱度的约束 1 项，是

$$l_R \leqslant \frac{\sum_1^n a_{i\text{Ca}}(1-h_i)x_i}{\sum_1^n a_{i\text{Si}}(1-h_i)x_i} \leqslant u_R$$

其中，u_R 和 l_R 分别是烧结矿中二元碱的控制上下限。

这个二元碱度的约束是非线性的，烧结矿配料技术的关键在于将其线性化；同理，焦炭对成分的贡献只是灰分，计算式同前。

许用量的约束，有 n 项（线性）：

$$l_i \leqslant x_i \leqslant u_i ; i = 1, 2, \cdots, n{-}1, n$$

最终得到标准型线性规划模型有 n 个决策变量和（$n + m + 2$）个约束以及 n 个非负约束，利用有关软件可以顺利求解。

某企业某年某月生产应用情况，其中烧结矿成分的要求列于表 5-21。

表 5-21 烧结矿成分要求

	TFe/%	MgO/%	SiO$_2$/%	碱度（R）	固定碳/%	S/%
上限	56.0	5.50	—	1.35	—	0.015
下限	54.0	1.0	—	1.25	—	0.0

实验使用线性规划模型进行烧结矿配料，烧结矿成分控制水平与前一年同期（正常生产）对比情况如表 5-22 所示。

表 5-22 用线性规划模型配料的烧结矿成分控制水平

指标	前一年同期	实验期	变化
TFe 合格率/%	85.03	87.63	提高 2.6
碱度合格率/%	88.35	91.51	提高 3.16
转鼓指数	55.94	55.73	降低 0.21
筛分指数	14.27	14.90	改善 0.63

使用线性规划模型进行烧结矿配料成本与前一年同期（正常生产）对比列于表 5-23（所有价格均调整为同期可比价格），每吨烧结矿的配料成本降低 3.47 元，相对降低 1.6%。

表 5-23 烧结矿优化配料效果

指标	单位	实验期	对照期
烧结矿产量	万吨	13.3097	13.0078
原料费用	万元	2837.2185	2817.9865
烧结矿原料成本	元/吨矿	213.17	216.64

由以上两个生产实例可以看出使用线性规划模型进行冶金配料能够降低配料成本，而且能够提高配料成分控制精度，对于多种成分的控制尤为明显。

另外，利用这个模型可以模拟各原材料，特别是含铁原料的成分、价格、资源量的变化对最优配料结果的定量影响，用线性规划配料模型可以对原料这些情况进行定量评估，显然线性规划配料模型也可用于做采购决策，例如铁矿的价格一般是按铁品位来定的，而其中 CaO、SiO$_2$ 等成分的"隐性价格"就不能表现出来，如有些铁矿含 SiO$_2$ 高、有的铁矿含碱金属，有的铁矿含 S 较高等情况，在线性规划模型中就能观察到某种"隐性价格"，而使用线性规划模型进行配料能够全面考虑这些非主要成分的"隐性"影响。

第6章 不 确 定 性

6.1 数据的不确定性

6.1.1 科学研究的认识论和方法论

科学最重要的特征是科学观测和科学实验，科学观测和科学实验的结果大都表现为数据，数据有不同的类型，必须采用相应的不同的方法处理。本书侧重于实用性，而不是理论上的严格性和完整性。

{例 6.1} 某钢企在生产优质碳素钢，103 炉 $35^{\#}$ 热轧圆钢产品的布氏硬度（HB）值列于表 6-1 和图 6-1。

表 6-1 $35^{\#}$ 热轧圆钢的硬度实测结果（$N = 103$ 炉）

No.	HB	统计炉数
1	≤164.5	1
2	164.6～169.5	6
3	169.6～174.5	13
4	174.6～179.5	29
5	179.6～184.5	30
6	184.6～189.5	15
7	189.6～194.5	2
8	194.6～199.5	4
9	199.6～204.5	1
10	204.6～209.5	0
11	>209.5	2

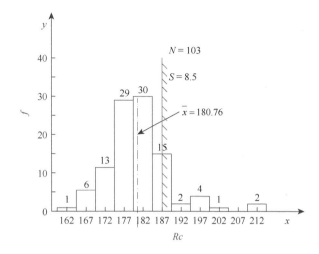

图 6-1　35#热轧圆钢的硬度实测结果

由表 6-1 和图 6-1 可以看出：

（1）圆钢的硬度值分布中间高两侧低，表明生产状况比较正常。

（2）要求布氏硬度 HB 低于 187 为合格，产品合格率仅为 77.8%，改善质量的方向是降低产品的硬度。降低产品平均硬度的主要措施是：在冶炼方面，控制钢中碳硅锰等元素的含量为标准值的中下限；在加工方面，控制热轧后圆钢适当缓冷。

（3）圆钢的硬度值分布的分散程度较大，个别产品的硬度很高，说明整个生产过程的质量控制水平较差，需要改善。

{例 6.2}　某特种合金生产单位特种合金盘条的机械性能实测结果列于表 6-2 和图 6-2，其中 σ_b(kg/mm^2)是拉伸强度指标，δ(%)、ψ(%)是塑性指标，分别为延伸率和断面收缩率。

表 6-2　某厂热轧合金盘条的机械性能值

强度 σ_b ($N=176$)		塑性 δ ($N=155$)		塑性 ψ ($N=156$)	
x_i 组中值	f_i 频数	x_i 组中值	f_i 频数	x_i 组中值	f_i 频数
65	1	0	11	5	32
70	3	3	54	10	42
75	10	6	17	15	13
80	33	9	11	20	2
85	56	12	18	25	5
90	48	15	36	30	3
95	20	18	7	35	3

强度 σ_b ($N=176$)		塑性 δ ($N=155$)		塑性 ψ ($N=156$)	
x_i 组中值	f_i 频数	x_i 组中值	f_i 频数	x_i 组中值	f_i 频数
100	5	2	1	40	2
				45	3
				50	7
				55	9
				60	16
				65	10
				70	9

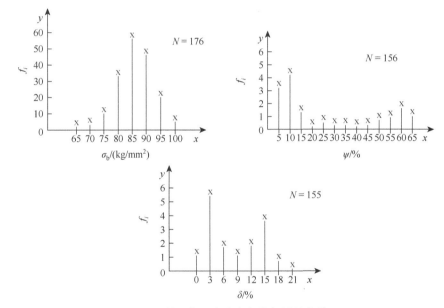

图 6-2　某厂热轧合金盘条的机械性能值

由表 6-2 和图 6-2 可以看出：

（1）热轧合金盘条的强度指标的分布状态是中间高两侧低，比较正常；

（2）两项塑性指标的分布出现了双峰状，极不正常，说明生产工艺或合金成分的控制有极大的问题，应该系统地审查研究。

通过上述的实际例子不难看出，真实的冶金工程系统的各个指标的数值不是一成不变的，而普遍存在着不确定性。冶金过程系统涉及的指标和变量往往成百上千，某个变量的数据量往往成千上万，变量之间的关系错综复杂，特别是近年来检测技术的进步，信息传输存储和处理技术的迅速发展，"大数据"时代已经到来，系统的不确定性必然是普遍存在的事实。因此，必须顺应时代的进步，正确的不确定性必然是普遍存在的事实。因此，①要承认不确定性普遍存在的事实，要正视这个事实，要习惯这个普遍存在的不确定性；②在承认不确定性普遍存在的基础上能够给出客观的描述；③在承认不确定性普遍存在的基础上给出定量数值特征；④在承认不确定性普遍存在的基础上分离出有价值的信息（数据挖掘），得到正确的结论。

显然，数理统计和概率论将成为主要的数学基础。

现代科学的基本特征是科学观察和科学实验，按数理统计的观点认为人们对于自然界、包括工业系统的认识都只是某个"样本"（sample），亦称为"子样"，是一个统计学的概念，即指某个被认出的个体的集合，而与之相对应的是考察或研究的样本的全部集合，称之为"总体"（population），考察或研究全部总体是不可能的。样本是现实的、具体的，总体是相对的、抽样的，但是必须能明确定义。例如，上述 $35^{\#}$ 热轧圆钢是一个能够明确定义的总体，例如首钢一年生产了 10 万吨 $35^{\#}$ 热轧圆钢，相对而言这还只是 $35^{\#}$ 热轧圆钢 "总体" 的一个 "子样"，因为从时间的纵向考虑有该企业去年生产的 $35^{\#}$ 热轧圆钢、该企业前年生产的 $35^{\#}$ 热轧圆钢、过去各年生产的 $35^{\#}$ 热轧圆钢，还有该企业明年生产的 $35^{\#}$ 热轧圆钢、后年生产的 $35^{\#}$ 热轧圆钢、未来各年生产的 $35^{\#}$ 热轧圆钢；从横向考虑有太钢今年生产的 $35^{\#}$ 热轧圆钢，……，有日本各钢企今年生产的轴承钢，有美国各钢企今年生产的 $35^{\#}$ 热轧圆钢；等等。可见，子样是已知的，总体是未知的，由子样已知的来描述未知的总体，必然存在一定的不确定性，这个不确定性的测度就是概率。

用统计学的语言来叙述是："从一个具有密度 $f(x)$ 的抽样总体中抽取一个样本，由样本的观测值，作出对总体 $f(x)$ 的概然陈述"，其中科学的 "抽样" 和科学的 "推断" 都需要符合概率统计的数学原理，如图 6-3 所绘。

图 6-3　样本和总体

相对于样本而言，必须明确认识到：抽样总体和目的总体往往不是一个，而是有区别的——目的总体是所讨论和所希望了解的元素的全体；而抽样总体是抽取样本所在的总体。所以尽管推理方法正确但并不能保证结论正确，抽样总体必须是目的总体才能保证结论正确。在实际工作中常常有用抽样总体代替目的总体的情况，但这是一种偷换概念的原则性错误，或是恶意的造假伎俩。举一个简单的例子，例如想了解某大学男女生的比例，而只到男生宿舍去抽样调查，得到的结果必然是男多女少，结论必然是错误的。

一般说来，科学研究的推理方法分为归纳推理和演绎推理两大类。

（1）归纳推理（Induce，Inductive Reasoning）。从个别到一般的推论方法，称为归纳推理。从某些具体的经验，一般地推论到一类相似的经验的全体。

归纳推理是要冒风险的，必然要出现不确定性。如果实验是按照某些原则性进行的，那么这种不肯定性的程度是可以计量的，统计学的任务就是提供归纳推理和计量其不肯定程度的技术，这种不肯定性的测度是概率。

（2）演绎推理（Deduce，Deductive Reasoning）。演绎推理是科学研究中最常用的方法，它可以追溯到"几何原本"时代，其结论通常是确定的。一般来说，演绎方法由三段组成，示意见图 6-4。

例如，大前提：物理化学反应服从热力学第一定律；小前提：冶金反应是一种物理化学反应；结论：冶金反应服从热力学第一定律。

图 6-4　演绎推理示意图

综上所述，演绎推理常被用来证明定理，而在实验科学中归纳推理常用来发现和寻求新的知识。

6.1.2　数据的描述

1）频数分布（Frequency Distribution）图或频数分布表

频数分布图或频数分布表包括：①直方图；②多边形图；③积累频数图或表，如表 6-3 和图 6-5。

表 6-3　某单位上半年废品的频数分布统计表（$N = 164$）

废品数 x_i	天数 f_i（频数）	$f_i x_i$	$f_i x_i^2$
0	27	0	0
1	47	47	47
2	40	80	160
3	25	75	225
4	14	56	224
5	6	30	150
6	4	24	144

续表

废品数 x_i	天数 f_i（频数）	$f_i x_i$	$f x_i^2$
7	1	7	49
≥8	0	0	0
Σ	164	319	999

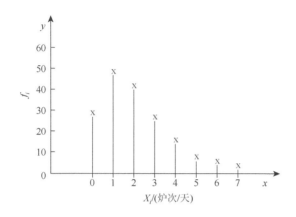

图 6-5　某单位上半年废品的频数分布图

2）数据的分布特征（Categories of Data）

同一种试验重复进行，所得到的结果在数值上总是有变动的，从实用的观点来看，不具有能变性的试验结果是没有价值的，实验的目的，统计分析的目的，科学研究的目的就是在于从数值的能变性中来寻求规律，从而使实际过程向所希望的方向发展。

一个具有能变性的数据，在重复的情况下，就形成了一种分布，数据的分布常有以下诸种类型，不同种类型的数据需要不同的处理方法，因此研究识别数据的类型是首要的基本工作。

数据包括离散型数据（Discrete Data）和连续型数据（Continuous Data）两大类，数据的分布常有以下诸种类型：

（1）呈正态分布（Normal Distribution）的数据。

在实际工作中，若单个观测值的频数分布接近于正态，且样本标准差的大小与均值无关，则可认为数据呈正态分布，其样本标准差即为其能变性的指标。

正态分布是"正常状态分布"的通俗简称，亦有称为"常态分布"。一般说来，在工程技术领域中，相当多数结果的数值分布符合正态分布：频率分布的中间部位有峰值，峰值两侧渐渐降低，这类分布可认为近似于正态，允许使用正态分布的数据处理技术，而对结论没有严重失真。

数理统计学指出：正态分布的变量是连续型的随机变量 X，其分布密度函数为

$$f(X) = \frac{1}{\sqrt{2\pi}\sigma} \exp\left\{-\frac{(X-\mu)^2}{2\sigma^2}\right\}$$ （6-1）

正态分布通常记作 $N(\mu, \sigma^2)$，其中 μ, σ^2 为两个分布参数，这两个参数是随机变量 X 的期望和方差的最佳估计，即

期望（Expection） $\qquad E(X) = \mu$ （6-2）

方差 $\qquad D(X) = \sigma^2$ （6-3）

标准正态分布 $N(0,1)$ 的密度函数为

$$f(X) = \frac{1}{\sqrt{2\pi}} \exp\left(-\frac{X^2}{2}\right)$$ （6-4）

正态分布 $N(\mu, \sigma^2)$ 的密度函数一般形式是

$$f(X) = \frac{1}{\sqrt{2\pi}\sigma} \exp\left\{-\frac{(X-\mu)^2}{2\sigma^2}\right\}$$ （6-5）

分布参数 μ 是对称中心和 σ 是分散程度，且 μ 和 σ 无关，若参数 μ 和 σ 确定，则分布亦确定。

若随机变量 X 具有 $N(\mu, \sigma^2)$ 分布，则可作变换，令

$$t = \frac{X - \mu}{\sigma}$$ （6-6）

则 t 具有标准正态分布 $N(0, 1)$，变量 t 称之为标准化变量。

在某个区间 $[x_1, x_2]$ 上对概率密度函数积分，即可得到随机变量 X 落在区间内的概率：

$$P(X \in [X_1, X_2]) = \int_{X_1}^{X_2} f(x)\mathrm{d}x$$ （6-7）

对应于确定的 x_1, x_2 值，可求出相应的概率值。由于概率积分并不能给出简单的数值结果，故将一些概率积分值列成表格——正态分布表，以备实际查用。应该注意的是，不同的资料所做成的正态分布表往往是不一样的，查用时要注意概率积分的形式。

拉普拉斯函数：

$$\varphi(t) = \frac{1}{\sqrt{2\pi}} \int_0^t \mathrm{e}^{-\frac{t^2}{2}}\mathrm{d}t$$ （6-8）

误差函数：

$$\mathrm{erf}(N) = \frac{2}{\sqrt{\pi}} \int_0^N \mathrm{e}^{-u^2}\mathrm{d}u$$ （6-9）

概率积分：

$$\varphi(t) = \frac{1}{\sqrt{\pi}} \int_{-t}^{t} e^{-t^2} dt \qquad (6\text{-}10)$$

也有根据下式积分得到正态分布计算值，列表以备查用：

$$\frac{1}{\sqrt{2\pi}} \int_{\alpha}^{\infty} e^{-\frac{x^2}{2}} dx \qquad (6\text{-}11)$$

根据下式积分可得到标准正态分布累积频率函数表：

$$F(X) = \frac{1}{\sqrt{2\pi}} \int_{-\infty}^{X} e^{-\frac{t^2}{2}} dt \qquad (6\text{-}12)$$

正态分布在实际工作中有着重要的意义，特别是在应用统计中占有突出的位置，原因是：①在研究中所遇到的许多总体似乎都能很好地近似于正态分布，虽然它们并非正态分布；②基于正态分布的抽样分布适合做分析处理，当不知道分布的形式时所用的非参数方法则效力较差，因此在非正态的情况下，总力图做一定的变换，使变量能近似正态分布。

（2）呈二项分布（Binomial Distribution）的数据。

二项分布 $B(n, p)$ 适用的情况是：在一定观测次数 n 中成功 k 次的情况，其中 $k = 1, 2, \cdots$，为离散量。每次观测的结果一般是属性值，但可令其成功记作 1，失败记作 0，如果其成功概率为 p，失败的概率为 q，显然有

$$p + q = 1 \qquad (6\text{-}13)$$

n 次观测中成功 k 次的概率为

$$f(k) = \binom{n}{k} p^k q^{n-k} \qquad (6\text{-}14)$$

记作：$k \sim B(n, p)$，称符合参数为 n, p 的二项分布。

二项分布是种离散型随机变量的分布形式，可以证明：

期望：
$$E(X) = np \qquad (6\text{-}15)$$

方差：
$$D(X) = npq \qquad (6\text{-}16)$$

（3）呈泊松（Poisson）分布的数据。

试验结果是偶然事故的计数时，数据符合泊松（Poisson）分布，简记为 $\Pi(\lambda)$，泊松分布是试验次数 n 相当大，而成功（事故）概率 p 相当小的极限情况下的二项分布。

在泊松分布情况中，观测个数必远小于可能的个数，如缺陷个数、事故等。

离散型随机变量 $X = k$，$k = 1, 2, \cdots$ 时的概率：

$$f(x) = f(k) = \frac{e^{-\lambda} \lambda^k}{k!} \qquad (6\text{-}17)$$

称 X 服从参数为 λ 的泊松分布，记作 $X \sim \Pi(\lambda)$，可以证明：

期望：$$E(X) = \lambda \tag{6-18}$$

方差：$$D(X) = \lambda \tag{6-19}$$

（4）呈韦布尔（Weibull）分布的数据。

韦布尔分布是可靠性分析中常用的、最复杂的一种分布，由瑞典 W. Weibull 首先提出，用以处理材料寿命、疲劳等问题，它是一种三参数分布，其密度函数的一般式为

$$f(t) = \frac{\beta(t-\gamma)^{(\beta-1)}}{\alpha} \exp\left[-\frac{(t-\gamma)^{\beta}}{\alpha}\right] \tag{6-20}$$

其中：α 为尺度参数；β 为形状参数；γ 为位置参数。

图 6-6 给出了尺度参数和形状参数不变的情况下，γ 值对韦布尔分布曲线的影响，而 γ 为正则表示有一段不失效的工作时间，例如在滚珠轴承情况下，这段时间可理解为轴承表面的微裂纹向内部传播而未引起疲劳失效的这段时间。可见 γ 只影响最初的零点。

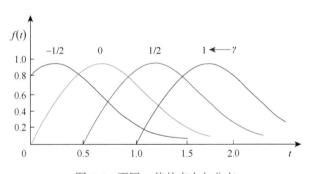

图 6-6　不同 γ 值的韦布尔分布

图 6-7 是 β 和 γ 值不变而 α 取值不同时分布曲线形状的变化，可以看出这时最初零点相同，分布形状亦相似，只是在时间轴上有所压缩或伸长。分布的形状随 β 值不同而变化，若 α 和 γ 不变仅 β 变化，这种情况下尺度和原点不变化，而仅形状改变。

韦布尔分布与失效时间有关，它是指数分布和正态分布的补充，单元失效时间具有韦布尔分布的典型例子是轴承，多年来已做过大量试验，已对不同的轴承找出了韦布尔参数较为精确的值。北京某研究机构对三家企业的不同工艺制度生产的轴承钢做疲劳寿命检验，结果列于表 6-4 和图 6-8。

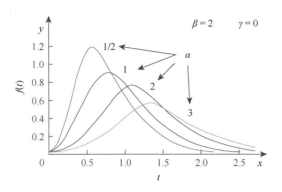

图 6-7 不同 α 值时的韦布尔分布

表 6-4 不同工艺生产的轴承钢的疲劳寿命试验特征值

| 试料 | 额定寿命 | 中值寿命 | 特征寿命 | ≥10⁷ h 的试样 | | 斜率 |
| | L_{10} | L_{50} | L_u | 试样数 | 占总数/% | α |
	[10^6 h]	[10^6 h]	[10^6 h]			
企业 A EF	7.47	54.02	83.91	3	21	0.942
企业 B VHD	10.35	49.43	66.67	5	36	1.26
企业 C EF + SL	9.77	65.52	97.7	4	29	0.926

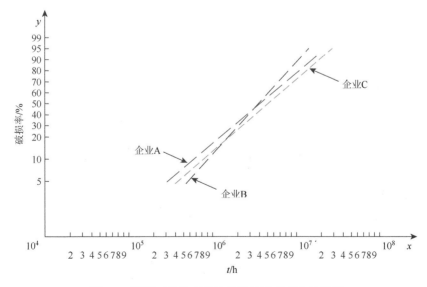

图 6-8 不同工艺生产的轴承钢的疲劳寿命的结果

6.1.3 一组观测值的数字特征

1）样本容量（Sample Size）：N 或 n

样本或子样最重要的特征是样本的容量，即观测次数 N 或 n 或子集的大小，总体则是全集。

概率统计理论指出，若样本容量 n 足够大，可较好地使用正态分布的各项理论，称之为"大子样"推断方法，一般要求样本容量 $n>50\sim70$，反之称之为"小子样"推断方法，一般指样本容量 $n<30\sim50$。为了减少实验观测次数，各种统计理论一度致力于小子样推断方法的理论研究，但近年来由于电子计算机技术的广泛应用，各大数据的理论和方法又甚为盛行。

20 世纪初期小子样推断方法的理论研究（统计学特别是 Fisher 的贡献）的功绩在于指出了知识的界限是由所获得的信息量所确定的，也就是说，统计学给出了一个极限，它是由所做的实验所决定的——归纳推理和它的不肯定程度，实验量不够时，不可能做出好的结果来。

2）数据集中趋势的数字特征

数据集中趋势的主要数字特征是"均数"，是算术平均数的简称，从多个角度来看，算术平均值都是在统计意义上是最佳的。

算术平均值：在 n 次观测中得到了观测值 $x_1, x_2, x_3, \cdots, x_n$，则其均值是

$$\overline{x} = \frac{x_1 + x_2 + \cdots + x_n}{n} = \left(\sum x_i\right)\bigg/ n \tag{6-21}$$

$$\overline{x} = \sum_{i=1}^{n} x_i / n \tag{6-22}$$

所以可知：
$$\sum x_i - n\overline{x} = 0 \tag{6-23}$$

可以证明，在一组等精度的测量中，算术平均值是最可信赖的数字特征，样本均数 $\overline{x}$ 是其正态总体的数学期望的无偏估计。

常用的数据（群）的集中程度的数字特征还有：

（1）加权（算术）平均值（Weighted Mean）：

$$W = \frac{w_1 x_1 + w_2 x_2 + \cdots + w_n x_n}{w_1 + w_2 + \cdots + w_n} = \frac{\sum w_i x_i}{\sum w_i} \tag{6-24}$$

其中：x_i 为观测值；w_i 为相应观测值的权（重）。

在一般情况下权重 w_i 的选择应该十分慎重。

（2）几何平均值：

$$\overline{x}_g = \sqrt[n]{x_1 x_2 \cdots x_n} \qquad (6\text{-}25)$$

实际上多采用对数法计算

$$\lg \overline{x}_g = \left(\sum \lg x_i \right) \Big/ n \qquad (6\text{-}26)$$

亦可有加权的情况。

（3）均方根平均值：在考虑加权时有

$$\overline{x} = \sqrt{\frac{x_1^2 w_1 + x_2^2 w_2 + \cdots + x_n^2 w_n}{w_1 + w_2 + \cdots + w_n}} = \sqrt{\frac{\sum x_i^2 w_i}{\sum w_i}} \qquad (6\text{-}27)$$

物理上常用于计算分子的平均动能。

（4）调和平均值：

$$\frac{1}{x_n} = \frac{1}{n} \left(\frac{1}{x_1} + \frac{1}{x_2} + \cdots + \frac{1}{x_n} \right) \qquad (6\text{-}28)$$

常用于由筛分组成求平均直径。

（5）中位数（Median）或中值（Me）：

将数据顺序（按大小）排列，中值居其正中，即大于 Me 和小于 Me 的数据各占 50%。数据量非常大的情况，可以取一个居其正中的数据组的平均值作为中值。

（6）众数（Mode）或众值（Mo）：

最可能达到的数值——对应于最大频率（频数）的值。

在适度的不对称情况下，大多可满足：

$$\text{Mo} = 3\text{Me} - 2\overline{x}$$

利用下式关系可检查分布的偏倚情况：

（正偏）右偏 $\qquad \text{Mo} < \text{Me} < \overline{x}$

（负偏）左偏 $\qquad \text{Mo} > \text{Me} > \overline{x}$

{例 6.3} 某企业生产 0.35 mm 的冷轧取向硅钢带，其产品的 2069 个铁芯损失 $P_{15/50}$[kW/kg]的实测值见表 6-5 和图 6-9，其主要数值特征有

$$
\begin{array}{ll}
\text{样本容量} & N = 2069 \\
\text{均值} & \overline{x} = 1.746 \\
\text{中位数} & \text{Me} = 1.718 \\
\text{众数} & \text{Mo} = 1.708 \\
\text{Mo} < \text{Me} < \overline{x} & \therefore \ \text{右偏}
\end{array}
$$

表 6-5　2069 个取向硅钢的 $P_{15/50}(kW/kg)$

X_i	频数	积累频数 F_i	积累频率 F_i
$P_{15/50}$	f_i	$\sum f_i$	$F_i/\%$
1.15	5	5	0.2
1.25	19	24	1.2
1.35	59	83	4.0
1.45	162	245	11.8
1.55	324	569	27.5
1.65	393	962	49.5
1.75	407	1369	66.2
1.85	241	1610	77.8
1.95	174	1784	86.2
2.05	106	1890	91.3
2.15	83	1973	95.4
2.25	48	2021	97.7
2.35	20	2041	98.6
2.45	13	2054	99.3
2.55	15	2069	100
$\sum$	2069		

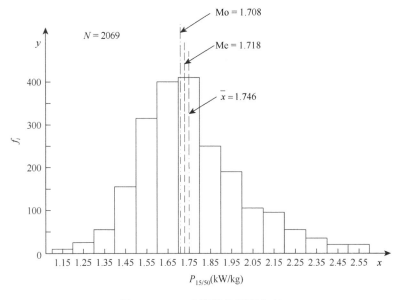

图 6-9　$P_{15/50}$ 实测值的频率分布

3）数据分散程度的主要数值特征

（1）样本标准差：

定义：离差
$$\delta_i = x_i - \bar{x} \tag{6-29}$$

样本离差平方和，一组观测值能变性的度量，亦称之为数据群的总变动、数据群的能变性：

$$L_{xx} = \mathrm{SS} = \sum_{i=1}^{n} (x_i - \bar{x})^2 = \sum x_i^2 - \left(\sum x_i\right)^2 \Big/ n \tag{6-30}$$

早期的书籍和资料多记为 S_T。

数据群的自由度：

$$\mathrm{DF} \ 或 \ \mathrm{df} = n-1 \tag{6-31}$$

均方差即平均平方和：

$$S^2 = \sum_{i=1}^{n} (x_i - \bar{x})^2 \Big/ (n-1) \tag{6-32}$$

标准差，即样本标准差，亦即单个数据的标准差 S_x，在一般情况下简记为 S。

$$S = \sqrt{\sum_{i=1}^{n} (x_i - \bar{x})^2 \Big/ (n-1)} \tag{6-33}$$

其他常用的分散程度的数值指标还有：

（2）平差（平均离差）（Mean Deviation）：

$$R_\mathrm{m} = \sum_{i=1}^{n} |x_i - \bar{x}| \Big/ n \tag{6-34}$$

（3）极差（Range）或范围（显然受 n 的影响）：

$$R = X_{\max} - X_{\min} \tag{6-35}$$

显然，极差受样本容量 n 的影响。

使用极差的优点：简单、直观。缺点是：①只用了两个值，不能给出变动的全貌；②受 n 的影响 $n\uparrow, R\uparrow$；③受抽样机会的影响。

样本方差（Sample Variance）：

$$\bar{\mathrm{Var}} = S^2 = \sum (X_i - \bar{X})^2 \Big/ (n-1) \tag{6-36}$$

计算样本标准差的贝塞尔公式：

$$S = \sqrt{\sum (X_i - \bar{X})^2 \Big/ (n-1)} = \left[\frac{\sum x_i^2 - \left(\sum x_i\right)^2 \Big/ n}{n-1} \right]^{1/2} = \left[\frac{L_{xx}}{n-1} \right]^{1/2} \tag{6-37}$$

4）变异系数

$$CV = \hat{\sigma} \big/ \hat{\mu} = S_x \big/ \overline{x}$$

或

$$CV = 100 \cdot S \big/ \overline{x} \tag{6-38}$$

变异系数可以用小数表示，也可以用百分数表示。CV 可以理解成一组观测数据的相对分散程度，或量纲为一的分散程度。在某些特定的分布下，变异系数 CV 有其重要的价值。

5）均数的标准差或标准误（Standard Error）

$$S_{\overline{x}} = S \big/ \sqrt{n} = \sqrt{\sum (x_i - x)^2 \big/ n(n-1)} \tag{6-39}$$

由此可以理解 n 个观测值的均数的分散程度比单个观测值小 $\sqrt{n}$ 倍，或用均数来估计总体其精度比单个值均提高 $\sqrt{n}$ 倍。

6）数据分布对称性的指标——歪度或偏斜度或偏倚度 G_1（标准化的量纲为一的三阶中心矩）

$$g_1 = \frac{M_3}{\sigma^3} = \sum_{i=1}^{n} (x_i - \overline{x})^3 \big/ N\overline{x}^3 CV^3 \tag{6-40}$$

或令

$$K_i = x_i \big/ \overline{x}$$

$$\therefore \quad G_1 = \sum_{i=1}^{N} (K_i - 1)^3 \big/ N CV^3 \tag{6-41}$$

若数据分布比较对称，则歪度 G_1 或 C_s 应合理地趋近于 0，通常希望 G_1 或 $|C_s| \leqslant 2$，歪度的直观含义如图 6-10 所示。

歪度的直观意义可按 G_1 取值不同，分为负偏度分布、正偏度分布和对称分布，数据呈正态分布其歪度 $G_1 \approx 0$。

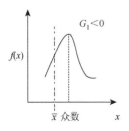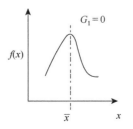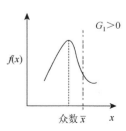

图 6-10　数据分布不对称的示意图

7）数据分布凸平性的指标——"尖度"或"峭度"

"尖度"，即为标准峰度系数，常记作 G_2 或（g_2），以描述分布顶峰的凸平度。标准尖度定义：

$$G_2 = \sqrt{\frac{N}{24}} \cdot \left[\frac{1}{N} \sum_{i=1}^{N} \left(\frac{\bar{x} - x_i}{S} \right)^4 - 3 \right] \qquad (6\text{-}42)$$

标准峰度系数 G_2 含义的直观图示意如图 6-11 所示。

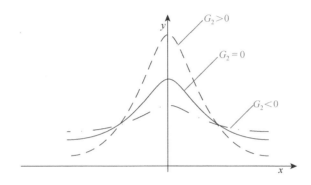

图 6-11 标准峰度系数 G_2 的示意图

呈正态分布的数据其 $G_2 \approx 0$，$G_2 > 0$ 为尖峰，$G_2 < 0$ 为平峰。

6.2 误差和精度

6.2.1 误差的表示方法

系统的不确定性表现为误差，传统上将误差分为三类：系统误差、随机误差和过失误差。后者是操作失误或测量失误造成的，可以通过物理方法和统计方法予以辨识，用物理方法消除。

系统误差是指在相同条件下，误差值大小符号上保持不变，或是按某种已知函数的规律有规则的变化。例如用光学高温计测量钢水黑度总小于 1，温度测量结果系统偏低。一般来说，系统误差的存在是稳定的，试验结果有重复性。

偶然误差（随机误差）是客观存在，实际上大量存在，其特点是在相同的观测条件下，误差的符号和大小都是事先无法确定的。例如同样是 20 号钢，但其各化学成分并不完全一成不变。某些现场条件例如原材料、操作人员、设备等都会引起生产上的差异，在某种意义造成了"偶然误差"，实际上是无法排除，通常为了方便，所谓的"误差"仅指随机误差。要承认不确定性即误差是客观存在的这一基本事实，重要的是认识误差的性质，掌握误差的规律，正确地定量去评价误差和各因素的"效应"。

工业化生产和市场上商品流动的基础在于"标准化"，而"标准化"的基础在于对误差的认识。

误差一般有以下四种表示方法：

（1）极差（范围误差）：

$$R = \max(x_1, \cdots, x_n) - \min(x_1, \cdots, x_n) \qquad （6-43）$$

（2）算数平均误差 δ：

$$\delta = \frac{\sum |\delta_i|}{n}, i = 1, 2, \cdots, n \qquad （6-44）$$

式中：δ_i 为每个观测值与均值的偏差 $\delta_i = x_i - \bar{x}$；n 为观测次数

值得注意的是，在一组测量中观测值与平均值之差 δ_i 的代数和为零：

$$\Sigma \delta_i = 0$$

（3）样本标准差 s：

$$s = \sqrt{\frac{\Sigma \delta_i^2}{n}} \qquad （6-45）$$

（4）或然误差 r

在一组测量中若不计正负号，误差大于 r 的观测值与小于 r 的观测值各占观测次数的 50%（所有误差在 $-r$ 到 $+r$ 之间的概率为 50%）。根据正态分布理论可以求出：

$$r = 0.67456\sigma \qquad （6-46）$$

早期文献经常使用"或然误差" r，近来已逐渐为标准误差所取代。

6.2.2　误差和精度概述

既然误差是客观存在、无法完全消除，那么唯一的正确的方法就是承认它，研究误差自身的规律，对其做出正确的估计。长期观察发现随机误差具有如下分布特征：

（1）误差的对称性。在大量重复的情况下，符号相反、绝对值相同的误差出现的机会大致相等（对称轴左右相对称）。

（2）误差的集中性。绝对值小的误差出现的机会比绝对值大的误差出现的机会要多得多（误差集中在对称轴附近）。

（3）误差的有界性。一般说来，误差的绝对值不超过一定的数限界限。

更深入的研究指出误差呈正态分布，其理论的平均值（数学期望）是零，分布的特征表现为特征参数——标准差 σ。

在当前大多数情况下由大量观测值求得的样本标准差 s[式(6-45)]作正态分布的标准差 σ 的最佳估计，是观测值"精度"的测度。这样，就给出一个测量仪器、测量方法的精度的定量测度。

{例 6.4} 用洛氏硬度 $R_c = 37$ 的标钢标定某硬度计，测了 9 次硬度，硬度值如下：

38.5、38.0、37.6、36.1、37.0、37.2、36.8、36.5、36.6

可以由这 9 次数据来确定这台硬度计的精度。

首先求实测得到的平均硬度

$$\overline{R}_c = \frac{\sum x_i}{n} = 37.0 + (1.5 + 1.0 + 0.6 - 0.9 + 0 + 0.2 - 0.2 - 0.5 - 0.4)/9$$
$$= 37.0 + (3.1 - 1.8)/9 = 37.0 + 1.3/9 = 37.15$$

样本标准差

$$s = \sqrt{\frac{1}{n-1}\sum_{i=1}^{n}(x_i - \overline{x})^2} = \sqrt{\frac{1}{n-1}\left[\Sigma x_i^2 - \frac{(\Sigma x_i)^2}{n}\right]}$$

先求方差：

$$s^2 = \frac{1}{8}\left(2.25 + 1.0 + 0.36 + 0.81 + 0 + 0.04 + 0.04 + 0.25 + 0.16 - \frac{1.3^2}{9}\right)$$
$$= \frac{1}{8}\left(4.91 - \frac{1.69}{9}\right) = \frac{1}{8} \times 4.72 = 0.59$$

得到样本标准差：

$$s = \sqrt{0.59} = 0.77$$

由计算可以看出：

（1）实测得到的平均硬度是 $\overline{R}_c = 37.15$，和标钢的标准硬度值 $R_c = 37.0$ 很接近，说明这台硬度计的系统误差很小。

（2）该硬度计的测量精度（测量误差）是 0.77，相对误差是 2.1%。

6.2.3　误差的传递

误差的传递是误差理论中的一个基本问题，以下举例说明。

{例 6.5} 测量正方形的面积 S，有两个测量方案：

方案 A，分别测得 2 个边长 x_1、x_2，求其平均值，再平方，得到面积 S_A：

$$S_A = \left(\frac{x_1 + x_2}{2}\right)^2$$

方案 B，分别测得 2 个边长 x_1、x_2，相乘求得面积 S_B：

$$S_B = x_1 \cdot x_2$$

若 x_1、x_2 的测量精度都一样，比较 S_A 和 S_B 的精度。

根据误差传递公式：已知测量值 $x_1, \cdots, x_n$ 的精度分别是 $\delta_1, \cdots, \delta_n$，则函数 $f(x_1, \cdots, x_n)$ 的精度 δ_f 是

$$\delta_f^2 = \left(\frac{\partial f}{\partial x_1}\right)^2 \delta_1^2 + \left(\frac{\partial f}{\partial x_2}\right)^2 \delta_2^2 + \cdots\cdots + \left(\frac{\partial f}{\partial x_n}\right)^2 \delta_n^2$$

$$= \sum_{i=1}^{n} \left(\frac{\partial f}{\partial x_i}\right)^2 \delta_i^2 \qquad (6\text{-}47)$$

对上述问题，若各测量精度相同：

∵
$$\delta_A = \delta_B = \delta$$

方案 A 的精度：

∵ $S_A = \left(\dfrac{x_1 + x_2}{2}\right)^2$

∴ $\dfrac{\partial S}{\partial x_1} = \dfrac{1}{2}(x_1 + x_2) \qquad \dfrac{\partial S}{\partial x_2} = \dfrac{1}{2}(x_1 + x_2)$

∴
$$\delta_{S_A}^2 = \left(\frac{\partial f}{\partial x_1}\right)^2 \delta_1^2 + \left(\frac{\partial f}{\partial x_2}\right)^2 \delta_2^2 = \left(\frac{x_1 + x_2}{2}\right)^2 \delta_1^2 + \left(\frac{x_1 + x_2}{2}\right)^2 \delta_2^2$$

$$= 2\left(\frac{x_1 + x_2}{2}\right)^2 \delta^2$$

方案 B 的精度：

∵ $S_B = x_1 \cdot x_2$

∴ $\dfrac{\partial S}{\partial x_1} = x_2 \qquad \dfrac{\partial S}{\partial x_2} = x_1$

∴ $\delta_{S_B}^2 = \left(\dfrac{\partial f}{\partial x_1}\right)^2 \delta_1^2 + \left(\dfrac{\partial f}{\partial x_2}\right)^2 \delta_2^2 = \left(x_1^2 + x_2^2\right)\delta^2$

∵ $(x_1 + x_2)^2 \geqslant 0$

∴ $x_1^2 + x_2^2 \geqslant 2x_1 x_2$

$$2\left(\frac{x_1 + x_2}{2}\right)^2 = \frac{x_1^2 + x_2^2}{2} + x_1 x_2 \leqslant \frac{x_1^2 + x_2^2}{2} + \frac{x_1^2 + x_2^2}{2} = x_1^2 + x_2^2$$

∴ $\delta_{S_A}^2 \leqslant \delta_{S_B}^2$

可见，方案 A 优于 B，其精度决不会比后者差。

利用误差传递公式，可以在事后分析误差的来源，更重要的是可以在事先帮助确定最佳的测量方案。

{例 6.6} 对某一真值作 n 次测量，结果分别是 $x_1, \cdots, x_n$，若为等精度的测量，精度均为 δ，求其平均值 $\bar{x} = \dfrac{1}{n}\sum_{i=1}^{n} x_i$ 的精度。

$\because \bar{x} = \dfrac{1}{n}(x_1 + x_2 \cdots x_n)$

$\therefore \dfrac{\overline{\partial x}}{\partial x_1} = \dfrac{1}{n} \quad \dfrac{\overline{\partial x}}{\partial x_2} = \dfrac{1}{n} \quad \cdots \quad \dfrac{\overline{\partial x}}{\partial x_n} = \dfrac{1}{n}$

$$\delta_{\bar{x}}^2 = \left(\dfrac{\overline{\partial x}}{\partial x_1}\right)^2 \delta_1^2 + \cdots + \left(\dfrac{\overline{\partial x}}{\partial x_n}\right)^2 \delta_n^2 = n\left(\dfrac{1}{n}\right)^2 \delta^2 = \dfrac{1}{n}\delta^2$$

可见，每一次单个测量值 x_i 的测量精度为 δ，而 n 次测量的平均值 $\bar{x}$ 的测量精度是

$$S_{\bar{x}} = \delta_{\bar{x}} = \dfrac{1}{\sqrt{n}}\delta^2$$

$\therefore$
$$S_{\bar{x}} = \dfrac{S_x}{\sqrt{n}} \qquad (6\text{-}48)$$

即平均值 $\bar{x}$ 的精度是单个测量值的测量精度的 $\dfrac{1}{\sqrt{n}}$。

该例导致两个重要的结论：

（1） n 个数据的平均值 $\bar{x}$ 的误差 $S_{\bar{x}}$ 精度是单个测量值 x 的误差 S_x 的 $\dfrac{1}{\sqrt{n}}$，再次说明平均值的重要性。对此，在系统工程中强调一定要有必要的重复，在不得已的情况下至少要有两个数据，以便估计误差。

（2）平均值的测量精度仅以 $\dfrac{1}{\sqrt{n}}$ 的速率提高，说明在重复次数 $n \leqslant 10$ 的情况下，每增加一个观测值对精度的提高有明显的效果，而在 $n > 20$ 以后，$\dfrac{1}{\sqrt{n}}$ 已增加得很慢，所以一般情况下重复的次数 n 应该控制在 10 次以下，除非特殊情况才超过 20 次。

{例 6.4} 硬度计精度标定计算的补充：

在上述标定硬度计的例子中，每次测量的精度（误差）是 $S_{R_c} = 0.77\ R_c$，

而 9 次测量平均值的误差是 $S_{\bar{R}} = \dfrac{0.77}{3} = 0.26\ R_c$，其精度提高 $\dfrac{0.77^2}{0.26^2} \approx 9$ 倍。

6.2.4 统计上允许的合理误差范围

1) 合理误差范围

根据统计学的经验，认为特别大的误差出现的概率非常小，可以认为是不可能事件。误差理论表明误差的分布符合正态分布，正态分布的纵坐标轴是概率密度，正态分布曲线下的面积是概率 P，即 $P = \int \rho(x)\mathrm{d}x$，对于某一个正态分布曲线，给定积分上下限，就可求出一个确定的概率值，如误差值在 $-t$ 到 $+t$ 之间的概率是

$$P(x) = \int_{-t}^{+t} \rho(x)\mathrm{d}x \qquad (6\text{-}49)$$

又如 $\int_{-\infty}^{+\infty} \rho(x)\mathrm{d}x = 1$，其含意是"在变量的所有可取值的范围内事物出现的概率是100%"，这是显然的。

正态分布曲线的分散形状完全取决于标准差 σ，所以积分上下限也可以用 σ 的倍数来表示，对于不同的曲线，只要倍数选的相同，其积分值——出现的概率也应该是一样的，如图 6-12 和表 6-6 所示，可以看出：在不同的 K 倍 σ 范围内，钟形曲线下部的面积是不同的。显然，可以认为在大于 K 倍 σ 范围以外的误差出现的概率很小，可以认为是不可能的。

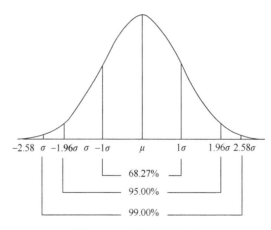

图 6-12 正态分布和概率

表 6-6 不同 K 倍数 σ 下的概率积分

倍数 K	0.00	0.67	1.00	1.96	2.58	3.00
概率 P	0.00	0.50	0.568	0.95	0.991	0.997

可以总结为如下的逻辑推理：

第一，误差呈正态分布；第二，正态分布曲线的定积分是误差出现的概率；第三，积分值——概率只决定于积分上下限是标准差 σ 的几倍；第四，标准差不仅仅用于表示误差的大小，更重要的是可以刻画出不同的误差范围内出现的概率。

由表 6-6 列出的数据可以得知：小于 1 倍 σ（$-\sigma$ 到 $+\sigma$ 之间）的误差出现的概率为 0.68%，而大约 95% 的误差出现在 -2σ 到 $+2\sigma$ 之间，大于 $\pm3\sigma$ 的误差出现的概率非常小（0.3%），可以认为是不可能事件。

统计上允许的信度水准是 0.05，参考表 6-6 可以看出合理的误差范围是 $\pm2\sigma$；更为严格时用信度水准是 $\alpha = 0.01$，即相应的误差范围是 $\pm3\sigma$。

对于前面关于硬度计标定的{例 6.4}可以做进一步的定量分析：

（1）硬度计的精度是 $R = 0.77\ R_c$；

（2）用此硬度计测定硬度时，单次测量在统计上允许的合理的误差范围是 $\pm2R = \pm1.5\ R_c$（即允许有 3 R_c 的波动）。

（3）标钢的平均硬度是 37.15 R_c，均值的标准差 $R_{\bar{x}} = 0.26\ R_c$，合理的误差范围 $\pm2R_{\bar{x}} = \pm0.52\ R_c$，也就是说，试样的硬度的变值（数学期望）有 95% 的概率在 $\bar{x} \pm 2\ R_{\bar{x}} = 36.63 \sim 37.67\ R_c$ 之间。标钢给出的硬度 37.0 R_c 并未超出这个范围，故可认为此硬度计和标准硬度计之间无显著的系统误差。

2）可疑观测值的舍弃

根据合理的误差范围的理论讨论可以认识判断可疑观测值舍弃的统计标准，在实际工作中常常遇到出现个别观测值和其余观测值相差较远的情况，是否保留这个数据常常引起争论。通常习惯或经验上予以舍弃，以保证实验结果的一致性，但这缺少理论依据，往往会导致错误的结果；正如以前讨论的那样，只有有足够的理由认为这个数据来自于其他的总体，才允许舍弃它。

正确的做法是首先进行物理方面的研究和讨论，排除确切的造成数据的异常物理原因，然后再用正态分布的理论进行统计剔除。在数据量（样本容量）n 足够的情况下舍弃的统计界限是 $\pm3\sigma$（俗称 6σ 原则），因为正态分布表明大于 3σ 的误差的概率只有 0.3%，故可以认为产生误差的原因不是"随机因素"，而可能是某些物理原因或"过失"造成的。而如果观测量 n 不够大，则关于总体的期望 μ 和方差 σ^2 的估计都不太精确，要根据数理统计学原理给予适当修正，现代许多通用的统计软件都有合理的舍弃功能。

6.2.5　"统计推断"和"假设检验"

概率论和数理统计研究证明在样本容量 n 很大的情况下其算数平均值的分布

趋于正态分布，而且若某个指标受多个因素的影响且各影响的大小相差不太多的情况下，该指标合理地趋近于正态分布，这就从理论上证明了在大多数情况下数据大都呈正态分布，在实践中也观察到误差呈正态分布的事实。基于正态分布的理论数理统计发展了"统计推断"和"假设检验"两个重要的分支，并派生了许多广泛应用的方法。

1）统计推断

如果某样本来自某个正态总体，数理统计证明其样本数据的平均值即为正态总体的期望的最佳估计，样本方差即为总体的方差的最佳估计：

$$\overline{x} = \hat{\mu} \quad \text{和} \quad s_x^2 = \hat{\sigma}^2 \tag{6-50}$$

而且可以得到这个最佳估计的精度（误差）的估计。

由于正态分布是一个二元参数的分布，如果能够知道正态分布总体的期望 μ 和方差 σ^2，则这个正态分布就唯一被确定。这种由样本估计总体的数学方法称之为"统计推断"，当然要同时确定估计这种推断所具有的误差。

回顾图 6-3，需要再次强调科学"抽样"的重要性：必须保证抽样总体与目的总体的一致性，否则将导致重大错误。

{例 6.7}　测定氧气转炉炼钢终点熔池中的碳、氧活度

用型号为 ML-CX/EL 的在线碳氧仪同时测定氧气转炉炼钢终点熔池中的碳、氧活度和温度，前后近 3 天 8 个多班 81 炉次，约 5000 吨钢，统计计算分别得到这 3 个参数的样本平均和样本标准差，按统计原则对这 3 个参数的数据分别加以审查，其中若有超过 $\overline{x} \pm s_x^2$ 的数据则认为是异常数据，剔除有异常数据的炉次四炉（剔除可疑数据量不超过 5%），得到 77 组可信数据，列于第 2 章中的表 2-2。77 炉数据的平均值和标准差等基本统计量列于表 6-7，表明该氧气转炼钢终点熔池中的各估计值分别是：碳的期望为 $\hat{\mu}_C = 0.13\%$、方差为 $\hat{\sigma}_C^2 = 0.029^2$；氧活度的期望为 $\hat{\mu}_{a_O} = 0.0228\%$，方差为 $\hat{\sigma}_{a_O}^2 = 0.006^2$；熔池温度的期望为 $\hat{\mu}_T = 1648.6℃$，方差为 $\hat{\sigma}_T^2 = 23.73^2$；各项指标的偏度、峰度均列于表 6-7 中，这些值是该氧气转炉炼钢技术水平的基本描述。

表 6-7　温度、氧活度和碳含量的基本统计量（组数设为 77）

统计指标	温度/℃	a_O /%	[%C]
平均值	1648.6	0.0228	0.130
标准差	23.73	0.006	0.029
偏度	0.30	0.909	0.018
峰度	0.21	0.189	−1.065
最小值	1592	0.0152	0.074
最大值	1714	0.0394	0.182

2）假设检验

在一定程度上，可以认为"假设检验"是可疑观测值舍弃的合理的逻辑延伸。

可疑观测值舍弃的判断是：若有 n 个来自同一个总体的数据，x_k 是其中的一个数据，依据正态分布原理 x_k 与期望 μ 的差小于 $\pm 2\sigma$ 的概率应该不大于 95%。如果这个差值大于 $\pm 2\sigma$，则认为 x_k 来自该总体的这个"假设"是错误的，称之为"解消假设"，于是这个结论不可相信的否定概率是 5%或 0.05，称之为信度水准 $\alpha = 0.05$。较早时期常称这个结论"以 95%的概率显著"，或称之为"显著性为 95%"，这种理解在数学原理上不够严谨，但在实际使用中比较"醒目"。

数理统计证明如果两个容量分别为 n_1 和 n_2 的样本，假设来自同一个正态总体，其样本方差分别是 s_1^2 和 s_2^2，则其方差之比 $\dfrac{s_1^2}{s_2^2}$ 应该合理地近似为 1，由于样本容量 n_1 和 n_2 都远没有达到无穷大，数学推导得出其方差之比应该符合自由度为 n_1 和 n_2 的 $F_{n_2}^{n_1}$ 分布，为了实际使用方便，按第一自由度 n_1 和第二自由度 n_2 给出 $F_{n_2}^{n_1}$ 分布表以供查用。显然 $F_{n_2}^{n_1}$ 值的大小表征了两个样本的同异程度（一般取比较小的方差作分母 s_2^2）。如果方差比 F 值很大，表明这两个样本来自同一个总体的假设是错误的、虚假的，这个否定结论的不可信程度是由这个差别的大小来衡量，按数理统计理论研究记为概率尺度 α，根据统计原理和日常经验一般取这个概率尺度 $\alpha = 0.05$，即可理解为平均每 20 次有一次错误，通常记为一个星"*"；在非常严格的特殊情况下要求信度水准达到千分之一，即 $\alpha = 0.001$，记为两个星"**"。

常用的"假设检验"方法是均数检验——T 检验和方差的齐性检验——F 检验，现今应用最广泛的是效率更高的方差齐性检验（F 检验）。一般的数理统计书籍都附有 $F_{n_{2,\alpha}}^{n_1}$ 表，常用统计软件都附有均数检验和方差齐性检验的程序。

"统计推断"和"假设检验"[①]是系统辨识、模式识别、人工智能中最基本的方法，是系统工程中不可或缺的常用数学工具。

6.2.6 质量控制

误差和精度在工程实际中非常重要，例如重量（质量）的计量，如果相对误差只有是千分之一，似乎不大，但是对于一家年产 1000 万吨的钢铁企业而言，误差造成的差值一年就是 1 万吨，所以钢铁企业的重量计量装置每年都必须严格校正和标定。不仅冶金工程系统对外部原料和产品的计量装置每年都必须校正和标定，而且冶金工程系统内部各单元之间的计量精度都必须经常校正和标定，避免

① 关于"统计推断"和"假设检验"严格的数学阐述，请参阅有关的数理统计书籍。

长期的系统误差和随机误差的积累，与计量装置一样，化学分析、物理检测系统的检测装置及其精度同样非常重要。

冶金工程系统产品的质量和其他任何产品一样只有达到某一精度水准才能算合格产品，例如化学成分、几何形状、机械性能等合格，才能作为产品出售，才能成为商品在市场上流通，才能作为材料用于各种用途，比如用于建筑、用于制作机械零件等。人类社会工业化的基础是标准化，在标准化的基础上才有互换性，有了互换性才可能实现普遍的、通用的工业产品，而这一切都建立在误差控制的基础上。误差和精度就是广义的质量，精度的高低代表着产品质量的优劣，是冶金工程系统水平最重要的指标，精度是冶金系统的生命线。可见：

（1）正确地认识误差、合理地控制误差，是冶金工程系统内部最基础的质量控制工作；

（2）保证产品的精度、提高产品的精度，是冶金工程系统永恒的质量控制工作；

（3）全面地理解误差、广泛的质量控制，是现代社会市场经济的重要基础。

冶金工程系统的运行状况和产品的精度受原料和系统内部各个子系统直至各个单元的运行状况的影响，因此需要前面的误差分析和质量控制。基于相应的考虑，有许多研究提出了"全面质量管理"，即 TQC 的技术思想。全面质量管理和类似的质量控制技术的理论依据在于误差的正态分布理论，即随机误差大多数分布在"期望"值附近，即落在 $\mu \pm 2\sigma$ 的范围内，绝大多数落在 $\mu \pm 3\sigma$ 的范围内，简称"6σ 控制"。首先根据企业长期正常运行的状态求出期望 μ 和方差 σ^2；然后制作质量控制图——按期望 μ 值作一水平线，上下按 $\mu \pm 2\sigma$ 和 $\mu \pm 3\sigma$ 各作两条水平线。如果企业运行状态（4～8 个数据的平均值记为一点）落在 $\mu \pm 2\sigma$ 的范围内，表明企业的运行状态正常，这时只需要注意观察运行状态点的发展趋势；如果企业的运行状态点落在 $\mu \pm 2\sigma$ 和 $\mu \pm 3\sigma$ 之间，则是警告企业的运行出现了问题，需要仔细排查；如果企业的运行状态落在落在 $\mu \pm 3\sigma$ 以外，就必须立即停产检修。

6.3　方　差　分　析

系统问题复杂，涉及的变量往往很多，变量之间的关系错综复杂，而误差广泛客观存在，不确定性是其基本的特征。其中偶然误差的特点是数值大小不一定、正负符号相反，因而其和为零，例如通信范畴中的噪声信号，长期积累求和，其值为零，称之为"白噪声"，可以根据这一性质滤波。如果有某种原因造成某个指标异常变动，在长期观察下该指标之"和"将显著地区别于零，据此可以判定这个变动是否属于偶然原因还是"事出有因"。在误差领域认为这种比较固定的偏差是"系统误差"，而在因子分析研究领域认为这种比较固定的偏差反映了某种"因子"的影响，有必要在参差不齐的数据中理出头绪，在众多的复杂关系之中对变量之间的关系做出定量评价，辨别真伪。方差分析是其中最基本的系统分析方法，也是对系统的不确定性最有用的研究方法。

下面将从简单的例子入手展开讨论。

6.3.1 方差分析概述

方差分析的功用有 2 点：

（1）按照变异的原因分离出各因子的自由度及其方差贡献；

（2）确定合适的方差作为基准误差，对各项方差贡献进行显性检验。

若试验的内部数据结构符合一定的要求，其 x 值的能变性——总平方和 L_{xx} 或 S_T（或记为 SS）可按其自由度分解，从而得出各项因子的方差（平均平方和）贡献，可以写成：

$$\begin{cases} S_T = S_A + S_B + \cdots + S_K + S_e & (6\text{-}51) \\ df_T = df_A + df_B + \cdots + df_K + df_e & (6\text{-}52) \end{cases}$$

其中：S_T 为总平方和；df_T 为总自由度，$N-1$；i 为因子代号，$i = A, B, \cdots, K$；S_i 为因子 i 的平方和贡献；df_i 为因子 i 的自由度；e 为误差项。

由此可求出各影响因素的方差贡献：

$$\begin{cases} s_A^2 = S_A / df_A \\ s_B^2 = S_B / df_B \\ \vdots \\ s_e^2 = S_e / df_e \end{cases} \qquad (6\text{-}53)$$

误差方差贡献 s_e^2 的估计特别重要，故要求其占有的自由度 df_e 要足够大，一般至少取 4～10。

方差分析的第二步是进行 F 检验，令方差比

$$\begin{cases} F_A = \dfrac{s_A^2}{s_e^2} = \dfrac{S_A / df_A}{S_e / df_e} \\ F_B = \dfrac{s_B^2}{s_e^2} = \dfrac{S_B / df_B}{S_e / df_e} \\ \vdots \\ F_K = \dfrac{s_K^2}{s_e^2} = \dfrac{S_K / df_K}{S_e / df_e} \end{cases} \qquad (6\text{-}54)$$

根据每一个因子的自由度 df_i 和误差项的自由度 df_e 从 F 分布表中的查得 $F_{n_2, \alpha}^{n_1}$

值，其中取因子的自由度 df_i 为第一自由度 n_1，误差项的自由度 df_e 为第二自由度 n_2，α 是否定概率（信度），如果求得的某因子的方差比 $F_i \geqslant F_{n_2,\alpha}^{n_1}$，则表明因子 i 造成 x 的变动效果大于偶然变动（偶然误差）的结论不正确的否定概率（信度）大于 α（显著性），一般取否定概率（信度）为 0.05（5%）。

方差分析的计算流程如图 6-13 所示，方差分析的最终结果常以方差分析表形式给出。如前所述，若数据结构（试验设计）不合理，则平方和与自由度的分解变得困难，甚至不能分解。

差分析的原理和一般性的讨论，请参阅相关书籍。

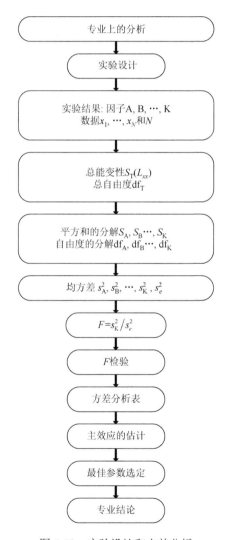

图 6-13　实验设计和方差分析

6.3.2 单因素试验的方差分析

{例 6.8} 饲养 100 头幼猪，观察 40 天的增重[kg]。若随机抽取其中的 20 头幼猪，随机分成四组，每组 5 头，数据和计算过程如表 6-8 所示。

表 6-8 数据和初步计算

组	增重 x_{ij}	$T_i = \sum x_{ij}$	$\overline{x}_i$	L_{ii} 组内平方和
1	40, 24, 46, 20, 35	165	33	472
2	29, 27, 20, 39, 45	160	32	396
3	11, 31, 17, 37, 39	135	27	616
4	17, 21, 28, 33, 21	120	24	164
$\sum x_{ij}$		580	116	1648
$\overline{\overline{x}}$			29	

由各组的平均值 $\overline{x}_i$ 求得均值的平均变动，即标准误 $s_{\overline{x}}$ 的平方：

$$s_{\overline{x}}^2 = \frac{\sum\left(\overline{x}_i - \overline{\overline{x}}\right)^2}{n_1 - 1}$$

$$= [(33-29)^2 + (32-29)^2 + (27-29)^2 + (24-29)^2]/(4-1)$$

$$= [4^2 + 3^2 + 2^2 + 5^2]/3 = 54/3 = 18$$

由标准误的定义可求出组间变动的方差估计值是

$$s_1^2 = n_2 s_{\overline{x}}^2 = 5 \times 18 = 90$$

其中：n_2 是各组的幼猪的头数。

由各组内部的方差的平均值，也可以得出组内给出总体方差的另一种估计——组内平方和 s_2^2：

令第 i 组的组内平方和为 L_{ii}，有

$$L_{ii} = \sum_{j=1}^{n_2}(x_{ij} - \overline{x}_i)^2 = \sum_{j=1}^{n_2}\left(x_{ij}^2\right) - \left[\left(\sum_{j=1}^{n_2} x_{ij}\right)^2 \middle/ n_2\right]$$

则第 i 组的组内方差 s_{2i}^2 为

$$s_{2i}^2 = L_{ii}/(n_2 - 1)$$

组内方差的平均值（组内变动的描述）：

$$s_2^2 = \left(\sum_{i=1}^{n_1} s_{2i}^2 \right) \Big/ n_1$$

$$s_2^2 = \left(\sum_{i=1}^{n_1} L_{ii} \right) \Big/ n_1(n_2 - 1)$$

$$= (472 + 396 + 616 + 164)/4 \times 4 = \frac{1648}{16} = 103$$

其中：n_1 是组数。

组间变动的方差与组内变动的方差之比为

$$F = s_1^2 / s_2^2 = 90/103 = 0.874$$

查 F 表可知，这个方差比不显著，即可合理地认为 $s_1^2 / s_2^2 \rightarrow 1$，这意味着这种分组方式在组间没有造成明显的差别（组间的变动与组内的间变动没有明显的差别），如果认为组内的幼猪的增重的变动是基础误差（偶然误差），F 检验结果表明这种分组并没有造成幼猪的增重的差异。

注：实用计算过程尽量避免使用均值和其他中间计算结果，尽量直接使用原始数据计算，计算过程如下：

（1）求总试验次数：　　　　　　$N = n_1 n_2$ 　　　　　　　　　　　　（6-55）

求各组数据之和：　　$T_i = \sum_{j=1}^{n_2} x_{ij} \quad (i = 1, \cdots, n_1)$ 　　　　　　（6-56）

求总和：　　　　$T_{\sum} = \sum_{i=1}^{n_1} T_i = \sum_i \sum_j (x_{ij})$ 　　　　　　　　（6-57）

求总的平方和：　　　$Q_{\mathrm{T}} = \sum_i \sum_j (x_{ij})^2$ 　　　　　　　　　　（6-58）

（2）求修正项：　　$\mathrm{CF} = \left(T_{\sum} \right)^2 \Big/ N = \left(\sum \sum x_{ij} \right)^2 \Big/ n_1 n_2$ 　　（6-59）

（3）总变动（总平方和）：　$S_{\mathrm{T}} = Q_{\mathrm{T}} - \mathrm{CF}$ 　　　　　　　　　（6-60）

总自由度：　　　　　　$\mathrm{df}_{\mathrm{T}} = N - 1$ 　　　　　　　　　　　　（6-61）

（4）组间平方和：　　　　$S_1 = Q_1 - \mathrm{CF}$ 　　　　　　　　　　（6-62）

其中：　　　　　$Q_1 = \frac{1}{n_2} \left[\sum_{j=1}^{n_1} \left(T_i^2 \right) \right]$ 　　　　　　　　（6-63）

自由度：　　　　　　$\mathrm{df}_1 = n_1 - 1$ 　　　　　　　　　　　　（6-64）

（5）组内平方和：　　　　$S_2 = S_{\mathrm{T}} - S_1$ 　　　　　　　　　　（6-65）

自由度：　　　$\mathrm{df}_2 = \mathrm{df}_{\mathrm{T}} - \mathrm{df}_1$

　　　　　　　$= (n_1 n_2 - 1) - (n_1 - 1) = n_1(n_2 - 1)$ 　　　（6-66）

（6）列方差分析表，见表 6-9。

表 6-9 单因子方差分析表

方差源	自由度	平方和	方差	方差比	显著性
组间	n_1-1	S_1	$s_1^2 = S_1/(n_1-1)$	$F_1 = s_1^2/s_2^2$	
组内	$n_1(n_2-1)$	S_2	$s_2^2 = S_2/n_1(n_2-1)$	—	—
合计	$N-1$	S_T	—	—	—

{例 6.9}　在上例中若各组猪分别喂以不同的饲料（习惯上称为"处理"，是一个四水平的因子），结果是第一组的猪每头多增重 12 kg，二、三、四组分别增重 3 kg、0 kg、-3 kg。数据和中间计算结果列于表 6-10。

表 6-10 喂以不同的饲料实验结果

组	增重 x_{ij}	$T_i = \sum x_{ij}$	$\bar{x_i}$	L_{ii} 组内平方和
1	52，36，58，32，47	225	45	472
2	32，30，23，42，48	175	35	396
3	11，31，17，37，39	135	27	616
4	14，18，25，30，18	105	21	164
$\sum$		640	128	1648
	$\bar{\bar{x}} = 32$			

猪的头数：
$$N = n_1 n_2 = 20$$

总增重：$T_{\sum} = \sum T_i = 640$

$$CF = \left(T_{\sum}\right)^2 / N = 640^2/20 = 20\,480$$

平方之和：
$$Q_T = \sum\sum (x_{ij})^2 = 52^2 + 36^2 + \cdots + 30^2 + 18^2$$
$$= 2704 + 1296 + 3364 + 1024 + 2209 + 1024 + 900 + 529 + 1764 + 2304$$
$$+ 121 + 961 + 289 + 1369 + 1521 + 196 + 324 + 625 + 900 + 196$$
$$= 23748.0$$

总平方和（总变动）：
$$S_T = Q_T - CF = 23\,748 - 20\,480 = 3268$$
$$df_T = N - 1 = 19$$

组间平方和和自由度：

$$Q_1 = \frac{1}{n_2}\left[\sum_{i=1}^{n_1}\left(T_i^2\right)\right] = \left(225^2 + 175^2 + 135^2 + 105^2\right)/5$$

$$= 110\,500 / 5 = 22\,100$$

$$S_1 = Q_1 - \mathrm{CF} = 22\,100 - 20\,480 = 1620$$

$$\mathrm{df}_1 = n_1 - 1 = 4 - 1 = 3$$

组内平方和和自由度：

$$S_e = S_2 = S_\mathrm{T} - S_1 = 3268 - 1620 = 1648$$

$$\mathrm{df}_2 = \mathrm{df}_\mathrm{T} - \mathrm{df}_1 = n_1(n_2 - 1) = 4 \times 4 = 16$$

列方差分析表，见表 6-11。

表 6-11　养猪实验的方差分析表

方差源	自由度	平方和	均方差	F	显著性
组间	3	1620	540	5.24	*
组内	16	1648	103	—	
合计	19	3268	—	—	

查 F 表 $\alpha = 0.05$，$F_{16}^3 = 3.24$；$\alpha = 0.01$，$F_{16}^3 = 5.29$。

结论：方差分析显示组间幼猪的增重差异明显地大于组内幼猪增重的差异，因为组内各头幼猪增重的差异只是偶然因素造成的，所以饲料对幼猪增重的影响以 5% 的信度显著地大于偶然因素引起的误差。

6.3.3　两因素试验的方差分析

{例 6.10}　如果在{例 6.8}中能够在表的纵向上按幼猪的品种、性别等原始条件加以梳理（称为"区组"因子 L），例如有 5 个水平分别归于五列，记为 L_j，又记饲料条件为"处理"因子 H，有 4 个水平分别归于四行，记为 H_i，新整理后列成表 6-12。

表 6-12　两因素养猪试验结果

处理		区组因子 L					$H_i = \sum\limits_{j=1}^{n_2} x_{ij}$
		1	2	3	4	5	
H	1	58	52	47	36	32	225
	2	48	42	32	30	23	175
	3	39	37	31	17	11	135
	4	30	25	18	18	14	105
$L_i = \sum\limits_{i=1}^{n_1} x_{ij}$		175	156	128	101	80	640

与{例 6.9}相比，以下各项没有变化：

$$N = 20, \mathrm{df_T} = 19, \mathrm{CF} = 20\ 480, Q_\mathrm{T} = 23\ 748,$$

$$S_\mathrm{T} = 3268, Q_H = Q_1 = 22\ 100, S_H = S_1 = Q_H - \mathrm{CF} = 1620,$$

$$\mathrm{df}_H = \mathrm{df}_1 = n_1 - 1 = 4 - 1 = 3$$

不同之处在于，由于表的纵方向的控制，多了一个因子 L 的贡献：

$$Q_L = \frac{1}{n_1}\left(\sum L_j^2\right) = \frac{1}{4}(175^2 + 156^2 + 128^2 + 101^2 + 80^2) = 21\ 986.5$$

∴列间的平方和为：$S_L = Q_L - \mathrm{CF} = 21\ 986.5 - 20\ 480 = 1506.5$

列因子的自由度：$\mathrm{df}_L = n_2 - 1 = 5 - 1 = 4$

剩余的误差平方和减少，成为

$$S_e = S_\mathrm{T} - (S_H + S_L) = 3268.0 - (1620 + 1506.5) = 141.5$$

误差项的自由度也有所减少：

$$\mathrm{df}_e = \mathrm{df_T} - (\mathrm{df}_H + \mathrm{df}_L) = 19 - (3 + 4) = 12$$

汇总上述计算结果，得到两因素试验的方差分析，见表 6-13。

表 6-13　两因素养猪试验的方差分析表

方差源	自由度	平方和	均方差	F	显著性
行间 H	3	1620.0	540.0	45.76	***
列间 L	4	1506.5	376.6	31.94	***
误差 e	12	141.5	11.8	—	
合计 T	19	3268.0	—	—	

由 F 表查知：$F_{12}^4 = 5.4$，$F_{12}^3 = 5.95$。

推论：局部控制和区组因子的分离比较{例 6.9}和{例 6.8}可以看出：误差项的方差 S_e^2 由 103 降低到 11.8，这种减少完全是由于在纵向上重新排列所致，这种实验技巧常称之为"局部控制"。局部控制的效果用剩余误差的方差的减少倍率来表示，本例的效果是：$E = 103/11.8 = 8.7$，即局部控制的效果是使剩余方差减少了 8.7 倍，或表明试验的精度提高了 8.7 倍。在一个合理的试验设计中常常要避免区组因子的效应混杂在试验误差之中（如{例 6.8}），为此，局部控制是必要的。

所谓"区组因子"是指那些有显著影响、又不能主动控制、主动调节的因子，且实际上往往是需要排除影响的那些因子。在冶金系统工程的研究中经常会遇到这些区组因子和重要关切因子之间的交互作用影响。

6.3.4　交互作用和重复实验

　　交互作用的数学表现是某种"乘积"的关系。如果没有交互作用，因变量 Y 可合理地表现为一系列自变量 $x_1, x_2, x_3 \cdots$ 的函数之和，即

$$Y = f_1(x_1) + f_2(x_2) + \cdots \tag{6-67}$$

　　例如，有关系式 $Y = x_1 + 2x_2$，对于 x_1 和 x_2 分别取为 1 和 2，则可得到 Y 的值见表 6-14。可以看出：x_1 的变化对 Y 的影响的大小与 x_2 的取值无关，同样 x_2 的变化对 Y 的影响的效应也与 x_1 的取值无关。这种情况，认为因子 x_1 和因子 x_2 正交，（对于 Y 的影响）没有交互作用，必须指出对于其他指标的影响，x_1 和 x_2 不一定是正交的。

表 6-14　没有交互作用的情况（$Y = x_1 + 2x_2$）

x_1 \ x_2	1	2
1	3	5
2	4	6

　　若有关系式 $Y = x_1 x_2^2$，对于 x_1 和 x_2 分别取为 1 和 2，则可得到 Y 的值见表 6-15。可以看出：x_1 的变化对 Y 值的影响的效应与 x_2 的取值有关，同样 x_2 的变化对 Y 值的影响的效应也与 x_1 的取值有关。这种情况称之为因子（对于 Y 的影响）x_1 和因子 x_2 不正交，（对于 Y 的影响）有交互作用。须指出：对于冶金系统工程，影响因子众多，因子之间的交互作用复杂，必须给予慎重对待。

表 6-15　有交互作用的情况（$Y = x_1 x_2^2$）

x_1 \ x_2	1	2
1	1	4
2	2	8

　　这里讨论的交互作用不是指因子 x_1 和因子 x_2 之间的相互作用，而是指因子 x_1 和因子 x_2 之对于指标 Y 的作用是否正交。例如，炉渣中的 CaO 和 SiO_2 两种成分，如果讨论其对质量的贡献，其百分含量（CaO%）和（SiO_2%）两个因子是应该可加和的，即是没有交互作用，是正交的；如果讨论炉渣中的化学性质

如脱硫能力，则应该用其交互作用 $R = \dfrac{(CaO\%)}{(SiO_2\%)}$ （两个参数之比也是一种乘积，也是交互作用）。

推论：如果有交互作用，因变量 Y 可合理地表现为一系列自变量 $x_1, x_2, x_3 \cdots$ 的函数之积，即

$$Y = f_1(x_1) \times f_2(x_2) \times \cdots \tag{6-68}$$

关于交互作用的认识引起了人们的广泛兴趣，有一些场合希望×将交互作用尽可能地展现出来，必须指出这是一种误解。首先，交互作用不能独立调节，必须借助于原有因子的变化来调节，交互作用实际上不可控；其次，交互作用往往占用大量的自由度，大大降低了实验的效率。例如，在{例 6.8}和{例 6.9}中总的实验次数是 20 次，总自由度是 19，其中因子 L 占 3 个自由度，因子 H 占 4 个自由度，因子 L 和因子 H 的交互作用 $L \times H$ 占的自由度是 $3 \times 4 = 12$ 个（在表 6-13 中和误差项相重合，称之为交互作用 $L \times H$ 和误差 e "混杂"）。严格地说，{例 6.9} 的试验效率只有 $(3 + 4)/19 = 7/19 = 37\%$，而{例 6.8}的效率更低。

合理的试验设计中不应该将交互作用安排为重要的考核对象，考虑交互作用最主要的目的是排除其对因子主效应的干扰；其次是减少其混杂于误差；最后是减少其占据的自由度，减少总实验次数，提高实验效率。

在实际工作中应根据工程知识尽量避免有重大交互作用的情况；对于某些比较明确了解的情况，可以采取一定的方法消除或降低其交互作用，如对于 $Y = x_1 x_2^2$，将等式两边同取对数，得到 $\lg Y = \lg x_1 + 2\lg x_2$，转化为 $u = t_1 + 2t_2$，这样，对于指标 u，t_1 和 t_2 将没有交互作用。

交互作用的另一个大问题就是占据大量的自由度，例如养猪实验{例 6.10}，有两个影响因子 H 和 L，分别是四个水平和三个水平，其占有的自由度分别是 $df_H = 3$ 和 $df_L = 4$，但是其交互作用占有的自由度是 $df_{H \times L} = 12$，整个实验有 20 头猪，即 $n = 20$，所以总自由度是 $df_T = 19 = df_H + df_L + df_{H \times L}$，即交互作用占据了 12 个自由度，而主效应只占了 $3 + 4 = 7$ 个自由度。交互作用在理论上非常重要，但是在实际工作中往往无法控制。主效应占据的自由度个数是代数式加和，而交互作用占据的自由度个数是几何式的乘积，换算到实际实验次数，不难看出，交互作用占据的自由度是一种严重的浪费。

实际经验表明，大多数交互作用的效应比较微弱，三级以上的交互作用的效应可以忽略，因此一般将交互作用与误差相"混杂"，取 $df_{H \times L} = df_e$，在两因子实验{例 6.10}中将行因子 H 和列因子 L 的交互作用与误差项混杂。

一般来说，大多数因子实验不能分离出交互作用，最有效的、也是最"笨"的方法是全面重复。

6.3.5 因子试验

●三因素的全因子试验

如果某个试验需要考察三个因素的影响，最直接的试验方案就是将各种可能的组合都安排做一次实验，这种试验设计称之为"全因子试验"，下面仍举例说明试验安排及其方差分析。

{例 6.11} 化工产品的纯度实验，取产品的纯度指标为 $x_{i,j,k}$，考虑三个影响因子，分别是：

因子 T——沸腾时间，有三个水平；

因子 A——溶剂，有二个水平；

因子 W——洗涤，有二个水平，W_1 冷洗，W_2 热洗。

将各因子的各水平的组合都安排做一次实验，共进行 $3 \times 2 \times 2 = 12$ 次实验，这类型的试验安排称之为全因子试验设计，得到 12 个实验结果，列于表 6-16，其优点在于能够完全分离各级交互作用。

表 6-16 12 次纯度实验安排和实验结果

		T_1	T_2	T_3
A_1	W_1	3.1	2.0	1.3
	W_2	2.1	1.6	1.9
A_2	W_1	4.3	2.8	4.1
	W_2	6.1	3.9	2.6

为减少中间计算误差，先将各数据减去假平均 3.0，然后再扩大 10 倍，得到表 6-17。

表 6-17 中间计算数据表

		T_1	T_2	T_3
A_1	W_1	1	−10	−17
	W_2	−9	−14	−11
A_2	W_3	13	−2	11
	W_4	31	9	−4

总实验次数　　　$N = 12$

总和　　　　　$T = \sum_i \sum_j \sum_k x_{i,j,k} = -2$

修正项　　　　$\mathrm{CF} = \dfrac{T^2}{N} = \dfrac{(-2)^2}{12} = 0.33$

建立三个二分法中间计算表（见表6-17），分别计算因子 A、T、W 和二级交互作用的方差贡献。

（1）关于因子 A 的平方和和自由度的计算（表6-17-1）：

表 6-17-1　二分法中间计算表

	T_1	T_2	T_3	$\sum$
A_1	−8	−24	−28	−60
A_2	44	7	7	58
$\sum$	36	−17	−21	−2

$$Q_A = \frac{1}{n_A}\left(A_1^2 + A_2^2\right) = \frac{1}{6}[(-60)^2 + 58^2] = 1160.66$$

因子 A 的平方和和自由度：
$$S_A = Q_A - \mathrm{CF} = 1160.33$$
$$\mathrm{df}_A = 2 - 1 = 1$$

（2）关于因子 T 的平方和和自由度：
$$Q_T = \frac{1}{n_T}\left(T_1^2 + T_2^2 + T_3^2\right) = \frac{1}{4}(36^2 + 17^2 + 21^2) = 506.5$$

因子 T 的平方和和自由度：
$$S_T = Q_T - \mathrm{CF} = 506.17$$
$$\mathrm{df}_T = 3 - 1 = 2$$

（3）关于交互作用 TA 的平方和和自由度计算：
$$Q_{\mathrm{TA}} = (8^2 + 24^2 + \cdots + 7^2 + 7^2)/2 = 1729$$
$$S_1 = Q_{\mathrm{TA}} - \mathrm{CF} = 1728.67$$
$$\mathrm{df}_1 = 6 - 1 = 5$$

关于交互作用 TA 的平方和和自由度：
$$S_{\mathrm{TA}} = S_1 - (S_A + S_T) = 1728.67 - (1160.33 + 506.17) = 62.17$$
$$\mathrm{df}_{\mathrm{TA}} = \mathrm{df}_1 - \mathrm{df}_A - \mathrm{df}_T = 5 - 1 - 2 = 2 = \mathrm{df}_A \mathrm{df}_T$$

（4）关于因子 W 的平方和和自由度计算（表6-17-2）：

表 6-17-2　二分法中间计算表

	T_1	T_2	T_3	$\sum$
W_1	14	−12	−6	−4
W_2	22	−5	−15	2
$\sum$	36	−17	−21	−2

$$Q_W = \frac{1}{n_W}\left(W_1^2 + W_2^2\right) = \frac{1}{6}\left(4^2 + 2^2\right) = 3.33$$

因子 W 的平方和和自由度：

$$S_W = Q_W - \text{CF} = 3.0$$

$$\text{df}_W = 2 - 1 = 1$$

（5）关于交互作用 WT 的平方和和自由度

$$Q_2 = \frac{(14^2 + 12^2 + \cdots\cdots + 5^2 + 15^2)}{2} = 555.0$$

$$S_2 = Q_2 - \text{CF} = 554.67$$

交互作用 WT 的平方和和自由度：

$$S_{\text{WT}} = S_2 - S_W - S_T = 554.67 - 3.0 - 506.17 = 45.50$$

$$\text{df}_{\text{WT}} = \text{df}_W \times \text{df}_T = 2$$

（6）关于交互作用 AW 的平方和和自由度的计算（表 6-17-3）：

表 6-17-3　中间计算表

	A_1	A_2	$\sum$
W_1	−26	22	−4
W_2	−34	36	2
$\sum$	−60	58	−2

关于交互作用 AW 的平方和和自由度：

$$Q_3 = \frac{(26^2 + 22^2 + 34^2 + 36^2)}{3} = 1204.00$$

$$S_{\text{AW}} = Q_3 - \text{CF} - S_A - S_W = 1203.67 - 1160.33 - 3.0 = 40.33$$

$$\text{df}_{\text{AW}} = \text{df}_A \times \text{df}_W = 1$$

（7）总的平方和和自由度：

$$Q_{\sum} = \sum x_{i,j,k}^2 = 1^2 + (-10)^2 + (-17)^2 + \cdots + (-4)^2 = 2140.0$$

$$S_{\sum} = Q_{\sum} - CF = 2139.67$$

$$df_{\sum} = N - 11$$

（8）误差项和三级交互作用相混杂：

误差项平方和：

$$S_e = S_{\Sigma} - \{S_A + S_T + S_W + S_{TA} + S_{AW} + S_{WT}\}$$

$$= 2139.67 - \{1160.33 + 506.17 + 3.0 + 62.17 + 40.33 + 45.50\} = 322.17$$

误差项和三级交互作用项的自由度：

$$df_e = df_{A, W, T} = df_A \times df_W \times df_T = 1 \times 1 \times 2 = 2$$

汇总得到该三因素实验的方差分析表（表 6-18）。

表 6-18　三因素实验的方差分析表

方差源	自由度	平方和	均方差	F	显著性
A	1	1160.33	1160.33	(19.62)	**
W	1	3.00	3.00	—	
T	2	506.17	253.08	(4.28)	(*)
AW	1	40.33	40.33	—	
WT	2	45.50	22.75	—	
TA	2	62.17	31.08	—	
e	2	322.17	161.08	—	
(e)	(8)	(473.17)	(59.15)	—	
$\sum$	11	2139.67	—	—	

注：①将所有与误差项 e 相比不显著的项都归为误差项（e），使误差项的自由度增大，提高 F 检验的精度。
②查 F 表得知：

$$F_8^1 \overset{*}{=} 5.3 \quad \overset{**}{=} 11.3 \quad \overset{***}{=} 25.4$$

$$F_8^2 \overset{*}{=} 4.5 \quad \overset{**}{=} 8.7 \quad \overset{***}{=} 18.5$$

方差分析表明影响因子 A（溶剂）对产品纯度的影响非常显著，其信度水准达到了 1%，记为"**"，影响因子 T（沸腾时间）对产品纯度的影响的信度略低于 5%，勉强接近"*"；影响因子 W 以及各二级交互作用的影响（与误差相比）都不显著；各三级及三级以上的交互作用已与误差项相混杂。

主效应的估计：对于两个有显著性影响的因子分别计算其主效应值（数值复原到原单位 x）：

$$\overline{A}_1 = \frac{-60}{6 \times 10} + 3.0 = 3.0 - 1.0 = 2.0$$

$$\overline{A}_2 = \frac{58}{6 \times 10} + 3.0 = 3.0 + 0.97 = 3.97$$

$$\overline{T}_1 = \frac{36}{4 \times 10} + 3.0 = 3.0 + 0.9 = 3.90$$

$$\overline{T}_2 = \frac{-17}{4 \times 10} + 3.0 = 3.0 - 0.425 = 2.575$$

$$\overline{T}_3 = \frac{-21}{4 \times 10} + 3.0 = 3.0 - 0.525 = 2.475$$

作主效应图 6-14（a）和（b）。

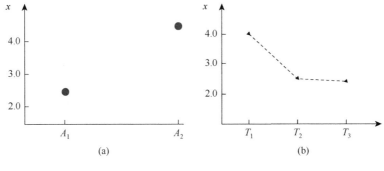

图 6-14　主效应图

产品的纯度越高越好，所以选最佳工艺参数为：$A_2 T_1 W_1$，其中 W 对产品的纯度没有影响，故选择 W_1 冷洗，操作方便且能耗低。

6.3.6　正交试验设计

由以上各例可以看出，合理地安排实验得到的实验数据具有合适的数学结构从而能够合理地予以进行方差分析，将因子的主效应与误差分离，然后能够得到可靠的统计评价。基于这种认识提出了全因子试验的概念，即各因子的各个水平的组合全部安排一次，对全因子试验进行方差分析如{例 6.10}，不仅可以分离得到各因子的主效应的统计量，而且能够得到各级交互作用的统计量。

从统计分析的角度考虑全因子试验是最好的方案，然而，从实用的角度考虑，全因子试验设计并不是最好的方案，因为全因子试验中实验次数以几何速率在增加，实验量太大、人力物力时间消耗太多，在经济上不合算。如{例 6.10}的实验次数达到 $3 \times 2 \times 2 = 12$ 次，其中三个因子的主效应只占 $2 + 1 + 1 = 4$ 个自由度，而上述养猪实验如果再增加一个五水平的因子做全因子试验，则需要 $4 \times 5 \times 5 = 100$ 头猪，实验量太大，使完成全部实验相当困难。另一方面，这样的全因子试验设计效率太低、非常不合理，因为其中三个因子的主效应只占 $3 + 4 + 4 = 11$ 个自由度，其他 89 个自由度都用于估计各级交互作用和误差项。

对此，数学界有专门的系统的"试验设计"的研究，得到很多有价值的成果，如：各种部分实施设计方案以及各种正交试验设计方案，有兴趣的读者请参阅有关"试验设计"的书籍。

6.3.7　方差分析实际应用举例

{例 6.12}　电弧炉炼钢除尘灰的精细还原实验

钢铁厂每年产生的大量粉尘，经除尘系统进行收集。粉尘量随原料条件、工艺流程、设备配置、管理水平的差异而不同。不同工艺环节产生的粉尘，其理化性质不同。某企业粉尘种类和相应样品化学成分组成如表 6-19 所示，这些含铁炉尘生成于高温环境，有磁性或弱磁性，低熔点金属氧化物相对密集。

表 6-19　含铁粉尘种类及其样品化学成分

种类	化学成分/%				
	TFe	SO_3	Al_2O_3	CaO	MgO
烧结除尘灰	39.16	2.49	6.27	16.56	6.60
电炉炼钢粉尘	48.36	2.12	0.36	5.05	1.80
高炉除尘灰	42.00	3.42	5.42	4.74	1.92

随着镀锌板和其他含锌铅防腐钢材消费量的迅速增加，以废钢为主要原料的电炉炼钢粉尘的产量和其中的重金属锌铅含量升高。堆积和填埋的处理方法有很大的缺陷，一方面粉尘中的铅、铬、锌等有毒重金属容易浸出，污染水土资源；另一方面，粉尘中含有大量的锌、铁等有价金属没有得到有效利用，造成金属资源的严重浪费。

1）指标

钢铁生产的粉尘粒度很细，直接用气相还原剂 H_2 或 CO 进行还原，符合精细还原的特征，还原处理的结果是铁的氧化物转化生成金属铁，锌的氧化物在高温下生成气态的锌去除，所以冶金粉尘的精细还原的指标分别是铁元素的金属化率 y_1 和脱锌率 y_2，分别定义如下：

铁元素的金属化率　　$y_1 = \dfrac{\text{干粉尘还原后金属铁的质量}}{\text{干粉尘中全铁的质量}} \times 100\%$

脱锌率　　　　　　　$y_2 = \dfrac{\text{干粉尘还原后挥发的锌的质量}}{\text{干粉尘中锌的质量}} \times 100\%$

2）影响因子和水平

因子 A 还原温度，两水平：

$$A_1\ 910\ ℃，A_2\ 1010\ ℃；$$

因子 B 还原时间长度，两水平：

$$B_1\ 2\ h，B_2\ 4\ h。$$

3）正交表试验设计

粉尘精细还原实验按正交表 $L_4(2^3)$ 安排实验，表头设计见表 6-20，四次实验方案列于表 6-21。其中：因子 A 占据第 1 列，因子 B 占据第 2 列，考虑到还原时间和温度对还原的影响可能有交互作用，故留出第 3 列用来估计其交互作用 $A \times B$ 的影响，其余第 5～7 列作为误差项（e）。

表 6-20　$L_4(2^3)$正交表表头设计

因子	A	B	$A \times B$	e	e	e
列号	1	2	3	5	6	7

表 6-21　精细还原实验方案

列号 试验号	1 $A/℃$	2 B/h	3 $A \times B$	5, 6, 7 e	实验方案
1	910（1）	2（1）			A1B1$_1$
2	910（1）	4（2）			A1B2$_2$
3	1010（2）	2（1）			A2B1$_1$
4	1010（2）	4（2）			A2B2$_2$

4）精细还原实验装置

电炉粉尘精细还原实验装置示意图见图 6-15，包括：1—氮气源，2—氢气源，3—二氧化碳气源，4—煤气重整装置，5—流量计，6—气体混合室，7—还原用电阻炉（实物照片见图 6-16，主要技术参数见表 6-22），8—控制柜，9—坩埚，10—除尘装置。用 H_2 还原时，气源使用装置 1 和 2；用 CO 还原时，气源使用装置 1、3、4。

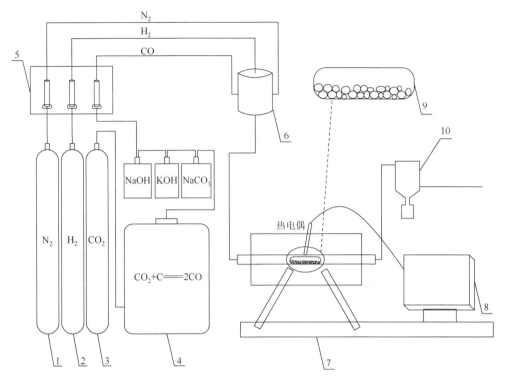

图 6-15　精细还原实验装置示意图

图 6-16　实验用高温管式电阻炉

表 6-22　粉尘还原设备主要技术参数

型号	SKZ13-BLL
额定功率	3 kW
最高工作温度	1350℃
工作电压	220 V

　　电炉粉尘精细还原操作过程是：将盛有一定质量的干燥冶金粉尘的坩埚置于管式电阻炉内，通过流量计通入一定流量的氮气、氢气，实际还原实验没有使用二氧化碳气（重整后转化为一氧化碳），控制电阻炉温度为 910～1010℃，以保证铁元素在非熔融状态下还原，以及让还原得到的锌气化去除。

　　5）精细还原实验和还原结果

　　按 $L_4(2^3)$ 正交表试验设计安排的实验方案，随机进行四次还原实验，每次得到的还原产物按四分法取样，送国家钢铁材料测试中心进行化学分析，得到还原产物的全铁（TFe）、金属铁（MFe）以及锌（Zn）的含量，计算还原实验铁的金属化率 y_1 和脱锌率 y_2，列于表 6-23。

表 6-23　还原产物的化学分析结果

$T/℃$	t/h	TFe/%	MFe/%	Zn/%	金属化率/%	脱锌率/%
910（1）	2（1）	76.54	73.20	0.14	94.88	98.32
910（1）	4（2）	73.68	73.13	0.1	96.10	98.80
1010（2）	2（1）	78.05	73.39	0.12	96.65	98.56
1010（2）	4（2）	77.78	75.50	0.09	97.76	98.92

　　6）实验结果的方差分析

　　（1）铁的金属化率的方差分析的计算列于表 6-24-1，也可以用 SPSS 软件进行计算，粉尘中铁的金属化率的方差分析结果列于表 6-24-2。

表 6-24-1　金属化率 y_1 的方差计算

影响因子	I	II	K_1	K_2	R	R^2
A	190.98	194，41	95.49	97.205	1.715	2.941
B	191.53	193.86	95.765	96.93	1.165	1.357
e	192.64	192.75	96.32	96.375	0.055	0.003025
T						4.301025

表 6-24-2　方差分析表（金属化率 $\bar{y}$）

影响因子	平方和	自由度	方差	F 比	信度
A	2.941	1	2.941	980.3	·
B	1.357	1	1.357	452.3	·
e	0.003	1	0.003		
T	4.301	3	1.434		

$F_{1,0.05}^{1} = 161.4$。

显著性检验结果表明：在本实验的研究范围内，还原温度和还原时间长度对粉尘中铁的金属化率都有一定的影响，影响的信度水准超过 5%，因实验次数比较少，误差项自由度低，结论的可靠性仅供参考。

（2）脱锌率的方差分析的计算列于表 6-25-1，也可以用通用的统计软件进行计算，粉尘脱锌率的方差分析结果列于表 6-25-2。

表 6-25-1　脱锌率 y_2 的方差计算

影响因子	I	II	K_1	K_2	R	R^2
A	197.12	197.48	98.56	98.74	0.18	0.0324
B	196.88	197.72	98.44	98.86	0.42	0.1764
e	197.24	197.36	98.62	98.68	0.060	0.0036
T						0.2124

表 6-25-2　方差分析表（脱锌率 y_2）

影响因子	平方和	自由度	方差	F 比	信度
A	0.0324	1	0.0324	9.0	
B	0.1764	1	0.1764	49.0	
e	0.0036	1	0.0036		
T	4.301	3	0.0708		

$F_{1,0.05}^{1} = 161.4$。

显著性检验结果表明：在本实验的研究范围内，还原温度和还原时间长度对粉尘中脱锌率都没有显著的影响，但显著性的信度水准大大低于 5%，因实验次数比较少，误差项自由度低，结论的可靠性仅供参考。

7）相关分析

使用通用的统计软件对实验中各因子之间的相关性进行分析，结果见表 6-26。因子 A（还原温度）与因子 B（还原时间长度）之间的简单相关系数为 0，表明这两个影响因子相互独立，本正交表安排试验是有效的；两项指标分别与两个影响因子之间的相关性信度与方差分析结论相同。

表 6-26　各因子之间的简单相关矩阵（r_{ij}，样本容量 $N=4$）

		温度	时间	金属化率	脱锌率
温度	简单相关系数	1	0	−0.494	−0.391
	否定概率		1	0.506	0.609
时间	简单相关系数	0	1	0.866	0.911
	否定概率	1		0.134	0.089
金属化率	简单相关系数	−0.494	0.866	1	0.607
	否定概率	0.506	0.134		0.393
脱锌率	简单相关系数	−0.391	0.911	0.607	1
	否定概率	0.609	0.089	0.393	

8）主效应

方差分析虽然表明在实验研究范围内影响因子 A 和 B 对粉尘中铁的金属化率的影响均较显著，而对脱锌率的影响的显著性不是很高，但也可能是在所取的较低的水平处（1 水平）脱锌率已相当高。考虑到总的实验次数比较少，而且仅用两个影响因子的交互作用项作为误差项，其自由度太少、对误差的估计不够准确，以致方差分析的有效性较低，所以附加进行影响因子 A 和 B 的主效应分析，如表 6-27 和表 6-28 所示。

表 6-27　主效应（金属化率）

水平	因子	$\bar{A}$ /℃	$\bar{B}$ /h	
1		95.49	95.77	
2		97.21	96.93	$\hat{T}=96.36$

表 6-28　主效应（脱锌率）

水平	因子	$\bar{A}$ /℃	$\bar{B}$ /h	
1		98.56	98.44	
2		98.74	98.86	$\hat{T}=98.65$

由表 6-27 和表 6-28 可以看出：

（1）对于金属化率 y_1 和脱锌率 y_2，还原时间长度有一定的影响。

（2）在 1010℃下还原与在 910℃下还原相比较，铁的金属化率提高了 1.7%；而在两个温度下的脱锌率增加不到 0.2%。

（3）还原 4 小时与还原 2 小时相比，铁的金属化率和脱锌率的改变都不明显。

{例 6.13} 铝业高铁赤泥再资源化工艺基础研究

赤泥是生产电解铝的中间产品（氧化铝）过程中产生的废渣，因含有大量氧化铁而呈深红色。赤泥颗粒细小，含有较高的碱性氧化物 Na_2O，其水浸液中 pH 值大于 10，并含有氟等有害元素。

电解铝生产企业采用堆场堆存方式处理赤泥，赤泥堆场实景照片如图 6-17 所示。赤泥的危害是多方面的，主要有①大气污染，颗粒粉尘污染；②土壤污染，土地碱化；③水资源污染；等等。年处理费用平均约为 50～60 元/吨赤泥。

图 6-17　我国某企业赤泥存放实景图

中国氧化铝产量占世界总产量的 40%，赤泥年产生量接近 5000 万吨。近年来国际上最著名的事故是多瑙河赤泥污染事件，2010 年 10 月 4 日，匈牙利堆场的赤泥坝突然垮塌，大量赤泥冲入多瑙河，对多瑙河中下游的东欧国家造成严重的污染，影响范围广大。

高毒性的巨量赤泥废弃物中含有大约 30%铁元素，也可以认为是一种含铁的资源，需要进行工艺基础研究，寻求合理的技术将其转化为钢铁生产的原料。典型的赤泥的化学成分和钢铁厂用的烧结矿的成分对比列于表 6-29，可以看出，赤泥中危害最大的成分是碱金属钠，而钠也是对环境威胁最大的物质之一，所以处理赤泥首要任务就是脱钠。

表 6-29　某钢铁厂用的赤泥及其烧结矿目标成分（%）

物料	Fe$_2$O$_3$	Al$_2$O$_3$	SiO$_2$	TiO$_2$	Na$_2$O	CaO	MnO	MgO	Cr$_2$O$_3$
赤泥	61.84	15.13	9.02	5.06	5.72	1.50	0.25	0.20	0.17
烧结矿 1	54.82	3.20	7.29	0.42	0.29	25.02	0.26	7.17	0.03
烧结矿 2	67.40	2.49	10.53	0.40	0.43	14.82	0.27	2.76	0.06

1）赤泥脱钠实验

赤泥中的钠元素有两种存在情况：一种是碱性氧化物 Na$_2$O，是水溶性的钠；另一种是矿相的钠，不溶于水，占总钠量的 10%左右。工业上一般都采用水洗的方法脱钠，水洗的方法简单易行，但是脱钠生成的水溶液具有强碱性，并不能减轻赤泥对环境严重的危害性。本脱钠实验使用 CO$_2$ 气体处理赤泥混合液，脱钠产物是 NaHCO$_3$ 水溶液，接近中性（pH≈7.0）；另一方面也能固定一些温室气体如 CO$_2$。实验装置示意见图 6-18。

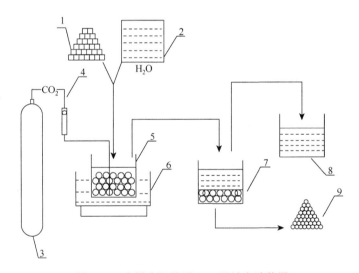

图 6-18　高铁赤泥使用 CO$_2$ 脱钠实验装置

1. 赤泥；2. 水；3. CO$_2$ 气瓶；4. 气体流量计；5. 赤泥脱钠容器；6. 恒温水浴锅；7. 脱钠赤泥沉淀容器；
8. NaHCO$_3$ 溶液；9. 脱钠赤泥

使用 CO$_2$ 气体处理赤泥混合液的指标是脱钠率(%)，实验考察四个影响因子：处理温度、处理时间、赤泥和水的固液比，以及赤泥的粒度，影响因子和水平列于表 6-30，其中赤泥粒度水平使用的是属性量：原态（2.425 μm）和超细（超细磨 1.236 μm）两个水平。

表 6-30 赤泥 CO_2 脱钠实验的因子和水平

因子	处理温度/℃	处理时间/min	固液比（质量比）	CO_2 流量/(L/min)	赤泥粒度
1 水平	25	60	1/2	0.2	原态 2.425 μm
2 水平	50	80	1/5	0.4	超细 1.236 μm
3 水平	70	100	1/7	0.8	—
4 水平	90	120	1/9	1.1	—

采用 $L_{16}(2^{15})$ 正交表的表头设计表和交互作用表安排各影响因子，按 $L_{16}(2^{15})$ 正交表确定 16 次实验方案，实验执行顺序随机进行。16 次实验安排和脱钠实验结果[脱钠率(%)]汇总列于表 6-31。

表 6-31 $L_{16}(2^{15})$ 脱钠实验安排和实验结果

实验号	脱钠温度/℃	脱钠时间/min	固液比	CO_2 流量/(L/min)	赤泥粒度	脱钠率/%
1	25	60	1/2	0.2	超细	71.48
2	25	80	1/5	0.4	原态	59.59
3	25	100	1/7	0.8	超细	73.24
4	25	120	1/9	1.2	原态	57.91
5	50	60	1/5	0.8	原态	57.29
6	50	80	1/2	1.2	超细	72.84
7	50	100	1/9	0.2	原态	59.47
8	50	120	1/7	0.4	超细	73.68
9	70	60	1/7	1.2	原态	59.34
10	70	80	1/9	0.8	超细	75.18
11	70	100	1/2	0.4	原态	37.61
12	70	120	1/5	0.2	超细	73.62
13	90	60	1/7	0.4	超细	73.85
14	90	80	1/7	0.2	原态	59.20
15	90	100	1/5	1.2	超细	73.94
16	90	120	1/2	0.8	原态	36.82

CO_2 处理含铁赤泥的脱钠实验结果的方差分析列于表 6-32-1，查表得到 $F_{2,0.01}^1$ 的值，将其中不显著的因子合并到误差项，得到修改后的方差分析表（表 6-32-2）。

表 6-32-1　脱钠实验结果的方差分析表

因素	偏差平方和	自由度	方差 s_i^2	F 比	F 的临界值	显著性信度
脱钠温度	0.008	3	0.0027	0.54	9.28	
脱钠时间	0.012	3	0.0040	0.80	9.28	
固液比	0.041	3	0.0137	2.74	9.28	
CO_2 流量	0.010	3	0.0033	0.66	9.28	
赤泥粒度	0.161	1	0.161	32.2	18.5	*
误差 e	0.010	2	0.005			

$F_{2,0.01}^1 = 98.50$ 。

表 6-32-2　修改后方差分析表

因素	偏差平方和	自由度	方差 s_i^2	F 比	F 的临界值	显著性信度
赤泥粒度	0.161	1	0.1610	44.4	4.84	**
固液比	0.041	3	0.0137	3.8	3.59	*
误差 e	0.040	11	0.0036	0.7		

$F_{11,0.01}^1 = 9.65$ ，　$F_{11,0.01}^3 = 6.22$ 。

　　赤泥 CO_2 脱钠实验结果的方差分析表明：只有赤泥粒度对赤泥的脱钠效果的影响显著，其他因素影响不显著。超细磨赤泥的脱钠率比原粒度的赤泥的脱钠率高大约 20%，可能是由矿相中的钠经细磨脱落造成的，超细磨的主效应示意于图 6-19。

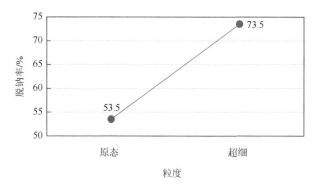

图 6-19　超细磨赤泥脱钠的主效应

　　根据方差分析结果给出最佳脱钠工艺组合应该是：用流量为 0.2 L/min（依赤泥量而定，需另做实验研究）的 CO_2 气体，在 25℃处理固液比为 1/5 的超细磨赤泥，赤泥的脱钠效果能达到 73.5% 左右，Na_2O 的含量将降到 1.5% 的水平。

如果不细磨，用 CO_2 处理原状态的赤泥，其脱钠效果能达到 53.5% 左右，其中 Na_2O 的含量将降到 2.6% 的水平，尚高于高炉炼铁的要求。赤泥脱钠产生的废水中的 pH 值达到 7.0 左右（需另做实验），不再具有严重的毒性。

2）脱钠赤泥的还原实验

脱钠赤泥中的粒度很细，中值约为 2.5 μm；铁元素的含量相当高，达 60% 左右，适合采用温度 900℃ 上下的还原处理，精细还原实验如下所述。

（1）还原实验的指标：铁的还原率 MFe（%），考察四个影响因素，列于表 6-33。

影响因素 A——还原温度℃，四个水平；

影响因素 B——赤泥粒度，两个水平；

影响因素 C——还原处理时间长度，两个水平；

影响因素 D——还原用气体，（属性值）两个水平，CO 或 H_2。

表 6-33　脱钠赤泥精细还原实验的影响因素及其水平

因子	A/℃	B	C/h	D
1 水平	700	原态 2.425 μm	2	CO
2 水平	800	超细 1.236 μm	4	H_2
3 水平	900			
4 水平	1000			

（2）还原实验装置：脱钠赤泥的还原实验装置同图 6-15 和图 6-16。

（3）还原实验操作过程：

脱钠赤泥经彻底干燥，取一定质量置于陶瓷坩埚内放在管式还原炉的恒温区，通氮通氢升温至预定温度，保温还原处理一定时间，降温通氮停氢，取出试样，进行化学分析，计算铁元素的还原率。

（4）试验设计安排：

根据当时的实验条件无法安排较多次实验，用改造的 $L_8(4 \times 2^4)$ 正交表安排实验，八次实验方案和还原实验结果列于表 6-34，还原剂均为纯 H_2。

表 6-34　$L_8(4 \times 2^4)$ 正交表（还原实验方案和实验结果）

实验号	还原温度/℃	赤泥粒度	还原时间/h	赤泥质量/g	还原失重/g	净失重/g	还原率/%
1	700	原状	2	10.001	2.712	1.222	71.158
2	700	超细	4	10.001	2.926	1.466	85.430
3	800	原状	2	10.001	3.107	1.617	94.165

实验号	还原温度/℃	赤泥粒度	还原时间/h	赤泥质量/g	还原失重/g	净失重/g	还原率/%
4	800	超细	4	10.002	3.137	1.641	95.649
5	900	原状	4	10.000	3.190	1.700	98.981
6	900	超细	2	10.004	3.164	1.668	97.186
7	1000	原状	4	10.001	3.219	1.729	99.938
8	1000	超细	2	10.002	3.211	1.715	99.425

（5）脱钠赤泥精细还原实验结果的方差分析：

由八次精细还原实验结果计算得到方差分析表（表 6-35-1），经 F 检验表明各影响因素中还原温度、还原时间长度、赤泥粒度的变化对铁元素的还原度的影响都不明显。

表 6-35-1　脱钠赤泥精细还原实验结果的方差分析表

因子	离差平方和	自由度	方差 s_i^2	F 比	显著性信度
还原温度	290.108	3	96.7	23.6	—
还原时间	5.651	1	5.7	1.4	—
赤泥粒度	10.197	1	10.2	2.5	—
还原气体	6.187	1	6.2	1.5	—
误差 e	4.137	1	4.1		

$F_{1,0.05}^3 = 215.7$ 。

（6）结论。

试验的误差项的自由度非常少，只有 1 个，所以 F 检验的精度不高。所以将还原时间长度、赤泥粒度的影响与误差项合并作为误差项，再做 F 检验，F 检验显示还原温度的变化对赤泥中铁元素的还原率有一定的影响，其信度水准超过5%。表 6-35-2 是修改后的方差分析表。

表 6-35-2　修改后的方差分析表

因子	离差平方和	自由度	方差 s_i^2	F 比	显著性信度
还原温度	290.108	3	96.7	14.779	*
误差	26.172	4	6.543		

$F_{4,0.05}^3 = 6.59$ 。

赤泥中铁元素的还原率影响的主效应列于表 6-36 和图 6-20,可以看出还原温度由 700℃升高到 800℃,对赤泥中铁元素的还原率的影响最为明显,而由 900℃升高到 1000℃的效果不太明显。

表 6-36 脱钠赤泥精细还原实验结果的主效应

还原温度/℃	700	800	900	1000
还原度/%	78.294	94.907	98.084	99.682

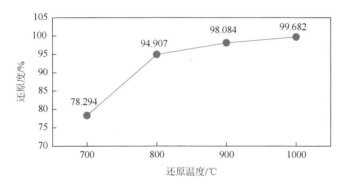

图 6-20 脱钠赤泥精细还原的主效应

最佳工况的推荐是:原始粒度的赤泥在低于 1000℃的温度下用 CO 或纯 H_2 还原 4 h,赤泥中铁氧化物几乎完全都能还原成金属铁。考虑到实际操作,取在 900℃下还原 2 h 也可以。

这个实验结果也反映了超细粒度的含铁物料精细还原的尺度效应。

6.3.8 小结

(1) 采用合理的试验设计安排实验能够使因子的主效应与交互作用及误差项的方差贡献分离,所得结论能够给出其可信赖的概率评价,是非常重要的系统分析和科学实验工具。

(2) 现代科学的重要特征是科学实验,实验的科学性的表现是具有定量的误差描述。误差的来源可以认为有如下的层次。①最基础层次的误差来源于测量探头或传感器。②稍高一些层次的误差来源是测量仪表产生的误差。③再高一些层次的误差是数据传输所产生的误差,包括噪声和干扰。这三个层次的误差可以归纳为重复测量误差。④取样造成的误差,主要是取样的样本总体和目的总体之间的差异,这种误差可能造成重大谬误。⑤重复实验造成的误差,再做一次实验或多次实验形成的变动，往往包含以上各项误差。⑥各影响因素以及其交互作用的效应互相混杂造成的误差，结果有两种情况：一种是影响因素的主效应被掩盖，而不显著；另一种是没有影响因素的效应显著。这两种情况往往导致"赝科学"的产生，而方差分析是规避这类错误的最有力的工具。第④种误差和第⑥种误差属于模型误差，是灾难性的误差，往往导致颠覆性的错误结论。

6.4 回归分析原理和应用

6.4.1 最小二乘法

1）求最佳拟合的最小二乘法

系统变量 x 和 y 的 n 组观测值如表 6-37 所示，对于变量 x 和 y 的最佳估计可以按其最小离差平方和求出。

表 6-37 变量 x 和 y 的 n 组观测值

序号	x	y
1	x_1	y_1
2	x_2	y_2
⋮	⋮	⋮
⋮	⋮	⋮
t	x_t	y_t
⋮	⋮	⋮
⋮	⋮	⋮
$n-1$	x_{n-1}	y_{n-1}
n	x_n	y_n

对于量 x_t 给出估计 $\tilde{x}$，可以按其最小离差平方和求出，即对于量 x_t 定义其离差为

$$\tilde{\delta}_t = x_t - \tilde{x} \tag{6-69}$$

定义量 x_t 的总变动，即离差平方和为

$$\tilde{L}_{xx} \text{ 或 } \tilde{s}_{\mathrm{T}} = \sum_{t=1}^{n} \tilde{\delta}_t^2 \tag{6-70}$$

理论上对量 x_t 可以有无穷多个拟合（或估计）方案（取值），其中，数学上最合理的最佳拟合方案是使离差平方和 $\tilde{L}_{xx}$ 最小，称之为"最小二乘"估计。可以证明，

这个最佳拟合的结果是各 x_t 的平均值，即最佳拟合是

$$\hat{x} = \overline{x} \qquad (6\text{-}71)$$

相应的最小的离差平方和记为 L_{xx} 或 $S_{总}(S_T)$，参考前文关于描述数据的分散性的叙述，这个最小离差平方和即是数据 x_t 的总变动（能动性），其变动的自由度是

$$\mathrm{df_T} = n - 1 \qquad (6\text{-}72)$$

因为计算平均值用去一个自由度。

同理，对于量 y_t 的最佳拟合也是其平均值 $\overline{y}$，其总变动（能动性）是 L_{yy}，自由度也是 $\mathrm{df_T} = n - 1$。

如果考虑变量 x 对变量 y 的影响，求线性拟合式，理论上也可以有无穷多个拟合结果。即求：

$$\tilde{y} = \tilde{b}_0 + \tilde{b}x \qquad (6\text{-}73)$$

其中：$\tilde{y}$ 为 y 的估计值；$\tilde{b}_0$、$\tilde{b}$ 为待定常数。

其"最佳"的拟合，即求最佳的系数 b_0^* 和 b^*，同理在数学上的最佳有最小二乘原则也是使离差平方和最小：对于 x 的第 t 次观测值 x_t，由式（6-73）可得到 y_t 的任意线性方程的估计值：

$$\tilde{y}_t = \tilde{b}_0 + \tilde{b}x_t \qquad (6\text{-}74)$$

其中：$t = 1, 2, \cdots, n$。

定义残差（离差）$\tilde{e}_t$ 为 y_t 的估计值 $\tilde{y}_t$ 和观测值之差

$$\tilde{e}_t = y_t - \tilde{y}_t \qquad (6\text{-}75)$$

残差平方和为

$$\begin{aligned}\tilde{Q}(\tilde{b}_0, \tilde{b}) &= \sum_{t=1}^{n} \tilde{e}_t^2 = \sum_{t=1}^{n} (y_t - \tilde{y}_t)^2 \\ &= \sum_{t=1}^{n} [y_t - (\tilde{b}_0 + \tilde{b}x_t)]^2\end{aligned} \qquad (6\text{-}76)$$

可见残差平方和 $\tilde{Q}(\tilde{b}_0, \tilde{b})$ 为待定常数 $\tilde{b}_0$ 和 $\tilde{b}$ 的二次代数函数。

定义其最佳线性拟合 b_0^*, b^* 的目标是残差平方和最小，即

$$Q^*(b_0^*, b^*) = Q_{\min} \qquad (6\text{-}77)$$

最佳线性拟合式为

$$\hat{y} = b_0^* + b^* x \qquad (6\text{-}78)$$

称式（6-77）为残差平方和的"最小二乘准则"，严格地说应该称之为"线性最小二乘准则"。"最小二乘"拟合是一种最经常使用的数学方法，习惯上简称为"最小二乘法"。最小二乘拟合的最重要的优点是最佳拟合的存在性和唯一性，即在任何情况下都一定能够得到最佳拟合[式(6-78)]。因为 $\tilde{Q}(\tilde{b}_0, \tilde{b})$ 是待定常数 $\tilde{b}_0$ 和 $\tilde{b}$ 的二次代数函数，其一阶偏导数为零是一个一次代数方程组，一定能得到唯一解。所以不论该变量 y 和变量 x 之间是否真的存在线性关系，一定能得到唯一

的线性拟合式[式(6-78)]，这种拟合是数学上的"强迫"拟合，因此也有可能得到"假的"结果。

不难看出，用一个数来拟合各个 y_t，最小二乘拟合（估计）的结果是其算数平均值 $\bar{y}$，可以认为这是"零级线性拟合"，而式（6-78）可以认为是"一级线性拟合"，可以合理地认为也能得到"二级线性拟合"，甚至"三级线性拟合"，等等。

最小二乘拟合得到的一组最佳系数 b_0^* 和 b^* 常直接记为 b_0 和 b（有的情况也经常记为 a 和 b）称之为回归系数，写成：

$$Y = b_0 + bx \tag{6-79}$$

式（6-79）称之为回归方程或回归线，b_0 和 b 分别是回归线的截距和斜率；而相应的最小残差平方和 $Q^*(b_0^*, b^*) = Q_{\min}$，也常常直接记为 Q，称之为剩余平方和 Q_e（或 $Q_{余}$）。

2）正规方程（组）

由数学分析的原理可知，剩余平方和 $\tilde{Q}(\tilde{b}_0, \tilde{b})$ 是待定常数 $\tilde{b}_0$ 和 $\tilde{b}$ 的非负函数，能够满足最小值存在的条件，即 $\tilde{Q}$ 分别对 $\tilde{b}_0, \tilde{b}$（或 b 和 b_0，也可以记为 a 和 b）的偏导数分别为零：

$$\begin{cases} \dfrac{\partial Q}{\partial a} = 0 & = -2\sum_k (y_k - a - bx_k) = -2\sum_k (y_k - \hat{y}_k) \\ \dfrac{\partial Q}{\partial b} = 0 & = -2\sum_k (y_k - a - bx_k)x_k = -2\sum_k (y_k - \hat{y}_k)x_k \end{cases} \tag{6-80}$$

方程组（6-80）称之为"正规方程组"，可以看出其中各 x_k 和 y_k 是第 t 次观测值，均为已知量，所以这两个代数式的数值结果都是非零的正值，表明 $\tilde{Q}$ 有唯一的最小值 $Q_{\min}$。

正规方程组是关于未知系数 a 和 b 的线性代数方程组，解之可以求得回归系数 a 和 b：

$$\begin{cases} a = \bar{y} - b\bar{x} \\ b = L_{xy}/L_{xx} = \dfrac{\sum xy - (\sum x)(\sum y)/N}{\sum x^2 - (\sum x)^2/N} \end{cases} \tag{6-81}$$

其中：$\begin{cases} \bar{y} = \sum y_k / N \\ \bar{x} = \sum x_k / N \end{cases}$

交叉积 $\begin{cases} L_{xx} = \sum (x_k - \bar{x})^2 = \sum x_k^2 - (\sum x_k)^2/N \\ L_{xy} = \sum (x_k - \bar{x})(y_k - \bar{y}) = \sum x_k y_k - (\sum x_k)(\sum y_k)^2/N \end{cases}$

得到最佳线性拟合式为

$$\hat{y} = a^* + b^* x$$

常简记为

$$y = b_0 + bx$$

或

$$y = a + bx \tag{6-82}$$

6.4.2　回归分析

1）系统中的变量之间的关系

系统中的变量之间的关系有三种类型：

（1）函数关系，示意如图 6-21 所示。自变量与因变量均为确定型变量，对于自变量的某一确定值，对应有一个（或数个）确定的因变量取值，记为

$$y = f(x) \tag{6-83}$$

（2）回归关系。自变量为确定型变量，因变量为随机型变量，对于自变量的某一确定值，因变量取值为某一确定的分布，记为

$$y = f(x) + \varepsilon \tag{6-84}$$

其中：ε 随机误差。

（3）相关关系。自变量和因变量均为随机型变量，示意如图 6-22 所示。

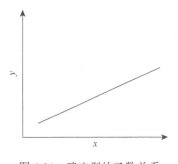 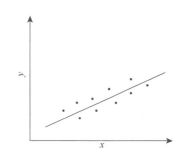

图 6-21　确定型的函数关系　　　　　图 6-22　随机型的相关关系

三种变量之间的关系可推广到多个变量之间的关系。在应用范畴对这三种情况常常不予以严格的区分，均以称之为回归分析法来处理。在实际工作中由于各种误差源的存在，绝大多数工程数据都带有随机性的误差，回归分析是最常用的数学工具：

（1）根据一组观测值，确定变量之间的定量关系和最佳拟合，计算过程同最小二乘法；

（2）对这些关系的可信程度进行统计检验；

（3）若某指标有多个影响因素，要对其每个因素影响的显著性做出统计判断；

（4）利用所求得的关系式和误差的估计，对指标做预报和控制，有关数学原理请参阅相应的数理统计书籍。

2）系统中变量的相关分析

●相关系数——样本相关系数

对于两个正态分布的随机变量 x, y，总体相关系数 ρ 定义为

$$\rho = \frac{\mathrm{cov}(x, y)}{\sigma_x \cdot \sigma_y} \qquad (6\text{-}85)$$

其中：$\mathrm{cov}(x, y)$ 为协方差；$\sigma_x \cdot \sigma_y$ 为 x, y 的标准差；ρ 是一个绝对值小于 1 的数，$-1 < \rho < 1$。

对于一个具有 n 组观测值的样本，其子样（相关系数）γ 定义为

$$\gamma = \frac{L_{xy}}{\sqrt{L_{xx}L_{yy}}} = \frac{s_{xy}}{s_x s_y} \qquad (6\text{-}86)$$

样本相关系数 γ 是总体相关系数 ρ 的估计值。其中，s_{xy} 为样本协方差；s_x, s_y 为 x, y 的样本标准差；L_{xy} 为交叉积 $\sum xy - \left(\sum x\right)\left(\sum y\right)\big/ N$；$L_{xx}$ 为 x 的平方和 $L_{xx} = \sum x^2 - \left(\sum x\right)^2 / N$；$L_{yy}$ 为 y 的平方和 $L_{yy} = \sum y^2 - \left(\sum y\right)^2 / N$。

其中回归系数 b_0, b（β_0, β）或（a, b）各占一个自由度，s 剩余的误差项 e 的自由度为

$$\mathrm{df}_e = n - 2 \qquad (6\text{-}87)$$

查相关系数表 $\gamma_{\mathrm{df}}^{\alpha}$，若 $\gamma \geqslant \gamma_{\mathrm{df}}^{\alpha}$，表明此回归方程成立；$x\text{-}y$ 之间的线性相关的结论的否定概率低于 α，或 $x\text{-}y$ 之间的线性相关的结论成立的信度高于 α，即表明在信度 α 的水准上 x 与 y 显著相关。

相关系数 ρ 的几何意义图如图 6-23 所示。

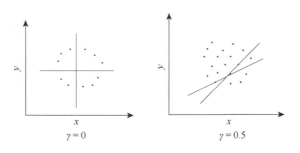

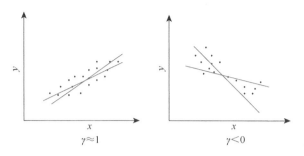

图 6-23 相关系数 ρ 的几何意义

注意：①若回归方程不能成立（统计分析），则所求出的 a 和 b 无意义；

②回归方程不能线性成立，并非不能非线性成立；

③若当 x，y 对调，两个回归方程不重合。

即 $\begin{cases} \hat{y} = a + bx \\ \hat{x} = a' + b'y \end{cases}$ 两个回归方程不重合。

6.4.3 回归方程的方差分析

由前文可知，变量 y 的总变动 U 或 L_{yy} (能变性的描述) 是每个观测值和其平均数之差的平方和，以及其自由度分别是

$$L_{yy} = S_{\mathrm{T}} = \sum y^2 - \left(\sum y\right)^2 / N$$

$$\mathrm{df} = N - 1$$

（6-88）

可证明：

$$\begin{aligned}
L_{yy} &= \sum (y_k - \bar{y})^2 \\
&= \sum (\hat{y}_k - \bar{y})^2 + \sum (y_k - \hat{y}_k)^2 \\
&= S_{\mathrm{回}} + S_{\mathrm{余}} \\
&= \bar{U} + Q_e
\end{aligned}$$

或 $$L_{yy} = S_{\mathrm{T}} = \sum y^2 - \left(\sum y\right)^2 / N$$

$$\mathrm{df} = N - 1$$

（6-89）

其中，回归线所说明的平方和 U（回归系数 b 说明的平方和）是每个最佳估计值与其平均值之差的平方和：

$$\begin{aligned}
U = S_{\mathrm{回}} &= \sum (\hat{y}_k - \bar{y})^2 \\
&= b^2 L_{xx} = bL_{xy} = L_{xy}^{\,2} / L_{xx} \\
&= L_{yy} \cdot \gamma^2
\end{aligned}$$

（6-90）

回归系数 b 占有自由度的个数是 1:

$$\mathrm{df}_{回} = 1 \qquad (6\text{-}91)$$

回归线未能说明的平方和，称之为剩余平方和 Q，是每个观测值与其估计值之差的平方和：

$$
\begin{aligned}
Q = S_e &= \sum (y_k - \hat{y}_k)^2 \\
&= S_{\mathrm{T}} - S_{回} \\
&= L_{yy}(1 - \gamma^2)
\end{aligned}
\qquad (6\text{-}92)
$$

所以留给误差项 e 的剩余的自由度是

$$\mathrm{df}_e = n - 2$$

误差项 e 的方差 s_e^2（$s_余^2$）为

$$S_e^2 = S_e \Big/ \mathrm{df}_e = S_e \Big/ n - 2 \qquad (6\text{-}93)$$

整理，得到 n 组观测值的回归方程的方差分析如表 6-38 所示。

表 6-38 回归方程的方差分析表

方差源	自由度	平方和	均方差	F	信度 α
回归线	1	$U = S_{回}$	$s_{回}^2 = U/1$	$s_{回}^2 / s_e^2$	$\geqslant F_{\mathrm{df}_e}^{\mathrm{df}_{回}, \alpha}$
误差 e	$N-2$	$S_e = Q$	$s_e^2 = Q/(n-2)$	—	—
合计 T	$N-1$	$U = L_{yy}$	—	—	—

方差分析表明关于变量 y 的总变动 U 可以分解回归线的贡献 $S_{回}$ 和剩余的误差 $S_e(Q)$ 贡献，因为总变动 U 表征的是观测值 y_t 对平均值 $\bar{y}$ 的离散程度，剩余的误差贡献 Q 表征的是观测值 y_t 对线性最佳估计值 $\hat{y}^*$ 的离散程度，其差值 $U-Q$ 实质上是引进了影响因子 x 带来的（变动）分散程度的减少，这个回归方程的贡献 $S_{回}$ 反映的就是因子 x 的贡献，或者说影响因子 x 的贡献表现为平方和 U 减少为 Q，这个减少 $U-Q$ 的显著性可以用方差比 $s_{回}^2 / s_e^2$ 来衡量。这个结论很重要，是后述多元回归、逐步回归、模式识别的重要依据。

●回归线的精度

回归分析得到的剩余误差（残差）s_e 是回归线的精度，若样本容量 n 足够大，且 x 的取值在 $\bar{x}$ 附近，y 的估计值的误差，即回归线的精度为两倍的残差（剩余标准差）$2s_e$，记为

$$\hat{y} \pm 2s_e \qquad (6\text{-}94)$$

若样本容量 n 不够大，则回归线的精度为 t 倍的残差，记为

$$\hat{y} \pm t_{df}^{\alpha} s_e \tag{6-95}$$

若 x 的取值不在 $\bar{x}$ 附近，则 y 的估计值的误差大于两倍的残差，且距离 $(\bar{x}, \bar{y})$ 点越远误差越大。

由于应用广泛，最小二乘拟合是一种标准的数学方法，必须强调最小二乘法得到的结果是唯一的存在的，是一种"强迫"的方法，也有可能将不显著相关的两个变量"强迫"给出线性关系的结果，从而导致错误的结论。

{例 6.14} 工农业产值的增长关系

有关报道引用国家统计局编发的《伟大的十年》中所给的 1949～1957 年中国工农业产值的增长数据（见表 6-39），根据这些数据可以得到新中国成立初期农业对工业的影响。

表 6-39　1949～1957 中国工农业产值的增长数据（按 1952 年不变价格计算）

序号	年份	农业总产值/亿元	工业总产值/亿元	农业环比增长/%	工业环比增长/%
1	1949	325.9	140.2		
2	1950	383.6	191.2	17.7	36.4
3	1951	419.7	263.5	9.4	37.9
4	1952	483.9	343.3	15.3	30.3
5	1953	499.1	447.0	3.1	30.2
6	1954	515.7	519.7	3.3	16.3
7	1955	555.4	548.7	7.7	5.6
8	1956	582.9	703.6	4.9	28.2
9	1957	603.5	783.9	3.5	11.4

（1）将同一年的工业增长速率和农业增长速率对应列成表 6-40。

表 6-40　同一年工业增长速度和农业增长速度

序号	农业增长速率 x/%	工业增长速率 y/%	x^2	y^2	xy
1	17.7	36.4	313.29	1324.96	644.28
2	9.4	37.9	88.36	1436.41	356.26
3	15.3	30.3	234.09	918.09	463.59
4	3.1	30.2	9.61	912.04	93.62
5	3.3	16.3	10.89	265.69	53.79

序号	农业增长速率 x/%	工业增长速率 y/%	x^2	y^2	xy
6	7.7	5.6	59.29	31.36	43.12
7	4.9	28.2	24.01	795.24	138.18
8	3.5	11.4	12.25	129.96	39.90
Σ	64.9	196.3	751.79	5813.75	1832.74
$\bar{x}$	8.1125	24.5375			

用表 6-39 中数据计算同年工业增长速率 y 和农业增长速率 x 之间的线性拟合：

样本容量　　　　　　　　　　　$n=8$

剩余误差项自由度　　　　　　　$df = n-2 = 6$

$$\sum x = 64.9 \qquad \left(\sum x\right)^2 / n = 64.9^2 / 8 = 526.50$$

$$\sum x^2 = 751.79 \qquad L_{xx} = \sum x^2 - \frac{\left(\sum x\right)^2}{n} = 751.79 - 526.50 = 225.29$$

$$\sum y = 196.3 \qquad \left(\sum y\right)^2 / n = 196.3^2 / 8 = 4816.71$$

$$\sum y^2 = 5813.75 \qquad L_{yy} = \sum y^2 - \frac{\left(\sum y\right)^2}{n} = 5813.75 - 4816.71 = 997.04$$

$$\left(\sum x\right)\left(\sum y\right) / n = 64.9 \times 196.3 / 8 = 1592.48$$

$$\sum xy = 1832.74$$

$$L_{xy} = \sum xy - \left(\sum x\right)\left(\sum y\right) / n = 1832.74 - 1592.48 = 240.26$$

相关系数：

$$\gamma^2 = L_{xy}^2 \Big/ L_{xx}L_{yy} = \frac{240.26^2}{225.29 \times 997.04} = 0.25698540$$

$$\gamma = 0.5069$$

查相关系数表得知对应于自由度为 8 的不同信度水准下的临界的相关系数值分别是

$$\alpha = 0.10 \qquad \gamma = 0.6215$$

$$\alpha = 0.05 \qquad \gamma = 0.7067$$

计算表明本例中变量 y 与变量 x 之间的相关系数为 0.5069，不仅低于 5% 的信度临界值 0.7067，甚至还低于 10% 的信度临界值 0.6215，表明本年工业增长速率和农业增长速率之间不相关，也就是说，本年的农业增长速率对本年的工业增长速率没有明显的影响，相关系数的统计检验结果表明不能进一步求出回归方程。

（2）考虑到农业的收获季节是八九月份，故农业的增长速率可能会影响下一年度的工业增长速率，故将表 6-40 改为本年的工业增长速率与前一年的农业增速率相对应的表 6-41，然后重新进行回归分析计算。

表 6-41　本年的工业增长速度与前一年的农业增速度对照表

序号	前一年农业增长 x/%	当年工业增长 y/%	x^2	y^2	xy
1	17.7	37.9	313.29	1436.41	670.83
2	9.4	30.3	88.36	918.09	284.82
3	15.3	30.2	234.09	912.04	462.06
4	3.1	16.3	9.61	265.69	50.53
5	3.3	5.6	10.89	31.36	18.48
6	7.7	28.2	59.29	795.24	217.14
7	4.9	11.4	24.01	129.96	55.86
Σ	61.4	159.9	739.54	4488.79	1759.72
$\bar{x}$	8.771	22.84			

重新进行回归分析计算：

样本容量　　　　　　　　　　　$n = 7$

剩余自由度　　　　　　　　　　$\mathrm{df} = n - 2 = 5$

$$\sum x = 61.4 \qquad \left(\sum x \right)^2 / n = 61.4^2 / 7 = 538.57$$

$$L_{xx} = \sum x^2 - \left(\sum x \right)^2 / n = 739.54 - 538.57 = 200.97$$

$$\sum y = 159.9 \qquad \left(\sum y \right)^2 / n = 159.9^2 / 7 = 3652.57$$

$$L_{yy} = \sum y^2 - \left(\sum y \right)^2 / n = 4488.79 - 3652.57 = 836.22$$

$$\left(\sum x \right)\left(\sum y \right) / n = 61.4 \times 159.9 / 7 = 1402.55$$

$$L_{xy} = \sum xy - \left(\sum x \right)\left(\sum y \right) / n = 1759.72 - 1402.55 = 357.17$$

得出本年工业增长速率 y 与前一年农业增速率 x 之间的相关系数为

$$\gamma^2 = \frac{(L_{xy})^2}{L_{xx}L_{yy}} = \frac{357.17^2}{200.97 \times 836.22} = 0.75909855$$

$$\gamma = 0.8713$$

查相临界关系数表，得到

信度水准　　　　　　　$\alpha = 0.05$　　　$\gamma = 0.7545$

　　　　　　　　　　$\alpha = 0.01$　　　$\gamma = 0.8745$

可以看出，本年工业增长速率 y 与前一年农业增速率 x 之间的相关系系数 $\gamma = 0.8713$，高于信度水准为 5% 的临界值 0.7545，与信度水准 1% 的临界值 0.8745 相接近，$\gamma \geq \gamma_{df}^{\alpha}$ 表明相关关系显著存在。

将此两种情况分别做方差分析计算对比列于表 6-42。其中 I 是工业增长速率与本年农业增速率之间的关系，II 是本年工业增长速率与前一年农业增速率之间的关系。

表 6-42　两种情况对比的方差分析计算

I	II
$S_T = L_{yy} = 997.04$	$S_T = L_{yy} = 836.22$
$df = n-1 = 7$	$df = n-1 = 6$
$S_{回} = bL_{xy} = 1.066 \times 240.26$	$S_{回} = bL_{xy} = 1.777 \times 357.17$
$= S_T \cdot \gamma^2 = 997.04 \times 0.2570$	$= S_T \cdot \gamma^2 = 836.22 \times 0.7590$
$= 256.24$	$= 634.69$
$df = 1$	$df = 1$
$S_{余} = S_T - S_{回} = 740.80$	$S_{余} = S_T - S_{回} = 201.53$
$df = 7-1 = 6$	$df = 6-1 = 5$

方差分析结果列于表 6-43，其中表 6-43-I 是工业增长速率与本年农业增速率之间的相关分析表，表 6-43-II 是本年工业增长速率与前一年农业增速率之间的相关分析表。

表 6-43-I　工业增长速率与本年农业增速率之间的相关分析表

来源	平方和	自由度	方差	F	显著性
回归线	256.24	1	256.24	2.08	
剩余	740.80	6	123.47		
总和	997.04	7			

$F_6'^* = 6.0$ 。

表 6-43-Ⅱ　工业增长速率与前一年农业增速率之间的相关分析表

来源	平方和	自由度	方差	F	显著性
回归线	634.69	1	634.69	15.75	**
剩余	201.53	5	40.31		
总和	836.22	6			

$F_5'* = 6.61$ ；　$F_5'** = 16.3$ 。

两种情况分别做图 6-24 和图 6-25。

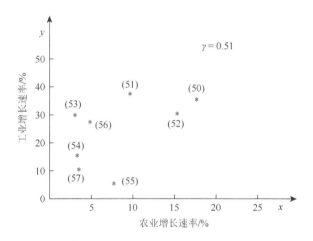

图 6-24　同年工农业增长速率的关系图（不显著相关）

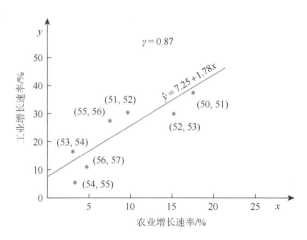

图 6-25　工业增长速率和上一年农业增长速率的关系图（显著相关）

求得本年工业增长速度 y 与前一年农业增速度 x 之间的回归系数：

$$b = L_{xy} / L_{xx} = 357.17 / 200.97 = 1.777$$

$$a = \bar{y} - b\bar{x} = 22.84 - 1.777 \times 8.771 = 7.25$$

本年工业增长速度 y 与前一年农业增速度 x 之间的线性关系式是

$$y = 7.25 + 1.78x$$

做预报曲线：

x	0	5	10	15
y	7.25	16.15	25.05	33.95

结论：

（1）新中国成立解放初期，中国的工业增长速度平均约为 24.5%，农业增速平均约为 8.1%。

（2）新中国成立初期，中国的工业增长速度受前一年的农业增速影响，前一年的农业增速每增加 1%，本年工业增速度约增加 1.8%。

（3）用最小二乘法能够得到工业增长速度与本年农业增速度之间的关系式，统计分析表明这是虚假的、强迫的结果，这个关系式不能成立，中国的工业增长速度与本年农业增速度无关。

6.4.4　多元线性回归

系统最基本的特点就是多元性，一般很少有只有一个影响因素的情况，都具有多个变量，因此，多元最小二乘法（多元线性最小二乘法）自然就成为最广泛关注的方法。多元最小二乘方法就是将前述一元的线性最小二乘法扩展到多元的情况，即是对于某个变量 y 考察多个自变量 $x_i, i = 1, 2, \cdots, m$ 的影响。

第 t 次观测得到变量 y 的观测值 y_t 和第 i 个自变量 x_i 的观测值 x_{it}，构成 $m + 1$ 列 n 行的矩阵：

$$
\begin{pmatrix}
x_{11} & x_{21} & \cdots & x_{i1} & \cdots & x_{m1} & y_1 \\
x_{12} & x_{22} & \cdots & x_{i2} & \cdots & x_{m2} & y_2 \\
\vdots & \vdots & & \vdots & & & \\
x_{1t} & x_{2t} & \cdots & x_{it} & & x_{mt} & y_t \\
\vdots & & & & & & \\
x_{1n} & x_{2n} & \cdots & x_{in} & & x_{mn} & y_n
\end{pmatrix}
\tag{6-96}
$$

其中：$i = 1, 2, \cdots, m$。

最小二乘意义下的最佳线性拟合为

$$\hat{y} = b_0 + b_1 x_1 + \cdots + b_i x_i + \cdots + b_m x_m = b_0 + \sum_{i=1}^{m} b_i x_i \qquad (6-97)$$

即剩余平方和最小：

$$\min \quad Q(\tilde{b}_0, \tilde{b}_1, \cdots \tilde{b}_j, \cdots, \tilde{b}_m) = Q \qquad (6-98)$$

其中

$$Q(b) = \sum_{t=1}^{n} e_t^2 = \sum_{t=1}^{n} \left[y_t - \left(b_0 + \sum_{j=1}^{m} b_j x_{jt} \right) \right]^2$$

$$\therefore \qquad Q(b_0, \cdots, b_m) = \sum_{t=1}^{n} \left[y_t - \left(b_0 + \sum_{j=1}^{m} b_j x_{jt} \right) \right]^2 \qquad (6-99)$$

定义离差（剩余残差，误差）e_t

$$e_t = y_t - \hat{y}_t$$

$$= y_t - \left(\tilde{b}_0 + \sum_{j=1}^{m} \tilde{b}_j x_{jt} \right) \qquad t = 1, 2, \cdots, m \qquad (6-100)$$

最小二乘的必要条件是离差平方和[式(6-99)]对各"回归系数 b_i"的偏导数等于 0：

$$\partial Q_e \Big/ \partial b_j = 0 \quad j = 0, 1, 2, \cdots m \qquad (6-101)$$

由于式（6-99）是关于各"回归系数 b_i"的二次代数方程，所以令各一阶偏导数等于 0，得到的是关于"回归系数 b_i"的一次代数方程，能够满足解的存在性与唯一性条件。

令各一阶偏导数等于 0，得到正规方程组[式(6-102)]：

正规方程组
$$\begin{cases} \partial Q_e \Big/ \partial b_0 = 0 \\ \partial Q_e \Big/ \partial b_1 = 0 \\ \quad \vdots \\ \partial Q_e \Big/ \partial b_j = 0 \\ \quad \vdots \\ \partial Q_e \Big/ \partial b_m = 0 \end{cases} \qquad (6-102)$$

展开，为[式(6-103)]：

$$b_0 = \bar{y} - \sum_{j=1}^{m} b_j \bar{x}_j \quad \begin{cases} L_{11}b_1 + L_{12}b_2 + \cdots + L_{1j}b_j + \cdots + L_{1n}b_n = L_{1y}(L_{10}) \\ L_{21}b_1 + L_{22}b_2 + \cdots + L_{2j}b_j + \cdots + L_{2n}b_n = L_{2y}(L_{20}) \\ \vdots \\ L_{i1}b_1 + L_{i2}b_2 + \cdots + L_{ij}b_j + \cdots + L_{in}b_n = L_{iy}(L_{i0}) \\ \vdots \\ L_{n1}b_1 + L_{n2}b_2 + \cdots + L_{nj}b_j + \cdots + L_{nn}b_n = L_{ny}(L_{n0}) \end{cases} \tag{6-103}$$

其中：

$$\begin{cases} \bar{x}_j = \sum_{t=1}^{n} x_{jt} / n \\ \bar{y}_j = \sum_{t=1}^{n} y_t / n \end{cases} \quad j = 1, \cdots, m \tag{6-104}$$

以及交叉积：

$$\begin{cases} L_{ii} = \sum_{t=1}^{n} (x_{it} - \bar{x}_i)^2 \\ L_{ij} = \sum_{t=1}^{n} (x_{jt} - \bar{x}_j)(x_{it} - \bar{x}_i) \quad i, j = 1, \cdots, m \\ L_{i0} = \sum_{t=1}^{n} (x_{it} - \bar{x}_i)(y_t - \bar{y}) \end{cases} \tag{6-105}$$

亦称之为交叉积矩阵：

$$\boldsymbol{A} = \begin{pmatrix} & & \\ & L_{ij} & \\ & & \end{pmatrix} \quad \text{是 } m \times m \text{ 方阵} \tag{6-106}$$

由定义可知　　　　$L_{ij} = L_{ji}$

定义列向量：

$$\boldsymbol{b} = \begin{pmatrix} b_1 \\ \vdots \\ b_n \end{pmatrix} \quad \text{和} \quad \boldsymbol{B} = \begin{pmatrix} L_{1y} \\ \vdots \\ L_{ny} \end{pmatrix} \tag{6-107}$$

故正规方阵可写成矩阵形式

$$\boldsymbol{Ab} = \boldsymbol{B} \tag{6-108}$$

其解为　　　　　　　　　　　$\boldsymbol{b} = \boldsymbol{CB}$ \quad\quad\quad\quad (6-109)

其中矩阵 $\boldsymbol{C}$ 为 $\boldsymbol{A}$ 的逆阵　　　$\boldsymbol{C} = \boldsymbol{A}^{-1}$ \quad\quad\quad\quad (6-110)

即 $\boldsymbol{C} \cdot \boldsymbol{A} = \boldsymbol{I}$，为单位阵。

　　参考前文关于一元线性回归的方差分析，可以得到多元线性回归的方差分析表（表 6-44）。

表 6-44 多元线性回归方程的方差分析表

方差源	自由度	平方和	均方差	F	显著性
回归线	m	$U = S_{回}$	$S_{回} / m$	$\dfrac{(n-m-1)S_{回}}{mS_e}$	
误差 e	$n-m-1$	$S_e = Q$	$S_e / (n-m-1)$	—	
合计 T	$n-1$	$U = L_{yy}$	—	—	

方差比 F_{n-m-1}^m 表示整个回归方程的方差贡献与随机误差之比，查相应的 F 表，确定在某个信度水准 α 下的显著性。

在观测次数 n 足够的情况下，剩余误差 s_e 即为回归线的精度：

$$s_e^2 = Q / (n-m-1) \tag{6-111}$$

剩余误差的自由度：

$$\mathrm{df}_e = n - m - 1 \tag{6-112}$$

也可以计算其相关系数，称之为"复相关系数"，由方差分析可以看出复相关系数是变量 y 与回归方程式中诸个 x_i 的线性组合 $\sum b_i x_i$ 的相关性。

实际上，大多数系统问题都是多元问题，多元最小二乘法能够保证解的存在性与唯一性，这是多元最小二乘法最大的优点，因为不论系统多么复杂，一定能够得到一个多元线性代数方程，在形式上非常适合一般习惯。另一方面，这个存在性与唯一性也是最大的缺点，因为会将所有的因素都纳入回归方程中，把不相干的因素连同有重要影响的因素一起都列入回归方程，造成极大的误解和混乱，因此一般说来简单地使用多元线性回归没有什么实用价值。

对于多元问题，应该首先作相关分析，即先分别求各变量之间的简单相关系数：某个影响因子 x_i 单独与因变量 y 之间的相关系数 r_{1i}，以及各影响因子 x_i 之间的简单相关系数（偏相关系数）r_{ij}，其中 $I = i, \cdots, m$，$j = 1, \cdots, m$。得到一个 $m \times m$ 阶的偏相关系数矩阵 $\{r_{ij}\}$，而 r_{1i} 是一个 m 维的向量。显然有 $x_{ij} = x_{ji}$，所以偏相关系数矩阵是一个对称阵。

根据简单偏相关系数可以初步判知各影响因子对指标 y 的影响大小，可以将一些影响很小的因子剔除。根据各影响因子之间的偏相关系数矩阵可以看出各影响因子是否独立（是否显著相关），是否对指标 y 有独立的影响。

为了克服多元线性回归这种"强迫"所造成的严重问题，需要对方程中每个因子的方差贡献逐一进行统计检验，将不可信的因子剔除出回归式，这种操作须反复进行，非常麻烦。最终发展了具有某些"智能特征"的、柔性的逐步回归方法，将在 6.4.6 节中介绍。

6.4.5 可化为线性的非线性回归

线性最小二乘法和线性回归能够满足拟合结果的存在性和唯一性条件，所以得到广泛的应用。由此，自然而然就想扩大应用到非线性的情况，然而，数学研究表明非线性最小二乘法拟合不具备普适性。代用的方法是能用一些简单的变量变换，将非线性关系的变量转化成可以用线性关系拟合的情况，这种操作得到"可化为线性的非线性回归"方法，从而满足了非线拟合的存在性和唯一性条件。必须指出的是：这类操作使得相关分析和方差分析不再有统计分析的效应。

可见，平常所说的非线性回归实质上是可化为线性的最小二乘法，是利用线性最小二乘的方法，获得原变量的非线性回归式。

化为线性的方法是进行对变量作代数变换，可以有以下几种：①只对 x 作变换；②只对 y 作变换；③对 x、y 都作变换。

做哪种代数变换最合适，可以 y 为纵轴，以 x 为横轴，对实测数据作散点图，然后参考查常用数学手册观察散点的分布趋势确定变换的形式，如图 6-26 所示。

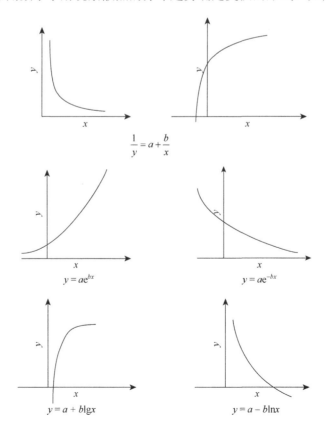

$$\frac{1}{y} = a + \frac{b}{x}$$

$$y = a e^{bx}$$

$$y = a e^{-bx}$$

$$y = a + b \lg x$$

$$y = a - b \ln x$$

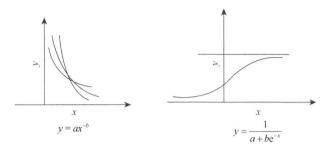

图 6-26 曲线化直线的变量代换示意图

使用变量代换大大扩大了最小二乘法的应用范围，例如将一个简单的 y-x 二元中追加若干个人工变量：$x_2 = x^2, x_3 = x^3 \cdots, x_m = x^m$，就可以用多元最小二乘法实现多项式拟合，得到类似于幂级数展开；在多项式拟合中还可以加入各种各样的人工变量，同理，也可以类似傅氏级数展开；显然多项式拟合中还可以加入各种各样的人工变量如 $x_A \times x_B$ 交互作用项，甚至引入非计量值变量。

{例 6.15} 弱磁场性能取向硅钢的研发

冷轧取向硅钢带的性能指标是强磁场性能，较早时期对 0.35 mm 厚的硅钢带的电磁性能指标是工频铁芯损失 $P_{10/50}$ 和直流磁感应强度 B_{10}，某些特殊用户要求弱磁场下的性能 $B_{0.1}$，因此有必要研究不是常规性能 B_{10}，而和常规性能 P_{10} 之间的定量关系。

随机抽取三批共 80 个样品，按标准测定电磁性能 $P_{10/50}$ 和 $B_{0.1}$（原始数据从略），做散点图，观察散点分布情况，考虑采取非线性拟合式为：$\lg B_{0.1} = a + bP_{10}$。

作最小二乘和回归分析计算过程如下：

令

$$x = (P_{10} - 0.5) \times 10^2$$

$$y = (\lg B_{0.1} - 3) \times 10^4$$

$$N = 80$$

$$\sum x = 1163.5 \qquad \bar{x} = 14.54$$

$$\left(\sum x \right)^2 / N = 16\,922$$

$$\sum x^2 = 39\,500$$

$$L_{xx} = \sum x^2 - \left(\sum x \right)^2 \Big/ N = 22\,578$$

$$\sum y = 310\,263 \qquad \bar{y} = 3878$$

$$\left(\sum y \right)^2 \Big/ N = 12.0329 \times 10^8$$

$$\sum y^2 = 31.7377 \times 10^8$$

$$L_{yy} = \sum y^2 - \left(\sum y\right)^2 \Big/ N = 19.7048 \times 10^8$$

$$\left(\sum x\right)\left(\sum y\right) \Big/ N = 4\,512\,388$$

$$\sum xy = -1\,789\,631$$

$$L_{xy} = \sum xy - \left(\sum x\right)\left(\sum y\right) \Big/ N = -6\,302\,019$$

求相关系数:

$$\gamma^2 = L_{xy}{}^2 \Big/ L_{xx} L_{yy} = 6\,302\,019^2 \Big/ 22\,578 \times 19.7048 \times 10^8$$

$$= \frac{3.9715 \times 10^{13}}{4.4489 \times 10^{13}} = 0.8927$$

得到变量 x 和 y 的简单相关系数是

$$\gamma = -0.945; \text{ 显著性信度水准非常高。}$$

故求其回归系数

$$b' = L_{xy} \Big/ L_{xx} = -6\,302\,019 \Big/ 22\,578 = -279.12$$

$$a' = \bar{y} - b'\bar{x} = 3878 + 279.12 \times 14.54 = 7936.40$$

做方差分析:

$$S_{\text{T}} = L_{yy} = 19.7048 \times 10^8$$

$$\text{df} = 80 - 1 = 79 \qquad S_{\text{T}} \Big/ \text{df} = 0.249\,427 \times 10^8 = S^2$$

$$S_{\text{回}} = \gamma^2 S_{\text{T}} = 0.892\,694 \times 19.7048 \times 10^8 = 17.5903 \times 10^8$$

$$\text{df} = 1$$

$$S_e = S_{\text{T}} - S_{\text{回}} = 2.1145 \times 10^8$$

$$\text{df}_e = 79 - 1 = 78$$

$$S_e{}^2 = S_e \Big/ \text{df}_e = 2.1145 \times 10^8 \Big/ 78 = 2.7109 \times 10^6$$

$$S = 0.1646 \qquad \text{CV} = S \Big/ \bar{x} = 0.0113 \doteq 1\%$$

查 $$t_{80}^* = 2.00$$

置信界 $$\pm t_{80}^* \cdot S = 0.3293$$

上限 $$\lg \boldsymbol{B}_{0.1} = 5.5185 - 2.7912 P_{10}$$

下限 $$\lg \boldsymbol{B}_{0.1} = 4.8599 - 2.7912 P_{10}$$

$$F = \frac{S_{\text{回}}^2}{S_e^2} = \frac{(17.5903 \times 10^8)^2}{(2.1145 \times 10^8)^2} = 69.2$$

F 检验表明这种非线性相关关系非常显著，根据所求得的回归方程和置信界列于表 6-45 以及实际数据的散点图如图 6-27。

表 6-45 弱磁性 $B_{0.1}$ 预报方程和置信界

P_{10}	0.4	0.6	0.8	1.0	1.2
$\hat{B}_{0.1}$	11823	3270	904	250	69
上限	25236	6979	1930	534	148
下限	5539	1532	424	117	32

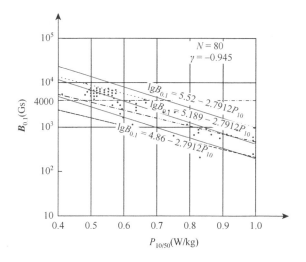

图 6-27 回归方程和置信界

恢复到原始数据，得到

$$b = -2.7912$$
$$\overline{P}_{10} = 0.5 + \overline{x} \times 10^{-2} = 0.5 + 0.1454 = 0.6454$$
$$\lg \overline{B}_{0.1} = 3.0 + \overline{y} \times 10^{-4} = 3.0 + 3878 \times 10^{-4} = 3.3878$$
$$a = \lg \overline{B}_{0.1} - b\overline{P}_{10}$$
$$= 3.3878 + 2.7912 \times 0.6454 = 5.1892$$

得到原始变量的非线性拟合为

$$\lg B_{0.1} = 5.189 - 2.7912 P_{10}$$

6.4.6　逐步回归

前文关于最小二乘法的叙述中已一再强调其得到线性拟合的存在性和唯一性的优点和问题，强调最小二乘法本质上是一种"强迫"的方法，对于多变量的系统，这个缺点尤为致命。为此发展了逐步回归方法，既克服这种"强迫"的缺点，同时又保留存在性和唯一性的优点，目前，大多数通用的统计软件都有功能强大的逐步回归软件。

逐步回归是求多元回归的一种特殊的计算方法，其本质是在多元最小二乘法的基础上，插入统计检验（F 检验）进行筛选的计算方法：逐个剔除方差贡献低的因子、逐个引入方差贡献高的因子，结果留在回归方程中的因子都是贡献高于指定信度水准的因子，而未能进入回归方程的因子都是贡献不高于指定信度水准的因子。简而言之，回归方程中的因子都是重要的因子，未进入回归方程的因子都是不重要的因子，所以用逐步回归方法往往被称为"最优的回归方法"，得到的回归方程被称为"最优的回归方程"。逐步回归方法引起了广泛的兴趣，在计算方法上多有改进，大多数通用软件都备有逐步回归程序（其计算过程已优化），有兴趣的读者请参阅有关书籍。

使用逐步回归要选定引入回归方程最低的方差贡献门槛 F_1 和剔除出回归方程最低的方差贡献门槛 F_2，一般情况常取 $F_1 = F_2 = 4.0$（$F_{60,0.05}^1 = 4.0$），实用中也可以适当降低门槛取 $F_1 = F_2 = 2.0$。

对于系统指标 y，考虑有 m 个影响因素 x_i，$i = 1, 2, \cdots, m$。采用多元回归得到包含有 n 个自变量的回归方程（$n < m$），记作：

$$y_n = \tilde{b}_{0,n} + \sum_{i=1}^{n} \tilde{b}_i x_i \qquad (6\text{-}113)$$

其中：$i = 1, 2, \cdots, n$，$n < m$。

进行如下操作：

（1）根据前文所述回归线的方差分析可知，可以对方程内的每一个因子的方差贡献 s_i^2 逐一作显著性检验，并按其 F 的大小排队，例如其中 F 值最低的是 x_k，将其 F 值 F_k 与给定的剔除门槛 F_2 相比较，如果 $F_k < F_2$，则在式（6-113）中剔除 x_k，再重新对指标 y 的 n–1 个自变量的方差 s_i^2 作显著性检验，再取其最低的 $F_{k'}$ 与给定的剔除门槛 F_2 相比较，反复进行这种操作，直到方程中 F 值最低自变量 $F_{\min}$ 都不低于给定的剔除标准 F_2，也就是说回归方程所有的自变量对指标 y 变动的贡献均以足够高的信度显著。

（2）另一方面，在回归方程以外，有 m–n 个自变量，对其逐一引入回归方程，相应的剩余平方和 Q 也发生变化，这个变化就是该自变量选入方程的方差 s_j^2（因每个变量的自由度都是1），按变量的 F 值的大小排队，将其中最大的 $F_t = F_{\max}$ 与

给定的选入标准 F_1 相比较,如果 $F_{max} > F_1$,则在式(6-111)中加入 x_l。这样在回归方程外只剩余有 $m-n-1$ 个变量,在回归方程内有 $n+1$ 个自变量。然后返回(1),对回归方程内各因子进行评估。如此反复进行,最终方程外所有变量中 F 值最高 F_{max} 都不高于给定的选入标准 F_1 为止。这样回归方程外剩余的自变量对指标 y 变动的贡献均没有达到一定信度水准。

(3)反复进行操作(1)和操作(2),直至回归方程内所有的变量的 F_i 值都大于给定的剔除标准 F_2,回归方程外所有的变量的 F_i 值都小于给定的选入标准 F_1,则停止计算。也就是说,逐步回归分析的结果是回归方程内所有的变量都是重要的不可忽略的变量,回归方程外剩余的变量都是不重要的可以忽略的变量。即得到"最优的"回归方程。

逐步回归方法已具有一定的筛选能力,是一种柔性的方法,也可以认为具有某些"智能",与传统的多元回归不同,使用逐步回归方法,不需要害怕考虑的变量个数太多,互相干扰;反而是希望考虑的变量个数尽可能地多,交给逐步回归程序来筛选。这样,还可以在自变量中追加许多人工变量,通过逐步回归软件筛选实现数学模型的"自动识别"。应该指出,逐步回归,由于它具有变量筛选的能力,远远超过了传统多元回归的范畴,使逐步回归方法成为系统分析系统模化的有力工具。这将在 6.4.7 节中举例说明。

6.4.7 回归分析建立碳氧模型

{例 6.16} 氧气转炉炼钢终点熔池中碳氧模型研究

氧气转炉炼钢的主要任务是脱碳,以及去除磷、硫等有害杂质元素,要求在一定时间间隔内成分和温度都达到终点要求。初期熔池中的硅首先氧化,随着温度的升高,钢水中的碳开始参加反应;吹炼中期,氧主要用于氧化钢水中的碳,脱碳速度达到峰值,钢水中的溶解氧降到最低水平;吹炼末期,随着钢水中碳含量的降低,脱碳速率也有所降低,钢中氧含量有所增高;到转炉吹炼终点,钢液中氧含量甚至可高达 0.1%(1000 ppm)以上。这不仅引起熔池中铁元素的烧损,也大大加重了后步各工序脱氧的负担,而脱氧产物会形成非金属夹杂,使钢的纯净度变差。因此,控制转炉冶炼终点氧的含量是保证成品钢质量的基础。

在实际生产操作中,终点氧不易直接控制,而是通过控制终点碳和温度来间接地控制钢水中的氧含量。

用碳氧仪测得的转炉炼钢终点熔池中碳、氧活度和温度数据 77 组列于第 2 章表 2-2,散点图为图 6-28,直方图为图 6-29,炼钢终点熔池中的碳平均值为 0.13%、氧活度的平均值为 0.0228%,熔池温度的平均值为 1648.6℃。根据这 77 炉次实测数据建立熔池中的碳氧模型如下所述。

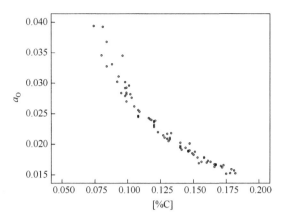

图 6-28　氧活度与碳含量之散点图

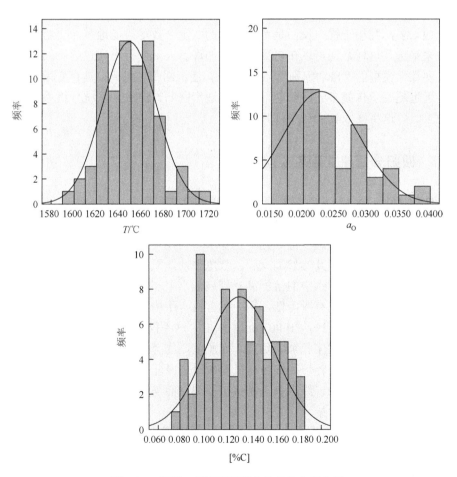

图 6-29　温度、氧活度和碳含量的分布直方图

1）提出备选模型

基于冶金物理化学原理和冶金工程经验提出预报熔池中氧活度的六种备选模型。

（1）备选模型①：根据"碳氧积"的概念，在一定温度下处于化学平衡状态的钢液中碳氧浓度积为一个常数，即$[\%O] \times [\%C] = \text{constant}$，变换得到非线性模型：

$$[\%O] = \frac{\text{constant}}{[\%C]}$$

据此可认为熔池中氧的活度值 a_O 和含$[\%C]$量之间存在如下关系：

$$a_O = \frac{\alpha}{[\%C]} + \beta \qquad （备选模型①）$$

其中：α 和 β 均为待定常数。

（2）备选模型②：考虑到熔池中氧的活度值除了受碳含量的影响外，还受到温度的影响，故在备选模型①的基础上增加一个温度项，提出含温度项的非线性二元备选模型②：

$$a_O = \frac{\alpha'}{[\%C]} + \beta'T + \gamma \qquad （备选模型②）$$

其中：α'、β' 和 γ 为待定常数。

（3）备选模型③：考查钢液中进行的碳氧反应以及物理化学原理提出备选模型应该类似于如下形式：

$$-RT \ln K_C = \Delta G^{\ominus} = \Delta H^{\ominus} - T\Delta S^{\ominus}$$

由热力学关系转化得到的描述溶池中碳含量、氧活度值和温度之间的关系应是下述非线性形式的备选模型③：

$$\ln(a_O \cdot [\%C]) = \frac{A}{T} + B \qquad （备选模型③）$$

其中：A、B 均为待定常数。

（4）备选模型④：考虑到转炉实际生产情况与理论平衡状态可能有种种偏离，将备选模型③衍化为更为灵活的非线性备选模型④：

$$\ln a_O = E \ln[\%C] + \frac{F}{T} + G \qquad （备选模型④）$$

其中：E、F、G 均为待定常数。

（5）备选模型⑤：略去备选模型④中的温度项得到氧活度值与含碳量间的双对数模型：

$$\ln a_O = \chi \ln[\%C] + \varphi \qquad （备选模型⑤）$$

其中：χ、φ 均为待定常数。

（6）备选模型⑥：用氧浓度值[%O]代替氧活度值 a_O，认为钢液中碳氧浓度积应为一个常数：

$$[\%C] \cdot [\%O] = constant \qquad （备选模型⑥）$$

2）回归分析

用通用软件 SPSS 对 77 组实测数据进行回归分析，得到六种数学模型的最佳拟和式及其有关的统计量，列于表 6-46。

表 6-46　六种模型及其有关的统计量

模型	表达式	相关系数 R	信度水准 P	剩余标准差 s_e
①	$a_O = 0.0030 / [\%C] - 0.0018$	0.985	1.87E−59	0.0010
②	$a_O = 0.0030 / [\%C] + 2.09 \times 10^{-5} T - 0.041$	0.989	1.47E−61	0.0009
③	$\ln(a_O \cdot [\%C]) = -3667 / T - 3.97$	0.609	4.20E−9	0.0308
④	$\ln a_O = -1.04 \ln[\%C] - 3307 / T - 4.24$	0.993	4.30E−70	0.0298
⑤	$\ln a_O = -1.06 \ln[\%C] - 6.01$	0.990	6.51E−65	0.0361
⑥	$[\%C] \cdot [\%O] = 0.0028$			0.0001

注：温度单位为 K。

3）评选确定最佳模型

根据"合理、可信、精确、简明"的原则对上述 6 个备选模型进行评选：

合理：模型的形式尽可能地接近热力学理论和现场使用的习惯，六个模型均可用，其中备选模型④和备选模型⑤较好，备选模型⑥最简单方便；

可信：各模型的显著性信度水准都非常高（否定概率极低），以备选模型④最高，六个模型全部可信（各模型中温度项的信度相对较低）；

精确：各模型的剩余标准差 s_e 不宜直接比较，因各模型的变量做了不同的变换，所以不宜直接比较。按实际经验认为六个备选模型全都可用，其中以备选模型②最适合用于评估预报精度；

简明：六个模型都较为简明，适合现场应用，其中以备选模型⑥最简单直观。

综合评选结果得到以下结论：

（1）基于各种理解对于氧气转炉炼钢终点熔池中的碳氧关系可以给出不只一种模型，基于实测数据使用回归分析方法也可以得到各种模型，所以必须考虑方方面面进行综合评选。

（2）不考虑温度项，用备选模型⑤预报终点氧活度较方便，即

$$\ln a_O = -1.06 \ln[\%C] - 6.01$$

（3）考虑温度的影响，可用备选模型④预报炼钢终点氧活度，即用

$$\ln a_{\rm O} = -1.04 \ln[\%{\rm C}] - 3307/T - 4.24$$

由表 6-46 可以看出，考虑温度项的备选模型④信度水准最高，温度项的影响也相当显著性（$P_T = 7.6 \times 10^{-8}$），虽然与碳的影响（$P_C = 2.17 \times 10^{-65}$）相比相差很多。因此，考虑温度项可获得更精确的模型。

（4）实际生产应用中以备选模型⑥最为简便，即取备选模型⑥：

$$[\%{\rm C}] \cdot [\%{\rm O}] = 0.0028$$

4）用所得模型进行预报

用备选模型⑥进行预报曲线绘于图 6-30，图中绘有在 1600℃下的碳氧积理论平衡曲线以及 77 炉次的碳氧积实测值的散点图。

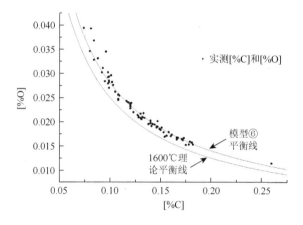

图 6-30　实测的碳氧积和碳氧积理论值

通过此例可以看出根据实测数据可以提出多种备选模型，可以借助于逐步回归等工具进行全面的统计分析、评价和系统建模。

第7章 系统相似

7.1 相似和模拟

关于相似和模拟的思考实际上起源于人类文明的早期，粗糙的原始绘画和雕塑其实都是某种模拟的表现，最早的精密的定量描述应该是几何学中关于相似三角形的阐述，若三角形 $\triangle_1$ 的三个边长分别是 a_1、b_1 和 c_1，而三角形 $\triangle_2$ 的三个边长分别是 a_2、b_2 和 c_2，如果三个边分别成比例 $a_1 : a_2 = b_1 : b_2 = c_1 : c_2 = K$，则三角形 $\triangle_2$ 与三角形 $\triangle_1$ 相似。

几何相似的概念十分古老，其原理和应用已有久远的历史，是观测、建筑等工程技术的基础。相似是客观事物存在的同与异的矛盾统一，是事物发展变化过程中表现出来的规律性，相似现象普遍存在于客观世界中。

相似理论就是研究自然界和工程技术中相似规律及其各种物理过程相似现象原理的学说，现代科学的相似理论的诞生和发展萌芽可以追溯到伽利略和牛顿时期，至 19 世纪相似理论的工程应用已有广泛的发展，其中最著名的是雷诺关于黏性流体的层流与紊流流动的研究，到 19 世纪中叶，科学中形成了一个新的领域——关于相似现象的理论。

1970 年代以来，随着计算机信息技术广泛的应用和推广，"模型"和"相似"的概念突破了原来的范围成为仿真技术的基础，由同类物理体系模型试验到异类物理体系的模拟试验，再变到更普遍的计算机模拟，计算机从计算功能扩大到仿真功能等几个方面的改进和互相综合、联结就是整个 20 世纪相似概念的扩大和发展的过程，必须指出系统的相似性是一切物理模拟或虚拟模拟的基础，而模型是模拟的工具。

1）模型工程

如果从汉字字面上来理解模型：模字表示木头制造的某些东西，型字则是由"井、土、刀"三个字组成，这两个字包含了"模型工程"中最本质的三个概念：

（1）相对于模型而言，必有一个"原型"，原型既可能存在于现实之中，亦可能不存在于现实之中，只存在于人们的臆想之中。

（2）用于制造模型的"材料"在价格上便宜，或在可加工性上优于原型，如用泥土或木头，常是便宜而又易于加工的材料，显然，泥土或木头比金属材料便宜得多，也易于加工得多。

（3）模型必须与原型在某个方面"相同"，一般说来主要是具有相同的"功能"，例如两千年前东汉时期张衡制作的"浑天仪"，如图 7-1 所示，这个仪器能够模拟遥远的、无法接近的空中众多星宿的运动，模拟结果高度相似，而制作"浑天仪"的材料是金属，不是太空中的星体。又如现代的机器人，高级的机器人外貌与真人非常接近，能够模仿人的语言思考和各种行为，在某些方面甚至超过了人类的能力，就是说与人类具有了相同的"功能"。

图 7-1　浑天仪

由这两个例子可以悟得模型工程中另一个重要的概念——功能模拟，即模型在所讨论的功能方面与原型高度相似，而在其他方面不一定要相同。

科学技术的进步和工程应用的日益广泛，人们认识到模型或系统模拟必须在几何上和物理上系统相似。从建筑到机械，从流体到传热，形成了系统的理论，一种是相似，一种是类比。

从相似到类比，逐渐离开了几何上和物质上的特性，特别是电学的深入发展，在 20 世纪 20～30 年代，出现"电模拟"阶段，产生了"模拟计算机"，这开辟了数学模型的先河。预示离开模型的物质结构，代之以符号（信息）运算的前景。

近年来，现代数学式电子计算机的出现、迅速发展和广泛应用，从模型工程的角度来看，数学模型和虚拟模拟是使用最为廉价、最灵活、最可加工且能精确计量的"材料"，这种"材料"就是信息。

总而言之，相似模拟的三要素是：

①原型，原型可以是真实的，也可以是虚拟的；

②模型应由与所讨论的问题有关的因素所构成；

③能表明这些有关因素之间的关系。

即模型应由四个方面构成：因素、变量、参数、关系。

需要特别指出：模型不是越复杂越好，实际上模型是越简明越好。构造模型是一项科学，是一项工程，是一项技巧，是一门艺术，以恰到好处为优，"最好"最好。

模型和模拟是系统工程最重要的研究方法，不同的研究者依照不同的角度将模型加以总结和分类，有如下几种：

分类 A：

基本的分类：①实际模型，②思考模型；

按再现性和精度分类：①完全模型，②不完全模型，③近似模型；

按结构分类：①启发式模型，②模拟模型，③图形模型，④逻辑模型，⑤数学模型；

按变量特征分类：①确定型模型，②概率型模型；

按分析对象分类：①过程模型，②状态变量模型，③性能模型，④可靠性模型，⑤时间模型，⑥费用模型，⑦人的行为模型，⑧生态模型……

一般的分类：①描述模型，②图形模型，③数学模型，④电子计算机模型，⑤物理模型，⑥硬件模型，⑦软件模型。

分类 B：

（1）原样模型，样机；

（2）相似模型；

（3）图形模型：

　　①不严格图：

　　　　图画，示形；

　　　　草图，示意；

　　　　意框图，表示部分之间和部分与总体之间的联系关系。

　　②严格图：

　　　　图论图，无向量图；

　　　　有向量图，如冶金工程系统流程图；

　　　　有标量图；

　　　　逻辑图；

　　　　工程图。

不同类型的模型功能不同，适用领域也不同，不能一概而论，比较其优劣。譬如：严格的工程图，适用于施工制造，而不严格的图画和草图，适用于创意思考。同样，数学模型适用于精密的描述，而启发式模型，适用立意。

2）机械振动系统的电模拟和数学模拟

考察某个机械结构的受力状态，可以是一架桥梁，也可以是一座高炉、一台轧机，其抽象的等效图如图 7-2 所示。

质量为 M 的重物，悬挂在弹性系数为 K 的弹簧下端，浸在阻尼系数为 B 的液体中，受到外力 $F(\tau)$ 的作用，重物产生位移为 Z，弹性力与位移 Z 成正比，物体加速度 $\mathrm{d}^2Z/\mathrm{d}\tau^2$ 方向与位移相反，液体产生的阻力与重物的运动速度 $\mathrm{d}Z/\mathrm{d}\tau$ 方向相反、大小成正比。

系统的因变量是位移 Z，自变量是时间 τ，系统性质参数有质量 M、弹性系数 K、阻尼系数 B，外部参数是外力 F。

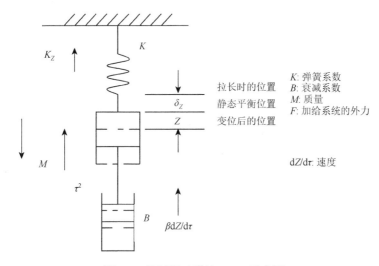

图 7-2　机械振动系统 MBK 示意图

在重力 Mg 作用下弹簧产生拉长了 δ_Z（初始位移），若该机械系统所受的各种力处于平衡状态，其中弹簧共拉长了 $Z+\delta_Z$，其承受的弹性抗力是 $-K(Z+\delta_Z)$，受到的液态阻力与运动速度成正比为 $-B\dfrac{\mathrm{d}Z}{\mathrm{d}\tau}$，外力是 F，产生的加速度是 $\dfrac{\mathrm{d}^2Z}{\mathrm{d}\tau^2}$，整个系统受力平衡，得到微分方程[式(7-1)]。

$$-K(Z+\delta_Z)-B\frac{\mathrm{d}Z}{\mathrm{d}\tau}+F+Mg=M\frac{\mathrm{d}^2Z}{\mathrm{d}\tau^2} \tag{7-1}$$

略去静止平衡状态下的重力 Mg 初始位移和初始弹性力 $K\delta_Z$，故式（7-1）化为式（7-2）：

$$M\frac{\mathrm{d}^2Z}{\mathrm{d}\tau^2}+B\frac{\mathrm{d}Z}{\mathrm{d}\tau}+KZ=F \tag{7-2}$$

或记为

$$M\ddot{Z} + B\dot{Z} + KZ = F \qquad (7\text{-}2')$$

式（7-2）是一个典型的"二阶线性常系数非齐次常微分方程"，由数学分析可以得知其解的存在性和唯一性，并给出了规范的求解方法：先将其简化为齐次方程，建立对应的特征代数方程，求特征根；其对应的（小阻尼）特征代数方程有一对虚根，所以该齐次常微分方程有三角函数形式的解，是一周期性振动方程；再将非齐次项代入，求得通解。最后，结合初始条件和边界条件，得到特解。在一般情况下，阻尼系数 B 不是特别大，这个机械系统处于振动状态。

机械振动系统的振动频率和振幅构成系统的"音色"和"音调"，可以是小提琴、钢琴，也可以是工厂里的噪声。如果非齐次函数项 F 的频率与系统的固有频率相同，就产生共振。

一定结构的微分方程，则其解唯一地取决于方程的系数，根据受力平衡得出的机械体系的微分方程的解唯一地取决于其三个常系数 M、K、B，所以这个二阶线性微分方程的特征可以用这三个常系数来描述，称之为"MBK"振动系统。

图 7-3 是一由电阻 R、电感 L 和电容 C 构成的串联电路，外电源电压为 $V_U(\tau)$，系统的因变量是瞬间电流 i，自变量是时间 τ，系统性质参数是电容 C、电阻 R 和电感 L；外部参数是外电源电压 V_U。

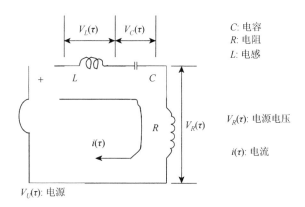

图 7-3　LRC 等效电路

按基尔霍夫定律由电压平衡建立图 7-3 所示的串联 LRC 电路中瞬间电流的微分方程有

$$L\frac{\mathrm{d}i}{\mathrm{d}\tau} + Ri + \frac{1}{C}\int i\,\mathrm{d}\tau = V_U \qquad (7\text{-}3)$$

若将式（7-3）中的瞬间电流 i 换成电量瞬间 q（瞬间电流 i 是电量对时间的一阶导数 $i = \mathrm{d}q/\mathrm{d}\tau$），可以看出微分方程[式(7-3)]与微分方程[式(7-2)]的数学形式是一样的，这个"二阶线性常系数非齐次常微分方程"的解也是周期性的三角函数，所产生的电振荡唯一的取决于三个常系数 LRC，电路的电振荡频率可以通过调节电容 C 来控制，这是无线电调频通信的技术基础。

将微分方程（7-2）与微分方程（7-3）相比较，可得到如表 7-1 所列的对应关系。

表 7-1 机械振动和电振荡方程之对应关系

位移 Z——电量 q	质量 M——电感 L
速度 dZ/dτ——电流 $i = dq$/dτ	弹性常数 K——电容 C
外力 F——电源电压 V_U	衰减系数 B——电阻 R

显然，如果 LRC 与 MKB 在数值上能够一一对应相等、或能够成比例，则这两个微分方程的解完全相同，即一个机械系统的振动特征可以用电路的电振动来模拟描述，虽然机械系统和电系统、位移和电量是完全不同的物质。基于此原理，20 世纪 30～50 年代成功地形成了电模拟技术。

不难看出，"二阶线性常系数非齐次的常微分方程"是描述这两类系统振动特征之共同的微分方程，推而广之，是描述系统振动特征的普适的数学模型，无论是听音乐，还是打电话，都要和"二阶线性常系数非齐次的常微分方程"这个"理"打交道。

相比之下，电气系统比机械装置的造价更为低廉，操作更为方便、灵活，优点显而易见；而数学模型比电模拟系统的造价更低廉许多，操作、调节灵活极其方便。20 世纪 50 年代以后电模拟技术几乎不再被使用，数学模型和数学模拟技术成为科学技术和工程技术最强有力的工具。

系统工程所涉及的数学模型形形色色，大致可以综合如下。

（1）数学模型的类型Ⅰ。

分类方法	类别
数学结构	图的；非分析的；分析的
问题的性质	A）确定的；不确定的
	B）静态的；动态的
	C）连续的；离散的
	D）分明的；不分明的
解的形式	解析的；数值的
算法应用	第一类工程数学

$$第二类工程数学$$

应用　　　　　　　　　　系统的描述和理解

　　　　　　　　　　　　　　控制

（2）数学模型类型 II。

分类原则	类别
按变量形式	确定性与随机性模型
	连续性与离散性模型
	分明性与模糊性模型
按变量之间的关系	代数模型
	微分方程、积分方程模型
	概率统计模型
	逻辑关系模型
按解法	解析解法
	数值法
按用途分	科学研究用
	工程技术用
	管理用

（3）各种数学模型的数学特征。

数学模型	方程形式
概率型数学模型	概率方程
确定型数学模型	各种方程式
动态的数学模型	含有时间变量的微分方程和偏微分方程
静态的数学模型	空间微分和偏微分方程
微观的数学模型	微分方程、差分方程
宏观的数学模型	积分方程
线性数学模型	线性方程式
非线数学模型性	非线性方程式
逻辑模型	逻辑方程

7.2 特 征 数

认识到"特征数",使得关于相似和模拟的研究由感性认识上升到严谨科学的层面。

意识到有表征现象本质的"特征数",首先是关于黏性流体流动的研究,充分发展的管流,其流动的特征不只是取决于管的内径（包括内壁的情况）和流体的流速,还与流体的黏性有关,经过长期审慎的研究和科学的总结,最终得到了能够反映黏性流体的流动特征的普适指标——"特征数"Re（雷诺数）。

"特征数"最突出的特点是量纲为一,因此具有普适性,即雷诺数 Re 广泛适用于各种黏性流体的流动。早期,"特征数"被称之为"准数","量纲为一"被称之为"无量纲",慎重研究可以理解到特征数的量纲经代数运算虽然可以约掉,但其实还是有隐含的物理意义的。

最初,"特征数"的认识和产生主要是通过长期实验研究、分析、总结得来的,后来逐渐认识到可以通过描述现象的控制（微分）方程推导求得。

本书第 3 章中已采用自变量空间和时间量纲归一化的方法推导得到"特征数"。

7.2.1 描述流体流动的"特征数"

（1）考虑在直角坐标的时空系 (x, y, z, t) 中的黏性流体流动,根据流体中微元体的质量守恒和动量衡算得出关于流场 $\vec{u}$ 的微分方程为

$$\rho \frac{\partial \vec{u}}{\partial t} + \rho \left(u_x \frac{\partial \vec{u}}{\partial x} + u_y \frac{\partial \vec{u}}{\partial y} + u_z \frac{\partial \vec{u}}{\partial z} \right) = -\frac{\partial p}{\partial x} + \mu \left(\frac{\partial^2 \vec{u}}{\partial x^2} + \frac{\partial^2 \vec{u}}{\partial y^2} + \frac{\partial^2 \vec{u}}{\partial z^2} \right) + \rho g \quad (7\text{-}4)$$

其中:p 为压力;ρ 和 μ 为分别是流体的密度和黏度;g 为重力加速度。

（2）自变量（坐标系）的量纲化为一,即归一化:

选取定性尺寸,例如管的内径或管的长度 l;定性速度,例如在管的入口或出口的流速 u_0;定性压力,例如大气压 p_0。

则有量纲为一的位置:

$$X = x \big/ l , \ Y = y \big/ l , \ Z = z \big/ l \qquad (7\text{-}5)$$

所以有
$$x = 0, \quad X = 0, \quad x = l, \quad X = 1$$
$$y = 0, \quad Y = 0, \quad y = l, \quad Y = 1$$
$$z = 0, \quad Z = 0, \quad z = l, \quad Z = 1$$

以及量纲为一的时间:

$$Ho = \frac{u_0 t}{l} \tag{7-6}$$

所以 $t = 0, Ho = 0$ ；$t = t_0, Ho = 1$ 。

（3）因变量的量纲归一化：

①量纲为一的速度：

$$\vec{U} = \vec{u} \big/ u_0 \tag{7-7}$$

所以 $\vec{u} = 0, \vec{U} = 0$ ；$\vec{u} = u_0, \vec{U} = 1$ ；

②量纲为一的压力：

$$\Delta P = \frac{p_0 - p}{p_0} \tag{7-8}$$

所以 $p = p_0, \Delta P = 0$ ；$p = 0, \Delta P = 1$ 。

（4）将微分方程中的自变量和因变量分别转化成归一化的量，则方程中的各项参数也相应地分别转化成量纲为一的量，结果原微分方程[式(7-4)]转化为量纲为一的微分方程[式(7-9)]：

$$\frac{\rho u_0^2}{l} \frac{\partial \vec{U}}{\partial Ho} + \frac{\rho u_0^2}{l} \left(U_x \frac{\partial \vec{U}}{\partial X} + U_y \frac{\partial \vec{U}}{\partial Y} + U_z \frac{\partial \vec{U}}{\partial Z} \right)$$
$$= -\frac{\Delta P}{l} \frac{\partial P}{\partial X} + \frac{\mu u_0}{l^2} \left(\frac{\partial^2 \vec{U}}{\partial X^2} + \frac{\partial^2 \vec{U}}{\partial Y^2} + \frac{\partial^2 \vec{U}}{\partial Z^2} \right) + \rho g \tag{7-9}$$

（5）整理，最终得到归一化的微分方程[式(7-10)]：

$$\frac{\partial \vec{U}}{\partial Ho} + \left(U_x \frac{\partial \vec{U}}{\partial X} + U_y \frac{\partial \vec{U}}{\partial Y} + U_z \frac{\partial \vec{U}}{\partial Z} \right) = -\frac{\Delta P}{u_0^2 \rho} \frac{\partial P}{\partial X} + \frac{\mu}{\rho u_0 l} \left(\frac{\partial^2 \vec{U}}{\partial X^2} + \frac{\partial^2 \vec{U}}{\partial Y^2} + \frac{\partial^2 \vec{U}}{\partial Z^2} \right) + \frac{gl}{u_0^2}$$

即

$$\frac{\partial \vec{U}}{\partial Ho} + \left(U_x \frac{\partial \vec{U}}{\partial X} + U_y \frac{\partial \vec{U}}{\partial Y} + U_z \frac{\partial \vec{U}}{\partial Z} \right) = -Eu \frac{\partial P}{\partial X} + \frac{1}{Re} \left(\frac{\partial^2 \vec{U}}{\partial X^2} + \frac{\partial^2 \vec{U}}{\partial Y^2} + \frac{\partial^2 \vec{U}}{\partial Z^2} \right) + \frac{1}{Fr}$$

$$\tag{7-10}$$

归一化的微分方程的各项系数的量纲也是一，分别是：

Ho ——谐时性特征数，是量纲也为一的时间变量。可以理解为速度为 u 的流体流经某一距离 l 所需的时间与以定性速度 u_0 的流体经这个距离 l 所需的时间的比值。

$$Ho = \frac{u_0 t}{l} \tag{7-11}$$

Eu ——欧拉数，量纲为一的压力。表示压力与惯性力之比，也是表征流体的压力差与惯性力之比，若两流体的 Eu 数相等，则两流体的压力场相似。

$$\Delta P = \frac{p_0 - p}{p_0} \tag{7-12}$$

所以 $p = p_0, \Delta P = 0$; $p = 0, \Delta P = 1$ 。

Re ——雷诺数,表示惯性力与黏滞力之比,代表黏滞力的影响,Re 数相等说明速度场是相似的。

$$Re = \frac{\mu}{\rho u_0 l} \tag{7-13}$$

Fr ——弗劳德数,表示重力与惯性力之比,表征单位流体位能与动能的比值,因为位能与重力成正比,所以 Fr 数也表征重力与惯性力之比。

$$Fr = \frac{gl}{u_0^2} \tag{7-14}$$

（6）在量纲为一的坐标系中,由于微分方程的结构和形式已确定,微分方程的解唯一取决于各特征数 Re、Fr、Eu 的取值。

偏微分方程[式(7-10)]等式左端第一项是时变的不稳定项,第二项是平流项,等式右端第一项是压力项,第二项（黏性）扩散项,最后一项是惯性项。可以看出,如果雷诺数 Re 很小,第二项的值就很大,黏性力就主导了流动过程;如果雷诺数 Re 很大,第二项的值就很小,黏性力就可以忽略不计,惯性力弗劳德数 Fr 就主导了流动过程。

偏微分方程[式(7-10)]加上定解条件一般难以求得解析解,然而可以确知有唯一的解存在（也可以是数值解）,因为这个解唯一取决于各特征数 Ho、Re、Fr 的取值,所以可以写为

$$Eu = F(Ho, Re, Fr) \tag{7-15}$$

不用解析解法也可以采取其他办法求得各特征数之间的关系,例如用第 6 章的实验方法。

7.2.2 描述非稳态传导传热的特征数

非稳态传导传热也是冶金工程中的一个重要现象,无限大平板的一维非稳态传导传热的基本微分方程为

$$\frac{\partial T}{\partial \tau} = \alpha \frac{\partial^2 T}{\partial x^2} \tag{7-16}$$

相关的初始条件有

$$T = T_i \qquad (\tau = 0, -L \leqslant x \leqslant L) \tag{7-17}$$

边界条件为中心线上两侧温度场对称,有

$$\frac{\partial T}{\partial x}\Bigg|_{x=0} = 0 \qquad (\tau > 0) \tag{7-18}$$

取板外侧传热处于第三类边界条件：

$$-k\frac{\partial T}{\partial x}\Bigg|_{x=\pm L} = h(T - T_0) \qquad (\tau > 0) \tag{7-19}$$

其中：x，τ 分别是空间和时间自变量；因变量 $T = T(x, \tau)$ 为温度场；板厚 $2L$；T_i、T_0 分别是板子环境温度和初始温度；$\alpha = k/\rho c_p$ 为板材的热扩散系数；k、ρ、c_p 分别是板材的导热系数、密度和热容；h 为板子表面与环境介质之间的给热系数。

取 L 为定性尺寸，定义量纲为一的位置：

$$X = x/L \tag{7-20}$$

定义量纲为一的温度：

$$\theta = \frac{T - T_0}{T_i - T_0} \tag{7-21}$$

定义量纲为一的时间：

$$Fo = \frac{\tau \alpha}{L^2} \tag{7-22}$$

于是上述偏微分方程的定解问题[式(7-16)～式(7-21)]转化为以下量纲为一的归一化的定解问题，其基本微分方程为

$$\frac{\partial \theta}{\partial Fo} = \frac{\partial^2 \theta}{\partial X^2} \tag{7-23}$$

归一化的初始条件为

$$\theta = 1 \qquad (Fo = 0, \ -1 \leqslant X \leqslant 1) \tag{7-24}$$

$$\frac{\partial \theta}{\partial X}\Bigg|_{X=0} = 0 \qquad (F_O > 0) \tag{7-25}$$

归一化的板外壁处的边界条件：

$$\frac{\partial \theta}{\partial X}\Bigg|_{X=\pm 1} = Bi\theta \tag{7-26}$$

其中

$$Bi = Lh/k \tag{7-27}$$

为毕奥数。

对归一化的偏微分方程的定解问题[式(7-23)～式(7-27)]，采用常规的数学物理方法求解（如分离变量法）可得到量纲为一的形式的解析解：

$$\theta = \sum_{n=1}^{\infty} \frac{2\sin\delta_n \cos(\delta_n X)\exp(\delta_n Fo)}{\delta_n + \sin\delta_n \cos\delta_n} \tag{7-28}$$

其中，特征值 δ_n 满足特征方程

$$\cot \delta_n = \frac{\delta_n}{Bi} \qquad (7\text{-}29)$$

将式（7-29）逆转化为原始的量纲不为一的原始的参数方程：

$$\frac{T-T_0}{T_1-T_0} = \sum_{n=1}^{\infty} \frac{2\sin \delta_n \cos(\delta_n x/L)\exp(\delta_n^2 \alpha \tau/L^2)}{\delta_n + \sin \delta_n \cos \delta_n} \qquad (7\text{-}30)$$

其中特征值 δ_n 满足特征方程

$$\cot \delta_n = k\,\delta_n/Lh \qquad (7\text{-}31)$$

为讨论方便，称式（7-23）～式（7-29）为问题的量纲为一的模型，包括定解微分方程、量纲为一的量和量纲为一的形式的解，其中含有特征数（如 Fo、Bi），而不含量纲不为一的参数（如 k、h、ρ、c_p 等）。称式（7-16）和式（7-31）为问题的参数方程，包括量纲不为一的定解微分方程和量纲不为一的形式的解，其中均含量纲不为一的参数。

7.3　量纲分析简介

7.3.1　量纲和谐（等式两端的单位配平）

量纲是科学和工程的基础，除了纯数学的方程，任何一个有具体意义的方程，其等式两端的量纲（单位）必须和谐。

例如，一个长期困扰科学界的问题就是牛顿第二定律的单位制问题：

$$F = ma \qquad (7\text{-}32)$$

等式左端的 F 是力，力的早期单位是千克力或千克重，等式右端的 $m \times a$ 的单位是 kg·m/s^2，如此重要的关系式的等式两端的单位（量纲）不能配平，实在是个重大问题。对此科学界几百年来想了许多办法都没有得到满意的解决，直到最近 20 世纪后期将力的单位定义为牛顿，1 kN = 1 kg·m/s^2，才使这个多年的科学公案得到圆满的解决。

由单位（量纲）配平的认识可以上升为等式两端量纲和谐的原理，即一个科学的方程其量纲应该配平，任何量纲不和谐的方程（结论）都是不完备的、不科学的、不具备有普适性。

例如，第 3 章关于钢包搅拌效果的经验公式[式(3-6)]：

$$\tau = 800\dot{\varepsilon}^{-0.4}$$

这个公式有严重缺陷。第一，等式两端的单位不能配平；第二，$\dot{\varepsilon}^{0.4}$ 项的单位出现了非整数方次。显然，这个公式是根据实测数据转化为线性的非线性强迫回归的结果，是一个非常粗糙的、不完备的公式。但是，这个公式最大的优点是简单明了，所以仍被经常使用。

回顾第 6 章中关于转炉炼钢终点熔池中的碳氧关系式，其中碳和氧的单位是浓度或活度，都是量纲为一的质量，而温度是有单位的，应该采用量纲为一的温度 θ 才更加合理。即令

$$\theta = \frac{T - T_0}{T_\infty - T_0} \tag{7-33}$$

可以看出，化学不仅讨论物质量的转化，而且始终在使用物质的浓度，不管用哪种浓度单位，浓度都是量纲为一的质量，这是自发的、朴素的保证量纲和谐的方法。

7.3.2　量纲

"量纲"（Dimension）是一个专用名词，尽管在实用中常常会与"单位"相混淆，其实"量纲"与平常使用的"单位"有本质的不同，"量纲"是基本的物理量。在冶金工程系统中常用的"量纲"有四个，即

时间	t	[t]
长度	l	[L]
质量	m	[M]
温度	T	[T]

这些"量纲"有时也称之为"绝对单位系统"。

平常使用的"单位"是实用的计量单位，例如秦始皇时统一的"度、量、衡"是长度、体积、重（质）量；中国现行的是世界通行的"公制"单位：米（m）、秒（s）、千克（kg），等；有些国家或地方还在使用"英制"单位，等等。

7.3.3　量纲分析

与通过微分方程推导建立特征数的方法相比，采用量纲分析法推导建立量纲为一的特征数的方法是宏观的方法。现举例说明量纲分析方法：

对于不可压缩黏性流体的流动现象，有三个基本量纲，量纲个数 $m = 3$，分别是：时间[t]；长度[L]；质量[M]。

现象涉及的物理量有七个，$n = 7$：

时间	t	[t]
长度	l	[L]
速度	u	[L·t^{-1}]
压强（或压差）	$p(\Delta p)$	[M·L^{-1}·t^{-2}]
密度	ρ	[M·L^{-3}]
黏度	μ	[M·L^{-1}·t^{-1}]
重力加速度	g	[L·t^{-2}]

不论流动多么复杂，必须满足量纲为一的要求，可以写成下述函数形式：

$$f(t, l, u, p, \rho, \mu, g) = 0 \tag{7-34}$$

现象含有 n 个物理量，有 m 个量纲，所以一定有 $m-n$ 个量纲为一的特征数。取其中任意三个物理量作为基本量纲的代表，例如取 ρ、l、u 作为代表。

这三个物理量在量纲上是否独立，可以用下面的行列式来判断，若行列式不等于 0，则这三个物理量是相互独立的：

速度　　u　　$[L \cdot t^{-1}]$

长度　　l　　$[L]$

密度　　ρ　　$[M \cdot L^{-3}]$

这三个量的量纲的幂构成的行列式

$$\begin{vmatrix} 0 & 1 & -1 \\ 0 & 1 & 0 \\ 1 & -3 & 0 \end{vmatrix} = 1 \neq 0$$

再由这三个物理量以外的物理量中每次取一个物理量分别和这三个物理量组合成一个量纲为一的量——特征数，可以分别得到 $n-m = 4$ 个特征数：

$$Eu = \frac{\Delta p}{\rho v^2} \qquad 欧拉数 \tag{7-35}$$

$$Re = \frac{\rho v l}{\mu} \qquad 雷诺数 \tag{7-36}$$

$$Fr = \frac{g l}{v^2} \qquad 弗劳德数 \tag{7-37}$$

$$Ho = \frac{v t}{l} \qquad 谐时性数 \tag{7-38}$$

得到特征数方程

$$F(Eu, Re, Fr, Ho) = 0 \tag{7-39}$$

通过量纲分析法求得的特征数有许多可能，应尽可能采用已有的通用形式的特征数。

量纲分析法立足于量纲和谐这个朴素的基点，采取逻辑的推理方法，求得描述现象的各特征数，推理过程直接、简单。一般说来，基本量纲是非常清楚明确的，而现象所包含的物理量的选择却需要足够的理论素养和实际经验，也有可能需要经过几次反复的推导。

例如用量纲分析方法研究底吹气体搅拌液态熔池现象，得出混匀时间 τ、钢包直径 d、钢液深度 h、钢液的表面张力 σ、钢液的黏度 η、钢液的密度 ρ 及钢液的动黏度系数 γ，比搅拌功率 $\dot\varepsilon$ 的关系为

$$\tau = a\left(\frac{d}{h}\right)^{b}\left(\frac{h\sigma\rho}{\eta^{2}}\right)^{c} h\gamma^{-0.25}\dot{\varepsilon}^{-0.25} \qquad (7\text{-}40)$$

式中：$a = 0.0189$；$b = 1.616$；$c = 0.3$；其中$\left(\dfrac{h\sigma\rho}{\eta^{2}}\right)$和$\left(\dfrac{h}{\tau\gamma^{0.25}\dot{\varepsilon}^{0.25}}\right)$的量纲都是一。

　　这个方程式的缺点是其物性参数过多，尤其是工程实际问题中表面张力 σ 等物性参数难以准确测量，也无法调节和控制，所以这个公式没有得到实际应用。

　　上述即为量纲分析求特征数的方法。在对现象的本质了解较少，甚至连支配现象发生的物理法则也不十分清楚的情况下，可利用现象所涉及的各个物理量，通过量纲分析求出相似特征数。但要求不能遗漏与现象有关的物理量，同时也要避免列出与现象无关的物理量，要想满足这个要求，往往是非常困难的。

　　由于量纲分析求相似特征数的方法过于形式化，它不能指出相似特征数本身所具有的物理意义。另外，用这种方法不能漏掉有量纲的物理常数。量纲分析的价值在于仅知道现象所包含的各个物理量时，给求解现象的特征数提供了可能性。

　　在某些情况下，量纲分析可能导致不正确的结论，希望引起注意。例如：

　　（1）表征现象特性的物理量选取不完备。

　　（2）在关系方程中时常遇到有量纲的常数。这些常数，在量纲分析选择物理量时很难发现。

　　（3）量纲分析不能控制量纲为零的量。

　　（4）量纲分析过程中，可能错误地列入与研究之现象无关的量。

　　（5）量纲分析不能区别量纲相同，但在关系方程中有着不同物理意义的量。

　　（6）量纲分析不考虑现象的单值条件，因之在判据方程中不包含单值量。

　　在冶金工程中常用的相似特征数及其物理意义见表 7-2。关于化工冶金等专业的特征数及其物理意义请参阅有关的专门资料或书籍。

表 7-2　常用相似特征数

相似特征数	符号	名称	物理意义
$\dfrac{\rho ul}{\mu}$	Re	雷诺（Reynolds）数，流动工况特征数	惯性力与黏滞力的比值
$\dfrac{u^{2}}{gl}$	Fr	弗劳德（Froude）数，重力相似特征数	惯性力与重力的比值
$\dfrac{\Delta p}{\rho u^{2}}$	Eu	欧拉（Euler）数，压力场相似特征数	压力与惯性力的比值，阻力系数
$\dfrac{gl^{3}\rho^{2}}{\mu^{2}} = Re^{2}\cdot Fr$	Ga	伽利略数	重力与黏滞力的比值乘以惯性力与黏滞力的比值

续表

相似特征数	符号	名称	物理意义
$\dfrac{gl^3\rho(\rho-\rho_0)}{\mu^2}$	Ar	阿基米德数	升力与黏滞力的比值乘以惯性力与黏滞力的比值
$\dfrac{l^3\rho^2 g\beta\Delta T}{\mu^2}$	Gr	格拉斯霍夫（Grashof）数	升力与黏滞力的比值乘以惯性力与黏滞力的比值
$RePr=\dfrac{ulc_p\rho g}{\lambda}$	Pe	佩克来（Peclet）数，热力相似特征数	对流换热与分子导热的比值
$\dfrac{c_p\mu}{\lambda}=\dfrac{Pe}{Re}$	Pr	普朗特（Prandtl）数，温度场与速度场相似特征数	物理特性特征数
$\dfrac{al}{\lambda}$	Nu	努塞特（Nusselt）数	放热强度与流体边界层温度场的关系
$\dfrac{al}{\lambda_{壁}}$	Bi	毕奥数	放热强度与固体温度场的关系
$\dfrac{u\tau}{l}$	Ho	流体动力谐时性数	速度场的速度改变与流体在系统内停留时间的比值
$\dfrac{\lambda t}{\rho c_p l^2}$	Fo	傅里叶（Fourier）数，物体作热传导时的特征数	温度场的改变速度与流体物理特性及几何尺寸的关系
$\dfrac{\Delta pl}{\mu V}$	La	拉格朗日特征数，压力场与速度场相似特征数	压力场与速度场的关系
$\dfrac{\rho_1 u_1^2}{\rho_2 u_2^2}$	H	流体混合数	两股流体动量的比值
$\dfrac{v^2\rho l}{\sigma}$	We	韦伯（Weber）数，表面张力特征数	表面张力与惯性力之比
$\dfrac{\rho_p d_p^2 u}{18\mu D}$	Stk	斯托克斯数	微粒惯性力与阻力的比值

　　齐次方程所有各项具有相同的量纲，这就是说，方程可以导致量纲为一的形式，按着量纲为一的量组成的特征来归并方程中的各量，可以得到其简单规律。所有的齐次方程可以表示为量纲一的量的综合数群间的关系方式，这些综合数群由方程中包含的各量所组成。

　　模型相似中重要的理论基础和方法手段之一就是量纲分析，而量纲分析的意义和作用又远远超出模型试验的范围，是整个物理科学体系中的重要一环。量纲分析能揭示种类繁多的各种物理量之间的关系，能够建立严格的单位系统，也能够检验数学物理方程的正确性。

当所研究的问题较为复杂，无法全面分析得出所有参数间的相互关系，不能列出其微分方程式的情况，但已知现象所包含的参量时，可应用量纲分析法来确定相似特征数和相似指标。

量纲分析法是用量纲方程来表示物理方程，根据量纲方程等号两边量纲齐次性，解出物理方程式中各物理量的未知幂指数。

以 π 定理为基础，应用量纲分析的方法获得量纲为一的特征数的步骤如下：

（1）分析所研究的物理现象，确定影响该现象的各物理变量，写出一般函数式：$\phi = f(Q_1, Q_2, \cdots, Q_n) = 0$；

（2）选择变量中 k 个独立的基本量纲，则该物理现象的定性特征数为 $i = n-k$；

（3）则可列出相似特征数的量纲表达式。

量纲分析求特征数的方法在对现象的本质了解较少，甚至连支配现象发生的物理法则也不十分清楚的情况下，可利用现象所涉及的各个物理量，通过量纲分析求出相似特征数。但要求不能遗漏与现象有关的物理量，同时避免列出与现象无关的物理量。

7.4　相　似　原　理

现象的相似广泛存在于客观世界中，有关研究现象相似规律的学说——相似理论是科学理论研究的一个重要领域，引起科学界的广泛兴趣并在实际中得到大量的应用。相似理论的基础理论可以概括为相似三个定理，即相似的必要性定理、相似的充分性定理和相似的 π 定理。

7.4.1　相似三定理

1）现象相似的必要性定理

相似的必要性定理："两个现象相似，其单值条件相似且相似特征数的数值必然相等"，亦称相似正定理。

这个定理说明相似现象具有以下的性质：

（1）相似的现象必存在于几何相似系统中，并且具有相似的初、边界值条件。

（2）相似的现象必是同一性质的现象，服从于自然界同一规律，表示现象特性的各类量之间必定相关，而且服从于某一种规律，表达这种规律的数学关系式相同。

（3）描述两现象的物性参量应具有相似的变化规律。

简而言之，即相似的现象其特征数的数值必然相等。

2）现象相似的充要性定理

相似的充要性定理："凡是能被同一完整方程式所描述的现象，当其单值条件相似，而且由单值条件的物理量所组成的相似特征数在数值上相等，则这些现象必定相似"，亦称相似逆定理。

这个定理说明现象相似应具备的充分条件：

（1）同一种类现象是现象相似的第一个必要条件，因为只有同一种类现象才服从于同一自然规律，可以用文字相同的基本方程组来描述。

（2）定解条件相似是相似的第二必要条件，因为只有是定解问题，可能相似的两个现象才相似，所以仅方程形式相同还不足以完全决定两个现象是否相似。

（3）两个现象之独立相似特征数在数值上必须相等是现象相似的又一必要条件，独立的相似特征数不但要个数相等，形式相同，而且数值也必须一一对应相等。

3）白金汉（E. Buckingham）π 定理

π 定理：一个物理体系中有 n 个不同的物理量，以 $Q_1, Q_2, \cdots, Q_n$ 表示，若 k 是 n 个不同的物理量的基本量纲数，则现象的量纲为一的量 π_i 的个数是 $m = n-k$，而且这 n 个物理量的函数关系可简化用现象量纲为一的特征数表示为量纲一的量之间的函数关系（白金汉 π 定理的推导从略）：

$$\varphi(\pi_1, \pi_2, \cdots, \pi_m) = 0 \qquad (7-41)$$

其中各特征数的量纲均为一，即

$$[\pi_1] = [\pi_2] = \cdots = [\pi_m] = [1] \qquad (7-42)$$

白金汉 π 定理将现象依据量纲和谐的原理通过量纲分析推导建立由现象的物理量组成的量纲一的量数组：$\pi_1, \pi_2, \cdots, \pi_m$；同样依据量纲和谐这个自然界的基本要求，任何一个现象的定量描述其数学表达式的各量纲的幂都为 1。所以可以写成式（7-41）和式（7-42）。

7.4.2 关于相似原理的讨论

1）"元单元"和"元现象"

由基于微分方程归一化推导建立特征数的过程可以看出，微分方程的时间空间坐标及因变量归一化，量纲为一化的结果使各自变量和因变量都转化为取值范围为 0～1 的"纯数量"值，而对于其他取值范围的情况可以通过平移、放大或缩小转化为 0～1 范围，变量量纲为一化的结果使之转变为没有量单位的"纯数值量"——只有取值大小且量纲为一。由此可知，任何实际现象经量纲为一化后都可"映射"到一个量纲为一的单元纯数值坐标系中，简称"量纲为一的单元坐标系"。

自变量和因变量量纲为一化以后，模型中各项参数也量纲为一化，而形成表述现象特征的特征数，如 Fo、Bi 等特征数。可以设想存在这样的情景，一个现象可能存在相应的"元单元"和"元现象"。将现实的偏微分方程的时空坐标和因变量都归一化,形成了一个五维的单元体系,其五个维的尺度都是 0～1,姑且称之"元单元"。归一化了的偏微分方程是这个"元单元"中的一个"元方程",相似的偏微分方程归一化后将得到同一个"元方程",所对应的现实的各个现象被"投影"到"元单元"中都应该是同一个"元现象"。反之,"元单元"中的"元现象"可以通过"逆投影"到不同的现实中所形成的各个现象是相似的现象。显然,一个量纲为一的"元模型"可以经"逆映射"到无数个具体的时空中转化成无数个具体的有量纲的模型。

从更广泛的意义来说,现象的规律也有可能无法写成微分方程或微分方程没有解析解等情况,但是可以推知:只要实际现象存在着唯一的关系(无论是确定性的,还是随机性的,还是模糊的),就可以在量纲为一的单元坐标系中找到它的量纲为一的关系——在此称之为量纲为一的单元问题。

具有相同量纲为一的"元模型"的具体模型所描绘的现象相似。由于在单元坐标系中量纲为一,所以实际现象的背景对量纲为一的单元模型及其解没有影响,只要具有相同的量纲为一的单元模型的现象且对应的特征数一一对应相等,其现象之间就可相似代换,例如传热和扩散之间的相似性。

如果"元单元"中的一个"元方程"的数学结构已确定,其解则唯一的取决于"元方程"的系数,"元方程"的系数就是前文所建立的"特征数"。这样就可以得到结论:〈相似的现象,在同一个"元单元"中有同一个"元方程",且量纲为一的特征数对应相等;反之,在同一个"元单元"中是同一个"元方程",且量纲为一的特征数对应相等的现象相似〉;或者更简明地说〈现象相似,特征数对应相等;特征数对应相等则现象相似〉。

2)特征数的和、差以及乘积仍然是量纲为一的特征数

特征数 π_i 的量纲为一,所以特征数的和、差以及乘积等经代数运算得到的综合数群其量纲仍旧为一,例如:两个欧拉数 Eu_1,Eu_2 之差仍然是表征压力损失的欧拉数:

$$Eu_1 = \frac{p_1}{\rho v^2}, \ Eu_2 = \frac{p_2}{\rho v^2} \tag{7-43}$$

$$Eu_1 - Eu_2 = \frac{p_1 - p_2}{\rho v^2} = \frac{\Delta p}{\rho v^2} = Eu \tag{7-44}$$

同样,几个特征数相乘,其结果量纲仍旧为一,得到新的特征数,特征数的幂函数其量纲仍旧为一,例如弗劳德数乘以雷诺数平方得到伽利略数 Ga,是表征黏性力与重力的比的特征数:

$$FrRe^2 = \frac{gl}{v^2}\left(\frac{\rho vl}{\mu}\right)^2 = \frac{g\rho^2 l^3}{\mu^2} = Ga \tag{7-45}$$

特征数乘以其他量纲为一的数，也可以得到一个量纲为一的特征数，如伽利略数和量纲为一的密度差的乘积是阿基米德数：

$$Ga\frac{\rho - \rho_0}{\rho} = \frac{g\rho(\rho - \rho_0)l^3}{\mu^2} = Ar \tag{7-46}$$

阿基米德是表征流体密度差引起的运动与黏性力之比的特征数。

3）白金汉（E. Buckingham）π 定理的讨论

任何一个有具体意义的等式两端的量纲和谐，即单位配平，所以经过量纲的（代数）推导运算可以得到若干个量纲为一的数群，一般说来这些数群的形式多种多样，可以有任意多个，依据量纲和谐这个基本要求，这些量纲为一的数群可以构成一个齐次方程式，写成数学语言是：依据和谐原理将现象作量纲分析，建立由现象的物理量组成的量纲为一的数群 $\pi_1, \pi_2, \cdots, \pi_i$ 并可以写成等式：

$$\Phi(\pi_1, \pi_2, \cdots, \pi_i) = 0$$

量纲为一的数群的表达式可以有多种组合，根据特定的物理意义和习惯经过合理的数学变换将其表示为众所周知的特征数，以及特征数之积，习惯称之为特征数方程，如式（7-47）：

$$\pi = k\pi_1^{\alpha_1}\pi_2^{\alpha_2}\cdots\pi_{i-1}^{\alpha_{i-1}} \tag{7-47}$$

对方程式（7-43）两端同取对数，转化为线性方程：

$$\lg\pi = \lg k + \alpha_1\lg\pi_1 + \alpha_2\lg\pi_2 + \cdots + \alpha_{i-1}\lg\pi_{i-1} \tag{7-48}$$

称其中 π 为被决定性的特征数，$\pi_1, \pi_2, \cdots, \pi_i$ 是决定性特征数，均为量纲为一的连续变量。

特征数方程[式(7-47)和式(7-48)]中的常数 k 和幂指数 $\alpha_1, \alpha_2, \cdots, \alpha_{i-1}$ 是待定常数，通常由实验实测求出。

从上述分析可以看出：

（1）其中的 π 是被决定性的量纲为一的量，$\pi_1, \pi_2, \cdots, \pi_{i-1}$ 是决定性的量纲为一的量，均为方程的连续变量，不是确定值。

（2）由特征数的幂函数[式(7-47)]和线性方程[式(7-48)]对照 6.4 节关于多元线性回归和可化为线性的非线性回归可知，通过常规的实验就能够得到唯一的一组 k, $\alpha_1, \alpha_2, \cdots, \alpha_{i-1}$，或唯一的特征数方程（量纲为一的特征数形式的数学模型）。

（3）因为 π 是量纲为一的量，所以 π^x 也是量纲为一的量，而且其乘积 $\pi_1^{x_1}\pi_2^{x_2}\cdots\pi_i^{x_i}$ 的积也是量纲为一的量。

由于实际过程中所遇到的现象过于复杂，不一定各种现象都能建立微分方程式，无法应用微分方程的相似转换来获取现象的特征数，因此，在现象的分析与模拟过程中，经常会应用到量纲分析和相似原理，把控制复杂现象的量纲一的特征数推导出来，从而可以得到模型设计的基础依据。至于这种函数关系的具体形式是什么，量纲分析的方法无法获得，只能通过实验的途径得到。

4）多个特征数的实际困难

现象大多都具有多个维度，具有多个特征数，这就会造成相似模拟的实际困难，现举最常见的管流为例来讨论。

若有管内径为（定性尺寸）l_0 的黏性流体，流体的体积流量为 Q_0，其密度和黏性系数分别为 ρ_0 和 μ_0，表征其流动的特性特征数有雷诺数 Re_0 和弗劳德数 Fr_0：

$$Re_0 = \frac{\rho_0 u_0 l_0}{\mu_0} \tag{7-49}$$

$$Fr_0 = \frac{g l_0}{u_0^2} \tag{7-50}$$

其中，管内流体流动的线速度是 u_0，有

$$u_0 = \frac{Q_0}{\frac{\pi}{4} l_0^2} \tag{7-51}$$

若另有一个管流与该现象几何相似，其尺度之比为 λ，

$$\therefore \frac{l_m}{l_0} = \lambda \tag{7-52}$$

其中：l_0 和 l_m 分别是两个管流的定性尺寸。

若取两个现象的弗劳德数相等为相似准则，即

$$Fr_m = Fr_0 \tag{7-53}$$

$$\therefore \frac{g l_m}{u_m^2} = \frac{g l_0}{u_0^2}$$

模型流体的线速度和原型流体的线速度的关系是

$$\therefore u_m^2 = u_0^2 \frac{l_m}{l_0} = \lambda u_0^2$$

$$\therefore u_m = u_0 \lambda^{1/2} \tag{7-54}$$

又

$$\left(\frac{Q_m}{\frac{\pi}{4} l_m^2}\right)^2 = \left(\frac{Q_0}{\frac{\pi}{4} l_0^2}\right)^2 \lambda$$

$$\therefore Q_m^2 = Q_0^2 \frac{l_m^4}{l_0^4} \lambda = Q_0^2 \lambda^5$$

模型流体的体积流量和原型的体积流量的关系是

$$Q_m = Q_0 \lambda^{5/2} \tag{7-55}$$

另一方面，如果取雷诺数相等，则应该有

$$Re_m = Re_0 \tag{7-56}$$

$$\therefore \quad \frac{\rho_m u_m l_m}{\mu_m} = \frac{\rho_0 u_0 l_0}{\mu_0}$$

$$u_m = u_0 \frac{l_0}{l_m} \frac{\rho_0}{\rho_m} \frac{\mu_m}{\mu_0}$$

$$\therefore \quad u_m = u_0 \frac{1}{\lambda} \frac{\rho_0}{\rho_m} \frac{\mu_m}{\mu_0} \tag{7-57}$$

在真实的流体流动现象中能够调节的控制变量是速度 u，一些物性参数 ρ、μ 等都不能有效地连续调节，所以如果要求模型与原型的特征数 Re 和 Fr 都对应相等，几乎不可能。

通过这个简单的例子就可以看出仅考虑两个特征数相等实际上几乎是不可能的，考虑多个特征数相等在理论上很严密，但是在实际上不可行。

由于无法使两个现象的弗劳德数和雷诺数同时对应相等，所以在实际相似模拟工作中只能选择其中一个最重要的特征数相等作为相似准则，其他相似条件另行处理，如考虑雷诺数的自模化现象等。在冶金系统研究中常用水力学来模拟钢液的流动，因为两者的黏度与密度之比较接近。

5）特征数是否是可变量的问题

根据相似的必要条件和充分条件的要求可知现象的各特征数应该是严格的不变量，这一点由微分方程的推导建立特征数的过程也可以得知，表征现象的特征数必须是一个确定的值，如果特征数的取值改变，其"元方程"和相应的真实的偏微分方程的解也会相应地改变，现象就不再相似了。

另一方面，上述推导得到的普适的特征数幂函数形式的模型[式(7-47)]和线性模型[式(7-48)]，其中各待定系数都是需要通过实验来求得，这就要求因变量 π 和自变量 π_i 都能够在一定范围内变动才能用最小二乘法求得最佳拟合，如果自变量和因变量都是取某个确定值，不变化，则用最小二乘法得到的回归系数 k 和 α_i 是零。所以，实际相似研究工作要求各特征数必须在某个范围内变化，而相似原理要求各特征数不能变化，必须是确定值。

这是一个重大的矛盾。

然而，大量的实际工作表明能够获得形如式（7-47）和式（7-48）的特征数模型，这表明允许特征数在一定的范围内变动，而没有破坏现象的相似性。

6）冶金工程系统中的量纲为一的数

冶金工程系统是关于物质转化的工业系统，物质通过系统其各个化学元素的量保持不变，但是化学元素的物料形态会发生变化，研究和工程实践表明这些变化的规律则与化学元素的浓度（活度）有关。经慎重的考察不难看出，不论采用哪种浓度单位，浓度都是量纲为一的质量；表征化学反应的化学反应常数 k 其实也是量纲为一的数，化学领域使用的量纲为一的质量以及量纲为一的反应平衡常数是极其朴素自然的。而且通过特征数 k 还能够与热力学常数相联系：$\Delta G = -RT\ln k$。

7.5　两个设想

1）广义相似设想

某现象"0"，经审慎研究得到两个特征数 π_1^0 和 π_2^0，现拟建一个相似模拟体系"m"进行模拟实验研究，选用这两个特征数取值分别对应相等：$\pi_1^m = \pi_1^0$ 和 $\pi_2^m = \pi_2^0$，由上述讨论已知这种严格的相似条件是不可能实现的。考虑到关于白金汉定理讨论时关于在实际相似模拟中近似的相似模拟应用的情况，让 π_1^m 和 π_2^m 的取值分别在一定范围内变化 $\pi_1^m = \pi_{1,\min}^m \sim \pi_{1,\max}^m$ 和 $\pi_2^m = \pi_{2,\min}^m \sim \pi_{2,\max}^m$；并要求将 π_1^0 和 π_2^0 "覆盖"，即将 π_1^0 和 π_2^0 的值包含在 π_1^m 和 π_2^m 的变化范围 $\pi_1^m = \pi_{1,\min}^m \sim \pi_{1,\max}^m$ 和 $\pi_2^m = \pi_{2,\min}^m \sim \pi_{2,\max}^m$ 之内，或可记为

$$\left.\begin{array}{l} \pi_1^0 \subset \pi_{1,\min}^m \sim \pi_{1,\max}^m \\ \pi_2^0 \subset \pi_{2,\min}^m \sim \pi_{2,\max}^m \end{array}\right\} \qquad (7\text{-}58)$$

然后进行实验，将实验结果进行最小二乘处理，再对所得的线性方程进行显著性检验，如果其信度水准高于 0.05，则表示这种相似模拟有效；如果其信度水准低于 0.05，则表示这种相似模拟无效。

将这种"覆盖"的近似模拟的方法推广至多个特征数的情况，可暂称之为"广义相似"设想。

考虑到实际的工程现象大都具有各种各样的误差，譬如流体的各物性参数，又如流体流动速度的波动等，这都会影响特征数的精度，使得相似的必要性条件实际上难以严格地保证，所以可以认为实际上近似相似普遍存在。

可以设想，对一个偏微分方程的参数作敏度分析，就能够得到这个参数在什么范围内变动，不会对方程的解造成颠覆性的影响，这类似于最优化分析中求参数的"松弛"。例如对于流动现象，如果流场充分发展、流速很高，雷诺数的变动对现象的影响就比较弱，需要重点关注弗劳德数；如果流体的黏性很大，雷诺数较低，雷诺数的变动对现象的影响就比较强，就需要关注雷诺数。

2）"系统相似"的设想

理论推导考虑的是理想的状况，例如对于管流，考虑的是充分发展的管流，是非常理想的情况，即是在长度远大于管径的均匀的圆形的管道内的稳定流动，

这样流动的特征就可以用雷诺数来表征。但是，真实的工程系统往往与理想的情况相差甚远，例如图 7-4 所示的方坯连铸中间包内的钢液流动与充分发展的管流相去甚远。

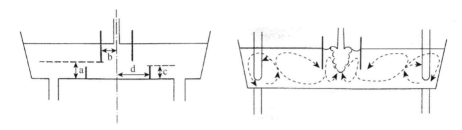

图 7-4　方坯连铸中间包内钢液的流动示意图

中包的俯视形状大致呈梯形，钢液从上面的大包通过长水口注入中间包中部，通过两侧挡墙下面流向两边的出钢口，钢液的流动方向产生剧烈改变，钢液在中包中的流动情况（垂直剖面图）如图 7-4 所绘。

中间包内部结构相当复杂，是异形的，还要通过挡墙、挡坝等。因此，如何确定定性尺寸本身就是一个难题。

一般说来，研究管道内的流体流动通常以垂直于流动方向的截面的等效圆的直径 d 作为"定性尺寸"。定性尺寸是决定所有特征数的基础，定性尺寸的选取不同，特征数值也大不相同。由于定性尺寸的选取直接关系到钢水流动的速度和方向，必然影响到 Re 和 Fr 的取值。图 7-5 所绘是一个板坯连铸中间包的示意图（板坯连铸中间包的几何形状比方坯连铸中间包规范些），按钢液的流动的 3 个方向分别画出了与之相垂直的三个截面，A、B、C。

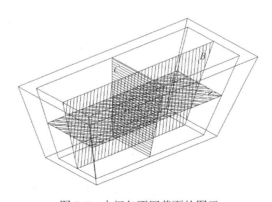

图 7-5　中间包不同截面的图示

中间包内钢液在 3 个方向流动的法向截面的尺度相差很大，相应的定性长度也大不相同，显然 3 个方向的流动速度也有很大差别，相应的量纲为一的特征数 Re 和 Fr 必然有很大的差异。表 7-3 列出某个板坯连铸的中间包的水力学模拟实验的验算结果。取水力学模型与工程原型几何相似，尺度比 $k = 1/2$，连铸拉坯速度为 0.9 m/min，取模型与原型弗劳德数相等，可以看出 3 个法向截面的面积差别很大，平均流速的差别也很大，所以 3 个方向的雷诺数不一样，而且模型内流体的雷诺数与原型中对应的雷诺数也不相等。而且，无论是原型还是模型中钢水流动的雷诺数都低于 1.0×10^4，不在第二自模化区内，按传统的经验，不能忽略 Re 的变化影响。

表 7-3　不同定性尺寸的影响

	长水口	中间包截面 A	中间包截面 B	中间包截面 C	结晶器
定性尺寸/m	$d = 0.060$	$L = 1.689$	$L = 1.539$	$L = 0.975$	$L = 0.467$
截面积/m²	0.0028	2.24	1.86	0.747	0.171
钢水通过截面的平均流速/(m/s)	0.8	1.0×10^{-3}	1.2×10^{-3}	3.0×10^{-3}	1.4×10^{-2}
原型Re_0	67×10^3	2.36×10^3	2.58×10^3	4.10×10^3	9.15×10^3
$Fr_M = Fr_R$　　　$V_M = 0.707V_R$　　　$k = 1/2$					
模型 Re_M	13.1×10^3	0.46×10^3	0.50×10^3	0.80×10^3	1.78×10^3

考察大包到中间包的长水口内的管流和由中间包到连铸结晶器之间的下水口内的管流，因其内径尺寸小了很多，所以钢液流动速度也快了很多，相应的雷诺数 Re 大大提高，进入了自模化区，流动的特性完全不同。

总之，对于实际的工程系统，具体的现象非常复杂、不规范，定性参数的选择、特征数的定义往往取决于个人的经验和偏好，没有统一的、客观的、普适的依据，结果使现象的相似模拟遭到破坏。

对此提出如下设想：采取系统工程的方法将复杂的工程现象视为"黑箱"，研究其输入和输出变量以及系统变量。然后，再采用量纲分析方法建立系统的特征数，根据相似原理建立相似模型，进行实验，最后求得各项系数值，最终得到幂函数形式的特征数方程。此设想暂称之为"系统相似"。如果所得到的特征数方程（其取对数得到的线性代数方程）经假设检验显著可信，则可认为该"系统相似"有效。

7.6　系统相似实验

7.6.1　气液两相流的水力学模拟实验

1）钢包吹氩过程系统分析

模拟实验的工程原型是钢包底吹氩过程，钢包底吹气泡群上浮带动金属运动是流动的主要动力，是一个高温、多变量、气液两相流相互作用的复杂现象，内部过程无法用传统的微分方程来描述。为了认识熔池吹氩工艺各种参数对混匀时间的影响，获得较为全面的定量结果，将系统看作一个"黑箱"来研究，系统的输入变量是底吹气体的流量（换算为气体流速），系统的输出变量是熔池钢液的混匀时间，过程中所涉及的变量归纳到一个系统中来如图 7-6 所示，实际冶金生产的钢包底吹氩过程所涉及的各工程变量及其取值和量纲列于表 7-4。

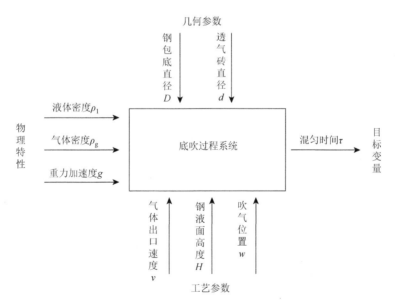

图 7-6　钢包底吹氩过程系统

表 7-4　钢包底吹氩实际过程涉及的变量

变量		符号	工程数值	量纲
几何尺寸	透气砖直径	d	90 mm	L
	包底直径	D	1500 mm	L

	变量	符号	工程数值	量纲
物理特性	液体的密度	ρ_l	7.2×10^3 kg/m³	$M \cdot L^{-3}$
	包中气体密度	ρ_g	0.523 kg/m³	$M \cdot L^{-3}$
工艺参数	气体出口速度	v	0.10 m/s	$L \cdot T^{-1}$
	熔池液体深度	H	1.2 m	L
	吹气位置*	w	1#	1
目标变量	熔池混匀时间	τ		T
重力因素	重力加速度	g	9.81 m/s²	$L \cdot T^{-2}$

*吹气位置是非数值量实验参数,将其转化为数值量纲一的吹位"权"值。

在钢包吹氩的模型实验中,参与该过程的诸变量间存在着下列关系:

$$f(v, \rho_l, \rho_g, d, H, D, g, \tau, RT, \mu_l, \mu_g) = 0 \qquad (7\text{-}59)$$

式中各变量及其量纲列于表7-4。其中 μ_l 和 μ_g 是液体及气体黏度,研究中不予考虑。

2)量纲分析与特征数模型

钢包吹氩的模型实验中,参与该过程的诸变量间关系如式(7-59)。

按白金汉 π 定理讨论钢包底吹氩过程系统,其基本量纲单位数 $k = 3$,分别是:长度 $L[L]$、时间 $t[T]$、质量 $m[M]$,系统的独立物理量的个数是 $n = 9$,见表7-4,所以量纲一的特征数的个数应该有 $m = n - k = 9 - 3 = 6$ 个。其中钢包直径 D 和透气砖直径 d 在实际过程中不无变化,不作为研究对象,求得的5个量纲为一的特征数列于表7-5。

表7-5 钢包底吹氩系统的特征数

特征数	特征数名称	符号	表达式	线性化符号
被决定性特征数	谐时性特征数	Ho	$v\tau / d$	$y = \lg Ho$
决定性特征数	介质的密度比	π_ρ	ρ_l / ρ_g	$x_1 = \lg \pi_\rho$
	修正弗劳德数	Fr'	$\dfrac{v^2 \rho_g}{dg\rho_l}$	$x_2 = \lg Fr'$
	吹气位"权"	RT 或 w	1~8	$x_3 = \lg w$
	深径比	π_1	H / D	$x_4 = \lg \pi_1$

被决定性特征数是谐时性特征数 Ho，决定性特征数有 4 个，其中底吹位置是非数值的属性量，其数值化方法叙述于后文。

根据白金汉 π 定理，各特征数之间的关联式，即描述底吹搅拌过程的特征数幂函数模型可能是

$$Ho = k(\pi_\rho)^{b_1}(Fr')^{b_2}(w)^{b_3}(\pi_1)^{b_4} \tag{7-60}$$

或：

$$\frac{v\tau}{d} = k\left(\frac{\rho_1}{\rho_g}\right)^{b_1}\left(\frac{v^2\rho_g}{dg\rho_1}\right)^{b_2}(w)^{b_3}\left(\frac{H}{D}\right)^{b_4} \tag{7-60'}$$

其中：k 和 b_i 为实验后才能确定的待定系数，$i = 1, 2, 3, 4$。

特征数方程（7-60）两端同时取对数后转化为

$$\lg Ho = b_0 + b_1\lg\pi_\rho + b_2\lg(Fr') + b_3\lg(w) + b_4\lg\pi_1 \tag{7-61}$$

成为数性代数模型：

$$y = b_0 + b_1x_1 + b_2x_2 + b_3x_3 + b_4x_4 = b_0 + \sum_1^4 b_ix_i \tag{7-62}$$

3）水力学相似模拟实验装置

水力学模拟实验钢包用透明有机玻璃制成，与工程原型几何形状相似，几何尺寸比为 $\lambda =$ 模型∶原型 $= 1\colon 3$；用水模拟钢液，在钢包底部靠近包壁的低速区加示踪剂，在距离最远处中用 PXD-2 型通用离子计测量、用 LZ3-304 型 X-Y 函数仪记录水中 pH 值的变化，测混匀时间 τ，实验仪器装置示如图 7-7 所示。

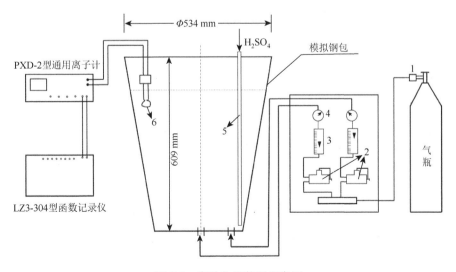

图 7-7 实验仪器装置示意图

1. 减压阀；2. 流量控制器；3. 流量计；4. 压力计；5. 玻璃管；6. 玻璃离子电极 231 型

4）相似模拟的特征数取值

取修正弗劳德数 Fr' 为最主要的决定性特征数，要求水力学模型与原型的修正弗劳德数 Fr' 相等，可确定模型中水的流动速度和流量。

为了最终获得特征数方程，实验中研究各参数的变化对混匀时间的影响，采用了"覆盖"的方法——模拟实验的四项特征数的取值均在一定的范围内变化，不是与原型的取值一一对应相等，而是分别"覆盖"原型的数值，列于表 7-6（底吹气体的密度 ρ_g 的取值考虑温度和静压力的影响，计算过程略）。

表 7-6　原型与模型各特征数的取值

特征数名称	原型值	模型取值范围
修正弗劳德数 Fr'	8227×10^{-7}	$5.93 \times 10^{-7} \sim 1.89 \times 10^{-4}$
深径比 H/D	0.8	$0.523 \sim 1.136$
密度比 π_ρ	13766.7	$567.3 \sim 11456.3$
量纲一的吹位 w	1	$1 \sim 8$

5）试验因子和水平

模拟实验的因子和水平选取如下：

因子 I　底吹位置。

模拟钢包底部装按设 $\Phi 20$ mm 的模拟透气砖，透气砖在包底的位置有八种，如图 7-8 所示，其中单孔三种：①，③，⑥，双孔五种：①＋③，①＋⑤，②＋⑤，⑦和⑧，八水平。

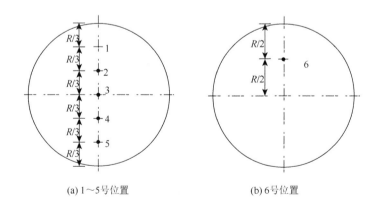

(a) 1～5号位置　　　　　　　　(b) 6号位置

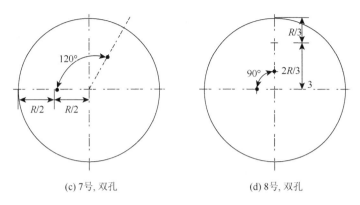

(c) 7号，双孔　　　　　　　(d) 8号，双孔

图 7-8　八种底吹位置（RT 或 w）

因子Ⅱ　不同密度的气体四种类，四水平：H_2，N_2，O_2，Ar。

因子Ⅲ　底吹气体流量（m^3/h）四水平，各气体取值范围不同：

$$Q'_{Ar, O_2, N_2} = 0.0091 \sim 0.1353，Q'_{H_2} = 0.0369 \sim 0.5488$$

因子Ⅳ　四水平——包内水的深度（m）四水平，$H = 0.274 \sim 0.500$。

最终的特征数的幂函数模型的对数模型[式(7-62)]是线性代数方程，式中各因子正交，故可以采用 $L_{32}(8 \times 4^8)$ 正交表试验设计。实验中安排八水平因子一项（w）、四水平因子三项（π_ρ, Fr', π_1），共进行 32 次实验，因子及其水平见表 7-7。

表 7-7　水力学模型实验的因子及水平

四水平因子	水平			
	1	2	3	4
π_ρ	567.3~579.4	706.2~721.2	807.9~825.1	11225.3~11456.3
$Fr' \times 10^5$	0.0593~ 0 .0838	0.3540~0.5150	2.1700~3.0700	12.9600~18.8400
π_1	0.623	0.764	0.932	1.140

八水平因子	水平							
	1	2	3	4	5	6	7	8
w	8.0	18.0	2.0	4.0	5.5	8.0	3.0	3.5

注：本实验采用 3 种单孔及 5 种双孔吹位，具体 w 值及其变换方法参见相关文献。

6）相似模拟实验结果

按 $L_{32}(8 \times 4^8)$ 正交表做试验设计，各试验因子占 1~4 列，其余 5~9 列留作误差项，不考虑交互作用，表头设计从略。

按 $L_{32}(8 \times 4^8)$ 正交表安排 32 次实验，实验随机进行，实验结果换算成各特征数值列于表 7-8。

表 7-8　钢包底吹水力学实验结果

谐时性特征数 Ho	深径比 H/D	修正弗劳德数 $F'r(\times 10^5)$	密度比 ρ_l / ρ_g	吹位 w
1654.45	0.62273	0.0833	579.373	8
2700.05	0.76364	0.4073	716.942	8
6157.7	0.93182	2.1696	814.478	8
28947.85	1.1364	15.6615	11225.33	8
7302.55	0.93182	0.5108	571.991	18
6070.98	1.1364	0.0684	706.21	18
35426.05	0.62273	12.9567	825.098	18
16932.85	0.76364	2.5468	11409.35	18
2301.65	0.62273	3.0497	579.373	2
4786.5	0.76364	14.9108	716.942	2
2407.8	0.93182	0.0593	814.478	2
6591.45	1.1364	0.4278	11225.33	2
4703.78	0.93182	18.6897	571.991	4
4366.88	1.1364	2.5019	706.21	4
5080.35	0.62273	0.3539	825.098	4
11227	0.76364	0.0695	11409.35	4
2427.7	0.76364	0.0838	576.016	5.5
2199.75	0.62273	0.4048	721.212	5.5
3940.15	1.1364	2.1872	807.86	5.5
22094.3	0.93182	15.5323	11316.6	5.5
3878.85	1.1364	0.5147	567.33	8
3069.85	0.93182	0.0678	711.989	8
16498.65	0.76364	13.0322	820.237	8
16348.3	0.62273	2.5364	11456.31	8
3024.8	0.76364	3.0677	576.016	3
4177.85	0.62273	14.821	721.212	3
1657.65	1.1364	0.0597	807.86	3
12541.15	0.93182	0.4246	11316.6	3
6972.95	1.1364	18.8406	567.33	6.5
3298.7	0.93182	2.4818	711.989	6.5
6697.9	0.76364	0.3561	820.237	6.5
17165.8	0.62273	0.0693	11456.31	6.5

7）特征数方程

根据表 7-8 的 32 组特征数的数据进行多元强迫回归分析,得到线性代数方程,再转换得到钢包吹氩的特征数方程:

$$\lg Ho = 1.63 + 0.17\lg(Fr \times 10^5) + 0.47\lg\left(\frac{\rho_1}{\rho_g}\right)$$

$$-0.18\lg\left(\frac{H}{D} \times 10^2\right) + 0.54\lg(RT) \tag{7-63}$$

或

$$Ho = 129.4Fr^{0.17}\left(\frac{\rho_1}{\rho_g}\right)^{0.47}(RT)^{0.54}\left(\frac{H}{D}\right)^{-0.48} \tag{7-64}$$

使用通用的统计软件工具对所得 32 组数据（见表 7-8）进行逐步回归分析,求得特征数对数之间（y 对 x_i）的线性模型[式(7-65)],统计检验表明线性模型中的三项因子的显著性信度水准都很高（$p \leqslant 0.0001$）,而因子 $x_4 = \lg(H/D)$ 因显著性信度水准低于 0.05,未能进入方程。

$$y = 1.91 + 0.46x_1 + 0.17x_2 + 0.54x_3 \tag{7-65}$$

线性模型转化为特征数的线性模型,为

$$\lg Ho = 1.91 + 0.46\lg(\pi_\rho) + 0.17\lg Fr' + 0.54\lg w \tag{7-66}$$

转化为特征数的幂函数模型,为

$$Ho = 80.90\pi_\rho^{0.46}Fr^{0.17}w^{0.54} \tag{7-67}$$

特征数方程（7-67）所代表的是一类关于熔池底吹搅拌效果的现象,实验原型仅仅是模型所表征的现象中的一个。

8）非数值量的数值化

实验中底吹位置共有八种,是非数值的属性量,无法参加最小二乘法回归,须将其转化为可数值描述的计量值,为此采用如下处理:在 32 次实验中在每个吹位有 4 个混匀时间的,即可以求得 4 个谐时性特征数 Ho 和 4 个计算出 $\lg Ho$ 值,依次可分别得出 8 个吹位的 Ho 和 $\lg Ho$ 值,以 $y = \lg Ho$ 为纵坐标以 $x = \lg w$ 为横坐标作图,如图 7-9 所示,将 8 个 $\lg Ho$ 标注在纵坐标上,然后在图中任意画一条直线（尽可能接近 45°为佳）,然后将 $\lg Ho$ 值水平投影到该直线上,再将该直线垂直向下投影到横坐标上,即为对应的 $\lg w$ 值,这条就是 $x = \lg w$ 与 $y = \lg Ho$ 之间的回归线。对于不同吹位所得到的当量吹位 w 列于表 7-9。

表 7-9　各吹位的 w 值

吹位水平	1	2	3	4	5	6	7	8
对应的 w 值	8	18.0	2.0	4.0	5.5	8.0	3.0	6.5
对应底吹位置	①	③	⑥	①+③	①+⑤	②+⑤	⑦	⑧

注：非数值量数值化没有什么实质意义，仅是形式上有助于建立统一的数学模型。

　　由于 32 次实验是按正交表安排的，所以各因子各水平是均衡的，每个吹位的 $\lg Ho$ 值所受其他因素的影响相同，$\lg Ho$ 值的变化只受吹位的影响。

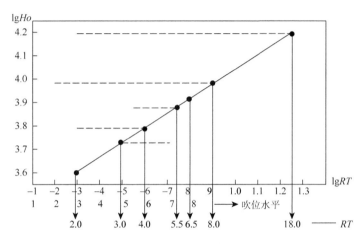

图 7-9　底吹位置数值化方法

9）相关性分析

　　对所得试验结果进行相关分析，得到各自变量 x_i 和 x_j 之间的简单线性相关系数 r_{ij} 及其显著性的信度水准 p 值（否定概率），列于表 7-10（$i, j = 1, 2, 3, 4$）。可以看出，各决定性特征数的 x_i 之间相关性很低（不相关），确实符合相互正交模式 [式(7-63)]，即均为独立的因子，交互作用可以忽略。这表明采用正交表安排试验是有效的，也表明形如式（7-63）的线性模型是合理的。

表 7-10　决定性特征数的对数 x_i 和 x_j 的简单相关矩阵

变量		$x_1 = \lg \pi_\rho$	$x_2 = \lg Fr'$	$x_3 = \lg w$	$x_4 = \lg \pi_1$
$x_1 = \lg \pi_\rho$	r	1.00000	−0.00531	0.00003	−0.00642
	p	0.0	0.977	0.9999	0.9722
$x_2 = \lg Fr'$	r		1.00000	0.00002	0.00389
	p		0.0	0.9999	0.9831

续表

变量		$x_1 = \lg\pi_p$	$x_2 = \lg Fr'$	$x_3 = \lg w$	$x_4 = \lg\pi_l$
$x_3 = \lg w$	r			1.00000	0.00000
	p			0.0	1.0000
$x_4 = \lg\pi_l$	r				1.0000
	p				0.0

注：r_{ij} 为相关系数，p 为显著性检验的信度水准（否定概率）。

7.6.2　电渣重熔系统的能量利用实验

电渣重熔是利用电渣过程在水冷结晶器中精炼自耗电极金属的优质特殊钢的制造技术，电渣重熔过程吨钢电耗较高，一般吨钢电耗达到 1300～1600 kW·h 以上，而 1 t 钢的 1600℃的理论热焓值约为 $Q = 365$ kW·h/t，因而提高电渣重熔过程的热效率是特殊钢制造领域普遍关心一个技术问题。

电渣重熔的能量过程相当复杂：①能量来源是电流通过渣池产生渣阻热来加热熔化自耗电极；②电流通过液态熔渣产生电磁力以及熔化的自耗电极滴落的重力使熔渣内形成复杂的流动和传热过程，以及冶金反应；③熔渣与钢锭之间的传热；④液态熔渣及钢锭与水冷结晶器之间的传热；⑤各种热损失等等，这些都难以用精细的微分方程来描述。为此采用系统分析的"黑箱"办法给予宏观的实验研究。

1）电渣重熔过程能量利用的系统分析

将电渣重熔过程的能量利用系统视为一"黑箱"，将其所涉及的各变量归纳到一起，概括称之为"电渣重熔的能量利用系统"，如图 7-10 所示。系统的输入量（决定性变量）是输入电功率 P(kW)，输出量是自耗电极的熔化速率 V_R(kg/min)，系统变量有钢锭截面等效圆直径 D(mm)、自耗电极直径 d(mm)和炉渣熔池深度 hs，过程所涉及的变量及其量纲见表 7-11。

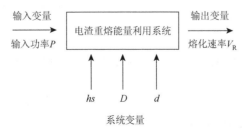

图 7-10　电渣重熔能量利用系统分析

表 7-11 电渣重熔能量利用系统的变量和量纲

	变量	符号	单位	量纲
几何尺寸	渣池深度	hs	cm	L
	电极等效圆直径	d	cm	L
	熔池等效圆直径	D	cm	L
工艺参数	输入功率	P	kW	L^2Mt^{-3}
工艺参数	熔化速率	V_R	kg/h	Mt^{-1}

2）量纲分析及特征数

引入吨钢的 1600℃钢液的理论热焓 $Q=365\,kW\cdot h/t$，将熔化速率换算 $[L^2Mt^{-3}]$，进行量纲分析，推导得出电渣重熔过程能量利用的三个量纲为一的特征数，如表 7-12 所示。分别是：

（1）特征数 $Es=Q\cdot Vr/P$ 是描述电渣重熔过程能量利用状况的量纲为一的特征数，为电渣能量利用效率；

（2）特征数 d/D 是电极直径与熔池（钢锭）的直径之比，其平方为 $F=d^2/D^2$ 电极截面积/熔池截面积，是冶金工程中常用的技术参数，称之为充填比。

（3）特征数 $Hs=hs/D$ 是渣池深度/熔池（钢锭）的等效圆直径之比，称为相对渣池深度。经简单换算就可得到炉渣与钢锭的质量之比，即为冶金工程中常用的技术参数渣量——每吨钢用多少千克炉渣（kg/t）。

表 7-12 电渣重熔能量利用系统的特征数

特征数	符号	实验取值范围
电渣能量利用系数	$Es=\dfrac{Q\cdot Vr}{P}$	0.203～0.4000
充填比	$F=d^2/D^2$	0.18～0.72
相对渣深	$Hs=hs/D$	0.17～0.34

3）特征数模型

根据量纲和谐的白金汉 π 定理，描述电渣重熔过程能量利用状况的量纲一的特征数幂函数方程为

$$Es=A\cdot F^{\alpha}\cdot Hs^{\beta} \tag{7-68}$$

式中：A、α、β 均为待定常数。

对式（7-68）两端同时取对数，得到特征数对数的线性模型：

$$\lg Es=b_0+\alpha\lg F+\beta\lg Hs \tag{7-69}$$

其中，常数项 $b_0 = \lg A$。

若将特征数方程复原为参数方程，就给出了工艺参数对熔化速度和电耗影响的关系式：

$$\frac{Q \cdot Vr}{P} = A \left(\frac{d^2}{D^2} \right)^{\alpha} \cdot \left(\frac{hs}{D} \right)^{\beta} \qquad (7\text{-}70)$$

4）相似模拟实验

从前面的讨论可知，复杂系统中的现象要严格相似，即各特征数的严格一一对应相等一般是做不到的。为了得到方程（7-69）中 b_0、α、β 的值，模拟实验中 $F = d^2 / D^2$ 或 $Hs = hs / D$ 的值必须有一个变动区间。

为此，实验过程中由各物理量组成的量纲一的特征数取值在某个范围内，本实验中因子、水平数及参数值已列于表 7-13。在实际热实验中测定各种条件下相应的能量消耗值。由于本实验的熔池等效圆直径 $D = 20.75$ cm 是一常数，实验中只需控制参数 d 就可以调整充填比 F 的取值，同样，只要控制炉渣的用量 hs 就可以调节渣池深度 hs 和 Hs 值。电渣重熔热实验中各因子、水平数及参数值，以及各特征数的取值列于表 7-13 和表 7-14，59 炉热态实验的实测数据列于表 7-15。

表 7-13 实际热实验的各参数值

	水平	1	2	3	4	5	6	7
因子 1	特征数填充比 $F = d^2 / D^2$	0.18	0.26	0.30	0.48	0.53	0.59	0.72
	由 F 换算出的电极等效圆直径 d	8.80	10.60	11.40	14.40	15.10	15.90	17.60
因子 2	特征数相对渣深 $Hs = hs / D$	0.17	0.19	0.22	0.24	0.27	0.29	0.34
	由 Hs 换算出的渣池深度 hs	3.50	3.90	4.60	5.00	5.60	6.00	7.10

表 7-14 电渣重熔热实验的特征数等参数

变量	符号	参数范围 (59 炉)	单位
渣池深度	hs	3.5～7.3	cm
电极等效圆直径	d	8.7～17.5	cm
熔池等效圆直径	D	20.75	cm
渣系		70%CaF$_2$ + 30%Al$_2$O$_3$ 不变	
输入功率	P	104～184	kW
单位电能消耗	Q	3.73～9.59	kJ/kg

表 7-15　59 炉电渣重熔过程热态实验数据

熔池直径 D/cm	电极直径 d/cm	渣厚 hs/cm	熔速 V_R/(kg/h)	比电耗 SEC/(kJ/kg)	锭高 H/cm	电渣数 Es	充填比 F	相对渣深 Hs
20.75	15.95	4.50	106.00	5.693	11.50	0.331	0.5909	0.2169
20.75	15.95	4.30	103.00	5.860	10.80	0.322	0.5909	0.2072
20.75	15.95	6.50	83.00	6.593	9.50	0.259	0.5909	0.3133
20.75	15.95	4.80	104.00	5.798	11.30	0.325	0.5909	0.2313
20.75	15.95	4.50	102.00	5.379	12.10	0.319	0.5909	0.2169
20.75	15.95	7.00	85.00	6.781	8.50	0.266	0.5909	0.3373
20.75	17.55	4.50	113.00	5.249	11.10	0.353	0.7153	0.2169
20.75	8.77	4.60	65.00	9.565	9.10	0.203	0.1786	0.2217
20.75	15.95	4.40	85.00	6.149	10.60	0.295	0.5909	0.2120
20.75	15.95	5.70	82.00	6.530	8.90	0.285	0.5909	0.2747
20.75	15.95	6.80	76.00	7.175	9.10	0.264	0.5909	0.3277
20.75	17.55	5.00	90.00	5.906	8.60	0.313	0.7153	0.2410
20.75	8.77	3.50	65.00	7.681	9.40	0.226	0.1786	0.1687
20.75	10.61	5.00	67.00	7.610	9.50	0.233	0.2615	0.2410
20.75	10.61	4.20	74.00	7.267	9.20	0.231	0.2615	0.2024
20.75	15.95	5.80	95.00	6.241	9.50	0.291	0.5909	0.2795
20.75	15.95	4.30	106.00	5.530	10.00	0.331	0.5909	0.2072
20.75	15.95	4.70	77.00	6.848	9.50	0.297	0.5909	0.2265
20.75	17.55	4.50	79.00	6.438	10.10	0.296	0.7153	0.2169
20.75	10.61	4.50	73.00	7.125	10.20	0.273	0.2615	0.2169
20.75	15.95	5.80	72.00	7.032	8.70	0.268	0.5909	0.2795
20.75	15.95	4.00	86.00	5.969	10.00	0.319	0.5909	0.1928
20.75	14.36	4.50	108.00	5.346	10.20	0.279	0.4789	0.2169
20.75	14.36	3.70	130.00	4.705	11.20	0.304	0.4789	0.1783
20.75	15.95	4.60	149.00	4.219	11.20	0.344	0.5909	0.2217
20.75	15.95	5.00	140.00	4.868	9.30	0.325	0.5909	0.2410
20.75	17.55	6.00	169.00	3.721	9.70	0.391	0.7153	0.2892
20.75	14.36	6.50	112.00	5.655	8.00	0.298	0.4789	0.3133
20.75	14.36	5.60	137.00	4.651	9.70	0.356	0.4789	0.2699
20.75	15.95	4.50	136.00	4.483	6.10	0.355	0.5909	0.2169
20.75	15.95	5.50	161.00	4.027	9.00	0.374	0.5909	0.2651
20.75	17.55	5.50	166.00	3.893	9.30	0.383	0.7153	0.2651
20.75	14.36	4.50	156.00	4.651	9.70	0.358	0.4789	0.2169
20.75	14.36	4.00	169.00	3.717	9.70	0.395	0.4789	0.1928
20.75	15.95	4.00	169.00	3.705	9.80	0.393	0.5909	0.1928
20.75	15.95	4.60	143.00	3.893	9.30	0.367	0.5909	0.2217
20.75	15.16	5.50	90.00	5.580	9.10	0.294	0.5338	0.2651
20.75	15.16	5.00	93.00	5.580	9.10	0.304	0.5338	0.2410

续表

熔池直径 D/cm	电极直径 d/cm	渣厚 hs/cm	熔速 V_R/(kg/h)	比电耗 SEC/(kJ/kg)	锭高 H/cm	电渣数 Es	充填比 F	相对渣深 Hs
20.75	15.16	4.00	103.00	5.605	10.00	0.343	0.5338	0.1928
20.75	15.16	5.00	101.00	5.890	8.60	0.335	0.5338	0.2410
20.75	15.16	5.20	98.00	5.743	8.80	0.324	0.5338	0.2506
20.75	15.16	6	112.00	5.233	10.60	0.258	0.5338	0.2892
20.75	15.16	5.5	126.00	5.366	11.70	0.291	0.5338	0.2651
20.75	15.16	6	134.00	5.128	10.30	0.292	0.5338	0.2892
20.75	15.16	6	100.00	5.735	9.40	0.245	0.5338	0.2892
20.75	15.16	6	116.00	5.341	12.40	0.253	0.5338	0.2892
20.75	15.16	6.5	115.00	4.688	11.00	0.265	0.5338	0.3133
20.75	15.16	7	115.00	5.404	10.00	0.251	0.5338	0.3373
20.75	15.16	4.5	155.00	4.374	12.60	0.338	0.5338	0.2169
20.75	11.31	6	113.00	4.676	6.90	0.261	0.2971	0.2892
20.75	11.31	7	107.00	5.484	9.60	0.247	0.2971	0.3373
20.75	11.31	7.3	97.00	5.442	8.60	0.221	0.2971	0.3518
20.75	11.31	6	122.00	4.969	11.10	0.285	0.2971	0.2892
20.75	11.31	6	121.00	4.734	9.20	0.279	0.2971	0.2892
20.75	11.31	7.5	117.00	5.023	9.60	0.287	0.2971	0.3614
20.75	11.31	6	109.00	5.145	8.90	0.285	0.2971	0.2892
20.75	11.31	6	119.00	5.015	8.20	0.311	0.2971	0.2892
20.75	10.61	5.8	126.00	4.722	8.50	0.329	0.2615	0.2795
20.75	10.61	6	110.00	4.789	8.40	0.332	0.2615	0.2892

5）特征数方程

用通用的统计软件对实验数据进行整理，作逐步回归分析，得到关于特征数对数的线性方程：

$$\lg Es = -0.59 + 0.22\lg F - 0.24\lg Hs \tag{7-71}$$

统计分析表明，该线性数方程的信度（否定概率）水准 $p \leqslant 0.0001$，高于万分之一，结果有效。

最终得到电渣重熔过程能量利用状况的特征数数学模型[式（7-72）]，符合"合理、可信、精确、简明"的要求。实验表明充填比高的电渣重熔过程能量利用较高，而渣量大的电渣重熔过程能量利用较差，使工程经验得到定量描述。

$$Es = 0.26F^{0.22}Hs^{-0.24} \tag{7-72}$$

第8章 冶金过程系统的时空多尺度结构及其效应

8.1 概　　述

8.1.1 时空多尺度结构的概念

上下左右谓之宇，古往今来谓之宙，万事万象在宇宙时空坐标中展开，是科学，也是哲学。然而，这种展开并非始终呈线性，往往会出现非线性，甚至阶跃式的变化，而且改变不止一次，在尺度变化很大的情况下，可能有多次重大变化，甚至有多次质的改变，呈现出时空的多尺度结构。时空多尺度结构不仅仅是按几何尺寸的数量级来衡量的，而是根据现象效应的变化来判断，或可以认为应该指的是"物理尺度"。

冶金工程系统的基本特征是物质守恒和能量守恒，在系统的任何一个"截面"上物质的量，包括每一种元素的分量以及各种形式的能量之总和都是不变的常量（守恒），这个"截面"应该足够大，包括了系统以及环境，即包括排出系统的副产品、废物和散失的废能。

时空多尺度可分为空间多尺度和时间多尺度，一般意义的尺度指的是表达数据的空间范围的大小和时间的长短，不同尺度所表达的信息密度有很大的差异。观测尺度变化得到的结果在某一尺度下会发生实质性的改变，这种特征尺度发生质变的系统可称之为多尺度系统。

在复杂科学和物质多样性研究中，尺度效应非常重要，尺度不同常常会引起主要相互作用的改变，导致物质性能或运动规律产生质的差别。尺度效应本质上是控制机制的转变，在自然界和工程技术界，时空多尺度结构是客观存在的。

1）空间多尺度

不同领域、不同研究认为空间多尺度的分类大同小异，例如有的资料将空间尺度分为：①纳米尺度——分子过程，活性中心……；②微观尺度——颗粒，液滴，气泡，涡流……；③介观尺度——反应器，换热器，分离装置，泵……；④宏观尺度——生产单位，工厂……；⑤巨尺度——环境，大气，海洋，土壤……；等等。

2）时间多尺度

时间是有方向的，在心理学范畴上，是指从过去到现在再到未来的方向（心理学时间箭头），工程学中通常也采用心理学的时间方向。

时间多尺度的划分比较统一，一般可用秒来度量，更大的有分钟、小时、日、月、年，以至年代、世纪、地球冰河出现周期、太阳系绕银河系运动周期、宇宙的生命周期；更小的有毫秒、微秒、纳秒、皮秒、飞秒、渺秒等。

可用两种方法来理解时间多尺度：一是时间尺度针对具体过程，不同的过程有不同的时间尺度，故时间多尺度可理解为多过程，因此，多尺度研究方法可理解为过程的分解和综合的方法，每一过程都有不同的时间尺度；二是对于同一过程，在一定的意义上有特定的时间尺度。此时多尺度的研究方法可理解为人为改变过程的时间尺度，用新的时间尺度对过程进行研究。过程工程中常见的两类技术，即强制时变和优化控制，就是时间多尺度方法的典型体现。

8.1.2　化学工程系统中的多尺度结构

1. 化学工程学原理对时空的认识

以化学工程为代表的过程工程学原理起源于众多过程工艺中共性操作的归类和归纳。过程工程学已经走过了一百多年的历史：以 1901 年戴维斯出版的《化学工程手册》为标志的过程工程学是研究过程工业生产中所进行的化学过程和物理过程的共同规律。1915 年，提出了"单元操作"的概念，并首先阐明了研究各种"单元操作"的基本原则，许多学者认为这是过程工程学发展的第一个里程碑。1958 年，提出"传递过程原理"，将"单元操作"中的共性规律总结为质量、热量和动量传递，并更多地引入物理和数学工具进行定量分析和推理研究，"化学反应工程"学定量地描述了化学反应在时间和空间内展开的性状。其后引进了系统工程的思想形成了以"化工系统工程"为代表的"过程系统工程"将时间和空间展开至更大的尺度，时空多尺度的结构和效应成为不可忽略的现象。

2. 物质转化过程的多尺度结构

多数物质的转化过程都具有非均匀结构、多态和突变等复杂系统的特征，物质转化过程中复杂系统的研究成为过程工程科学的重要前沿。在复杂的过程系统中许多现象以不同层次出现，层次可用时间和空间尺度来标定。工艺过程及其设备的设计、操作、控制为宏观尺度，其中物理、化学现象的基础为微观尺度。为达到更好的设计、操作、控制工艺过程及其设备的目的，也需要研究宏观与微观之间的介观尺度的现象，如此可以分割问题，既要按不同尺度的层次分别研究，又要综合层次进行跨尺度研究。许多学者将时空多尺度结构及其效应的认识和研究誉为继"单元操作"和"化学反应工程"之后的新的里程碑。

物质转化的基本层次是原子和分子，但实现物质转化却要涉及从原子、分子直到大规模工业装置（乃至整个工厂，甚至涉及大气、河流等环境因素）之间不同尺度的化学和物理过程。许多复杂现象发生在若干主要的特征尺度上，对过程控制作用的各种机制也只在某些特征尺度上发挥作用。根据不同的学科内容，尺度的划分又有很大的差异，譬如认为在处理物质转化的过程工程中常存在下述尺度（空间尺度）结构。

1）纳米尺度

发生分子级的（微观结构）过程，在这一尺度上的粒子表现出的物理化学性质，并认为这些性质广泛地存在于全部的时间空间之中，在此尺度上，分子间的作用力起了重要作用。

2）单颗粒、气泡和液滴尺度

单颗粒、气泡和液滴尺度是非均相反应的一个重要的基本尺度。在此尺度下，分子扩散、物质对流对反应过程起着决定性的影响，化学反应则发生在颗粒的表面，传递往往会成为控制反应过程的主要因素。

3）颗粒聚团尺度

颗粒聚团（气泡合并、液滴聚集）这一宏观结构的形成，使系统行为发生质的改变，其传递性能与分散体系有所不同。一般说来，这一尺度的行为受不同介质或不同过程之间协调机制所控制，界面现象往往发挥重要作用。

4）设备尺度

此尺度的特征为宏观结构因设备边界的影响而发生空间分布，由此导致更大尺度的过程，外部因素的影响主要体现在这一尺度上。

5）工厂以上尺度

该尺度涉及不同过程之间的继承和优化、过程与资源和环境的协调等。

多尺度特征在物质转化中的重要性主要体现在以下两个方面：①任何一个微观反应过程，必须经过各种尺度的调控才能在设备尺度上达到理想的转化率和选择性，才能在工厂级尺度上输出合格且廉价产品，同时对环境产生最小的负面效应；②对反应过程的任何调控一般都在设备尺度实施，然后通过多尺度过程将这一调控的作用传递到微观尺度水平上，才能对反应过程施加影响。

8.1.3　冶金过程系统的多尺度结构

从生产方式、扩大生产的方法以及生产中物质所经受的主要变化，可以将工业分为过程工业和产品工业两大类。过程工业主要以自然资源为原料，经过一系列的物理和化学变化，将原料转化为符合人类需要的产品，在原料转化为产品的过程中，往往会产生大量的污染和废弃物。

冶金过程系统是关于铁元素的过程系统，与化工学过程系统的差别主要是冶金过程具有高温多相的特征。近年来冶金工程学科中的某个研究团队基于对多尺度理念的理解，对一家小高炉/小转炉企业进行了两个月的研究和观察，总结得到其多尺度结构的认识。概述如下：

1）系统级尺度中的冶金工程现象

以铁矿石为主的原料、辅料、燃料进入冶金工程系统，生产出合格的钢材，在系统级尺度内经过各个单元工序即子系统，最终转化为合格的钢材，这些子系统的尺度自然就是低一级（或小一级）的尺度，是为工序级，大致有：原料场、烧结球团、高炉炼铁、转炉炼钢（含二次精炼）、连续铸钢、轧制加工、成品库等，各工之间序基本是串联结构。系统级的空间尺度可以以千米（10^3 m）计，时间尺度可以认为是以日、月、年计。

2）工序级尺度中的冶金工程现象

以系统中的炼钢工序为例：过程高效化涉及更广泛的尺度范围，高炉炼铁产出的热铁水（或经预处理）运至炼钢工序，经炼钢工序制成合格钢坯，送往下一步轧钢工序。炼钢工序级的装备除炼钢转炉外还应包括二次精炼装备、连续铸钢机，以及铁水罐、钢水包，各种运输工具、起重设备等，工序级的空间尺度大约在 10^2 m 的数量级，时间尺度大约是小时或日。

3）装备级尺度中的冶金工程现象

炼钢工序的子系统有转炉炼钢装备级尺度，其工艺操作是：热铁水原料（约4.3% C）/装料/氧化脱碳/取样测温/出钢/溅渣护炉/倒渣/合格钢水（约 0.10% C）。

碳氧反应速率的提高使得转炉炼钢过程中吹氧脱碳时间缩短，实际情况表明：非吹炼操作时间对冶炼周期和生产速率的影响很大。进一步提高炼钢生产速率主要有两个方面的措施：一是扩大炉容，增加出钢量；二是在提高脱碳速率的基础上，努力缩短非吹炼操作时间，例如采用铁水预处理和二次精炼技术以及应用先进的控制技术和提高自动化水平、采用先进的机械装备、延长炉龄等。

炼钢装备系统除炼钢转炉外，还包括转炉的倾动摇炉系统、氧枪及供氧系统，以及炉气能量回收、环保系统等，这些操作和措施所涉及的装备级尺度，大约是 10^1 m 的数量级，时间尺度大约是 $20\sim30$ min 级。

4）介观（单元操作）尺度中的冶金工程现象

转炉炼钢单元尺度中最主要的冶金工程现象是炼钢炉内的熔池脱碳反应。熔池脱碳的主要操作在于高强度的氧气射流，一般说来每吨钢水约消耗 $60\sim70$ m^3 氧气，氧气的标态体积约为钢液体积的 500 倍，考虑到炼钢高温，实际气体体积还要再膨胀 5 倍左右；炼钢过程氧化脱碳量约为 $4.0\%\sim4.3\%$，产生 CO 气体的标态体积也有 $60\sim70$ m^3，CO 气体生成处钢液的温度高达 1800 K 以上，CO 气体体积膨胀很多。在这数千倍体积气体的作用下，炉内钢液强烈沸腾、乳化、泡沫化，处于整体脱碳反应状态，其反应区的尺度大致可以以熔池体积讨论，即以 10^0 m 计，强烈的脱碳反应时间大约是 $20\sim25$ min，实测小转炉炼钢的操作-时间分配表如表 8-1 所示，大转炉炼钢的操作时间要长一些。

表 8-1   小转炉炼钢的操作-时间分配

操作	兑铁水	加废钢	起炉	下枪	吹炼	倒炉	测温	取样	看样
时间/s	51	22	11	5	826	27	13	17	53

操作	后吹	加 SiC	钢包车行走	出钢	起炉	溅渣	倒炉倒渣	总操作时间
时间/s	28	26	16	95	18	84	46	1336

现行炼钢转炉的炉容量一般在 $10\sim300$ t 范围内，平静状态熔池的体积范围约为 $1.4\sim343.0$ m^3，尺度范围大致是 $1.0\sim10.0$ m，可以认为，氧气转炉炼钢的介观级（单元级）尺度是 10^0 m。

总结认识到冶金工程系统(以氧气转炉炼钢为代表)的多尺度结构列于表 8-2，绘成图 8-1。

表 8-2   冶金工程系统的多尺度结构

级数	尺度级	尺度
1	系统级	10^3 m；年、月、日
2	工序级	10^2 m；日、小时
4	单元级	10^1 m；分
5	介观级	10^0 m；秒
6	微观级	$10^{-10}\sim10^{-4}$ m；10^{-4} 秒

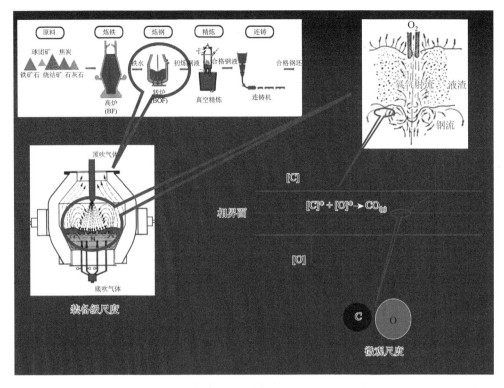

图 8-1　钢铁工程系统的多尺度结构示意图

8.2　气固还原的尺度效应

8.2.1　未反应核模型

自然界的铁元素以氧化物的形态存在于固态铁矿石中，钢铁冶金的首要任务是将铁元素还原、分离、提取。关于铁氧化物的气固还原已有非常成熟的热力学研究，其结果可形象地绘成图 8-2，常称之为"叉子图"。

图 8-2 中横坐标是还原温度（℃），纵坐标是气相的还原性 ϕ：

其中
$$\phi = \frac{CO\%}{CO\% + CO_2\%}$$
（8-1）

或
$$\phi = \frac{H_2\%}{H_2\% + H_2O\%}$$
（8-2）

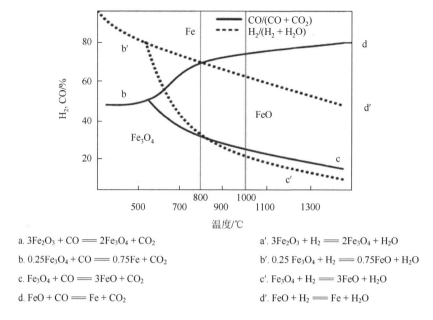

a. $3Fe_2O_3 + CO \rightleftharpoons 2Fe_3O_4 + CO_2$　　　　　　a'. $3Fe_2O_3 + H_2 \rightleftharpoons 2Fe_3O_4 + H_2O$

b. $0.25Fe_3O_4 + CO \rightleftharpoons 0.75Fe + CO_2$　　　　　b'. $0.25 Fe_3O_4 + H_2 \rightleftharpoons 0.75FeO + H_2O$

c. $Fe_3O_4 + CO \rightleftharpoons 3FeO + CO_2$　　　　　　　c'. $Fe_3O_4 + H_2 \rightleftharpoons 3FeO + H_2O$

d. $FeO + CO \rightleftharpoons Fe + CO_2$　　　　　　　　　　d'. $FeO + H_2 \rightleftharpoons Fe + H_2O$

图 8-2　铁氧化物的还原热力学

由图 8-2 不难看出，铁的氧化物在较低的温度下很容易被一氧化碳气体还原，气相的还原性 ϕ 仅须略高于 50%，较高的还原温度，要求气相的还原性 ϕ 更高一些，在典型的 1000℃左右，要求气相的还原性 ϕ 高于 70%。而用氢气还原，在较低的温度下铁元素不太容易被还原，温度高于 900℃，氢的还原能力就会高于一氧化碳，到 1000℃左右，要求气相中氢的还原性 ϕ 只要高于 60%就可以。在生产实际条件中，有固相碳存在，就能够源源不断地供应一氧化碳，而氢气没有固态物质的来源。

在工业化冶金生产中不能采用较低的还原温度，其原因主要是生产效率太低，而且固态的还原产物难以有效分离，还需要后续再在高温中液态分离。

关于铁氧化物还原的反应工程学普遍采用的模型是"未反应核模型"，其几何-物理示意如图 8-3 所示：球状的固态铁氧化物置于还原气氛中，氧化物还原的本征反应在气固球形界面上均匀进行，球面内部是未反应的氧化物核，球面以外是已还原的还原产物。随着反应的进行，本征反应球面均匀地缩小，未反应球核也在缩小，可以通过几何关系求得整个球形氧化物的体积还原度。

整个过程有五个步骤：①还原气体通过气相边界层到达反应物外表面，为外传质；②还原物质通过已还原的球壳到达未反应核表面，为内传质；③在未反应核表面发生本征还原反应；④还原后生成的气体产物通过已还原的球壳到外表面，也是内传质；⑤还原后生成的气体产物通过气相边界层散失，也是外传质。

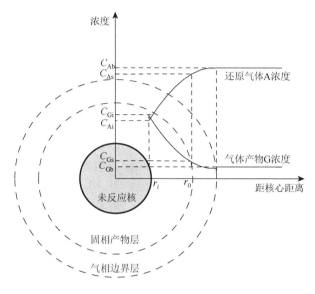

图 8-3　未反应核模型

其中只有步骤③是化学反应，其余四个步骤都是物理过程，前三个步骤对矿球的还原速率有直接影响。

参照有关的边界层传质、已还原的多孔物体内渗透传质和本征化学反应的速率的研究结果，可以得到描述"未反应核模型"中关于矿球体积还原速率的数学模型（略）。

定义矿球的体积还原率由 0%到 100%（95%）的时间长度为完全还原时间 t_f，取 t_{f1}、t_{f2}、t_{f3} 分别为外传质、内传质、本征化学反应单独控制情况下的完全还原时间。

设定矿球材质是 FeO，球径为 1 cm，还原气体是 H_2，还原温度为 1000℃，根据常用物理化学资料查得各参数，用"未反应核模型"计算求出三个步骤分别独立控制下颗粒的完全还原时间，t_{f3} 是 4430 s，分别为 t_{f1} 和 t_{f2} 的 13 倍和 3 倍，可以粗略地认为三者在一个数量级之内。由"未反应核模型"的计算可以认为：铁氧化物颗粒的气-固还原过程的速率由这三个步骤共同控制（串联机制），并据此可以进一步估算总的完全还原时间长度。

在完全相同的数理条件下用"未反应核模型"对直径为 2 μm 的矿球的还原过程进行模拟计算得到本征化学反应控制的 t_{f3} 大约是内传质控制的 t_{f2} 的 274 倍；是外传质控制的 t_{f1} 的 1687 万倍。所以应该认为直径为 2 μm 的铁氧化物颗粒的气-固还原过程的速率仅由本征化学反应控制。两种尺度的铁氧化物气相还原的模拟计算结果对比列于表 8-3。

表 8-3 两种尺度的 FeO 颗粒的完全反应时间（t_f/s）

颗粒直径 d/m	外传质 t_{f1}	内传质 t_{f2}	界面本征反应 t_{f3}
2.0×10^{-6}	4.54×10^{-6}	0.28	76.6
1.2×10^{-2}	331	1458	4430

可见尺度不同的反应的控制机制也有所改变，这就是尺度的效应。外径为 2 μm 的矿球的完全还原时间大约在 77 s 左右（1 min），而外径为 1 cm 的铁氧化物颗粒的完全还原时间大约是 4430 s（74 min），相差近六十倍。

高炉炼铁主要用烧结矿或球团等熟料做原料，其粒度大约以厘米计，因此比较适用"未反应核模型"来计算，而对于超细粉的还原，使用"未反应核模型"来模拟计算就不太合适了。

8.2.2　超细粉尘的还原实验

1. 还原样品

电炉炼钢除尘灰是对环境有严重污染的废弃物，不允许自然堆放或填埋；因为含有铁，所以冶金厂都想将其返回用作高炉炼铁原料，但是除尘灰中的锌在高炉炼铁过程中会气化，侵蚀耐火材料、堵塞通气管道、破坏炼铁过程顺行，甚至会引起事故，所以不能直接返回使用。

电炉炼钢除尘灰中的锌主要来自于废钢中的镀锌板等材料，如果能分离提取出来也是一种有较高价值的金属，工程上常采取造球然后再经回转窑还原脱锌处理的方法。

电炉炼钢除尘灰的还原实验用原料取自某企业。化学分析结果列于表 8-4，主要有 Fe、Zn、Ca、Si、Mg、Mn 等元素，其中全铁约 40%，锌约 10%；X 射线分析结果表明：粉尘中 Fe 元素主要以 Fe_2O_3 及 Fe_3O_4 形式存在，Zn 主要以 ZnO 和 Fe_2ZnO_4 两种形态存在。

表 8-4　粉尘化学分析结果（%）

粉尘	TFe	FeO	Zn	Ca	Si	Pb
电炉 A	37.50	1.52	10.30	6.71	1.66	1.27
电炉 B	47.26	5.24	8.32	2.81	0.99	0.64

电炉炼钢除尘灰在烘箱内经 105℃烘烤 10 h，使其游离水完全蒸发，得到干燥的电炉炼钢粉尘。使用激光衍射散射式粒度分布仪测定粉尘的粒度结果见图 8-4，其尺寸分布为 X_{10}：932 nm；X_{90}：3174 nm，分散较宽，中值为 1829 nm，认为电炉炼钢除尘灰颗粒的平均直径大约是 2 μm。

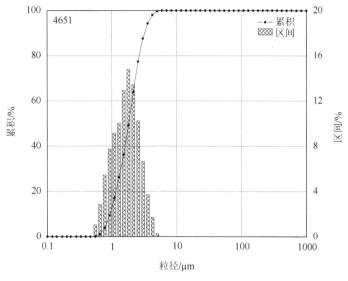

图 8-4　电炉粉尘的粒度分布

2. 还原实验装置

除尘灰的精细还原实验装置示意如图 8-5 所示。

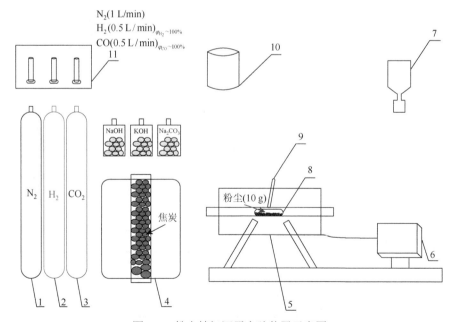

图 8-5　粉尘精细还原实验装置示意图

1. N_2；2. H_2；3. CO_2；4. CO 重整炉；5. 还原炉；6. 电控装置；7. 除尘装置；8. 还原料磁舟；9. 热电偶；
10. 气体混合室；11. 气体流量计

每次实验用干粉尘 10 g，置于磁舟中，如图 8-6 所示。实验时先通氮气，流量 1.0 L/min，然后通氢气，流量 0.5 L/min，实验过程中维持气相的还原性 ϕ 高于 85%。

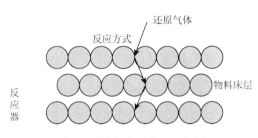

图 8-6　固定床反应器示意图

实验的目标变量是：Y_1，除尘灰中铁元素的金属化率，MFe%；Y_2，除尘灰的脱锌率，Zn%，由还原后的粉尘的化学分析 TFe、MFe、Zn 含量计算得出。实验因子及水平是：因子 A 还原温度，取 A_1 为 800℃，A_2 为 900℃；因子 B 还原时间，取 B_1 为 1 h，B_2 为 2 h；因子 C 还原气氛，取 C_1 为 H_2，C_2 为 CO。按 $L_{16}(2^4)$ 正交表安排实验 16 组，重复三次，共做还原实验 48 次；三次还原产物混合后做化学分析，得到 16 个铁的金属化率（MFe%）和脱锌率（Zn%）结果（略）。

电炉炼钢除尘灰的固定床还原实验产物的平均铁元素的金属化率（MFe%）的值达到 93%，平均脱锌率（Zn%）为 98%。铁元素的金属化率的方差分析列于表 8-5；脱锌率的方差分析表列于表 8-6；主效应分析分别列于表 8-7 和图 8-7，图中黑色是铁的金属化率，红色是脱锌率。

表 8-5　铁的金属化率（MFe%）的方差分析表

影响因素	离差平方和（ss）	自由度（df）	均方差（s_2）	F 比	信度（p）
A	13.43	1	13.43	36.30	10^{-5}
B	4.39	1	4.39	11.86	10^{-3}
C	21.34	1	21.34	57.68	10^{-6}
e	4.44	12	0.37	—	—
合计 T	43.60	15	—	—	

表 8-6　脱锌率的方差分析

影响因素	离差平方和（ss）	自由度（df）	均方差（s_2）	F 比	信度（p）
A	24.21	1	24.21	134.5	10^{-8}
B	2.81	1	2.81	15.6	10^{-3}

续表

影响因素	离差平方和（ss）	自由度（df）	均方差（s_2）	F 比	信度（p）
C	1.95	1	1.95	10.8	10^{-3}
e	2.13	12	0.18	—	—
合计 T	31.10	15		/	/

表 8-7　各因子的主效应

因子水平	参数		金属化率（MFe%）	脱锌率（Zn%）
A_1	还原温度	800℃	91.88	96.92
A_2	还原温度	900℃	93.71	99.38
B_1	还原时间	1 h	92.27	97.73
B_2	还原时间	2 h	93.32	98.57
C_1	还原气氛	H_2	91.64	97.80
C_2	还原气氛	CO	93.95	98.50

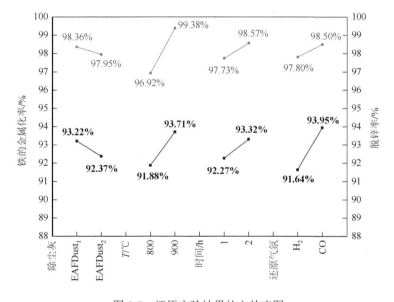

图 8-7　还原实验结果的主效应图

电炉炼钢除尘灰的固定床还原实验结果表明, 尺寸为 2 μm 超细粉的气固还原的尺度效应：

（1）实验结果表明 2 μm 超细粉固体中铁氧化物的气固还原的效果以因子 C 还原气体种类的影响最为显著, 参考图 8-2 给出的热力学果表明, 温度高于 800℃

后 CO（对于 FeO 和 ZnO）的还原能力强于 H_2，可以看出这个结果反映了过程的控制环节主要是本征化学反应，如 8.2 节的"未反应核模型"的讨论得到的关于 2 μm 超细粉的尺度效应相一致。

（2）因子 C 还原气体种类对于脱锌率的影响与铁的还原相类似，也是 CO 强于 H_2，反映出 2 μm 超细粉中 ZnO 的气固还原的控制环节也主要是本征化学反应，与"未反应核模型"的理论讨论相一致。

（3）还原温度对于脱锌率的影响非常显著，这是因为锌的气化温度是 907℃，还原温度对于铁的金属化率的影响也比较显著，反映出与影响本征化学反应有关。

（4）还原时间对于铁的金属化率和脱锌率的影响都比较微弱，显示还原 2 h 比还原 1 h 没有太大的区别，说明 2 μm 超细粉还原 1 h 已经足够，如 8.2.1 节所讨论的关于 2 μm 超细粉还原速率大大提高的尺度效应。

（5）按实验得到的最佳工况估计，在理想情况下铁的金属化率将达到 96%，脱锌率将接近 100%，超细粉还原的速率很快，也是尺度效应的结果。

总而言之，这个实验室规模的电炉炼钢除尘灰还原实验现象反映了关于微米级超细粉还原的尺度效应。

8.3　电弧炉炼钢过程的多尺度现象探讨

8.3.1　冶金系统的时空多尺度结构探讨实验

钢铁生产是一类关于铁元素的过程工程系统，其系统的功能是实现由钢铁原料向钢材的转化。当今冶金过程系统主要有"废钢/电炉"和"矿石/高炉/转炉"两类流程，其时空多尺度结构及其相应的众多物质转化过程有许多共同的特征。

某电炉炼钢企业是典型的"废钢/电炉"冶金工程系统，其流程"短"，不仅仅指其占地面积小、几何尺度"短"，也是指系统中单元工序少、流程简单。

在典型工况中，电弧炉炼钢过程物质转化速率大约是氧气转炉炼钢过程的 40%，其中氧气转炉炼钢过程的脱碳速率等化学反应强度是电弧炉炼钢的数倍。在电弧炉炼钢过程中，要将温度为 25℃ 的冷炉料（废钢和生铁）加热至 1600℃，其元素氧化放热、铁水物理热以及辅助能源提供的化学能远远不能满足热量的需求量，还需补充 350～400 kW·h/t 的热量，占总能量的 60%～70%。氧气转炉炼钢过程则是将约 1200℃（配加部分冷废钢，温度有所降低）的铁水，经过氧化去除铁熔池中 C、Si 和 Mn 等元素（其中以脱碳为主），所释放的热量使钢水温度升至 1600℃ 以上，且还有一定的富余热量。综之，可认为能量供应对电弧炉炼钢的物质转化速率起决定性的作用。

通过观察、研究和分析，认识到电弧炉炼钢存在着微观、介观、单元操作级和工位级等多个时空尺度的结构，每个尺度级的过程具有各自独特的数学物理特征。

1. 微观尺度中的冶金现象

在现代电弧炉炼钢高效化进程中，脱碳和其他冶金任务的强度都相对较弱，促使原料向成品转化的主要过程是热量的供应，其中核心的是金属炉料的升温、熔化和过热。

固态炉料内微元体内瞬间热平衡，其传导传热的微分方程可为

$$\rho C_{\mathrm{p}} \frac{\partial T}{\partial \tau} = \frac{\partial}{\partial x}\left(\lambda \frac{\partial T}{\partial x}\right) + \frac{\partial}{\partial y}\left(\lambda \frac{\partial T}{\partial y}\right) + \frac{\partial}{\partial z}\left(\lambda \frac{\partial T}{\partial z}\right) \tag{8-3}$$

式中：ρ 为固体炉料密度，kg/m^3；C_{p} 为定压热容，$kJ/(kg \cdot K)$；λ 为固体的热导率，$W/(m \cdot K)$；T 为温度，K；τ 为时间，s；x，y 和 z 为空间坐标，m。

数学上的无穷小量可以认为是微元体的空间尺度微米级，如图 8-8 所示，"瞬间"的时间尺度也可以认为是微秒级。升温过程中不同温度下固态铁的升温、熔化、过热的相变过程，其平均的微观尺度也可以认为是晶格常数级，是 Å（10^{-10} m）级，所以微观尺度大概是 $10^{-6} \sim 10^{-10}$ m 和 10^{-6} s 级。

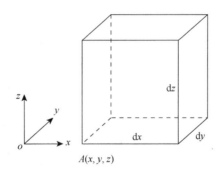

图 8-8　晶格微元体示意图

2. 介观尺度（单元操作级尺度）中的冶金现象

所谓介观尺度是其大小介于宏观与微观之间的尺度，可以认为其大小约和人的心理尺度相接近，即在米（m）级上下和分钟（min）或小时（h）左右。

电炉炼钢等效电路见图 8-9，其所需能量主要依靠两项单元技术：一是交流电弧，二是氧气射流（熔池中化学元素氧化放热和燃料燃烧）。稳定燃烧的电弧（参见图 8-11）提供了大约 70%～60% 的能量，电力的供应涉及石墨电极、短网、主变压器等工艺装备；供氧单元技术则在于超音速氧气射流（图 8-10），强化了熔池的碳氧反应。

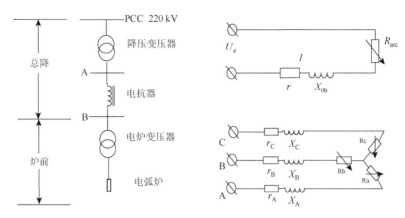

图 8-9　三相交流电弧炉供电电路示意图

R_{arc}—电流电阻；r—电器电阻；X—电流电感

图 8-10　集束射流氧气火焰

3. 工位级尺度中的冶金现象

　　电炉炼钢需要足够的能量，主要来自于交流电弧（图 8-11），其次需要有足够的氧气，以去除碳、硅、锰、磷以及硫等杂质，$1 \, m^3$ 的氧气供应熔池的热量相当于 4～5 kW·h 的电能，使用集束氧枪（图 8-12）的好处还在于可以用来切割冷炉料、定点加热冷区和搅拌熔池。

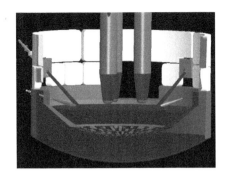
图 8-11　炼钢电弧和泡沫渣

图 8-12　集束氧枪

电弧炉炼钢的工位级尺度中的冶金现象主要是炉料和熔池的加热融化和过热，以及各种冶金反应。为了以足够的速率完成原料向合格钢水的转化，需由外部供足热量。热传递遍及整个炉膛，包括固态炉料内传导传热、电弧和炉壁辐射给热、炉气和火焰对流给热、液体内部对流传热和化学反应热等，升温过程中不同温度下纯铁的热容及相变热焓值是：纯铁从室温 25℃ 至 1640℃ 共经历了四次相变，即 α 铁 → β 铁 → γ 铁 → δ 铁 → 液态铁。铁升温、熔化和过热总焓变约为 400.2 kW·h/t。

$$H = C_{p(s)}(T^* - T_0) + H_f + C_{p(1)}(T - T^*) \qquad (8\text{-}4)$$

式中：H 为 1640℃ 铁液的热焓，kJ/kg；$C_{p(s)}$、$C_{p(1)}$ 分别为铁在物体固态、液态的定压热容，kJ/(kg·K)；T^*、T_0 和 T 分别为钢的熔点温度、初始温度和目标温度，℃；H_f 为熔化潜热，kJ/kg。

该电炉公称容量为 150 t，冶炼需能约为 60 MW·h，炉内熔池的上表面的当量直径约为 7 m 深度大约是 0.8 m 的仰球冠形，炼钢的空间尺度的数量级为 10.0 m，一炉钢的出钢—出钢时间大约是 45～60 min。

4. 工序级尺度中的冶金现象

电弧炉炼钢的操作是通过对时间积分得到合格钢水所需的能量对时间的积分，是更高一级尺度即工位级尺度所讨论的范畴，其物质转化过程的特征包括更广泛的内容，主要有：①原料废钢、铁合金和辅料的供应；②合格钢水运至下一步工序；③产生的废渣等废物的处理；④各种能量及相关物质的输入、排放、回收等；⑤各种装备、工具、零件；⑥冶炼时间节奏的掌控和控制系统。

工位级不仅应该包括整个电炉单元，还应该包括各种原辅料储运系统、起重运输装备、能量供应装备、炼钢废渣输出装备、生产环境保护系统（图 8-13），以及检测仪表和控制信息系统等，应该还包括二次精炼单元。供电系统应该上溯到主变压器高压侧高压开关，供氧系统应上溯到与氧气总管道相接的阀门处等。

图 8-13　电弧炉炼钢工序的炉气处理装置

工序级的空间尺度的数量级约为 100 m，时间尺度略大于工位级尺度。

5. 尺度之间的关系

电弧炉炼钢过程的时空多尺度结构可形象化概括如表 8-8 所示。从上述讨论可以看出，尺度的结构是通过其效应表现出来的，而尺度的结构及其效应又是在物质转化过程中展开，"同时"出现在不同的时空尺度中。而在某一个特定尺度级别中表现出的规律，简单的直接放大到更大尺度级别中去是不适用的，同样缩小到更小尺度级别中也是不适用的。

表 8-8　电弧炉炼钢过程的时空多尺度结构

微观级尺度 $10^{-10} \sim 10^{-6}$ m	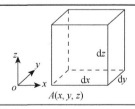
介观尺度（单元操作级） 10^0 m	

续表

工位级尺度 10^1 m		
工序级尺度 10^2 m		

对于整个电弧炉炼钢过程而言，在某个断面上在四个尺度内都有相应的现象发生，各个尺度的现象之间相互影响、相互协调。电弧炉炼钢过程的物质转化主要是通过热量的供应来实现，在认识时空多尺度结构及其效应的基础上，有关人员尝试进行单元操作级和工位级尺度之间的跨尺度能量集成实验研究。

8.3.2　跨尺度能量集成尝试实验

基于时空多尺度的理解，进行了跨尺度能量集成试探性实验研究，该研究对于时空多尺度的理解和关于跨尺度效应的理解尚是一种尝试。

试探性实验是在工位级按能量要求将较低一级尺度的两项功率单元进行集成以达到炼钢过程物质转化的能量供应。

根据炉料结构确定冶炼过程总的能量需求，按冶金操作确定各个时段的能量需求：每一时段内先确定物理热需求，然后确定氧气流量（化学热供应），再确定电弧功率（物理热供应），进而使两项功率单元对时间的积分之和满足工位级该时段的能量需求，最终使各时段的能量供应之和与实现物质转化的总能量需求相匹配。

工位级跨尺度能量集成的一般步骤如下。

（1）分时段。将有效供能时间 t_{tot} 分为 n 个时段，开始通电时刻记为零时刻，第 i 时段的结束时刻为 $t_i (i = 1, 2, \cdots, n)$，其时间长度记为 t_i'。

$$\therefore \quad t_{tot} = \sum_{i=1}^{n} t_i' \tag{8-5}$$

（2）低一级的单元操作。第 i 时段内共有 m 个功率单元，先确定第 i 时段第 j 个功率单元，记为 $P_i^j (j = 1, 2, \cdots, m-1, j \neq m)$，最后确定的是电弧功率，记为 P_i^m。

（3）第 i 时段的能量需求。根据炉料结构及有效供能时间，可确定达到冶炼要求的总能量需求，记为 E_q^T，其中第 i 时段的能量需求 E_{q_i}：

$$E_{q_i} = \sum_{j=1}^{m} \int_{t_{i-1}}^{t_i} P_i^j \mathrm{d}t + \int_{t_{i-1}}^{t_i} P_i^m \mathrm{d}t \tag{8-6}$$

（4）工位级跨尺度能量集成。工位级总能量集成的数学物理描述可表示为

$$E_S^T = \sum_{i=1}^{n} \left(\sum_{j=1}^{m} \int_{t_{i-1}}^{t_i} P_i^j \mathrm{d}t + \int_{t_{i-1}}^{t_i} P_i^m \mathrm{d}t \right) \geqslant E_q^T \quad (i = 1, 2, \cdots, n) \tag{8-7}$$

式中，E_S^T 为累计能量供应值，kW·h；E_q^T 为能量总需求值，kW·h；t 为时间，s。

基于这个跨尺度能量集成的研究，体会到跨尺度集成一般的数学物理描述可能是某种物理量对时间的积分。

8.3.3　工业试验

1. 跨尺度集成软件

根据上述时空多尺度的理念，采用"先氧后电"的供能决策顺序，开发了电弧炉炼钢过程能量跨尺度集成软件"EAF SPM"（略），其中包括炼钢过程的冶金模型和热模型。即根据炉料结构确定冶炼过程总的能量需求，冶金操作确定各个时段的能量需求，每一时段内先确定物理热，然后再确定氧气流量（化学能的输入），再确定电弧功率（物理能的输入），进而使能量供应满足该时段的能量需求，最终达到各时段的能量供应之和与总能量需求的匹配。

2. 工业试验

在该电炉炼钢企业进行工业试验，连续冶炼 20 炉钢，计生产合格钢水 2694 t。均为三元炉料（废钢 + 生铁 + 热铁水）工况，炉料结构平均为：废钢配入量 95.6 t，占 63.8%；生铁配入量 14.4 t，占 9.6%；铁水配入量 39.8 t，占 26.6%；总装入量 149.8 t。采用两篮装料制度，按炼钢工艺要求和冶金操作，冶炼过程由四个供能时段和三个非供能时段组成。

（1）一次装料：补炉后装入第一篮料，废钢 50.2 t 和生铁 7.5 t，时间长度 $t_1 = 4$ min；

供能时段Ⅰ：第一篮料装炉完毕，开始通电直至"穿井"结束，时间长度 $t_2 = 8$ min；

供能时段Ⅱ：由炉门向炉内兑入铁水 39.8 t，铁水可认为是瞬间加入的，至炉料熔化 70% 左右，停电，时间长度 $t_3 = 9$ min；

（2）二次装料：装入第二篮料，废钢 45.4 t 和生铁 6.9 t，时间长度 $t_4 = 3$ min；

供能时段Ⅲ：第二篮料装料完毕通电，至熔化期结束，时间长度 $t_5 = 11$ min；

供能时段Ⅳ：氧化期开始，同时喷入碳粉造泡沫渣，至氧化期结束，时间长度 $t_6 = 15$ min；

（3）出钢操作，至出钢完毕，时间长度 $t_7 = 3$ min。

冶炼过程中各时段内选择合理的供氧和供电参数列于表 8-9。

表 8-9　各时段选择合理的供氧和供电参数

冶炼过程	时间长度/min	总需氧量/m³	设定总氧气流量/(m³/h)	总能量需求/(kW·h)	物理热/(kW·h)	化学热/(kW·h)	供电工作点
一次装料	4	—	弱吹	—	—	—	
时段Ⅰ	8	160	1200	6442	0	836	$U_2 = 811$ V，$I_2 = 62$ kA，$P_{arc_1} = 67.27$ MW
时段Ⅱ	9	1502	10000	35894	12644	11945	$U_2 = 865$ V，$I_2 = 66$ kA，$P_{arc_2} = 75.44$ MW
二次装料	3	—	弱吹	—	—	—	
时段Ⅲ	11	1874	10400	28062	0	14512	$U_2 = 811$ V，$I_2 = 62$ kA，$P_{arc_3} = 67.27$ MW (2 min)；$U_2 = 865$ V，$I_2 = 66$ kA，$P_{arc_2} = 75.44$ MW（9 min）
时段Ⅳ	15	1965	8000	20502	0	4358	$U_2 = 811$ V，$I_2 = 58$ kA，$P_{arc_4} = 64.66$ MW
出钢	3	—	弱吹	—	—	—	

以往的炼钢生产过程中未采用能量集成的思想，其供电单元与供氧单元的操作参数是独立控制的，采用的是固化的计算机供电曲线和供氧曲线（图 8-14）。炼钢生产过程中一般优先考虑电能的输入，再考虑辅助的供氧操作，往往难以控制钢水成分和温度，须人工不断进行调节工艺参数方可达到出钢要求。

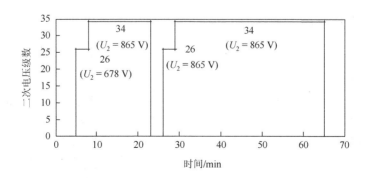

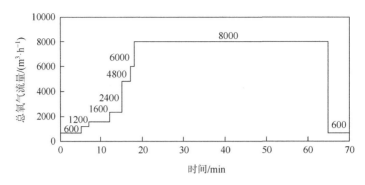

图 8-14　供电曲线和供氧曲线

　　在三元炉料结构工况下，对原工况、工业试验和综合氧电的现工况的生产指标比较列于表 8-10。以工业试验结果最佳：平均钢铁料消耗为 1126.2 kg/t，冶炼电耗为 271.1 kW·h/t，氧气消耗为 40.4 m³/t，平均冶炼周期为 52.9 min。实验结果表明，电弧炉炼钢过程能量集成理念与炼钢实际相结合，有助于达到高效、节电的效果。

表 8-10　三元炉料结构工况下的生产指标对比结果

工况	冶金操作区别	统计时间	钢铁料消耗/ (kg/t)	冶炼电耗/ (kW·h/t)	冶炼氧耗/ (m³/t)	冶炼周期/ min
原工况	供氧供电单独控制	2002 年全年	1195.9	499.0	51.6	69.7
工业试验	计算机离线指导	2009 年 3 月 8 日	1126.2	271.1	40.4	52.9
现工况	供氧供电综合考虑	2009 年 4 月	1129.4	275.8	41.9	54.0

8.4　更大尺度的冶金工程系统的讨论

8.4.1　更大尺度的冶金工程系统模拟实验

　　冶金过程系统之外有非系统，系统与非系统构成"更大系统"，更大系统对冶金过程系统给予重大的影响与约束。

　　更大系统有许多层次，最靠近冶金工程系统的非系统是日常所说的"环境"，首先是以铁元素为基的产业链，铁原料与钢铁产品对冶金过程系统有决定性的影响，这是众所周知的。含铁原料决定了冶金工程系统的根本结构，用铁矿石为主要原料则采用高炉/转炉流程，如果以返回废钢铁为主要原料则采用电炉流程；另一方面，市场决定了产品，而产品影响了冶金工程系统中炼钢单元以后的各个单元，生产扁平材还是生产长材决定了所用的连铸机及轧机的类型和精整热处理单元的类型；有的产品甚至影响到原料中微量元素、残余元素的选择。

其次，能源和还原剂的影响也非常重大，钢铁冶金历来使用的能源和还原剂以碳素材料为主，非系统的环境通过能源对冶金工程系统有巨大的影响，18 世纪初焦炭取代木炭催生了高炉工业化炼铁工艺的发展；20 世纪中叶空分制氧的工业应用催生了高效的氧气转炉炼钢，强大的工业电力对电炉炼钢技术诞生和生产应用的意义更重大。

为了观察更大系统中的冶金工程系统的行为，北京科技大学的研究人员进行了太阳能光伏冶金实验，以考察变更非系统与系统之间的碳元素循环的可能性，观察超大尺度中冶金工程系统运行特征的改变。

8.4.2　更大尺度的冶金过程系统的实验探讨

更大尺度的冶金过程系统是包含冶金过程系统和外面的非系统，冶金过程系统的输入原料来自非系统的自然界，冶金过程系统的输出产品进入市场，附产物和废物也进入非系统。另一方面，冶金过程系统使用的还原剂和能源也来自非系统的自然界，产生的二氧化碳气体排放到自然界，参与超大尺度系统中的碳循环。太阳能光伏冶金实验是改变超大尺度的冶金过程系统的模拟实验，在于考察不涉及使用碳素能源和没有温室气体二氧化碳排放的冶金过程系统的可能性，从而改变了包含冶金工程系统在内的超大尺度系统中碳的循环模式，在这个超大尺度系统中冶金过程系统只是一个"单元"尺度的子系统，冶金过程子系统的目标是提高生产率（生产规模）、提高生产效率和提高能源利用率，而超大尺度系统的目标是碳平衡，减少碳资源的消耗，加速碳的固化吸收。超大尺度系统与冶金工程子系统的尺度不同、目标不一样、运行机制也不一样。进行使用太阳能光伏能源的非碳冶金模拟实验的直接目的在于探讨不使用碳资源冶金的可能性，从而改善在超大尺度系统中冶金过程系统的品质的可能性。

1. 太阳能光伏非碳冶金实验的技术方案

当前世界上人类使用的能源都是来自太阳光的辐射能经过各种途径转换而成，太阳能光伏非碳冶金实验在于利用半导体材料的光电效应获取能量用于冶金过程，有两条技术路线，一是与废钢-电冶金法相对接，二是与铁氧化物还原相对接，这需要借助于制取某种还原剂的中间过程。

光伏发电非碳冶金过程系统模拟实验采用的是废钢-电冶金技术路线，而第二种技术路线在于利用太阳能光伏发电技术制氢，用氢气还原铁氧化物的原理已有多年的历史，有关实验本书前文已多有叙述。

两种技术路线都是用来自系统外非系统供应的铁源，矿石-碳还原法是以系统外的碳为还原剂去除矿石中的氧，系统所用的能源也来自系统外的碳能源，冶金过程产生的 CO_2 气体也排放于环境，是碳元素在系统与非系统之间的内外循环。与废钢-电冶金法相对接的是利用太阳光伏发电技术用于熔化废钢的冶金过程，是较为简便易行的技术路线。

2. 太阳能光伏发电非碳冶金系统模拟实验装置

太阳能光伏发电非碳冶金过程系统模拟实验采用的是废钢-电冶金工艺路线。

1）冶金单元

囿于实验条件，取实验用的冶金单元的质量尺度为 1.0 kg，钢液的体积约为 $1000/7.5 = 133\ cm^3$，几何尺度是 10 cm。1 t 1600℃的钢液的理论热熔值为 365 kW·h，实验中取 1 t 钢所需的理论能量约为 0.40 kW·h，包括升温、熔化、过热和熔渣，由于热损失很大，实验中估计每吨钢的能耗约为 10 kW·h。

冶金单元采用单相直流有衬电渣重熔工艺。最初曾考虑采用电弧炉方案，但因炉容量太小，不好制作；其次也曾考虑感应炉方案，因其钢液太少，所用电源频率会非常高，也不好用；其他，如纽扣炉、电阻炉、等离子炉、电渣炉等工艺，各有较大缺点；最终，根据冶金工程实际经验选定冶金单元是单相直流有衬电渣重熔技术，自耗电极用的是直径 16 mm 的废圆钢，实验用冶金单元实物照片如图 8-15 所示。

图 8-15　单相直流有衬电渣重熔装置

2）储能单元

根据以往的实践经验，为保证稳定的电渣冶金过程，取炼钢工作电压为 24 V、直流、负极性，电路中串接简单的电抗。用额定电压 2 V 普通铅酸蓄电池 12 块组成储能单元，为保证铅酸电池能长期工作，其放电/充电深度取 30%。

3）风-光耦合发电单元

实验用能源是太阳能光伏发电单元，发电单元和蓄电单元与冶金单元的电参数相匹配：电压系列高于 24 V，选用 DH-100 太阳能硅电池板 12 块，每块电池板最佳工作电压为 17 V，12 块电池板两串六并，总标称功率 1.2 kWp、最佳工作电流为 35 A，实物照片见图 8-16。

在光伏发电系统的蓄电单元上并联一台风力发电机，构成风-光耦合发电系统，实物照片见图 8-17。

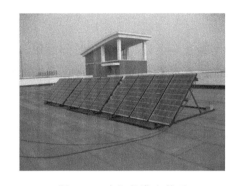

图 8-16　太阳能发电单元

图 8-17　风力发电单元

4）控制单元

控制单元包括仪表等。

5）系统集成

太阳能光伏非碳冶金模拟实验系统由四个子系统集成，分别是：发电单元、蓄电单元、控制单元和冶金单元；四项单元按系统目标集成，见图 8-18。

整个系统要保证冶炼温度达到 1600℃以上，能够形成稳定的熔池，冶金单元稳定工作。为此必须保证有足够的能量、足够的功率，全系统具有统一的电制度（电流类型、电压等）。

3. 太阳能光伏非碳冶金系统炼钢实验

太阳能光伏非碳冶金系统炼钢实验有前后两个阶段，第一个阶段是在 2005 年 12 月 25 日（冬至后）在北京科技大学冶金学院，第二个阶段又分两个部分，均为 2011 年在北京科技大学天津学院。

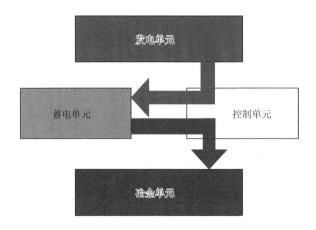

图 8-18　清洁能源非碳冶金系统集成

1）第一阶段实验

第一阶段太阳能光伏非碳冶金系统炼钢实验在冬至后，日光照时间最短，寒风凛冽，气温很低，是考验单独依靠太阳能光伏发电单元能否获得炼钢高温的最严酷的时刻。

冶炼过程开始时在炉底加少量 45# 废钢屑保证初始电路通畅，金属电极为 45# 废圆钢，渣料用分析纯的 CaO、SiO$_2$、CaF$_2$、Al$_2$O$_3$，配比为 Al$_2$O$_3$：CaF$_2$ = 3：7。实验冶炼过程平稳，通电 40 min，获得液体钢水约 125 g，实物照片见图 8-19，冶炼参数见表 8-11。

图 8-19　单相直流有衬电渣重熔试验

表 8-11　高温熔炼实验参数

熔炼方式	渣参数		电参数		几何参数	
	渣系组成	电压/V	电流/A 化渣-熔炼-大电流		电极半径/mm	炉膛尺寸/(mm×mm)
电弧	$CaO:SiO_2:Al_2O_3:CaF_2=10:3:2:1$	24	80-160-223		$\varPhi16\times400$	$\varPhi48\times65$
电渣	$Al_2O_3:CaF_2=3:7$	24	80-130-235		$\varPhi12\times600$	$\varPhi48\times65$

2）太阳能光伏发电参数测试实验

第二阶段实验系统安置在北京科技大学天津学院（天津宝坻），首先进行的是太阳能发电单元的发电参数的测定。天津地区年均太阳能辐射量为 4935 MJ/m²（属中国太阳能丰富第三类地区），6 月份每昼夜地平面上得到的太阳辐射能平均为 21.3 MJ/m²，11 月份为 7.2 MJ/m²。

天津宝坻地处东经 117°10′，北纬 39°10′，京津地区冬季和夏季的阳光入射角不一样，平均夹角约为 40°；实验用的太阳能电池板与水平面的安装夹角为 45°，考虑到阳光的入射角度、电池板的安装角度，以及太阳能年辐射量资料依据的角度，换算得出实验用太阳能电池板年平均每天约可发电 0.36 kWh，每 1 kWp 的太阳能电池板年平均每天约可发电 0.28 kWh。

3）太阳能光伏非碳冶金系统模拟生产实验

第二阶段的第二部分实验是模拟生产实验，于 2011 年在天津学院（天津宝坻）进行的，持续七天。每天白天由风光互补发电单元向蓄电池充电，傍晚 18 点进行炼钢实验，将蓄电池中电能用至允许使用的下限，至电量剩余 30%，停止冶炼，出钢。第二天 18 点再进行熔炼实验，如此反复充电/熔炼实验，连续进行七天，记录系统每天产生的电量、熔化钢液量等。

七天冶炼实验得到钢锭七枚，钢锭表面光滑，渣钢分离彻底，获得钢锭平均质量为 854 g。实验模拟"连续的冶金生产过程"即"连续的发电-用电过程"。

每天炼钢有效平均能耗是 0.325 kW·h，能量效率是 8%～10%，由太阳光辐射能到钢锭的全系统的能量效率大约是 0.4%。

4）第二阶段的第三部分是太阳能光伏湿法冶金的水溶液电解实验，包括水溶液电解制铁和水溶液电解制铜的实验（略）。

5）太阳能光伏制氢实验

第三阶段太阳能光伏冶金实验是太阳能光伏制氢实验，在太阳能光伏冶金系统中用电解水制氢单元取代冶金单元。在太阳能光伏发电单元后串接一直流/交流逆变器将直流电转换成 50 Hz 的工频交流电，供普通的电解水制氢单元。电解水得到的氢气，可以用于还原铁氧化物，也可以用于氢氧焰，用所得的氢氧焰切割钢板的实物照片见图 8-20，实验切割的钢板是厚度 2 mm 的普碳钢。

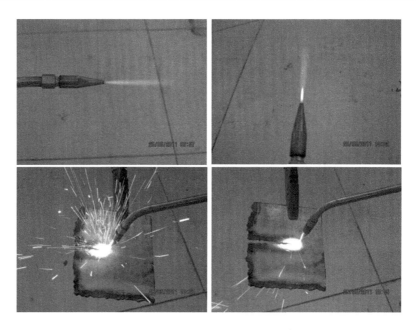

图 8-20　清洁能源电解水产生的氢气得到高温氢氧焰

太阳能光伏电解水制氢实验表明，制取 1 m³ 的氢气平均耗电 6.24 kW·h，能量效率约为 47%（每 1 m³ 氢气的理论能耗大约是 2.94 kW·h）。因制氢规模较小、产出氢气的压强较高，故效率尚可提高。

用氢气还原铁氧化物的实验前文已多有叙述。

8.4.3　关于更大的冶金工程系统实验的认识

通过太阳能光伏非碳冶金实验可以体会到在更大尺度的冶金过程系统中的品质。若将尺度略为放大到冶金工程系统以外的紧邻周围，就是通常称之的环境，环境的重要性众所周知，例如以前钢铁企业的选址希望尽可能靠近铁煤产地，因为冶金过程系统的原燃料消耗大约是钢产量的 3 倍以上。近年来，因为国产的铁矿石铁品位不高，钢铁企业的选址更倾向于使用外矿，所以冶金过程系统多选择建于海洋沿岸或江河沿岸，因为矿石和钢铁产品等大宗货物的水运成本更为低廉。当然也有一种观点认为冶金工程系统应该更靠近市场，特别是基于废钢的规模较小的电炉钢厂，称之为"市场钢厂"。冶金工程系统对周边环境的影响，如废渣、废液等固液排放的不利影响也早就引起了广泛的关注，对周边环境污染的治理也是冶金工程系统不可忽视的重要的工程任务。这些已超出了冶金过程系统内部 10 km² 的空间尺度和几日、几月、几年的时间尺度。

冶金过程系统与非系统之间铁元素的交流情况如图 1-9 所示,非系统的铁矿石是冶金工程系统的输入,系统的产品输出到非系统的市场,这个铁元素的"非系统→系统→非系统"的历程的时间尺度应该以年计,空间尺度可以认为以 10^3 km 计。图 1-9 也绘出含铁物料在冶金过程系统与非系统之间的斗状的循环模式:系统生产的钢铁产品进入非系统的市场后,经过 10~15 年转化为废钢,废钢是电炉炼钢企业的原料,经电炉炼钢系统转化为合格钢材再进入非系统市场,铁元素的"非系统→系统→非系统"全部历程的时间尺度应该以十年计,空间尺度可以认为比 10^3 km 更大。

碳元素在冶金过程系统与非系统之间的交流涉及的尺度要大得多,现行的废钢/电弧炉炼钢流程每吨钢的综合碳负荷大约为 0.5~0.6 t(包括发电),矿石/高炉/转炉炼钢流程每吨钢的二氧化碳的排放量约有 1.8~2.0 t,冶金过程系统不但是能耗大户,也是二氧化碳排放大户。冶金过程系统排放的二氧化碳气体,散失在大气里产生温室效应,其尺度扩大到整个地球的大气层。由于目前还没有经济合理的有效的固定碳元素的技术,主要还是依靠自然界植物的光合作用将二氧化碳转化为草木而固化,但是植物的光合作用的速率和规模远远低于二氧化碳的工业排放,结果使二氧化碳的平衡被破坏,造成大气中二氧化碳的积累、地球温度升高的严重后果。在这超大尺度的系统里冶金过程系统只是一个助力二氧化碳排放速率的子系统。

重新审视太阳能光伏非碳冶金实验,对比看出:人类的冶金技术发展历史中,冶金过程系统主流的火法冶金工艺始终是一种用碳元素为化学工具来加工制造钢铁材料的子系统。石化的碳素材料是数千万年前的光合作用的产物,存储了数千万年前的太阳光能,转化为矿物,现今被开采出来,经过冶金过程系统再次转化为二氧化碳排放于大气,这个转化排放的速率远远大于自然界固化存储碳的速率。

在上述非碳冶金太阳能光伏炼钢实验中,借助于半导体材料内部的光电效应在极短的时间(小于 1 s)内将太阳光辐射能转化为电能用于冶金过程系统,由于系统尺度的极大的变化,系统的运行机制、系统的特征有了根本性改变,从技术的角度看是影响了极大尺度系统的碳平衡和碳循环。

图 8-21 右图示意的是自然界碳元素的循环图,树木埋于地下近亿年,转化为煤炭,煤炭被并采出来后是现冶金过程系统用的还原剂和燃料,煤炭中的碳元素经过冶金过程系统转化为 CO_2 气体排放至大气中,大气中的 CO_2 因光合作用为植物固化存储,再经数亿年再转化为煤炭。在这个超大尺度的碳循环中冶金过程系统只是一个由固态的碳转化为气态的碳的一个助力子系统单元。现在全球每年约生产 20 亿吨钢,约产生 30 亿~35 亿吨 CO_2,这样的排放速率远远高于植物固化碳的速率,从而促使大气中温室气体二氧化碳浓度升高。

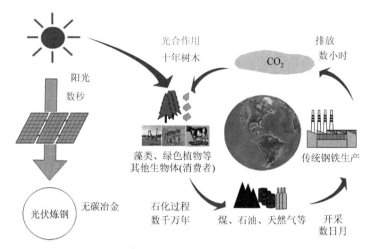

更大尺度的冶金学——冶金生产和自然界碳循环

图 8-21　在超大尺度系统中的冶金过程工程系统

图 8-21 左图示意的是另一种超大尺度的冶金过程系统的情况，太阳光辐射到太阳能光伏电池板上，借助于半导体器件的光电效应将㶲值很低太阳光辐射能转化为㶲值很高的电能，半导体材料内的电子/空穴移动转化产生电能时间尺度可能只有微秒级，空间尺度可能要小于 10^{-10} m 级。这个系统的尺度主要在于冶金单元的尺度，大概是 $10^2 \sim 10^3$ m 级和小时级（工业级的冶金单元的尺度）。直接利用太阳能光伏炼钢为冶金过程系统在超大系统中的品质提升提供了良好的前景，太阳能光伏炼钢系统和传统现行冶金过程系统的尺度及其效应对比大致列于表 8-12。

表 8-12　超大尺度中的冶金工程系统

能源	介质	冶金过程	空间尺度	时间尺度
风力	空气	电冶金	10^3 km	10^{-1} 年
水力	水	电冶金	10^3 km	10^0 年
热力	油煤	电冶金	10^3 km	10^9 年
煤炭	碳	炼铁/炼钢	10^3 km	10^9 年
光辐射	电子/空穴	电冶金	10^{-1} km	10^{-2} 年

众所周知，太阳光能是地球上除核能以外唯一的能源，太阳光能量非常大，每天地球获得的太阳能远超现今已发现的石化能源的总和。大气接受太阳光能不均匀，温度不一样、密度也不一致，因此产生流动形成风能，风力的空间尺度应

该以 10^3 km 计,时间尺度应该以小时至日计。地球表面的水在太阳光能的作用下蒸发形成云、形成雨雾,雨雪落在高山上,再转化为河流,成为可利用的水力能,自然界水循环的动因也是太阳能,尺度也应该以 10^3 km 计,时间尺度应该是以年计(甚至更长)。所以风力发电和水力发电都是源于太阳能,太阳光辐射能光伏利用的尺度是最小的。

普照大地的阳光虽然能量巨大,但是其㶲值很低,不能直接利用,植物的光合作用能够很好地利用㶲值很低的太阳光辐射能,但是其存储再利用的周期非常长(不包括用木材燃烧为能源),如现今使用的煤炭石油等石化能源是若千年前的太阳能。

参考文献和资料

第 1 章

[1] 王筱留. 钢铁冶金学-炼铁部分. 2 版. 北京：冶金工业出版社，2000.
[2] 王鹏. 不同废钢比条件下转炉工艺优化. 北京：钢铁研究总院，2018.
[3] 刘冰. 100MVA 交流电弧炉炼钢电气运行研究. 北京：北京科技大学，2009.
[4] Jones T，et al. Steel industry and the environment: Technical and management issues. (Technical Report No 38)，Brussels: International Iron and Steel Institute；Paris: UNEP，1997，12-13.
[5] 郁健，李士琦，孙开明，等. 电弧炉炼钢用四元炉料的冶炼过程物耗和能耗分析. 北京科技大学学报，2009，31（S1）：80.
[6] World Steel Association. Steel Statistical Yearbook（2022-6）[2022-9-30]. https://worldsteel.org/zh-hans/steel-by-topic/statistics/steel-statistical-yearbook/.

第 2 章

[1] 魏寿昆. 冶金过程热力学. 上海：上海科学技术出版社，1980.
[2] 韩其勇. 冶金过程动力学. 北京：冶金工业出版社，1983.
[3] 曲英. 炼钢学原理. 北京：冶金工业出版社，1980.
[4] Szekely J，Evans J W，Brimacombe J K. The mathematical and physical modeling of primary metals processing operations. New York: John Wiley & Sons，1988.

第 3 章

[1] Bird R B. Transport Phenomena. New York: John Wiley & Sons，1960.
[2] Geiger G H，Poirier D R. Transport phenomena in metallurgy. Reading, Mass.: Addison-Wesley Pub. Co.，1973.
[3] 鞭岩，森山昭. 冶金反应工程学. 蔡志鹏，谢裕生，译. 北京：科学出版社，1981.
[4] 《化学工程手册》编辑委员会. 化学工程手册. 第 24 篇 化学反应工程. 北京：化学工业出版社，1986.
[5] 曲英，刘今. 冶金反应工程学导论. 北京：冶金工业出版社，1988.
[6] 张先棹. 冶金传输原理. 北京：冶金工业出版社，1988.
[7] 王瑞金，张凯，王刚. Fluent 技术基础与应用实例. 北京：清华大学出版社，2007.

第 4 章

[1] N. 维纳. 控制论或关于在动物和机器中控制和通讯的科学. 2 版. 郝季仁，译. 北京：科学出版社，1963.

[2] 王慧炯. 系统工程学导论. 上册. 上海：上海科学技术出版社，1980.

[3] 绪方胜彦. 现代控制工程. 卢伯英，等译. 北京：科学出版社，1976.

[4]《化学工程手册》编辑委员会. 化工系统工程. 北京：化学工业出版社，1986.

[5] 李士琦. 冶金系统工程. 北京：冶金工业出版社，1992.

[6] Li S Q，Gao J S，Wu J，et al. Metallurgical systems engineering: Present situation and future. J Univ Sci Technol Beijing（Engl Ed），1995，2（1）：11.

[7] 国家自然科学基金委员会. 自动化科学与技术. 北京：科学出版社，1997.

第 5 章

[1] Charnes A. An Introduction to Linear Programming. New York：John Wiley & Sons，1953.

[2] Bay W H，Szekely J. Process Optimization with Applications in Metallurgy and Chemical Engineering. New York：John Wiley & Sons，1973.

[3] D. G. 鲁恩伯杰. 线性与非线性规划引论. 夏尊铨，等译. 北京：科学出版社，1980.

[4] 范鸣玉，张莹. 最优化技术基础. 北京：清华大学出版社，1982.

[5] 李士琦，马廷温，韩华，等. 不锈钢优化配料模型及其应用. 钢铁，1990，25（3）：24.

[6] 贾彦忠，王书瑞，李士琦，等. 烧结矿优化配料技术及应用. 钢铁，1995，30（S1）：1.

第 6 章

[1] Box G E P. Evolutionary operation: A method for increasing industrial Productivity. Journal of the Royal Statistical Society. Series C（Applied Statistics），1957，（6）:81-101.

[2] 周华章. 工业技术应用数理统计学. 北京：人民教育出版社，1964.

[3] 李士琦. 电渣冶炼工艺参数对过程脱硫率的影响——实验设计法应用一例. 数学的实践与认识，1972，2（3）：35.

[4] 范福仁. 生物统计学. 南京：江苏人民出版社，1966.

[5] 杨纪珂. 应用生物统计. 北京：科学出版社，1983.

[6] 余宗森，李士琦，武骏，等. 中国铁矿石留在钢中的残留痕量元素. 钢铁，1998，（10）：54.

[7] 李士琦，李瑾，高金涛，等. 超细赤铁矿粉非熔态还原实验研究. 北京科技大学学报，2010，32（11）：1412.

[8] 董大钧. SAS-统计分析软件应用指南. 北京：电子工业出版社，1993.

第 7 章

[1]　Buckingham E. On physically similar systems; Illustrations of the use of dimensional equations. Phys Rev，1914，4（4）：345.

[2]　M. B.基尔皮契夫. 相似理论. 沈自求，译. 北京：科学出版社，1955.

[3]　杨念祖，李士琦. 钢包吹氩模拟研究.北京钢铁学院学报：电冶金专辑，1985：38.

[4]　洪荣生，李士琦. 卧式电渣重熔工艺参数的研究.北京钢铁学院学报：电冶金专辑，1985：92.

[5]　周美立. 相似学. 北京：中国科学技术出版社，1993.

[6]　季淑娟，李士琦. 从典型冶金过程问题看现象相似的数理本质. 北京科技大学学报，2004，26（4）：357.

[7]　季淑娟，李士琦. 熔池底吹搅拌的广义相似试验研究. 中国有色冶金，2005，34（2）：26.

[8]　季淑娟. 现象广义相似的观察与研究. 北京：北京科技大学，2005.

第 8 章

[1]　郭慕孙，李静海. 三传一反多尺度. 自然科学进展，2000，10（12）：1078.

[2]　陈家镛. 过程工业与过程工程学. 过程工程学报，2001，1（1）：8.

[3]　刘明忠，王训富，李士琦. 冶金过程中的时空多尺度结构及其效应. 钢铁研究学报，2005，17（1）：10.

[4]　刘明忠. 转炉炼钢高效化进程中的时空多尺度结构及其效应研究. 北京：北京科技大学，2004.

[5]　郁健，李士琦，孙开明，等.150t 电弧炉炼钢跨尺度能量集成的工业试验. 特殊钢，2010，31(3)：41.

[6]　侯明山. 清洁能源非碳冶金工艺基础研究. 北京：北京科技大学，2014.

附录 I 中间包内钢液流动状况的数值模拟试验

I.1 脉冲刺激——响应试验

连铸坯的纯净度首先取决于进入结晶器之前的钢液洁净程度处理，中间包冶金就是其中最后一道单元工序。中间包内流体流动状态和速度分布对钢液的成分和温度的均匀性、夹杂物的上浮与排除有着重要的影响，有人称之为"中间包冶金学"，而中间包及其控流装置的结构决定了中间包内流体的流动状态与速度分布。因此对中间包和控流装置的结构对中间包内流体流动状态与分布的影响进行模拟，有利于净化中间包内钢水，提高铸坯质量，为生产实际提供理论指导。

从 20 世纪 70 年代开始，国内外许多研究者利用多种数学物理模拟的方法研究了不同中间包内的流场分布，优化了中间包内的控流装置的结构。先后出现了在中间包内安置挡墙、挡坝、多孔挡板、过滤器等方法，这些方法对指导现场生产、提高钢坯质量起到了很好的作用。

20 世纪下半叶，现代冶金学的研究领域开始转向动力学和反应工程学，在数学物理模拟方法引入冶金过程研究以前，研究冶金工艺和速率主要靠水力学研究和现场观测，这在很大程度上要依靠长期的经验积累。但随着冶金工艺技术、计算机技术的快速发展以及市场的激烈竞争对工艺优化的要求，冶金学研究开始大量采用数学物理模拟的方法，并且该方法已逐渐成为冶金过程研究的主要手段之一。数值模拟是通过计算机技术用数值计算的方法求解冶金过程的质量、动量、能量及组分平衡的偏微分方程，经过数学分析，预报流动、传热及凝固过程的细节，给出流场各变量的时空分布，是分析冶金装置优化的有力工具。

关于中间包内钢液流动特征的研究，由于高温工业实验困难且昂贵，许多研究者选择了水力学模型的物理模拟，如前文所述，物理模拟最明显的优点是直观、便于观察，为现场工作者所欢迎；然而近年来计算软硬件工具迅速发展，允许采用数值技术进行虚拟实验，从而对过程能给出更精细的描述，下面仍然以中包钢的冶金品质的研究为例，介绍关于中间包内钢液流动特征的虚拟的脉冲刺激响应实验。

本模拟研究是关于公称容量 18 t 的板坯中间包，虚拟的脉冲刺激响应实验研究中间包的内部结构对钢液流动的冶金特征的影响，从而对中间包的内部结构提出改进意见。实际生产用中间包的内部几何结构示于图 I-1，包中额定钢液深度 800 mm，钢液注入区和流出区之间设有挡墙和挡坝，大包水口内径 $d_1 = 70$ mm，插入中包钢液的深度为 $h = 200\,\mathrm{mm}$，中包出水口（结晶器浸入式水口）内径 $d_2 = 48\,\mathrm{mm}$。按正常的稳定连浇生产节奏，每炉钢液量为 45 t，平均浇注时间为 46.35 min，即流过中包的平均质量流量是 $Q = 970.87\,\mathrm{kg/min}$ 或 16.18 kg/s。

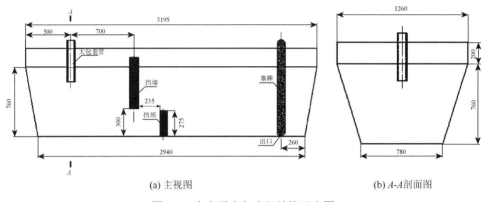

(a) 主视图   (b) A-A 剖面图

图 I-1　生产用中包内部结构示意图

1. 评价指标

钢液由大包至结晶器的过程之中设置中间包的最初目的是稳定钢液的静压力和流股，随着生产技术的发展，逐渐认识到中间包的流动特征对非金属夹杂物的去除的钢渣反应、钢液与耐材的互相作用，以及最终对连铸坯的质量都有着重要影响。评价中间包内钢液流动状态的优劣有各种各样的判据，反应工程学中通用指标是平均停留时间 τ。

用标准的刺激响应实验测定反应器所具有的平均停留时间，即类似于经典控制论中的脉冲响应实验：在稳态的流场中取某一时刻 $t = 0$ 为初始时刻，在反应器（中间包）的入口投入质量为 G^0 的示踪剂，在反应器的出口观测示踪剂浓度 c 随时间的变化，可得到如图 I-2 所示的响应曲线。此脉冲实验表征了该反应器中流体流动的宏观特征，其数值特征参数为平均停留时间 τ，定义式见式（I-1）。

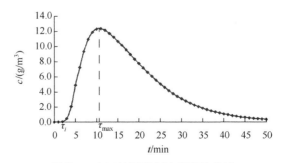

图 I-2　出口处示踪剂浓度变化曲线

$$\tau = \frac{\int_0^\infty (ct) \mathrm{d}t}{\int_0^\infty c \mathrm{d}t} \qquad\qquad (\text{I-1})$$

式（I-1）中分母是浓度对时间的定积分，应该等于反应器入口处投入示踪剂的总量，即

$$\int_0^\infty c \mathrm{d}t = G^\circ \qquad\qquad (\text{I-2})$$

对于一个具体的有限时间内的实验，很难做到 $t \to \infty$，常以出口处示踪剂量达到（0.95～0.99）G° 的时刻代替积分上限时间 t_∞，即取平均停留时间为

$$\tau = \frac{\int_0^{t_\infty} (ct) \, \mathrm{d}t}{\int_0^{t_\infty} c \mathrm{d}t} \qquad\qquad (\text{I-3})$$

由于研究中采用数值方法，所以须将积分式（I-3）化为求和式（I-4）：

$$\tau = \frac{\sum_{i=1}^N c_i t_i t_i}{\sum_{i=1}^N c_i t_i} \qquad\qquad (\text{I-4})$$

另一方面，钢水在中间包内的理论平均停留时间（活塞流状态，整个中间包内钢水平稳流过的时间）$\tau_{理论}$ 是

$$\tau_{理论} = \frac{V_{\mathrm{R}}}{Q_{\mathrm{V}}} \qquad\qquad (\text{I-5})$$

其中：$\tau_{理论}$（或 τ_i）为钢水在中间包内的理论平均停留时间（s）；V_{R} 为中间包内钢水的体积（m^3）；Q_{V} 为通过中间包的钢水的体积流量（m^3/s）。

然而，中包内部设置挡墙和挡坝及其位置的变化会引起中包实际容积 V_{R} 的变化，所以理论平均停留时间 τ_0 的数值也将有所改变，所以，需作相应的修正，本实验研究中其变动幅度大约有 3%。

本实验用以评价中间包的冶金品质的计量指标有三项（参见响应曲线图 I-2）：

（1）主评价 y_1 指标（%）——虚拟实验求得的钢液在中包中的平均停留时间 τ[式(I-4)]与理想的理论值 τ_0[式(I-5)]的相对差值（%）：

$$y_1 = \left(\frac{\tau_0 - \tau}{\tau_0} \right) \times 100\% = \left(1 - \frac{\tau}{\tau_0} \right) \times 100\% \qquad\qquad (\text{I-6})$$

可以看出 y_1 实际上是中包内钢液流动的死区所占的百分数，y_1 小，表明死区少；若 $y_1 = 0$，说明中包内的钢液的流动状态可视为理想的活塞流。

（2）辅助评价指标两项，分别是：

y_2(s)——滞止时间，脉冲响应曲线中示踪剂开始达到中包出口的时间间隔值，也可记为 τ_i(s)；

y_3(s)——峰值时间,脉冲响应曲线中示踪剂浓度达到最大值时的时间间隔值,也可记为 $\tau_{\max}$ (s)。

同上所述,本实验求得的 y_2 和 y_3 值都是和理论平均停留时间 y_1 一样作了相应的修正。

指标 y_2 和 y_3 部分反映了钢液在中包中的停留状况,数值较大者,表明钢液在中包内的停留时间较长、较好。

2. 影响因子

模拟实验中所用各物理参数为常数,列于表 I-1。

表 I-1　钢液的物理性质参数

摩尔质量/ (g/mol)	密度/ (kg/m³)	动力黏度/ [kg/(m·s)]	热容/ [J/(kg·K)]	热导率/ [W/(m·K)]	热膨胀系数/K⁻¹
55.162	7050	0.00624	816.465	22.0	0.000014

中间包内钢液平均质量流量是 $Q_m = 16.18$ kg/s;取钢液密度 $\rho = 7050$ kg/m³,中间包的公称容量是 2.55 m³;故中间包内钢液平均体积流量是

$$Q_V = Q_m/\rho = 16.18/7050 = 0.0023(\text{m}^3/\text{s}) \qquad （\text{I-7}）$$

取以下四项参数为有待优化的中间包内部几何结构参数,即为实验的影响因子:A 为挡墙到大包水口中心线的距离(mm);B 为挡墙距中包底部(开口)的距离(mm);C 为挡墙和挡坝中心线的水平距离(mm);D 为挡坝的高度(mm)。

各影响因子在中间包内的具体位置见图 I-3。

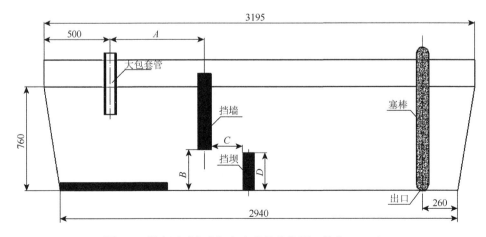

图 I-3　影响因子在中间包内的具体位置(单位:mm)

3. 基本微分方程和定解条件

支配流场的基本定律有质量守恒定律、动量守恒定律以及能量守恒定律，各守恒定律的数学表达式——偏微分方程则是描述现象的控制方程。描述层流流动的基本方程包括：质量连续方程、动量传输方程，通称为 Navier-Stokes（N-S）方程组，此外，描述湍流流动的湍流方程是标准的 $K\text{-}\varepsilon$ 方程。

1）基本假设

考虑到中间包内钢液的流动是在几何形状、物理条件较为复杂的情况下的流动，远非均匀的黏性流体在无限长管中或无限大平板间的理想流动状态，故作如下基本假设：①中间包内钢水流动为稳态；②中间包内钢水流动是湍流流动；③忽略表面渣层的影响；④不考虑温度对密度的影响，即 ρ 为常数。

2）边界条件

在固体墙面上，采用不滑移的边界条件；在近壁区，采用壁面函数对速度和湍流特性参数进行修正；在自由表面，忽略渣层的影响，除垂直于表面的速度分量外，其余各变量的梯度均为零；经大包长水口的流体，其入流速度垂直于中间包液面。

（1）忽略钢液表面渣层影响，假设为自由表面，在自由表面不与固体表面接触，表面切应力很小，忽略不计；忽略渣层的影响，除垂直于表面的速度分量外，其余各变量的梯度均为零；在自由表面和对称表面上，变量的梯度为零。

$$\frac{\partial u}{\partial z}=\frac{\partial v}{\partial z}=\frac{\partial k}{\partial z}=\frac{\partial \varepsilon}{\partial z}=w=0 \qquad (\text{I-8})$$

（2）在 $y\text{-}z$ 对称面的法线方向上 v、w、k、ε 的微商为零。

$$\frac{\partial v}{\partial x}=\frac{\partial w}{\partial x}=\frac{\partial k}{\partial x}=\frac{\partial \varepsilon}{\partial x}=u=0 \qquad (\text{I-9})$$

（3）在浸入式水口出口的截面处，各物理量沿该截面的法线方向导数为零。

$$\frac{\partial u}{\partial z}=\frac{\partial v}{\partial z}=\frac{\partial w}{\partial z}=\frac{\partial k}{\partial z}=\frac{\partial \varepsilon}{\partial z}=0 \qquad (\text{I-10})$$

（4）在壁面附近的黏性层中的流体中，一般可以采用低雷诺数的 $k-\varepsilon$ 模型或壁面函数法计算。本书采用壁面函数法，无滑移边界条件：

$$u=v=w=0 \qquad (\text{I-11})$$

$$\frac{\partial u}{\partial x_j} = \frac{\partial v}{\partial x_j} = \frac{\partial w}{\partial x_j} = 0 \tag{I-12}$$

$$K = \varepsilon = 0 \tag{I-13}$$

（5）进出口的条件，经大包长水口流出的钢液，流入的速度 v_λ 垂直于液面向下，入口速度 v_λ 由入口流量和入口面积确定：

$$v_\lambda = \frac{Q_V}{\frac{1}{4}\pi d_\lambda^2} \tag{I-14}$$

式中：Q_V 为体积流量，0.0023 m³/s；d_λ 为入水口内径，70 mm；代入数据，得到入口流速 $v_\lambda = 0.598$ m/s。

入口湍动能及湍动能耗散速率由入口流速决定；入口的湍动能 K_{in} 和湍动能耗散率 ε 分别取为

$$K_{in} = 0.01 V_{in}^2 \tag{I-15}$$

$$\varepsilon = \frac{K_{in}^{1.5}}{D_{in}/2} \tag{I-16}$$

（6）出口的速度 $v_{出}$ 由总的质量平衡求出。

4. 模拟计算

中间包内的钢液流动模拟用 CFX10 软件计算，计算步骤如下所述。

1）前处理

前处理包括建立几何模型、划分网格、定义边界条件。

考虑到中间包的对称性，建立几何模型过程中沿中包的纵向取其 1/2 作为研究对象①。

以中间包出口的中心点为原坐标，以垂直底面向上的方向为 Z 轴方向，以垂直对称面向里的方向作为 Y 轴方向，在中间包 1/2 区域建立直角坐标系，如图 I-4 所示。

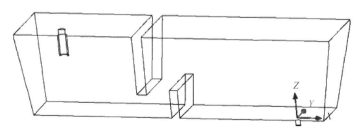

图 I-4　实验计算过程中的坐标体系

① 也曾经对整个中间包区域按此网格数进行过计算，两者计算的结果没有明显的差异。

用 ANSYS ICEM CFD 10.0 软件建立几何模型，对几何模型网格化，网格形状为六面体形。为了使计算结果更精确，对于入口、出口内部进行拓扑映射，并对挡墙、挡坝等进行网格细化，网格总数约为 12 万个，几何模型网格化结构图示意如图 I-5。

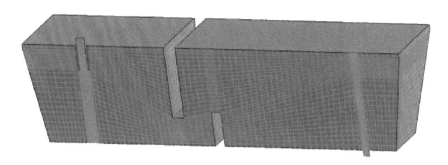

图 I-5　几何模型网格化结构

2）模拟计算

使用大型流体动力学分析软件 ANSYS CFX 10.0，依据对称性取板坯连铸中间包内有钢液的空间之 1/2 作为三维流体动力学计算区域，用有限体积法对控制微分方程进行离散化处理，采用解压力耦合方程的半隐式法（SIMPLE 法）进行求解计算。中间包内钢液稳态流动流场的数值模拟的中止条件为：残差 $<10^{-4}$，计算步数 <2000 步。

稳态仿真实验求解的硬件工具是微型计算机，CPU 时间约为 20 小时。

3）后处理

用 ANSYS CFX 的后处理 POST 模块对实验结果进行后处理，可以得到中间包内任何一处的流动状况。本虚拟实验主要关心的是中间包对称面、挡墙挡坝等特殊截面处的速度，湍动能和耗散率的分布状况，通过 POST 模块对实验的结果进行可视化处理。

5. 虚拟的脉冲刺激-响应实验

用 ANSYS CFX 10.0 中的示踪剂传输模型进行虚拟的脉冲刺激-响应实验。即利用以上述数学模型计算稳态中间包速度场，得到收敛的流场后，进一步进行非稳态的示踪剂虚拟实验：根据出口处示踪剂浓度变化的特征，设定了对实验过程进行记录的时间点，每次虚拟实验的计算过程耗时约为 10 小时。

虚拟脉冲刺激响应实验是在入口处加示踪剂——铜丝，脉冲宽度是 0.20 s，示踪剂加入速度和钢液流速相同，入示踪剂的脉冲刺激如图 I-6 所示。取铜的密

度为 8000 kg/m³，加入铜料的纯度是 99%，则加铜量是铜铁混合液的 1.0%，即加铜量为

$$16.18 \times 0.2/99 = 0.0327 \text{ kg}$$

所以，在流体 A 中铜的质量浓度为

$$0.0327 \times 0.99/(0.2 \times 0.0023 \times 0.99) = 71.087 \text{ kg/m}^3$$

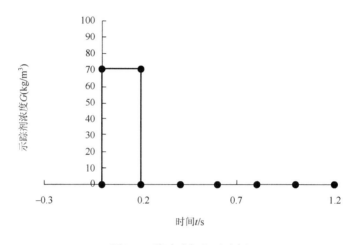

图 I-6　脉冲式加入示踪剂

在出口处记录示踪剂的浓度变化，得到示踪剂浓度变化曲线（浓度响应曲线），如图 I-2，虚拟的脉冲刺激-响应"实验"的模拟计算流程见图 I-7。

虚拟模拟实验取三种工况，分别是：

（1）工况 1——钢厂现行工况，中间包内内部结构图 I-1；

（2）工况 2——空包，但是中间包内部没有挡墙挡坝，见图 I-8；

（3）工况 3——现行工况加湍流抑制器，见图 I-9。

典型的拟实验结果：三种工况对称面上的速度矢量图见图 I-10。

三种工况的出口处的示踪剂浓度随时间变化的响应曲线，如图 I-11 所示。

修正后中间包内钢液的体积为 $V_R = 2.464 \text{ m}^3$，正常工作情况下钢液体积流量 Q_V 为 0.002284 m³/s，求得钢液在中间包内的理论平均停留时间 $\tau = 1079$ s，由示踪剂的浓度响应曲线可得到修正后的平均停留时间 $\bar{\tau}$ 和 y_1；以及示踪剂出现的时间 τ_i 和峰值时间 $\tau_{\max}$，即分别为指标 y_2、y_3 的值，三种工况下的各项数据列于表 I-2。

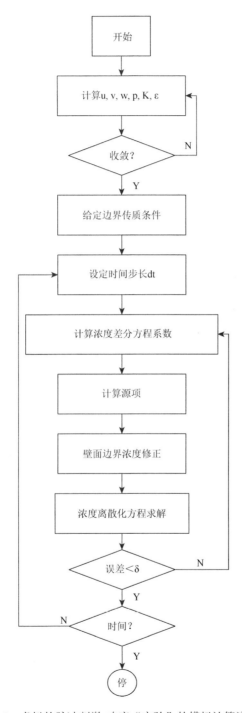

图 I-7　虚拟的脉冲刺激-响应"实验"的模拟计算流程图

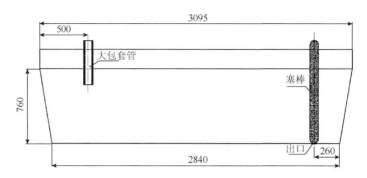

图 I-8 钢厂现行工况，内无挡墙挡坝（单位：mm）

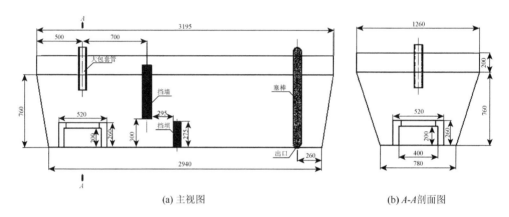

(a) 主视图   (b) A-A剖面图

图 I-9 钢厂现行工况，加湍流抑制器（单位：mm）

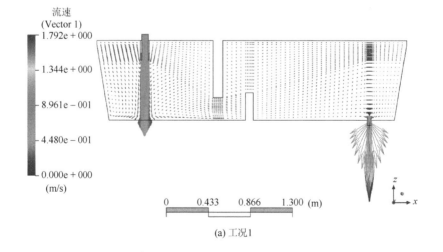

(a) 工况1

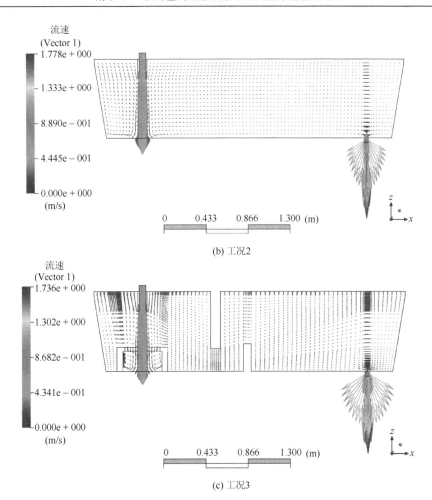

(b) 工况2

(c) 工况3

图 I-10　对称面上的速度矢量图

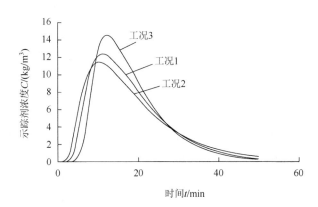

图 I-11　三种工况下示踪剂浓度响应曲线

表 I-2　　虚拟实验结果

工况	V_R/m^3	τ_0 /s	$\bar{\tau}$ /s	y_1/%	y_2/s	y_3/s
1	2.464	1079	1020	5.46	141	617
2	2.464	1079	985	8.71	97	588
3	2.436	1064	1037	2.54	151	662

由图 I-11 和表 I-2 可以看出：

（1）工况 2 曲线是没有挡墙挡坝的情况，钢液在包中平均停留时间最短，有可能形成短路流动，包内死区的体积达到接近十分之一，所以实际冶金工程中不使用没有挡墙挡坝的中间包。

（2）实际生产中用的中间包有挡墙挡坝，钢液在包中停留时间有了较大改善，可能消除了形成短路流动，流线延长，包内死区的体积几乎降了 40%，指标 y_2、y_3 也有所改善（见工况 1）。

（3）在钢液由长水口进入中间包的下面加一个湍流抑制器（工况 3），钢液进入中间包后，流动受到了湍流抑制器的制约，流速降低，并沿湍流抑制器约束口向上流出，由此大大延长了钢液的流线长度，而增加了钢液在中间包内的停留时间，包内死区的体积，降低到不到 3%，有利于夹杂物的上浮。此外，钢液从湍流抑制器流出的方向趋向钢水液面，由此可大大缩短夹杂物上浮的时间。

对比通过第 3 章中有关的中间包水力学模拟实验和本节的数值模拟虚拟实验可以看出，在冶金工程中同样广泛地应用刺激-响应分析方法，刺激-响应分析的结果对冶金工程实际工作有指导意义。水力学方法的物理模拟比较直观，更接近"黑箱"，所得结果较"宏观"，比较贴近工程实际；数值模拟则非常精细，可以展示任意位置的细节，更接近"白箱"，当然也可以得到较"宏观"的结果。物理模拟的水力学方法需要有相关的实验装置和场地，消耗一定的人力物力；数值模拟则不需要实验装置和场地，只需要一台微机和强有力的软件工具，可以灵活地调整所有的参数。物理模拟最重要的优点是能够认识到现象最基本的参数只有两个量纲为一的量——几何尺寸比 λ 和弗劳德数 Fr，而数值模拟则涉及许多参数。

需要特别要指出的是，数值模拟所涉及的诸多参数和假设在本研究中并没有验证过，是属于"先验"的，建模过程是"逻辑推理"过程，如果对其数据或理解有误，将造成模型错误，后果十分严重。重要的工程项目，对于其所涉及的重要的参数或假设，应该进行"敏度"分析，如果不能求其偏导数，也可以对某个参数或假设作一定量的调整，测算这个调整对最终结果的影响。对于敏度很高的参数或假设必须慎重对待，甚至作专门的实验。

另外，还须要指出的是，数值模拟方法完全依靠所建立的微分方程（包括定解条件）的合理性，也就是说解是唯一的，也可以理解为其结果唯一地依赖于所建立的微分方程。使用软件工具求解的基本要求就是得到的数值解必须收敛于原问题，数值求解和虚拟实验只是将原问题展开、表现出来，是一种"强迫"性的操作。

I.2 虚拟的因子试验

1. 指标和因子

使用上述建立的中间包数学模型按照预定的实验方案进行虚拟的实验，分别建立相应的几何模型，计算得到收敛的稳态中间包速度场后，加示踪剂，根据示踪剂浓度场得到钢液的停留时间分布 RTD 图，再计算得到中间包内钢液的平均停留时间 y_1、滞止时间 y_2 和峰值时间 y_3。

实验的影响因子是有待优化的中间包内部结构参数，分别记为是 A、B、C、D 四项，参见前文，各影响因子在中间包内的具体位置见图 I-3。

因为以前没有进行过精细的实验研究和理论研究，缺乏关于这些因子之间的交互作用的定量估计，因此本次虚拟实验采取"低水平数的全因子"实验设计——四因子二水平的全因子实验，按 $L_{16}(2^{15})$ 正交表安排实验，虚拟的实验次数取 $2^4 = 16$ 次。如前所述，数值模拟方法的虚拟实验的再现性极高，故不安排重复实验以估计基准误差。

参照生产中使用的中间包内部几何参数取为因子的第一水平取值，根据有关的实验研究和理论研究的结果选取各因子的第二水平值，因子及因子的水平列于表 I-3。

表 I-3 因子和水平

水平 \ 因子	A/mm	B/mm	C/mm	D/mm
1	700	224	232	272
2	500	200	256	296

四项影响因子的交互作用共有 11 个，分别是：
- 二级交互作用有 6 个：AB，AC，AD，BC，BD，CD；
- 三级交互作用有 4 个：ABC，ABD，ACD，BCD；
- 四级交互作用 1 个：$ABCD$。

2. $L_{16}(2^{15})$正交表试验设计

按 $L_{16}(2^{15})$正交表进行试验设计：根据 $L_{16}(2^{15})$的交互作用表和表头设计表，将四个主因子分别安排在第 1、第 2、第 4 和第 8 列，各二级交互作用不相混杂，分别处于第 3、第 5、第 6、第 9、第 10 和第 12 列，这样各主因子及二级交互作用均可以分别计算其方差，以便进行显著性检验，还剩余五个空闲列安排作为误差项，其实这是将三级交互作用和四级交互作用为误差处理（相混杂），表头设计列于表 I-4，16 次试验方案列于表 I-5，实验实施顺序随机进行。

表 I-4 四因子二水平全因子实验 $L_{16}(2^{15})$设计表头

因子数 \ 列号	1	2	3	4	5	6	7	8	9	10	11	12	13	14	15
4	A	B	AB	C	AC	BC	e	D	AD	BD	e	CD	e	e	e

注：根据经验，多数交互作用的效应较小，更高级如三级以上交互作用的效应非常小，甚至可以忽略不计，但是占用的自由度（实验次数）很多，所以实际应用中常常作为误差项处理，只是主要考虑某些重要的二级交互作用。

表 I-5 16 次虚拟实验方案

实验号 \ 列号	实验方案	A	B	C	D
1	$a_1b_1c_1d_1$	700	224	232	272
2	$a_1b_1c_1d_2$	700	224	232	296
3	$a_1b_1c_2d_1$	700	224	256	272
4	$a_1b_1c_2d_2$	700	224	256	296
5	$a_1b_2c_1d_1$	700	200	232	272
6	$a_1b_2c_1d_2$	700	200	232	296
7	$a_1b_2c_2d_1$	700	200	256	272
8	$a_1b_2c_2d_2$	700	200	256	296
9	$a_2b_1c_1d_1$	500	224	232	272
10	$a_2b_1c_1d_2$	500	224	232	296
11	$a_2b_1c_2d_1$	500	224	256	272
12	$a_2b_1c_2d_2$	500	224	256	296
13	$a_2b_2c_1d_1$	500	200	232	272
14	$a_2b_2c_1d_2$	500	200	232	296
15	$a_2b_2c_2d_1$	500	200	256	272
16	$a_2b_2c_2d_2$	500	200	256	296

3. 实验结果

按照 $L_{16}(2^{15})$ 正交表设计的 16 个试验方案（参见表 I-5），分别建立相应的几何模型，进行模拟计算得到 16 个虚拟实验结果：中间包内钢液的平均停留时间 y_1、滞止时间 y_2 和峰值时间 y_3，汇总列于表 I-6。

表 I-6　16 次虚拟实验结果

试验号	试验方案	V_R/m^3	$\tau_{理论}/s$	$\bar{\tau}/s$	$y_1/\%$	y_2/s	y_3/s
1	$a_1b_1c_1d_1$	2.464	1078.89	1020.1	5.45	141	617
2	$a_1b_1c_1d_2$	2.462	1078.15	1022.3	5.18	145	612
3	$a_1b_1c_2d_1$	2.464	1078.95	1022.6	5.23	139	621
4	$a_1b_1c_2d_2$	2.462	1078.15	1016.5	5.72	136	606
5	$a_1b_2c_1d_1$	2.462	1078.00	1022.8	5.12	147	621
6	$a_1b_2c_1d_2$	2.460	1077.18	1019.5	5.35	145	607
7	$a_1b_2c_2d_1$	2.462	1078.05	1022.5	5.15	140	625
8	$a_1b_2c_2d_2$	2.460	1077.18	1024.1	4.93	148	612
9	$a_2b_1c_1d_1$	2.464	1078.95	1028.3	4.70	145	604
10	$a_2b_1c_1d_2$	2.462	1078.15	1026.6	4.78	141	604
11	$a_2b_1c_2d_1$	2.464	1078.95	1023.1	5.18	131	605
12	$a_2b_1c_2d_2$	2.462	1078.15	1023.8	5.04	142	603
13	$a_2b_2c_1d_1$	2.462	1078.00	1026.4	4.79	145	605
14	$a_2b_2c_1d_2$	2.460	1077.18	1028.3	4.54	148	604
15	$a_2b_2c_2d_1$	2.462	1078.00	1026.5	4.78	145	610
16	$a_2b_2c_2d_2$	2.460	1077.18	1024.5	4.89	144	606

4. 方差分析

根据得到的三项特征指标 y_1、y_2 和 y_3 的 16 次实验结果，分别进行方差分析和 F 检验，按信度水准 $\alpha = 0.05$ 评定影响的显著性。

1）关于指标 y_1 的方差分析

关于指标 y_1 的方差分析之中间计算结果列于表 I-7，表中的列"I"是对应第一水平的 8 个试验结果之和，列"II"是对应第二水平的 8 个试验结果之和；"k1"列和"k2"列分别是列"I"和列"II"的平均值，R 是"k1"列和"k2"列之差。

简单的推导可以得知，影响因素的平方和贡献 SS 等于 $n \times (R^2/2)$，其中 n 是每个水平的有 n 个试验结果，本例中 $n = 8$，即 $SS_i = 8(R^2/2) = 4R^2$。又因为每个因子及其交互作用都是两水平，所以其自由度均为 1，其平方和即为其均方差 s_i^2。

表 I-8 是关于指标 y_1 的方差分析表，所有的五项空闲列均记入误差项 e，包括了三级以及三级以上的交互作用。

表 I-7　各因子及其交互作用对指标 y_1 的影响的中间计算表

	I	II	k1	k2	R
A	38.39	34.94	4.80	4.37	0.43
B	37.53	35.80	4.69	4.48	0.22
$A \times B$	36.82	36.51	4.60	4.56	0.04
C	36.16	37.17	4.52	4.65	0.13
$A \times C$	37.25	36.08	4.66	4.51	0.15
$B \times C$	36.11	37.22	4.51	4.65	0.14
e	36.51	36.82	4.56	4.60	0.04
D	36.64	36.68	4.58	4.59	0.00
$A \times D$	36.45	36.88	4.56	4.61	0.05
$B \times D$	36.51	36.82	4.56	4.60	0.04
e	36.61	36.72	4.58	4.59	0.01
$C \times D$	36.78	36.55	4.60	4.57	0.03
e	36.75	36.58	4.59	4.57	0.02
e	36.98	36.35	4.62	4.54	0.08
e	37.56	35.77	4.70	4.47	0.22

表 I-8　指标 y_1 的方差分析表

方差来源	自由度（df）	离差平方和（SS）	方差（MS）	F 值	P	信度 α
A	1	0.74	0.74	15.77	0.01	**
B	1	0.19	0.19	3.95	0.10	
$A \times B$	1	0.01	0.01	0.13	0.73	
C	1	0.06	0.06	1.38	0.29	
$A \times C$	1	0.08	0.08	1.81	0.24	
$B \times C$	1	0.08	0.08	1.66	0.25	
D	1	0.00	0.00	0.00	0.97	
$A \times D$	1	0.01	0.01	0.24	0.64	
$B \times D$	1	0.01	0.01	0.13	0.73	
$C \times D$	1	0.00	0.00	0.08	0.79	
e	5	0.23	0.05	—	—	

由方差分析表 I-8 可以看出中间因子 A（挡墙到大包水口中心线的距离）对 Y_1 有显著的影响，其信度水准为"**"，超过 1%。由 16 个实验结果可以分别求得 A 取 A_1（原工况）和 A_2 两个工况下的平均值，即因子 A 的主效应。列于表 I-9，其他因子和交互作用的方差贡献很小，与随机误差相比不显著。

表 I-9　在主效应影响下的指标 y_1 的值

工况	指标 y_1 /%
$\overline{A}_1$（原工况）	4.80
$\overline{A}_{12}$	4.37

结果表明对于死区比例 y_1 的最优工况是将挡墙到大包水口的中心线距离由 700 mm（A_1）处移至 500 mm（A_2）处，预期效果是间包中钢液流动的死区可由 4.80% 降低至 4.37%，改善的相对幅度约为 9%。由于其他因子及各二级交互作用的影响与试验误差相比均不显著，这表明在所研究的范围内这些因子的变动值并未对平均停留时间指标 y_1 产生明显的影响，故因子 B、C、D 可以按其他方面的考虑取为一水平或二水平。

2）关于指标 y_2 的方差分析

对于示踪剂达到中包出口的时间间隔的指标 y_2 的方差分析之中间计算过程和方差分析表列于表 I-10 和表 I-11，主效应分析列于表 I-12，关于脉冲响应曲线中示踪剂浓度达到最大值时的时间间隔值 y_3 影响的计算，关于指标 y_3 的方差分析表列于表 I-13 和表 I-14，主效应分析列于表 I-15。

表 I-10　关于指标 y_2 的方差分析的中间计算表

	I	II	k1	k2	R
A	1141	1141	142.625	142.625	0
B	1120	1162	140.0	145.25	5.25
$A \times B$	1143	1139	142.875	142.375	0.5
C	1157	1125	144.625	140.625	4
$A \times C$	1140	1142	142.5	142.75	0.25
$B \times C$	1149	1133	143.625	141.625	2
e	1140	1142	142.5	142.75	0.25
D	1133	1149	141.625	143.625	2
$A \times D$	1142	1140	142.75	142.5	0.25
$B \times D$	1141	1141	142.625	142.625	0
e	1146	1136	143.25	142	1.25

	I	II	k1	k2	R
$C \times D$	1149	1133	143.625	141.625	2
e	1137	1145	142.125	143.125	1
e	1142	1140	142.75	142.5	0.25
e	1123	1159	140.375	144.875	4.5

表 I-11　关于指标 y_2 的方差分析表

方差来源	自由度（df）	离差平方和（SS）	方差（MS）	F 值	P	显著性
A	1	0	0	0	1	
B	1	110.25	110.25	6.008174	0.057854	*
$A \times B$	1	1	1	0.054496	0.824673	
C	1	64	64	3.487738	0.120793	
$A \times C$	1	0.25	0.25	0.013624	0.911624	
$B \times C$	1	16	16	0.871935	0.393284	
D	1	16	16	0.871935	0.393284	
$A \times D$	1	0.25	0.25	0.013624	0.911624	
$B \times D$	1	0	0	0	1	
$C \times D$	1	16	16	0.871935	0.393284	
e	5	91.75	18.35	—	—	

方差分析表明，对指标 y_2 值有显著性影响的只有因子 B，由 16 个实验结果可以分别求得取 B_1（原工况）和 B_2 两个工况下的平均值即主效应，列于表 I-12。

表 I-12　在主效应影响下的指标 y_2 的值

工况	指标 $\bar{y}_2$ /s
$\bar{B}_1$（原工况）	140.0
$\bar{B}_2$	145.3

可以看出，对于评价指标 y_2 的最佳工况是将挡墙距离中间包底部的高度由 224 mm（B_1）增高至 200 mm（B_2），滞止时间可由 140.0 s 增加至 145.3 s，改善 3.8%。

由于其他因子及各二级交互作用的影响均不显著，这表明在实验所研究的范围内诸因子的变动值并未对指标 y_2 产生明显的影响，故其他因子可按其他方面的考虑取为一水平或二水平。

3）关于指标 y_3 的方差分析

表 I-13 和表 I-14 分别是各因子及其交互作用对示踪剂浓度达到最大值时的时间间隔值 y_3(s)的方差计算和方差分析。

表 I-13　各因子及其交互作用对 y_3 的影响的方差计算表

	I	II	k1	k2	R
A	4921	4841	615.125	605.125	10
B	4872	4890	609	611.25	2.25
$A \times B$	4881	4881	610.125	610.125	0
C	4874	4888	609.25	611	1.75
$A \times C$	4881	4881	610.125	610.125	0
$B \times C$	4890	4872	611.25	609	2.25
e	4883	4879	610.375	609.875	0.5
D	4908	4854	613.5	606.75	6.75
$A \times D$	4901	4861	612.625	607.625	5
$B \times D$	4876	4886	609.5	610.75	1.25
e	4879	4883	609.875	610.375	0.5
$C \times D$	4878	4884	609.75	610.5	0.75
e	4879	4883	609.875	610.375	0.5
e	4876	4886	609.5	610.75	1.25
e	4875	4887	609.375	610.875	1.5

表 I-14　各因子及其交互作用对 y_3 的影响的方差分析表

方差来源	自由度（df）	离差平方和（SS）	方差（MS）	F 值	P	信度 α
A	1	400	400	109.589	0.000137	**
B	1	20.25	20.25	5.547945	0.065121	
$A \times B$	1	0	0	0	1	
C	1	12.25	12.25	3.356164	0.126445	
$A \times C$	1	0	0	0	1	
$B \times C$	1	20.25	20.25	5.547945	0.065121	
D	1	182.25	182.25	49.93151	0.000878	**
$A \times D$	1	100	100	27.39726	0.00337	**
$B \times D$	1	6.25	6.25	1.712329	0.247601	
$C \times D$	1	2.25	2.25	0.616438	0.467927	
e	5	18.25	3.65	—	—	

　　方差分析表明，对于评价指标 y_3 有显著影响的有因子 A 和因子 D，以及其二级交互作用 $A \times D$。分别求得 A_1（原工况）和 A_2 工况、D_1（原工况）和 D_2 工况下的 y_3 的平均值（主效应），及其二级交互作用 $\overline{A \times D}$ 取 $\overline{(A \times D)_1}$（$A$ 和 D 为相同水平）和 $\overline{(A \times D)_2}$（$A$ 和 D 为不同水平）时的平均值（即主效应），列于表 I-15，可以看出交互作用的效应实际上难以独立调节。

表 I-15　各显著性影响的因子的主效应（y_3）

工况	指标 $\bar{y}_3$ /s
$\bar{A}_1$（原工况）	615.1
$\bar{A}_2$	605.1
$\bar{D}_1$（原工况）	613.5
$\bar{D}_2$	606.8
$\overline{(A \times D)_1}$	612.6
$\overline{(A \times D)_2}$	607.6

　　由于其他因子及各二级交互作用的影响均不显著，这表明在实验所研究的范围内诸因子的变动值并未对指标 y_3 产生明显的影响，故因子 C 按其他考虑取为一水平或二水平。

　　对于评价指标 y_3 的最优工况 A_1D_1，即挡墙到大包水口的中心线距离仍应取为 700 mm（A_1，与指标 y_1）；而挡坝高度仍应取为 272 mm（D_1），此最优工况下的峰值时间 y_3 为 621.0 s。

$$y_3 = \bar{A}_1 + \bar{D}_1 + \overline{(A \times D)_1} - 2 * \bar{y}_{3\text{平均}}$$
$$= 615.1 + 613.5 + 612.6 - 2 \times [(615.1 + 605.1)/2]$$
$$= 621.0(\text{s})$$

4）最佳工况

　　通过上述方差分析，可以得出对于评价指标 y_1 有利的最佳工况为 A_2；对于评价指标 y_2 有利的最佳工况为 B_2；对于评价指标 y_3 有利的最佳工况为 A_1D_1。综合考虑三个指标，对评价指标 y_1 和评价指标 y_3 的最佳工况有冲突（非劣）。此时因子 A 按主评价指标 y_1 取工况 A_2，因子 D 按指标 y_3 取 D_1。而评价指标 y_3 可按下式求得

$$y_3 = \overline{A}_2 + \overline{D}_1 + \overline{(A \times D)}_2 - 2*\overline{y}_{3平均}$$
$$= 605.1 + 613.5 + 607.6 - 2 \times [(615.1 + 605.1)/2]$$
$$= 606.0(s)$$

综之，该板坯连铸用中间包的最优工况为 $A_2B_2C_1D_1$，即挡墙到大包水口的中心线距离取为 500 mm，挡墙下口距包底的高度取为 200 mm，挡墙和挡坝中心线的距离取为 322 mm，挡坝的高度取为 272 mm。最佳工况和现行工况下三个评价指标的对比列于表 I-16。

表 I-16   现行工况和最佳工况的评价指标值

指标	现行工况	最佳工况
y_1/%	4.80	4.37
y_2/s	140.0	145.3
y_3/s	621.0	606.0

5）改进实验结果及分析

取上述最佳工况，并添加湍流抑制器，其中间包结构图如图 I-12。

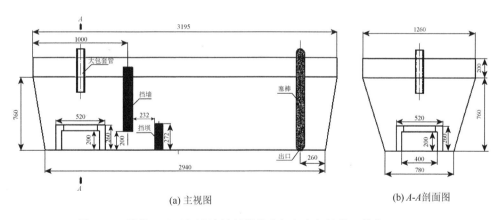

(a) 主视图   (b) A-A剖面图

图 I-12   最佳工况下加湍流抑制器的中间包内部结构（单位：mm）

改进的中间包内挡墙挡坝与湍流杯的组合控流装置可以消耗高速注流的大部分动能，稳定中间包上部的流动，消除原型中间包里钢液表面的湍流和扰动现象，改善了中间包的流场。改进中间包虚拟试验得到时间浓度 RTD 曲线本书不再赘述。

再进行虚拟试验，求得到该工况下平均停留时间为 1044 s，最短停留时间为 y_2 为 155 s，峰值时间 y_3 为 718 s，死区体积减少至 1.54%，改善效果达到 72%。

通过虚拟试验，对 18 t 中间包内部控流结构提出改进建议：①挡墙到距中间包窄面上边沿的距离由 700 mm 减至 500 mm；②挡墙到中间包底的距离由 232 mm 减少到 200 mm；③挡墙和挡坝的间距为 232 mm；④挡坝的高度为 272 mm；⑤中间包内可考虑安置湍流抑制器。

对比水力学模型实验，其重复实验的误差大约有±30~40 s，而数值模拟的精度非常高，重复的虚拟试验几乎完全重合，重复实验误差几乎为 0，虚拟试验产生的误差应该是各级交互作用的贡献。

附录Ⅱ 冶金过程系统的系统优化 (系统分析、系统综合和系统优化)

Ⅱ.1 系 统 结 构

某钢铁联合企业的粗钢生产系统包括三座炼铁高炉、三座炼钢厂和一个炼焦厂, 企业粗钢生产系统的结构如图Ⅱ-1。

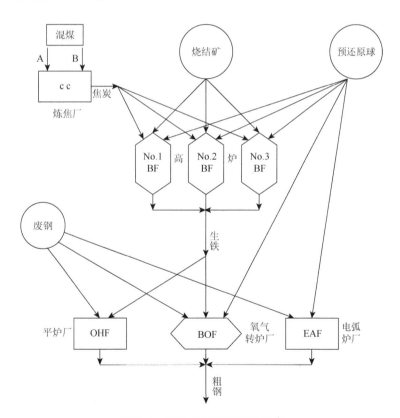

图Ⅱ-1 某企业的粗钢生产系统

高炉炼铁的原料是烧结矿和球团, 还原剂和燃料是炼焦厂生产的焦炭, 三座高炉生产的铁水汇集在一处 (混铁炉), 热铁水供转炉和平炉炼钢, 电弧炉炼钢的

主要原料是废钢,也配加预还原球团,转炉和平炉也适当使用废钢原料。图Ⅱ-1
只给出了关于铁元素的流向,其他重要物料和能源均未给出。

本例中只讨论含铁料和焦炭的物流及衡算,不涉及炼铁炼钢的具体过程。
例中所有财务的货币单位均为元,只有相对意义,不要与市场上的货币单位相
换算。

决策者要根据外界条件做出生产决策,这里约定:判断决策优劣的指标是
粗钢生产成本,最优决策是粗钢的平均单位生产成本最低廉。决策者还必须考
虑企业外部的资源和价格条件、企业内部的生产技术经济特性以及给定的粗钢
产量等等。

20 世纪后期,混铁炉和炼钢平炉逐渐退出了历史舞台,电炉炼钢和转炉炼钢
也都有了重大发展,与本例有很大的差别,本书仅用这个过时的例子来说明冶金
系统优化的方法,可以认为这也是"另一类"的虚拟,敬请读者原谅!

用系统工程的方法来处理这个问题,决策过程图见图Ⅱ-2。

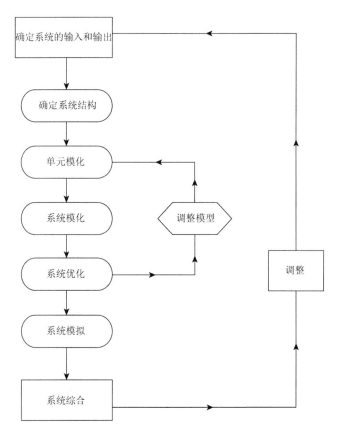

图Ⅱ-2　系统优化与决策过程示意图

Ⅱ.2　系 统 分 析

1）系统与环境

将所论系统与环境隔离作为一个"黑箱"来处理，得到图Ⅱ-3，其中图Ⅱ-3（a）表示该系统可以概括成两个子系统——粗钢生产系统 SS 和炼焦单元 cc；图Ⅱ-3（b）是其相应的成本泛函体系。

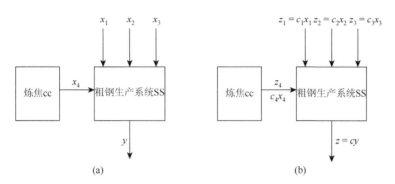

图Ⅱ-3　粗钢生产系统

（a）粗钢生产系统；（b）成本泛函体系

粗钢生产系统 SS 有一项输出和四项输入变量。

系统输出变量：

　　y——年粗钢总生产量，t/a；

系统输入变量：

　　x_1——预还原球团，年用量，t/a；

　　x_2——烧结矿，年用量，t/a；

　　x_3——废钢，年用量，t/a；

　　x_4——焦炭，年用量，t/a。

四种原料的价格分别是：预还原球团 c_1 元/t，烧结矿 c_2 元/t，废钢 c_3 元/t，焦炭 c_4 元/t。

系统的目标函数的泛函是系统粗钢的年生产总成本 Z 元，显然有

$$Z = cy \tag{Ⅱ-1}$$

或

$$c = Z/y \tag{Ⅱ-2}$$

其中，c 为系统粗钢的年平均单位生产成本，元/t。

系统"最优"的目标是粗钢的单位生产成本最低廉，即

$$\min \quad c \qquad （\text{II-3}）$$

若系统的年粗钢总产量 y 给定为 G，最优目标等价于：

$$\min \quad z \qquad （\text{II-4}）$$

环境加于系统的限制有

G——给定的粗钢年总产量，t/a；

α_1——预还原球团的年许用量，t/a；

α_2——烧结矿的年许用量，t/a；

α_3——废钢的年许用量，t/a。

故环境构成的约束有：

粗钢年产量方面： $\qquad y = G \qquad （\text{II-5}）$

预还原球团的年许用量方面： $x_1 \leq \alpha_1 \qquad （\text{II-6}）$

烧结矿的年许用量方面： $x_2 \leq \alpha_2 \qquad （\text{II-7}）$

废钢的年许用量方面： $x_3 \leq \alpha_3 \qquad （\text{II-8}）$

2）子系统的分解

按自然情况将粗钢生产系统分解为七个子系统或单元：

炼焦单元：一个；

高炉炼铁单元：No.1，No.2，No.3，三个；

炼钢单元：转炉炼钢、平炉炼钢、电炉炼钢，各一个。

每个单元都有自己的输入和输出变量，单元之间依靠这些变量相联结。

II.3　单 元 模 化

对于每一个单元（或子系统），根据其技术经济特性分别建立输出-输入之间的定量关系，是为单元模型。现对这 7 个单元分述如下。

1）炼焦单元

炼焦单元用 A、B 两种混煤作为原料，生产能力和焦炭的生产成本因原料也有所不同，炼焦单元的输出输入如图 II-4 所示，各变量分别是：x_A 为用"A"类混煤的焦炭年产量，t/a；x_B 为用"B"类混煤的焦炭年产量，t/a；x_4 为炼焦厂焦炭年产量，t/a。

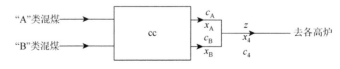

图 II-4　炼焦单元

显然有：
$$x_4 = x_A + x_B \tag{Ⅱ-9}$$

又已知炼焦厂的技术特性是：用"A"类混煤的焦炭年产量为 2.5×10^6 t（焦），用"B"类混煤的焦炭年产量为 2.0×10^6 t（焦）。故按占有的生产能力计算用"B"类混煤生产 1 t 焦炭相当于用"A"类混煤生产 2.5/2.0 = 1.25 t 焦炭。这样炼焦厂生产能力的约束为

$$x_A + 1.25 x_B \leqslant 2.5 \times 10^6 \tag{Ⅱ-10}$$

用两类混煤生产焦炭的成本分别为 $c_A = 26$ 元/t 和 $c_B = 21$ 元/t。又已知炼焦厂的年固定费用为 5.0×10^6 元，所以炼焦厂的年生产总费用 z_4 为

$$z_4 = c_A x_A + c_B x_B + 5.0 \times 10^6 = 26 x_A + 21 x_B + 5.0 \times 10^6 (元) \tag{Ⅱ-11}$$

炼焦厂焦炭的平均单元成本 c_4 为

$$c_4 = z_4 / x_4 (元/t) \tag{Ⅱ-12}$$

2）1 号高炉

1 号高炉单元图如图Ⅱ-5 所示，变量为

x_5——1 号高炉的预还原球团年许用量，t/a；

x_6——1 号高炉的烧结矿年许用量，t/a；

x_7——1 号高炉的焦炭年许用量，t/a；

x_8——1 号高炉的生铁年许用量，t/a。

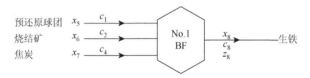

图Ⅱ-5　1 号高炉（BF1）单元

（1）含铁料消耗为生产 1 t 生铁消耗 1.1 t 预还原球团，或消耗 1.4 t 烧结矿。故有

$$x_8 = \frac{x_5}{1.1} + \frac{x_6}{1.4} \tag{Ⅱ-13}$$

（2）使用烧结矿时 1 号高炉的焦炭消耗与炉子生产率有关，并呈非线性，这里采用分段线性化方法来处理：

（a）低生产率工况，年生产生铁 0.9×10^6 t 的工况。该工况下每生产 1 t 生铁消耗焦炭 0.45t。并取低生产率工况相对工时 K_{11}（= 低生产率工况作业时间/总作业时间）。

（b）中生产率工况，年生产生铁 1.2×10^6 t 的工况。该工况下焦炭消耗量最少，为 0.4 t 焦炭/t 生铁。并取 K_{12}（= 中生产率工况作业时间/总作业时间）。

（c）高生产率工况，年生产生铁 1.5×10^6 t 的工况。该工况下焦炭消耗量为 0.45 t 焦炭/t 生铁。并取 K_{13}（= 高生产率工况作业时间/总作业时间）。

因此有归一化条件：

$$K_{11} + K_{12} + K_{13} = 1 \qquad （\text{II-14}）$$

和烧结矿用量：

$$x_6/1.4 = 0.9 \times K_{11} \times 10^6 + 1.2 \times K_{12} \times 10^6 + 1.5 \times K_{13} \times 10^6 \qquad （\text{II-15}）$$

（3）焦炭年用量。又已知用预还原球团做原料时，每生产 1 t 生铁用预还原球团 1.1 t，消耗焦炭 0.3 t，故 1 号高炉年用焦炭 x_7 为

$$\begin{aligned} x_7 = &\, 0.9 \times K_{11} \times 10^6 \times 0.45 + 1.2 \times K_{12} \times 10^6 \times 0.40 + 1.5 \times K_{13} \times 10^6 \times 0.45 \\ &+ 0.3 \times x_5/1.1 \end{aligned} \qquad （\text{II-16}）$$

（4）预还原球团年许用量。1 号高炉的年许用量上限为 0.3×10^6 t，即

$$x_5 \leqslant 0.3 \times 10^6 \qquad （\text{II-17}）$$

（5）高炉年生产能力。1 号高炉仅用烧结矿时，年生产能力为 $0.9 \times 10^6 \sim 1.5 \times 10^6$ t 生铁，若使用预还原球团，生产能力可达 1.7×10^6 t/a。即

$$0.9 \times 10^6 \leqslant x_8 \leqslant 1.5 \times 10^6 \quad \text{if} \quad x_5 = 0 \qquad （\text{II-18}）$$

$$0.9 \times 10^6 \leqslant x_8 \leqslant 1.7 \times 10^6 \quad \text{if} \quad x_5 > 0 \qquad （\text{II-19}）$$

（6）1 号高炉的年固定费用为 7.2×10^6 元。故可求出 1 号高炉的年生产总费用 z_8（元）为

$$z_8 = 7.2 \times 10^6 + c_4 x_7 + c_2 x_6 + c_1 x_5 \qquad （\text{II-20}）$$

1 号高炉生产的生铁单位成本 c_8 元/t 为

$$c_8 = z_8/x_8 \qquad （\text{II-21}）$$

3）2 号高炉

2 号高炉单元图如图 II-6 所示，变量为

x_9——2 号高炉的预还原球团年许用量，t/a；

x_{10}——2 号高炉的烧结矿年许用量，t/a；

x_{11}——2 号高炉的焦炭年许用量，t/a；

x_{12}——2 号高炉的生铁年许用量，t/a。

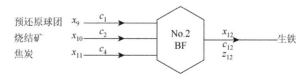

图 II-6　2 号高炉（BF2）单元

2 号高炉的生产技术特性与 1 号高炉相似：

（1）含铁料消耗。生产经验指出生产 1 t 生铁消耗 1.1 t 预还原球团，或消耗 1.4 t 烧结矿，故有

$$x_{12} = \frac{x_9}{1.1} + \frac{x_{10}}{1.4}$$ （Ⅱ-22）

（2）使用烧结矿时，2 号高炉的焦炭消耗也与炉子生产率有关，仍用分段线性化方法来处理：

（a）低生产率工况，年生产生铁 0.7×10^6 t。焦炭消耗为 0.55 t 焦炭/t 生铁，占相对工时为 K_{21}。

（b）中生产率工矿，年生产生铁 1.2×10^6 t。焦炭消耗为 0.45 t 焦炭/t 生铁，占相对工时为 K_{22}。

（c）高生产率工矿，年生产生铁 1.3×10^6 t。焦炭消耗为 0.55 t 焦炭/t 生铁，占相对工时为 K_{23}。

因此有归一化条件：

$$K_{21} + K_{22} + K_{23} = 1$$ （Ⅱ-23）

和烧结矿用量：

$$x_{10}/1.4 = 0.7 \times K_{21} \times 10^6 + 1.2 \times K_{22} \times 10^6 + 1.3 \times K_{23} \times 10^6$$ （Ⅱ-24）

（3）焦炭年用量。又已知用预还原球团做原料时，每生产 1 t 生铁消耗焦炭 0.3 t，消耗预还原球团 1.1 t，故 2 号高炉年用焦炭 x_{11} 为

$$x_{11} = 0.7 \times K_{21} \times 10^6 \times 0.55 + 1.2 \times K_{22} \times 10^6 \times 0.45 + 1.3 \times K_{23} \times 10^6 \times 0.55$$
$$+ 0.3 \times x_9/1.1$$ （Ⅱ-25）

（4）预还原球团年许用量。2 号高炉的年许用量上限为 0.2×10^6 t，即

$$x_9 \leq 0.2 \times 10^6$$ （Ⅱ-26）

（5）高炉年生产能力。2 号高炉仅用烧结矿时，年生产能力为 $0.7 \times 10^6 \sim 1.3 \times 10^6$ t 生铁，若使用预还原球团时，生产能力可达 1.4×10^6 t/a。即

$$0.7 \times 10^6 \leq x_{12} \leq 1.3 \times 10^6 \quad \text{if} \quad x_9 = 0$$ （Ⅱ-27）
$$0.7 \times 10^6 \leq x_{12} \leq 1.4 \times 10^6 \quad \text{if} \quad x_9 > 0$$ （Ⅱ-28）

（6）2 号高炉的年固定费为 5×10^6 元。故可求出 2 号高炉的年生产总费用 z_{12}（元）为

$$z_{12} = 5.0 \times 10^6 + c_4 x_{11} + c_1 x_9 + c_2 x_{10}$$ （Ⅱ-29）

2 号高炉生产的生铁单位成本 c_{12} 元/t 为

$$c_{12} = z_{12}/x_{12}$$ （Ⅱ-30）

4）3 号高炉

3 号高炉单元图如图Ⅱ-7 所示，变量为

x_{13}——3 号高炉的预还原球团年许用量，t/a；

x_{14}——3 号高炉的烧结矿年许用量，t/a；

x_{15}——3 号高炉的焦炭年许用量，t/a；

x_{16}——3 号高炉的生铁年许用量，t/a。

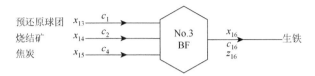

图Ⅱ-7　3 号高炉（BF3）单元

类似有：

（1）含铁料消耗。3 号高炉生产 1 t 生铁消耗 1.1 t 预还原球团，或消耗 1.4 t 烧结矿，故有

$$x_{16} = \frac{x_{13}}{1.1} + \frac{x_{14}}{1.4}　　　　　　　　（Ⅱ-31）$$

（2）使用烧结矿时，3 号高炉的焦炭消耗也与炉子生产率有关，分段线性化结果是：

（a）低生产率工况，年生产生铁 1.7×10^6 t。焦炭消耗为 0.4 t 焦炭/t 生铁，占相对工时为 K_{31}。

（b）中生产率工矿，年生产生铁 2.0×10^6 t。焦炭消耗为 0.35 t 焦炭/t 生铁，占相对工时为 K_{32}。

（c）高生产率工矿，年生产生铁 2.3×10^6 t。焦炭消耗为 0.4 t 焦炭/t 生铁，占相对工时为 K_{33}。

同前有归一化条件：

$$K_{31} + K_{32} + K_{33} = 1　　　　　　　　（Ⅱ-32）$$

和烧结矿用量：

$$x_{14}/1.4 = 1.7 \times K_{31} \times 10^6 + 2.0 \times K_{32} \times 10^6 + 2.3 \times K_{33} \times 10^6　（Ⅱ-33）$$

（3）焦炭年用量。3 号高炉使用预还原球团时情况与前两座高炉相同，即每吨生铁消耗焦炭 0.3 t，消耗预还原球团 1.1 t，故 3 号高炉年用焦炭 x_{15} 为

$$x_{15} = 1.7 \times K_{31} \times 10^6 \times 0.4 + 2.0 \times K_{32} \times 10^6 \times 0.35 + 2.3 \times K_{33} \times 10^6 \times 0.4$$
$$+ 0.3 \times x_{13}/1.1　　　　　　　　　（Ⅱ-34）$$

（4）预还原球团年许用量。3 号高炉的年许用量上限为 0.4×10^6 t，即

$$x_{13} \leqslant 0.4 \times 10^6　　　　　　　　（Ⅱ-35）$$

（5）高炉年生产能力。3 号高炉仅用烧结矿时，年生产能力为 $1.7 \times 10^6 \sim 2.3 \times 10^6$ t 生铁，若使用预还原球团时，生产能力可达 2.6×10^6 t/a。即

$$1.7 \times 10^6 \leqslant x_{16} \leqslant 2.3 \times 10^6 \qquad \text{if} \quad x_{13} = 0　（Ⅱ-36）$$

$$1.7 \times 10^6 \leqslant x_{16} \leqslant 2.6 \times 10^6 \qquad \text{if} \quad x_{13} > 0 \qquad （Ⅱ\text{-}37）$$

（6）3 号高炉的年固定费用为 11.6×10^6 美元。故可求出 3 号高炉的年生产总费用 z_{16}（元）为

$$z_{16} = 11.6 \times 10^6 + c_1 x_{13} + c_2 x_{14} + c_4 x_{15} \qquad （Ⅱ\text{-}38）$$

3 号高炉生产的生铁单位成本 c_{16} 美元/t 为

$$c_{16} = z_{16} / x_{16} \qquad （Ⅱ\text{-}39）$$

生铁生产系统小计：

三座高炉用焦炭总量 x_4（t/a）：

$$x_4 = x_7 + x_{11} + x_{15} \qquad （Ⅱ\text{-}40）$$

三座高炉年生产生铁总量 x_{17}（t/a）：

$$x_{17} = x_8 + x_{12} + x_{16} \qquad （Ⅱ\text{-}41）$$

三座高炉生铁年生产总费用 z_{17}（元）：

$$z_{17} = z_8 + z_{12} + z_{16} \qquad （Ⅱ\text{-}42）$$

故生铁平均单位生产成本 c_{17}（元/t）为

$$c_{17} = z_{17} / x_{17} \qquad （Ⅱ\text{-}43）$$

若令氧气转炉用生铁量为 x_{18}（t/a），平炉用生铁量为 x_{19}（t/a），有生铁总用量为：

$$x_{17} = x_{18} + x_{19} \qquad （Ⅱ\text{-}44）$$

5）碱性氧气顶吹转炉炼钢厂

碱性氧气顶吹转炉（BOF）单元如图Ⅱ-8，变量为：

x_{18}——年用生铁量，t/a；

x_{20}——年生产粗钢量，t/a；

x_{21}——年用废钢量，t/a；

x_{22}——年用预还原球团量，t/a。

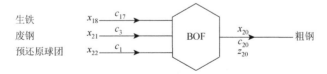

图Ⅱ-8 转炉炼钢（BOF）单元

碱性氧气顶吹转炉厂的生产技术特性有：

年粗钢生产能力不超过 5×10^6 t：

$$x_{20} \leqslant 5 \times 10^6 \qquad （Ⅱ\text{-}45）$$

（1）冶炼过程金属收得率分别是：生铁 90%，废钢 90%，预还原球团 85%。故金属料平衡为：

$$x_{20} = 0.9x_{18} + 0.9x_{21} + 0.85x_{22} \qquad （II-46）$$

（2）资源条件要求生铁用量应超过废钢量与预还原球团用量的 1.5 倍之和的 4 倍，即

$$x_{18} \geqslant 4(x_{21} + 1.5x_{22}) \qquad （II-47）$$

（3）碱性氧气顶吹转炉厂的年固定费用是 10.5×10^6（元），不包括原材料费用和固定费用的生产费用是 17.0（元/t 粗钢）。故可知碱性氧气顶吹转炉的年生产费用 z_{20}（元）为

$$z_{20} = 10.5 \times 10^6 + 17.0x_{20} + c_1x_{22} + c_3x_{21} + c_{17}x_{18} \qquad （II-48）$$

BOF 单元的粗钢单位成本 c_{20}（元/t）为

$$c_{20} = z_{20}/x_{20} \qquad （II-49）$$

6）电弧炉炼钢厂

电弧炉（EAF）炼钢单元如图 II-9，变量为：

x_{23}——年生产粗钢量，t/a；

x_{24}——年用废钢量，t/a；

x_{25}——年用预还原球团量，t/a。

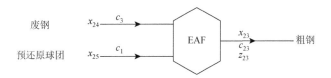

图 II-9　电弧炉炼钢（EAF）单元

电弧炉炼钢厂的生产技术特性有

年粗钢生产能力不超过 1.0×10^6 t：

$$x_{23} \leqslant 1.0 \times 10^6 \qquad （II-50）$$

（1）冶炼过程金属收得率分别是：废钢 95%，预还原球团 85%。故金属料平衡为：

$$x_{23} = 0.95x_{24} + 0.85x_{25} \qquad （II-51）$$

（2）年固定费用是 3.0×10^6（元），不包括原材料费用和固定费用的生产费用是 23.0（元/t 粗钢）。故可求出电弧炉炼钢单元的年生产费用 z_{23}（元）为

$$z_{23} = 3.0 \times 10^6 + 23.0x_{23} + c_1x_{23} + c_3x_{24} \qquad （II-52）$$

EAF 单元的粗钢单位成本 c_{23}（元/t）为

$$c_{23} = z_{23}/x_{23} \qquad （II-53）$$

7）平炉炼钢厂

平炉炼钢厂（OHF）单元如图Ⅱ-10，变量为

$$x_{19}——年用生铁量，t/a；$$

$$x_{26}——年用废钢量，t/a；$$

$$x_{27}——年生产粗钢量，t/a。$$

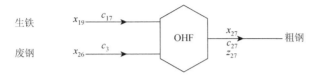

图Ⅱ-10　平炉炼钢（OHF）单元

平炉炼钢厂的生产技术特性有：

若全用生铁做原料，每年可消耗生铁 $3×10^6$ t；若全用废钢做原料，年可消耗废钢 $2×10^6$ t。故按原料用量计算的平炉年生产能力表示为

$$x_{19} + 1.5x_{26} \leqslant 3.0×10^6 \qquad （Ⅱ-54）$$

金属料的冶炼收得率均为90%，故金属料平衡为

$$x_{27} = 0.9(x_{19} + x_{26}) \qquad （Ⅱ-55）$$

平炉炼钢厂的年固定费用是 $3.0×10^6$（元），不包括原材料费用和固定费用的生产费用是 24.0（元/t 粗钢）。故平炉炼钢厂的年生产总费用 z_{27}（元/t 粗钢）：

$$z_{27} = 3.0×10^6 + 24x_{27} + c_3x_{26} + c_{17}x_{19} \qquad （Ⅱ-56）$$

平炉炼钢单元的粗钢单位成本 c_{27}（元/t）为

$$c_{27} = z_{27}/x_{27} \qquad （Ⅱ-57）$$

根据以上各单元的讨论可求出系统的各种金属料的衡算和总的生产费用、粗钢的平均单位成本，如下：

系统的预还原球团总衡算：

$$x_1 = x_5 + x_9 + x_{13} + x_{22} + x_{25} \qquad （Ⅱ-58）$$

系统的烧结矿总量：

$$x_2 = x_6 + x_{10} + x_{14} \qquad （Ⅱ-59）$$

系统的废钢总量：

$$x_3 = x_{21} + x_{24} + x_{26} \qquad （Ⅱ-60）$$

系统的粗钢总衡算：

$$Y = x_{20} + x_{23} + x_{27} \qquad （Ⅱ-61）$$

系统粗钢生产的年总费用 z（元）为

$$z = z_{20} + z_{23} + z_{27} \qquad （Ⅱ-62）$$

系统的粗钢平均单位生产成本 c（元/t）为

$$c = z/y \qquad\qquad （\text{II}\text{-}63）$$

II.4　系　统　模　化

综合系统分析和单元模化的结果，按系统最优的目标建立系统优化模型。整理简化得到

（1）决策向量：$X = (x_1, x_2, \cdots, x_{39})^7$，见表 II-1，过渡变量 y，因已取 $x_{39} = y$，故不计入决策变量，目标函数 z 是成本泛函亦不计入决策变量中。

（2）目标函数：

最优决策的目标是使粗钢平均单位生产成本 c 最低廉。在给定的粗钢年产量（$x_{39} = Y = G$）的条件下，等价于寻求系统的年总生产费用 z 最小，即

$$\min_{x_{39}=G} z = c_1 x_1 + c_2 x_2 + c_3 x_3 + 17 x_{20} + 23 x_{23} + 24 x_{27} + 26 x_{37} + 21 x_{38} + 45.3 \times 10^6 \quad （\text{II}\text{-}64）$$

（3）约束：

等式约束和不等式约束共 41 项，见表 II-2，有以下三类：①一定的粗钢年产量要求。②外部环境给予的各种限制。③系统内部的生产技术特性和结构。

（4）参数（参变量）：

目标函数和约束中含有参变量 7 项，其中外部参数 4 项：

G——系统的年计划粗钢产量，t/a；

α_1——预还原球团的年许用量，t/a；

α_2——烧结矿的年许用量，t/a；

α_3——废钢的年许用量，t/a。

外部价格参数 3 项：

c_1——预还原球团的价格，元/t；

c_2——烧结矿的价格，元/t；

c_3——废钢的价格，元/t。

综之，得到粗钢生产系统的最优决策的数学模型是：

$$\left.\begin{array}{c} \text{目标函数 } \min_{x_{39}=G} Z \\[4pt] \text{s.t. 表 II-2 中}\langle 1 \rangle \text{--} \langle 41 \rangle \\[4pt] X \geqslant 0 \end{array}\right\} \qquad （\text{II}\text{-}65）$$

模型中的目标函数和约束都是决策变量 x_i 的线性（代数）函数，属于线性规划模型。模型中决策变量的个数和约束式的个数都不多，所以是一个小（型）规模的线性规划问题，用最简单的单纯形方法也能方便地求解。

表Ⅱ-1　决策变量（39 个）　　　　　　　　　　（单位：t/a）

变量	定义
x_1	系统的预还原球团的年用量
x_2	系统的烧结矿的年用量
x_3	系统的废钢的年用量
x_4	系统的焦炭的年用量
x_5	1 号高炉的预还原球团年许用量
x_6	1 号高炉的烧结矿年许用量
x_7	1 号高炉的焦炭年许用量
x_8	1 号高炉的生铁年许用量
x_9	2 号高炉的预还原球团年许用量
x_{10}	2 号高炉的烧结矿年许用量
x_{11}	2 号高炉的焦炭年许用量
x_{12}	2 号高炉的生铁年许用量
x_{13}	3 号高炉的预还原球团年许用量
x_{14}	3 号高炉的烧结矿年许用量
x_{15}	3 号高炉的焦炭年许用量
x_{16}	3 号高炉的生铁年许用量
x_{17}	三座高炉年生产生铁总量
x_{18}	转炉厂生铁年用量
x_{19}	平炉厂生铁年用量
x_{20}	转炉厂的粗钢年产量
x_{21}	转炉厂的废钢年用量
x_{22}	转炉厂的预还原球团年用量
x_{23}	电炉厂的粗钢年产量
x_{24}	电炉厂的废钢年用量
x_{25}	电炉厂的预还原球团年用量
x_{26}	平炉厂的废钢年用量
x_{27}	平炉厂的粗钢年用量
x_{28}	K_{11}，1 号高炉用烧结矿做原料时，低生产率工况的相对时间分数
x_{29}	K_{12}，1 号高炉用烧结矿做原料时，中生产率工况的相对时间分数
x_{30}	K_{13}，1 号高炉用烧结矿做原料时，高生产率工况的相对时间分数
x_{31}	K_{21}，2 号高炉用烧结矿做原料时，低生产率工况的相对时间分数
x_{32}	K_{22}，2 号高炉用烧结矿做原料时，中生产率工况的相对时间分数
x_{33}	K_{23}，2 号高炉用烧结矿做原料时，高生产率工况的相对时间分数

变量	定义
x_{34}	K_{31}，3 号高炉用烧结矿做原料时，低生产率工况的相对时间分数
x_{35}	K_{32}，3 号高炉用烧结矿做原料时，中生产率工况的相对时间分数
x_{36}	K_{33}，3 号高炉用烧结矿做原料时，高生产率工况的相对时间分数
x_{37}	x_A，炼焦厂以"A"级混煤生产焦炭时的年产焦量
x_{38}	x_B，炼焦厂以"B"级混煤生产焦炭时的年产焦量
x_{39}	y，系统粗钢年总产量

注：决策变量 $x_{28}\sim x_{36}$ 是原问题中内部技术参数，共 9 个。

表 II-2 约束条件（41 项）

约束序号	约束式	备注
<1>	$y = G$	系统
<2>	$x_1 \leqslant \alpha_1$	系统
<3>	$x_2 \leqslant \alpha_2$	系统
<4>	$x_3 \leqslant \alpha_3$	系统
<5>	$-x_4 + x_{37} + x_{38} = 0$	炼焦
<6>	$0.8x_{37} + x_{38} \leqslant 2.0$	炼焦
<7>	$1.4x_5 + 1.1x_6 - 1.54x_8 = 0$	1 号高炉
<8>	$x_{28} + x_{29} + x_{30} = 1$	同上
<9>	$(1.26x_{26} + 1.68x_{29} + 2.10x_{30}) \times 10^6 - x_6 = 0$	同上
<10>	$(0.4455x_{28} + 0.5280x_{29} + 0.7425x_{30}) \times 10^6 + 0.3x_5 - 1.1x_7 = 0$	同上
<11>	$x_5 \leqslant 0.3 \times 10^6$	同上
<12>	$0.9 \times 10^6 \leqslant x_8 \leqslant 1.5 \times 10^6$ if $x_5 = 0$	同上
<13>	$0.9 \times 10^6 \leqslant x_8 \leqslant 1.7 \times 10^6$ if $x_5 > 0$	同上
<14>	$1.4x_9 + 1.1x_{10} - 1.54x_{12} = 0$	2 号高炉
<15>	$x_{31} + x_{32} + x_{33} = 1$	同上
<16>	$(0.98x_{31} + 1.68x_{32} + 1.82x_{33}) \times 10^6 - x_{10} = 0$	同上
<17>	$(0.4235x_{31} + 0.5940x_{32} + 0.8765x_{33}) \times 10^6 + 0.3x_9 - 1.1x_{11} = 0$	同上
<18>	$x_9 \leqslant 0.2 \times 10^6$	同上
<19>	$0.7 \times 10^6 \leqslant x_{12} \leqslant 1.3 \times 10^6$ if $x_9 = 0$	同上
<20>	$0.7 \times 10^6 \leqslant x_{12} \leqslant 1.4 \times 10^6$ if $x_9 > 0$	同上
<21>	$1.4x_{13} + 1.1x_{14} - 1.54x_{16} = 0$	3 号高炉
<22>	$x_{34} + x_{35} + x_{36} = 1$	同上
<23>	$(2.38x_{34} + 2.80x_{35} + 3.22x_{36}) \times 10^6 - x_{14} = 0$	同上

续表

约束序号	约束式	备注
<24>	$(0.748x_{34} + 2.80x_{35} + 3.22x_{36}) \times 10^6 + 0.3x_{13} - 1.1x_{15} = 0$	同上
<25>	$x_{13} \leqslant 0.4 \times 10^6$	同上
<26>	$1.7 \times 10^6 \leqslant x_{16} \leqslant 2.3 \times 10^6 \quad \text{if} \quad x_{13} = 0$	同上
<27>	$1.7 \times 10^6 \leqslant x_{16} \leqslant 2.6 \times 10^6 \quad \text{if} \quad x_{13} > 0$	同上
<28>	$-x_4 + x_7 + x_{11} + x_{15} = 0$	焦总用量
<29>	$x_8 + x_{12} + x_{16} - x_{17} = 0$	铁总用量
<30>	$-x_{17} + x_{18} + x_{19} = 0$	铁总用量
<31>	$x_{20} \leqslant 5 \times 10^6$	BOF
<32>	$0.9x_{18} - x_{20} + 0.9x_{21} + 0.85x_{22} = 0$	BOF
<33>	$-x_{18} + 4x_{21} + 6x_{22} \leqslant 0$	BOF
<34>	$x_{23} \leqslant 1.0 \times 10^6$	EAF
<35>	$-x_{23} + 0.95x_{24} + 0.85x_{25} = 0$	EAF
<36>	$x_{19} + 1.5x_{26} \leqslant 3.0 \times 10^6$	OHF
<37>	$0.9x_{19} + 0.9x_{26} - x_{27} = 0$	OHF
<38>	$-x_1 + x_5 + x_9 + x_{13} + x_{22} + x_{25} = 0$	系统
<39>	$-x_2 + x_6 + x_{10} + x_{14} = 0$	系统
<40>	$-x_3 + x_{21} + x_{24} + x_{26} = 0$	系统
<41>	$x_{20} + x_{23} + x_{27} - x_{39} = 0$	系统

Ⅱ.5　系　统　模　拟

Ⅱ.5.1　计算机实现

将系统最优决策模型[式(Ⅱ-65)]及其单纯形解法用算法语言编制成计算程序，使系统模型计算机实现。例如在 IBM-PC/XT 型微机的硬件支持下，用 Fortran77 编写成 OMSS（Optimization Model of Steelmaking System）软件，每次模拟计算的 CPU 时间约为 4~5 min。

Ⅱ.5.2　计算机模拟结果

利用所得到的粗钢生产系统优化决策软件 OMSS，对系统作模拟，典型的有两类：

（1）根据各已知条件求最优解，这是 OMSS 的基本功能。

（2）根据企业外部和内部可能出现的各种情况，用 OMSS 进行模拟试验，模拟试验得到的结果是各种设定条件下的最优决结果。

最优结果包括两个方面：

（1）最优决策，即是决策向量 X 的最优取值 X^*，即 39 个决策变量的一组最优的取值，是 39 维的决策空间 E^{39} 中的一个点，是 39 维的可行域凸集 Ω 的一个顶点；

（2）最优值，即是在设定条件下采取最优决策给出的一套决策获得的吨钢成本泛函值，对于每一个设定条件，每一个模拟运算结果都是该条件下的最低吨钢成本（预报）。

表 Ⅱ-3 和图 Ⅱ-11 分别是两组系统模拟的结果。仔细考查表 Ⅱ-3 和图 Ⅱ-11 所列的各种结果，对比所列的最优生产决策的变化，不难体会到系统模拟对生产的辅助决策功能。

表 Ⅱ-3 列出了不同情况下的最佳生产决策方案及其相应的最低的吨钢成本：其中模拟试验 Ⅰ 是基本情况，是正常原料供应状况和正常生产状态下，中等产钢量（$G = 5.5\ \text{Mt}$）的最优生产方案；模拟试验 Ⅱ、Ⅲ、Ⅳ 分别给出了三座高炉开二停一情况下的最佳决策；模拟试验 Ⅵ 是 3 号高炉停产情况下的最佳决策；模拟试验 Ⅴ 是球团许用量减少情况下的最佳决策；模拟试验 Ⅶ 是平炉生产费用增高，而且 3 号高炉停产情况下的最佳决策；模拟试验 Ⅷ 和 Ⅸ 分别给出了限制某种原料许用量又要求增加钢产量的情况；最后，模拟试验 Ⅹ 是高产钢量要求下的最优生产决策。这些最优生产决策其实是冶金系统内部的生产安排。

表 Ⅱ-3　最佳生产决策模拟结果

粗钢产量 G/(Mt/a)		5.5	5.5	5.5	5.5	5.5
许用量/ (Mt/a)	球团 α_1	2.0	2.0	2.0	2.0	2.5
	烧结矿 α_2	10.0	10.0	10.0	10.0	10.0
	废钢 α_3	10.0	10.0	10.0	10.0	10.0
用量/ (Mt/a)	球团	1.8117	1.7765	1.8765	1.6765	0.5
	烧结矿	6.16	4.48	4.48	3.36	6.16
	废钢	0	1.2546	1.1636	2.1455	1.2316
	焦炭	1.72	1.4036	1.3709	1.1564	1.72
	"A" 类焦	0	0	0	0	0
	"B" 类焦	1.72	1.4036	1.3709	1.1564	1.72

续表

粗钢产量 G/(Mt/a)		5.5	5.5	5.5	5.5	5.5
生铁产量/(Mt/a)		4.40	3.7454	3.8364	2.8546	4.40
No.1 BF	（低）K_{11}/生铁产量	0	0	0	0	0
	（中）K_{12}/生铁产量	1/1.2	0	1/1.4727	1/1.4727	1/1.2
	（高）K_{13}/生铁产量	0	0	0	0	0
	生铁产量/(Mt/a)	1.2	停产	1.4727	1.4727	1.2
No.2 BF	（低）K_{21}/生铁产量	0	0	0	0	0
	（中）K_{22}/生铁产量	1/1.2	1/1.3813	0	1/1.3813	1/1.2
	（高）K_{23}/生铁产量	0	0	0	0	0
	生铁产量/(Mt/a)	1.2	1.3813	停产	1.3813	1.2
No.3 BF	（低）K_{31}/生铁产量	0	0	0	0	0
	（中）K_{32}/生铁产量	1/2.0	1/2.3636	1/2.3636	0	1/2.0
	（高）K_{33}/生铁产量	0	0	0	0	0
	生铁产量/(Mt/a)	2.0	2.3636	2.3636	停产	2.0
粗钢产量/(Mt/a)	BOF	4.5833	4.2136	4.3159	3.2114	4.95
	EAF	0.9167	1.0	1.0	1.0	0.55
	OHF	0	0.2864	0.1841	1.2886	0
粗钢生产成本/(元/t)		66.206	66.830	66.542	66.009	66.488
备注			1号高炉停产	2号高炉停产	3号高炉停产	球团许用量减少

模拟试验编号		Ⅰ	Ⅱ	Ⅲ	Ⅳ	Ⅴ
粗钢产量 G/(Mt/a)		5.5	5.5	6.5	7.0	8.0
许用量/(Mt/a)	球团 α_1	2.0	2.0	1.0	2.0	2.0
	烧结矿 α_2	3.0	10.0	10.0	6.0	10.0
	废钢 α_3	10.0	10.0	10.0	10.0	10.0
用量/(Mt/a)	球团	1.6765	1.6765	1.0	2.0	2.0
	烧结矿	3.0	3.6782	6.16	6.0	6.16
	废钢	2.4026	1.9182	1.8683	1.6169	2.6282
	焦炭	1.0767	1.3041	1.7333	1.7903	1.9370
	"A"类焦	0	0	0	0	0
	"B"类焦	1.0767	1.3041	1.7333	1.7903	1.9370

续表

粗钢产量 G/(Mt/a)		5.5	5.5	6.5	7.0	8.0
生铁产量/(Mt/a)		2.5974	3.0818	4.4444	4.6382	5.1234
No.1 BF	（低）K_{11}/生铁产量	0	0	0	0	0
	（中）K_{12}/生铁产量	1/1.4727	0.2424/0.4121	1/1.2444	1/1.20	1/1.472
	（高）K_{13}/生铁产量	0	0.7576/1.2879	0	0	0
	生铁产量/(Mt/a)	1.4727	1.70	1.2444	1.20	1.4727
No.2 BF	（低）K_{21}/生铁产量	0.5143/0.5784	0	0	0.2285/0.2482	0
	（中）K_{22}/生铁产量	0.4857/0.5463	1/1.3818	1/1.20	0.7714/0.8373	1/1.3818
	（高）K_{23}/生铁产量	0	0	0	0	0
	生铁产量/(Mt/a)	1.1247	1.3818	1.20	1.0857	1.3818
No.3 BF	（低）K_{31}/生铁产量	0	0	0	0	0
	（中）K_{32}/生铁产量	0	0	1/2.0	1/2.3524	1/2.2689
	（高）K_{33}/生铁产量	0	0	0	0	0
	生铁产量/(Mt/a)	停产	停产	2.0	2.3524	2.2689
粗钢产量 /(Mt/a)	BOF	2.9221	3.4670	5.0	5.0	5.0
	EAF	1.0	1.0	1.0	1.0	1.0
	OHF	1.5779	1.0330	0.5	1.0	2.0
粗钢生产成本/(元/t)		68.335	69.143	65.608	65.355	65.415
备注		烧结矿许用量减少	平炉生产费用由 24 元/t 增至 30 元/t	增加产钢量，减少球团	增加产钢量，限用烧结矿	产钢量很高
模拟试验编号		Ⅵ	Ⅶ	Ⅷ	Ⅸ	Ⅹ

图Ⅱ-11 所绘是系统粗钢总产量要求 G 取不同的数值时，最优生产策略和最佳生产成本的变化。这组模拟试验下的外部条件固定为

预还原球团许用量　　　$\alpha_1 = 2.0$（Mt）

烧结矿许用量　　　　　$\alpha_2 = 10.0$（Mt）

废钢的许用量　　　　　$\alpha_3 = 10.0$（Mt）

价格：预还原球团　　　$c_1 = 30$（元/t）

　　　烧结矿的价格　　$c_2 = 21$（元/t）

　　　废钢的价格　　　$c_3 = 35$（元/t）

　　　焦炭的价格　　　$c_A = 26$（元/t）　　　$c_B = 21$（元/t）

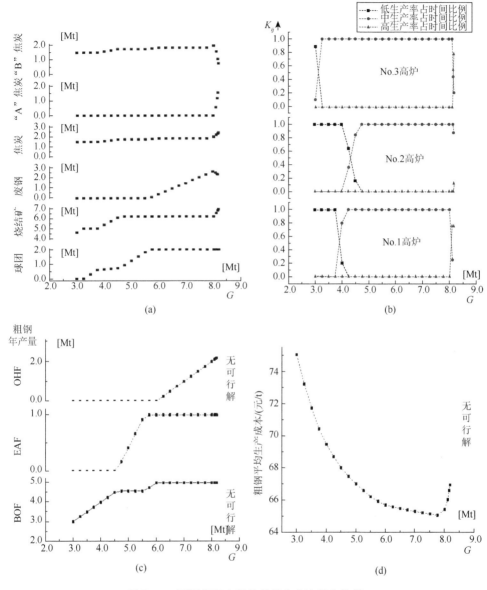

图Ⅱ-11　不同粗钢产量的最优生产决策和结果

（a）系统粗钢总量的增加对各种原料用量决策的影响；（b）系统粗钢总量的增加对三座高炉最佳工况的影响；
（c）系统粗钢总量的增加对炼钢厂最佳排产方案的影响；（d）系统粗钢总量的增加对粗钢最优生产成本
的影响

　　例如由图Ⅱ-11（a）可以看出，系统总产量较低时最优决策是首先使用烧结矿和球团为原料，系统总产量增加 500 多万吨以后才逐渐使用废钢；图Ⅱ-11（b）是炼铁高炉的最优排产方案，受系统总产量变化的影响；图Ⅱ-11（c）表示系统总产量较低时的最优决策是靠氧气转炉炼钢生产，产量增加到 450 万吨以上，转炉炼钢的生产能力达到很高水平，电炉炼钢开始生产；总产量增加到 600 万吨以上，电炉炼钢的生产能力也达到上限，才安排平炉炼钢；总钢产量达到 800 万吨后超出系统生产能力，无解；又如由图Ⅱ-11（d）可以看出，系统总产量较低时粗钢的最优生产成本较高，总产量增加，最优生产成本逐渐降低，系统总产量达到 700 万～800 万吨钢，最优的吨钢生产成本最低，降至 65 元左右，总产量再增高，最优生产成本急剧增高，至无可行解。

跋

  金属材料及其制取的冶金技术有非常久远的历史,不同时代不同背景的人对冶金现象有不同的观察和理解,可以是神话传说的,可以是物理化学的,也可以是反应工程的,也可以是系统工程的。

  著者于 1992 年应中国金属学会要求为冶金继续工程教育试写了《冶金系统工程》一书,1993 年举办过一届专题研讨会,1997 年为国家自然科学基金委员会的学科发展报告("自然科学学科发展战略调研报告")中的《冶金与矿业科学》分册撰写了"冶金系统工程"部分,前后多次为研究生开设"冶金系统工程"选修课以及多次公开宣讲和讨论。三十年往矣,社会在发展,科技在进步,知识在更新,通过学术交流和科学实践,深感在"冶金系统工程"的命题下有许多问题有待探讨、扩展和深化,例如在其中应该融入更多的信息智能理念。所以特在本书书名中缀以"导论"二字,希望作为"投石问路"的石子、"抛砖引玉"的砖头,恳请感兴趣的读者批评指正补充。

  这两年正值抗疫非常时期,多亏老妻照料膳药起居,得以完稿,幸甚!

  感谢弟子们的支持和帮助,主要有北京科技大学季淑娟、张延玲、陈煜、王田田、王翠、张建良;北京能泰环保刘彦华;中信特钢钱刚等。

  感谢科学出版社给予出版的机会,特别感谢责任编辑的精心且专业的编辑工作。

著 者

2022 年 4 月

北京科技大学

北京海淀